实用工程材料

异种金属焊接技术

张 义 张初琳 刘奕明 张景林 陈 晗 编著

机 械 工 业 出 版 社

本书是一本系统介绍异种金属组合的焊接性及焊接工艺的图书。全书共5章，第1章概述异种金属组合的焊接性特点、影响因素及对焊接方法的选择原则，讨论各种焊接方法工艺特点及其对异种金属焊接的适应性，第2～第5章分别着重介绍了异种钢铁材料组合的焊接、钢与有色金属组合的焊接、异种有色金属组合的焊接，以及复合钢的焊接等。书中还以较大篇幅列举了相关工程焊接应用实例，供读者借鉴。

本书可供中、高级焊工，焊工技师以及从事相关专业的中级以上的工程和技术人员使用，也可作为职业技术学院以及大专院校焊接专业师生的参考书。

图书在版编目（CIP）数据

异种金属焊接技术/张义等编著. —北京：机械工业出版社，2016.7
（实用工程材料焊接技术丛书）
ISBN 978-7-111-53889-9

Ⅰ.①异… Ⅱ.①张… Ⅲ.①异种金属焊接 Ⅳ.①TG457.1

中国版本图书馆 CIP 数据核字（2016）第 113928 号

机械工业出版社（北京市百万庄大街 22 号　邮政编码 100037）
策划编辑：俞逢英　责任编辑：俞逢英
责任校对：张晓蓉　封面设计：马精明
责任印制：常天培
唐山三艺印务有限公司印刷
2016 年 9 月第 1 版第 1 次印刷
169mm×239mm·20.5 印张·453 千字
0001—3000 册
标准书号：ISBN 978-7-111-53889-9
定价：49.80 元

凡购本书，如有缺页、倒页、脱页，由本社发行部调换

电话服务	网络服务
服务咨询热线：010-88361066	机 工 官 网：www.cmpbook.com
读者购书热线：010-68326294	机 工 官 博：weibo.com/cmp1952
010-88379203	金 书 网：www.golden-book.com
封面无防伪标均为盗版	教育服务网：www.cmpedu.com

前　言

　　随着科学技术的不断进步，人们对各类工程机械构件的性能，如强度、硬度、导电性、耐磨性、耐蚀性、低温韧性、高温持久强度等，都提出了更高的要求。但任何一种单一金属材料都无法同时满足这些不同的服役要求，即使某种金属比较理想，也往往因稀缺昂贵而使成本太高，无法应用。所以，采用焊接方法来制造各种异种金属构件备受人们的关注。异种金属的焊件不仅能充分利用各组成材料的优异性能，而且可大大降低生产成本，显著提高效益，因此，在石油化工、航空航天、交通运输、电站锅炉及工程机械等行业中得到了广泛的应用。鉴于此，特编写了《异种金属焊接技术》一书。

　　本书系统地介绍了异种金属组合的焊接性及焊接工艺，主要内容包括异种金属的焊接技术概述、异种钢铁材料组合的焊接、钢与有色金属组合的焊接、异种有色金属组合的焊接和复合钢的焊接。本书具有较强的系统性、实用性和时效性，为介绍各种金属组合的焊接性及焊接工艺，书中还提供了大量的数据，并以较大篇幅列举了焊接工程的应用实例，供读者参考。

　　本书由张义、张初琳、刘奕明、张景林及陈晗编著，张瀚文审稿。本书在编写过程中还得到了诸多朋友的支持和帮助，在此一并表示感谢。

　　由于作者能力有限，书中难免存在不足和谬误之处，敬请广大读者批评指正。

编　者

目 录

第 1 章

异种金属的焊接技术概述

1.1 异种金属的焊接及其特点

1.1.1 异种金属的焊接技术和焊接性

1. 异种金属的焊接技术及其应用

异种金属焊接是指将两种不同性能的金属或合金通过焊接技术形成接头，使之成为一体并能满足使用要求的过程。异种金属的焊接技术是异种金属焊接过程中所采用的焊接工艺措施。这些工艺措施是指焊接方法、焊接材料、焊接参数及其他特殊的工艺处理等手段的选择。这些选择是由两种不同金属材料的同种金属的焊接性等级，两种不同金属（或合金）的性能差异，接头形式和焊接构件的使用要求等所决定的。熟知各种焊接方法的特点及两种金属本身的焊接性，是制定异种金属焊接技术的基础。

焊接生产中，焊接结构的不同构件要求承受各种不相同的工作条件。所谓工作条件是指构件的受力状态、工作介质和所处环境等，如不同的强度、硬度、耐磨性、导电性、耐蚀性、高温持久强度或低温韧性等。实际上没有任何一种金属能够同时满足这些不同的工作条件。即使某种金属比较理想，也往往因为稀贵提高制造成本而无法采用。采用不同的金属材料组成复合结构或构件，则既可以满足结构或构件不同的使用要求，又能物尽其用降低成本，这才是最合理的优化设计。异种金属焊接技术就是实现这种优化设计的一项应用技术。目前，异种金属组合结构的焊接在电力、化工、锅炉、造船、航空航天等制造领域的应用已属常态化。

2. 异种金属的焊接性

异种金属材料的焊接性是指不同化学成分、不同组织性能的两种或两种以上金属，在限定的施工条件下焊接成设计要求的构件，并能满足预定服役要求的能力。

异种金属的焊接性包括工艺焊接性和使用焊接性。异种金属的工艺焊接性是指两种不同性质金属的组合，在焊接过程中对焊接方法的适应性。异种金属组合的使用焊接性与同种金属材料的使用焊接性概念完全相同。异种金属的工艺焊接性和使用焊接性两者也不一定是一致的，有时工艺焊接性满足要求，而使用焊接性可能不符合技术条件的具体要求。当使用焊接性符合技术要求的情况下，工艺焊接性可能不能满足要求。因此，异种金属的焊接性应该从工艺焊接性和使用焊接性两方面综合评价。异种金属焊接性的评定方法与同种金属的焊接性评定方法基本相同。

1.1.2 异种金属焊接性的影响因素

影响异种金属焊接性的因素应从两个方面分析：其一是异种金属组合中两种金属或合金的诸多性能差异，包括物理、化学性能差异，力学性能差异及两种金属材料的金相组织的差异；其二是焊接方法的选择，即不同的焊接方法在异种金属焊接的共同接头上发生的热过程的差异，不同的热输入及热循环对接头产生缺陷的敏感性及接头质量恶化程度不同，这些会直接影响产品使用的力学性能。其中，焊接缺陷不仅指的是冷热裂纹、气孔、夹渣、未焊透，还包括焊缝中产生金属间脆性化合物。接头性能恶化主要指的是接头或结构的力学性能指标下降。

影响异种金属焊接性的因素十分复杂，任何一条影响规律都带有多种边界条件，几乎没有独立参数。

1. 物理性能的差异

异种金属或合金的组合中，两种金属材料的物理性能差异越大，在相同的边界条件下其焊接性越差。表 1-1 显示的是几种常用金属材料的热物理性能参数。

表 1-1 几种常用金属材料的热物理性能

金属 \ 特性参数	密度 /(g/cm³)	电导率 (%IACS)[①]	热导率 /[W/(m·K)]	线胀系数 /(×10⁻⁶/K)	比热容 /[J/(kg·K)]	熔点 /℃
铝	2700	62	222	23.6	940	660
铜	8925	100	394	16.5	376	1083
65/35 黄铜	8430	27	117	20.3	368	930
低碳钢	7800	10	46	12.6	496	1350
304 不锈钢	7880	2	21	16.2	490	1426
镁	1740	38	159	25.8	1022	651

① 电导率的单位中，IACS 是指国际退火铜标准，该栏数据可视为铜的允许电流通过能力为 100 时的相对电导率。

金属元素或金属及其合金的物理性能也称做热物理性能，因为表 1-1 所列参数都是和焊接时的加热与散热有关的参数。这些热物理性能都会直接影响焊接热过程，而焊接热过程会直接影响焊接质量与焊接生产率。

异种金属焊接时，两种不同金属的热物理性能差别越大，其焊接性就越差、越复杂，即异种金属的焊接能力就越小，焊接难度越大。

当低碳钢和铝合金焊接时，这种组合其热物理性能的诸参数相差很大，采用任何熔焊方法焊接都十分困难，工艺焊接性极差。原因之一是，由于熔点相差 2 倍多，熔焊时铝已经熔化，而低碳钢（Fe）仍处于固相状态；原因之二是线胀系数相差 2 倍，焊接过程中会产生很大的热应力，增加了裂纹倾向；原因之三是导热性与比热容不同，会产生不对称的温度场，所以接头两侧的结晶条件不同。但对于压焊（电阻焊、摩擦焊等）低碳钢和铝的组合却有着较好的压焊工艺焊接性。因为影响异种金属组合焊接性的因素不止是热物理性能的差异，还有其他影响因素，如力学性能等。

2. 力学性能的差异

一般情况下，同类金属材料中的异种金属材料的力学性能差异越接近，其熔焊或压焊的焊接性越好，反之亦然。同类金属材料指的是金属材料的大类，即黑色金属（钢铁材料）和有色金属（非钢铁材料）。黑色金属中的低碳钢与不锈钢的组合就是同类异种金属材料；低碳钢与铝（及其合金）的组合则是非同类异种金属材料。非同类异种金属材料即使力学性能相近，也不一定有良好的焊接性，部分金属材料的力学性能见表1-2。

表1-2 部分金属材料的力学性能

材料名称	σ_b/MPa		σ_s/MPa		δ_5（%）		HBW		备 注
	软	硬	软	硬	软	硬	软	硬	
H59	390	500	150	200	44	10	—	163	硬态为变形率50%，软态为退火状态
B19	400	800	100	600	35	3	70	120	
2A02（LY2）	490		$\sigma_{0.2}$330		20		115		淬火并人工时效的挤压产品T6
5A05（LF5）	420		$\sigma_{0.2}$320		10		100		冷作硬化的HX8
2A70（LD7）	440		$\sigma_{0.2}$330		12		120		淬火并人工时效的T6
ZnAl10-1	400~460		—		8~12		90~110		加工锌合金
NiCu28-2.5-1.5	450~500	600~850	240	630~800	25~40	2~3	135	210	蒙乃尔合金（镍基合金之一）
Q235	325~500		185~235		21~26				Q235A、B、C、D

注：金属材料力学性能新符号见国家标准 GB/T 228.1—2010，其部分新旧符号对照为：抗拉强度 R_m（σ_b），抗压强度 R_{mc}（σ_{bc}），伸长率 $A(\delta)$，断面收缩率 $Z(\psi)$……由于新旧标准符号许多不对应，全面贯彻新标准目前还不具备，故本书仍沿用旧标准符号，请读者见谅。

无论熔焊或压焊，例如常用碳素结构钢（简称碳钢）Q235 与有色金属防腐铝 5A05（LF5）、硬铝合金 2A02（LY2）等都有相接近的力学性能，但其组合的焊接性（熔焊和压焊）极差，因为不是同类金属。而 Q235 和蒙乃尔合金的组合，其力学性能差异较大，但有较好的熔焊焊接性。此外，影响异种金属焊接性的因素不是孤立的，不止是异种金属组合中的物理性能差异和力学性能差异，还有其他影响因素。不同的组织状态及不同的热处理方式都会影响金属材料的力学性能及其焊接性。异种钢焊接时，金相组织相同的金属有相近的物理性能，可以实施相同的工艺原则。表1-3是钢铁材料按其室温金相组织的分类方法。

3. 化学成分的差异

化学成分的差异越大，同类异种金属组合的焊接能力越差。因为金属或合金的化学成分和热物理状态，决定了这种金属或合金的金相组织和力学性能。以碳钢为例，碳钢是 Fe 和 C 的合金，其化学成分中含碳量的不同，会有低碳钢、中碳钢及高碳钢之分。低、中、高碳钢因为化学成分不同，而且是仅仅一种化学成分碳的含量不同，则会有不同的金相组织状态和力学性能。表1-3同时也是常用于异种钢焊接的结构钢钢种，从中可以看出不同化学成分的牌号供应状态对应的金相组织。至于合金结构钢（低合金及中合金），则因为多种合金元素的含量不同会有不同的组织与力学性能也是必然的。除了碳之外的合金元素对合金的金相组织、力学性能及焊接过程中脆硬、冷裂及脆化等的影响十分复杂。为了定性及定量分析方便，因而出现了一个众所周知的"碳当量"的概念。这里说的金相组织指的是待焊的金属材料的供应状态条件下，可能是属于铁素体钢、珠光体钢和奥氏体钢等，而不是焊接接头形成过程中因为热循环在焊缝及热影响出现的不同金相组织或金属间化合物。同类异种金属材料的化学成分的差异会直接影响异种金属组合中两种金属的力学性能的差异，同时也会通过焊接热过程间接影响接头的金相组织的变化、焊接缺陷发生的种类和几率，又进一步影响异种金属焊接接头的力学性能。接头的力学性能则是异种金属组合的使用焊接性的主要评价指标。

表1-3 钢铁材料按其室温金相组织的分类

金相组织	钢类	钢牌号
P	低碳钢	Q195、Q215、Q235、Q255①、08、10、15、20、ZG25、Q245g（20g）、25g、Q245R（20R）、20HP
	中碳钢	Q275①、30、35、ZG35、40、45、50、55、15Mn、20Mn、25Mn、30Mn、35Mn、40Mn、45Mn、50Mn
	低合金钢	20Mn2、30Mn2、35Mn2、40Mn2、45Mn2、50Mn2、20MnV、30Mn2MoW、27SiMn、20SiMn2MoV、25SiMn2MoV、40MnB、20Mn2B、15MnVB、20MnVB、20CrMnSi、30CrMnSi、15Cr、20Cr、30Cr、40Cr、45Cr、50Cr、12CrNi2、12CrNi3、20CrV、40CrV、Q295、（09MnV、09MnNb、09Mn2）、Q345（18Nb、09MnCuPTi、10MnSiCu、12MnV、14MnNb、16Mn、16MnRE）、Q390（10MnPNbRE、15MnV、15MnTi、16MnNb）、Q420（14MnVTiRE、15MnVN）
	耐热钢	12CrMo、15CrMo、20CrMo、30CrMo、35CrMo、38CrMoAlA、1Cr5Mo、12CrMoV、20Cr3MoWVA、18CrNiW、12Cr1MoV、25CrMoV
F，F－M	高铬不锈钢	06Cr13、12Cr13、20Cr13、30Cr13
	高铬耐酸耐热钢	10Cr17、12Cr17Ti、14Cr17Ni2
	高铬热强钢	15Cr12WMoV、14Cr11MoV
A，A－F	奥氏体耐酸钢	06Cr18Ni10N、06Cr19Ni10、12Cr18Ni9、17Cr18Ni9、06Cr18Ni11Nb、12Cr18Ni12、06Cr17Ni12Mo2Ti
	奥氏体耐热钢和奥氏体热强钢	14Cr23Ni18、06Cr16Ni18、16Cr23Ni13、45Cr14Ni14W2Mo
	A－F耐酸钢	12Cr21Ni5Ti、06Cr17Ni12Mo2Ti

① Q255、Q275牌号在GB/T 700—2006标准中已取消，但目前有些工程中仍有应用的，下同。

4. 异种金属的冶金相容性

不同金属材料冶金相容性是影响异种金属熔焊焊接性的重要因素，所谓冶金相容性是指两种金属在液态和固态时互为溶质和溶剂的溶解性能。这里会有如下三种情况：

其一是熔焊时在液态下两种金属或合金互不相容，这类异种金属或合金的组合从熔化到冷凝过程极易分层脱离而使焊接失败。如铁与镁、铁与铅、铅与铜等的组合。

其二是在液态和固态都具有良好的互溶性（即无限互溶）的组合，因而能够形成连续固溶体的异种金属材料，具有良好的熔焊焊接性。所谓连续固溶指的是液态和固态条件下溶解度没有发生变化。常见金属形成连续固溶体的组合有以下几种：

铁的组合：Fe(γ) - Co(β)，Fe - V(1234℃以上)，Fe - Cr(920℃以上)。

钛的组合：Ti - Zr，Ti(β) - W，Ti(β) - V，Ti(β) - Ta，Ti(β) - Mo，Ti(β) - Nb。

镍的组合：Ni - W，Ni - Mn(γ)，Ni - Cu，Ni - Co。

铬的组合：Cr - Ti(β)(1350℃以上)，Cr - Mo，Cr - V，Cr - W。

锰的组合：Mn(γ) - Cu，Mn(γ) - Co(β)。

铌的组合：Nb - Mo，Nb - Ta，Nb - W。

钼的组合：Mo - Ta，Mo - W。

钨的组合：W - Ta。

决定异种金属合金相容性的因素是金属元素的化学性能，表1-4列出了常见金属的化学性能。

表1-4　常见金属的化学性能

金属名称	原子序数	相对原子质量	原子半径 r /10^{-10} m	原子外层电子数	晶格类型	晶格常数 C /10^{-10} m	周期表中位置
铁(Fe)	26	55.85	1.27	2	体心立方(α - Fe) 面心立方(γ - Fe) 体心立方(δ - Fe)	$a_\alpha = 2.860$ $a_\gamma = 3.668$	ⅧB
铜(Cu)	29	63.54	1.28	1	面心立方	$a = 3.6147$	ⅠB
铝(Al)	13	26.98	1.43	1	面心立方	$a = 4.0496$	ⅢA
镍(Ni)	28	58.71	1.24	2	面心立方	$a = 3.5236$	ⅧB
钛(Ti)	22	47.90	1.47	2	密集六方	$a = 3.5236$ $c = 4.6788$	ⅣB
钼(Mo)	42	95.94	1.40	1	体心立方	$a = 3.1468$	ⅥB
钨(W)	74	183.2	1.41	2	体心立方(α - W) 复杂立方(γ - W)	$a = 3.1650$	ⅥB
锆(Zr)	40	91.22	1.58	1	体心立方(α - Zr) 密集六方(β - Zr)	$a = 3.231$ $a_\beta = 3.609$ $c = 5.148$	ⅣB
铍(Be)	4	9.012	1.13	2	密集六方	$a = 2.2856$ $c = 3.5832$	ⅡA
铅(Pb)	82	207.2	1.74	2	面心立方	—	ⅣA
镁(Mg)	12	24.305	1.364	2	密集六方	$a = 3.2094$ $c = 5.2105$	ⅡA
锰(Mn)	25	54.94	1.31	2	复杂立方(α - Mn) 复杂立方(β - Mn) 面心立方(γ - Mn) 面心立方(δ - Mn)	—	ⅦB
铌(Nb)	41	92.906	1.429		体心立方	$a = 3.3010$	ⅤB

（续）

金属名称	原子序数	相对原子质量	原子半径 r /10⁻¹⁰ m	原子外层电子数	晶格类型	晶格常数 C /10⁻¹⁰ m	周期表中位置
金（Au）	79	196.97	1.44	1	面心立方	$a = 4.0788$	I B
银（Ag）	47	107.87	1.44	1	面心立方	$a = 4.0587$	I B
钒（V）	23	50.942	1.36	2	体心六方	$a = 3.0288$	V B
锌（Zn）	30	65.38	1.33		密集六方	$a = 2.6649$ $c = 4.9468$	II B
锡（Sn）	50	118.6	1.58		体心四方		IV A
钽（Ta）	73	180.94	1.47	2	体心立方		V B
锑（Sb）	51	121.7	1.61	3	菱形	—	V A
铬（Cr）	24	51.99	1.28	1	体心立方（α－Cr） 密集六方（β－Cr）	$a = 2.8846$	VI B
钴（Co）	27	58.93	1.25	2	面心立方（α－Co） 密集六方	$a = 2.506$ $c = 4.069$	VIII B
铂（Pt）	78	195.09	1.388	2	面心立方	$a = 3.9310$	VIII B

一般来说，当两种金属的晶格类型相同，晶格常数、原子半径相差不超过10% ~ 15%，电化学性能的差异不太大时，溶质原子能够连续固溶于溶剂，形成连续固溶体。能够形成连续固溶体的异种材料具有良好的熔焊工艺焊接性，否则易形成金属间化合物，使焊缝性能大幅度地降低。

由表1-4找出下列的铁（Fe）、铅（Pb）、铜（Cu）、镁（Mg）金属的晶格常数、原子半径及晶格类型的数据，可以解释上述铁与镁、铁与铅、铅与铜的组合为什么没有熔焊焊接性的原因。

实际上表1-4所列的金属化学性能对判断不同类的黑色金属（钢铁材料）与有色金属（非铁材料）的异种金属组合的熔焊焊接性具有一定的参考价值和指导意义。对于黑色金属大类中异种金属组合（异种钢铁材料）的熔焊焊接性的判断，表1-4所示的化学性能的指导意义却不是那么明显而且要复杂的多。

其三，异种金属组合中两种金属或合金具有有限的互溶性，即两种金属的化学性能（原子半径、晶格常数、晶格类型）有一定的差异条件下，两种金属互溶的溶解度有限，在液态和固态时的溶解度相同或者液态冷却结晶时溶解度降低，则会因固态时的溶质金属过饱和而析出，无论析出的形式是金属间化合物，还是晶粒间的残存物，都会使接头力学性能降低并增加产生焊接裂纹的倾向。

当熔焊时采取的冶金措施和工艺措施不足以克服因互溶性差造成的焊接难度大时，则这种组合的熔焊焊接性就会变得很差。

表1-5是常见金属元素固态下相互作用的特性，显示了作为溶剂的金属元素在固态时能形成无限固溶和有限固溶的溶质元素，特别有助于对异种金属的熔焊工艺焊接性的分析。

表1-5　常见金属元素固态下相互作用的特性

金属元素	温度/℃ 熔点	温度/℃ 晶型转变	晶格类型	原子半径/10⁻¹⁰ m	晶格常数/10⁻¹⁰ m	固溶体 无限	固溶体 有限	可形成化合物的元素	共晶混合物	不起作用元素
Fe	1536	910	α-体心立方 / γ-面心立方	1.241	2.8608 / 3.564	α-V、α-Cr、γ-Mn、γ-Co、γ-Ni、γ-Pd、γ-Pt	Cu、Au、Al、C、Si、Ti、Zr、Nb、Ta、γ-Cr、γ-V、Mo、α-Ni、(α、δ)Mn、α-Pd、α-Pt、W	Ti、Zr、V、Nb、Ta、Cr、Mo、W、Co、Ni、Pd、Pt、Al、C、Si、Ge	C	Mg、Ag、Pb
Co	1485	417	α-密排六方 / β-面心立方	1.248	2.501、4.066 / 3.548	γ-Mn、γ-Fe、Ni、Pd、Pt	Mg、Ti、Zr、V、Nb、Ta、Cr、Mo、W、Au、Al、(α、β)Mn、Cu、α-Fe、C、Si、Ge	Mg、Ti、Zr、V、Nb、Ta、Cr、Mo、W、Mn、Fe、Ni、Pt、Al、Ge	Ag	Pb
Ni	1453	—	面心立方	1.245	3.517	γ-Mn、γ-Fe、Co、Pd、Pt、Cu、Au	Mg、Ti、Zr、V、Nb、Ta、Cr、Mo、W、Al、Si、C、(α、β)Mn、α-Fe	Mg、Ti、Zr、V、Nb、Ta、Cr、Mo、W、C、Mn、Fe、Co、Pt、Cu、Al、Si、Ge	—	Ag、Pb
Al	660	—	面心立方	1.431	4.0414	—	Ti、Zr、Nb、Mn、Cu、Ni、Mg、V、Ta、Cr、Mo、W、Fe、Co、Pd、Pt、Ag、Au、Si、Ge	Mg、Ti、Zr、V、Nb、Ta、Cr、Mo、Mn、W、Fe、Co、Ni、Pd、Pt、Cu、Ag、Au、C	Sn	Pb
Mg	650	—	密排六方	1.598	3.203、5.2002	—	Ti、Zr、Nb、Mn、Cu、Ni、Pd、Ag、Au、Al、Si、Pb、Ge、V	Cu、Ni、Pd、Pt、Ag、Au、Al、C、Si、Pb、Ge	—	Mo、W、Fe
Cu	1083	—	面心立方	1.278	3.6077	Mn、Ni、Pd、Pt	Mg、Ti、V、Zr、Nb、Cr、Fe、Co、Ag、Al、Si、Mn、Ge	Mg、Ti、Zr、Mn、Ni、Pd、Pt、Au、Al、Si、Ge	—	Ta、Mo、W、Pb

（续）

金属元素	温度/℃ 熔点	温度/℃ 晶型转变	晶格类型	原子半径 /10^{-10} m	晶格常数 /10^{-10} m	固溶体 无限	固溶体 有限	可形成化合物的元素	共晶混合物	不起作用元素
Cr	1875	—	体心立方	1.249	2.885	β-Ti、V、Mo、W、α-Fe	α-Ti、Zr、Nb、Ta、Mn、γ-Fe、Co、Ni、Pd、Pt、Cu、Ag、Au、Al、Si、Mo	Ti、Zr、Ta、Nb、Fe、Co、Ni、Pd、Pt、Al、Si、C	Th	Pb、Sn
Mo	2620	—	体心立方	1.36	3.1466	β-Ti、V、Nb、Ta、Zr、W	α-Ti、Zr、Mn、Fe、Co、Ni、Pd、Pt、Au、Al、C、Si、Cr	Zr、Mn、Fe、Co、Ni、Pd、Pt、Al、C、Si、Ge	—	Mg、Cu、Ag
W	3380	—	体心立方	1.367	3.1648	V、Nb、Ta、Cr	Ti、Zr、Fe、Co、Ni、Pd、Pt、C、Si	Zr、Fe、Ni、Pt、Al、Si、C	Th	Mg、Mo、Cu、Ag、Zr、Pb
Si	1412	—	金刚石型	1.175	5.4198	Ge	Ti、Zr、V、Nb、Ta、Cr、Mo、W、Mn、Fe、Co、Ni、Pt、Cu、Al	Ti、Zr、V、Nb、Ta、Cr、Mo、W、Mn、Fe、Co、Pt、Cu、Ni、Pd	Mg、Ag、C、Au	Zn
Mn	1245	α-β:742 β-γ:1095	α、β体心立方 γ面心立方 δ体心立方	1.12	3.774 3.533 3.72	γ-Fe、γ-Co、γ-Ni、Cu	Mg、Ti、Zr、V、Nb、Ta、(α,β)Fe、Cr、Mo、(α,β)Co、Pd、Pt、Ag、(α,β)Ni、Al、C、Si	Mg、Ti、Zr、V、Nb、Ta、Cr、Mo、W、Mn、Fe、Co、Pt、Cu、Ni、Pd、Ag、Au、C	—	W、Pb
V	1919	—	体心立方	1.316	3.0338	β-Ti、Nb、Mo、Ta、W、Cr、α-Fe	Zr、Mn、Cu、Ni、Cr、Pd、Pt、γ-Fe、Al、Au、C、Si、Ge	Cu、Ni、Pd、Pt、Ag、Au、Al、C、Si、Ge、Pb	—	Ag、Hg
Nb	2468	—	体心立方	1.426	3.2941	β-Ti、V、Mo、β-Zr、W、Ta	Mg、Cr、Mn、α-Ti、Fe、Co、Ni、C、α-Zr、Pd、Pt、Cu、Al、Si	Ti、Zr、Ta、Nb、Mn、Fe、Co、Ni、Pd、Pt、Au、Al、C、Si	—	—
Ti	1668	882	α-密排六方	1.444	a=2.9446 c=4.6694	α-Zr、β-V、β-Nb、β-Ta、β-Cr、β-Mn	Mg、α-V、α-Nb、α-Ta、Co、Pd、Fe、Mn、Ni、α-Mo、Zr、Cu、Pt、Ag、α-W、α、Au、Al、Si、Ge、Si、Pb	Mg、Zr、Mn、Ni、Pd、Pt、Au、Al、Si、Ge	—	—

具有有限互溶性的异种金属组合及可能生成的金属间化合物，焊接过程中它们只能在溶解度范围内进行扩散运动。能否生成金属间化合物是有条件的，这个条件是温度和时间。压焊方法一般不会生成金属间化合物，熔焊方法可能生成金属间化合物，但如果采用高能密度焊，由于热循环时间极短，小于生成金属间化合物的孕育时间，也不会生成金属间化合物。所以，焊接方法的选择十分重要，焊接方法强烈地制约此类异种金属的焊接性。

综上所述，从冶金相容性分析，异种金属的组合大体分为互不相容、无限互溶、有限互溶三大类。实际上异种金属焊接工程中经常遇到的是具有冶金有限互溶的异种金属材料的焊接，其余两种是极端情况。所以，从某一方面来说，异种金属的焊接技术也是冶金相容性较差的有限互溶的异种金属材料的焊接技术。

影响异种金属焊接性的因素中，冶金相容性对异种金属焊接性起决定性的作用。合金相图是判断异种金属冶金相容性的首选工具。只有在合金相图中能够形成无限或有限固溶体的异种金属材料，才具备冶金相容性，才具备有熔焊焊接性。判断压焊工艺的焊接性，主要是考察异种金属的塑性，特别是高温塑性的差异及接头形式等。

1.1.3　异种金属焊接的工艺特殊性

1. 异种金属焊接技术的主要难度

异种金属焊接技术是异种金属焊接过程中所采用的焊接工艺措施。与同种金属的焊接技术一样，焊接技术包括了金属焊接性的分析判断和焊接方法的选择，然后才有工艺措施的实施，才能构成异种金属的焊接技术。

异种金属焊接技术受到焊接方法的制约，比同种金属焊接性受到焊接方法的制约更为强烈。例如，铝及铝合金的同种金属焊接，无论采用熔焊方法（TIG 焊或 MIG 焊）还是采用压焊（电阻焊或摩擦焊等），都会得到没有焊接缺陷、符合要求的接头。铜的同种金属焊接也是如此。不同焊接方法、不同的工艺措施制约同种金属的焊接性。但是铜－铝作为异种金属焊接的组合，采用熔焊方法很难甚至不能获得良好的焊接接头。而采用压焊方法，采用合适的工艺措施很容易获得良好的铜－铝接头。因而异种金属的焊接性对焊接方法的适应能力更具有相对性。任何一种焊接方法的问世都是为满足同种金属材料焊接技术的特殊需要而诞生。很少有一种焊接方法是专设用于异种金属焊接技术的。异种金属的焊接技术可根据各种焊接方法的特点去选择，焊接方法则以自身的特点去适应或制约。因而不同性质的两种金属材料构成的异种金属组合的焊接难度远远高于同种金属的焊接。异种金属组合的焊接技术要比同种金属组合焊接技术复杂得多也是必然的。

焊接接头的不均匀性、焊接技术的复杂性及接头产生焊接缺陷有较高的可能性，是异种金属熔焊的三大特征。

由于异种金属在元素性质、物理性能、化学性能等方面有显著差异，与同种金属材料的焊接相比，异种金属材料的焊接无论从焊接机理和操作技术上都比同种金属材料复杂得多。异种金属材料焊接中存在的主要问题如下：

1）异种金属材料的熔点相差越大，越难进行焊接。这是因为熔点低的金属材料达到熔化状态时，熔点高的金属材料仍呈固体状态，这时熔化的金属材料容易渗入过热区的晶界，会造成低熔点金属材料的流失、合金元素烧损或蒸发，使焊接接头难以熔合。例如，焊接铁与铅时（熔点相差很大），不仅两种金属材料在固态时不能相互溶解，而且在液态时彼此之间也不能相互溶解，液态金属呈层状分布，冷却后各自单独进行结晶。

2）异种金属材料的线胀系数相差越大，越难进行焊接。线胀系数越大的金属材料，热膨胀率越大，冷却时收缩也越大，熔池结晶时会产生很大的焊接应力。这种焊接应力不易消除，结果会产生很大的焊接变形。由于焊缝两侧材料承受的应力状态不同，容易导致焊缝及热影响区产生裂纹，甚至导致焊缝金属与母材的剥离。

3）异种金属材料的热导率和比热容相差越大，越难进行焊接。金属材料的热导率和比热容会使焊缝金属的结晶变坏，晶粒严重粗化，并影响难熔金属的润湿性能。因此，应选用强力热源进行焊接，焊接时热源的位置要偏向导热性能好的母材一侧。

4）异种金属材料之间形成的金属间化合物越多，越难进行焊接。由于金属间化合物具有较大的脆性，容易导致焊缝产生裂纹，甚至断裂。

5）异种金属材料在焊接过程中，由于焊接区金相组织的变化或新的生成组织，使焊接接头的性能恶化，给焊接带来很大的难度。接头熔合区和热影响区的力学性能较差，特别是塑性、韧性比母材明显下降。由于接头塑性、韧性的下降以及焊接应力的存在，异种金属材料的焊接接头容易产生裂纹。尤其是焊接热影响区更容易产生裂纹，甚至发生断裂。

6）异种金属材料的氧化性越强，越难进行焊接。若用熔焊方法焊接铜和铝时，熔池中极易生成铜和铝的氧化物（CuO、Cu_2O 和 Al_2O_3）。冷却结晶时，存在于晶粒边界的氧化物能使金属间结合力降低。CuO 和 Cu_2O 均能与铜形成熔点低的共晶体（$Cu + CuO$ 和 $Cu + Cu_2O$），使焊缝产生夹杂和裂纹。铜与铝形成的 $CuAl_2$ 和 Cu_2Al 脆性化合物，能明显地降低焊缝金属的强度和塑性。因此，采用熔焊方法焊接铜与铝的难度相当大。

7）异种金属材料焊接时，焊缝和两种母材金属难以达到等强的要求。这是由于焊接时熔点低的金属元素容易烧损和蒸发，从而使焊缝的化学成分发生变化，力学性能降低，尤其是焊接异种有色金属时更为显著。常用异种金属材料组合及焊接时存在的主要问题见表1-6。

表1-6　常用异种金属材料组合及焊接时存在的主要问题

异种金属材料组合	焊接时存在的主要问题
奥氏体不锈钢与碳钢、Cr - Mo 钢	焊缝金属、熔合区塑性降低，熔合比对耐蚀性的影响，消除应力热处理时引起的熔合区塑性降低
高 Cr - Ni 不锈钢、Ni 合金与碳钢、Cr - Mo 钢	熔合区塑性降低，焊缝金属热裂纹，消除应力热处理时引起的熔合区塑性降低，热冲击及补焊时引起的熔合区剥离
马氏体型不锈钢、铁素体型不锈钢与 Cr - Mo 钢	熔合区塑性降低，氢引起的延迟裂纹，消除应力热处理等引起的焊后热处理裂纹

（续）

异种材料组合	焊接时存在的主要问题
铜合金与碳钢	熔合比对接头性能的影响，铜合金向钢一侧热影响区晶界渗入，热冲击，补焊时引起熔合区剥离
钴合金钢与钴铬钨合金	预热规范对热裂纹、气孔的影响
铸铁、合金铸件与钢、有色合金	焊缝金属、熔合区裂纹、焊缝金属和填充材料的关系
Al、Mg、Ti、Ta、Be 等有色金属与钢复合材料	焊接方法对接头性能的影响

表 1-6 中所示为异种金属的组合焊条电弧焊焊接时产生的问题，主要问题是接头熔合区塑性降低及产生裂纹。热裂纹并不是异种金属焊接中的突出问题，因为一般都可以采取措施来预防。而突出问题是接头性能的不均匀。热物理性能相差悬殊的异种金属材料焊接时，会遇到熔化体积不相等，会有不对称的温度场、冷却结晶条件不同等原因而造成接头性能不均匀，首先是化学成分不均匀，造成金相组织不均匀，导致力学性能的降低。

在采取冶金学上的措施的同时，如果能正确地选择焊接方法，可使有限溶解度带来的不利影响彻底消除或降低到最小程度。

表 1-7 显示了采用不同焊接方法条件下，常见异种金属焊接缺陷的产生原因和防止措施。由表 1-7 可以看到，采用熔焊方法时，主要焊接缺陷是接头中可能产生的气孔和裂纹。压焊方法时，主要缺陷是接头力学性能的降低。从表 1-7 中看到的只是不完整的现象，因为表中没有提供熔焊方法采用何种填充材料（焊条牌号、焊丝和焊剂化学成分等）、焊接参数、焊件厚度、坡口角度以及焊前、焊后的预热、缓冷及其他热处理措施等数据，所以无法从深层分析异种金属的焊接，因性能差异在焊接过程中外部热源（电弧）的热输入和热传播特征，焊接热循环在接头熔化、冷却结晶过程中发生的合金元素的扩散、新相生成等对焊接缺陷与接头力学性能的影响，也无法讨论所采用的工艺原则的正确与否。

表 1-7　常见异种金属焊接缺陷的产生原因和防止措施

异种金属组合	焊接方法	焊接缺陷	产生原因	防止措施
06Cr18Ni9 + 2.25Cr1Mo	焊条电弧焊	熔合区产生裂纹	产生马氏体组织	控制母材金属熔合比，采用过渡层、过渡段
奥氏体不锈钢 + 碳钢	MIG 焊	焊缝产生气孔，表面硬化	保护气体不纯，母材金属、填充材料受潮，碳的迁移	焊前对母材金属、填充材料应清理干净，保护气体纯度要高，填充材料要烘干，采用过渡层
Cr－Mo 钢 + 碳钢	焊条电弧焊	熔合区产生裂纹	回火温度不合适	焊前预热，填充材料塑性要好，焊后热处理温度要合适

（续）

异种金属组合	焊接方法	焊接缺陷	产生原因	防止措施
镍合金＋碳钢	TIG 焊	焊缝内部气孔、裂纹	焊缝温度过高，晶粒粗大，低熔点共晶集聚，冷却速度快	通过填充材料向异质焊缝加入 Mn、Cr 变质剂，以控制冷却速度，把接头清理干净
铜＋铝	电弧焊冷压焊扩散焊	产生氧化、气孔、裂纹	与氧亲和力大，氢的富集产生压力，生成低熔点共晶，高温吸气能力强	接头及填充材料严格清理并烘干，最好选用低温摩擦焊、冷压焊、扩散焊
		接头严重变形	焊接温度过高、压力过大和保温时间过长	焊接温度、压力及保温时间应合理
铜＋钢	扩散焊	铜母材金属一侧未焊透，结合强度差	焊接温度不够、压力不够、焊接时间短，接头装配不当	提高焊接温度、压力，延长焊接时间，接头装配合理
铜＋钨	电弧焊	不易焊合，产生气孔、裂纹，接头成分不均匀	极易氧化，生成低熔点共晶，合金元素烧损、蒸发、流失，高温吸气能力强	应严格清理接头及填充材料，焊前预热、退火，焊后缓冷，提高操作技术，采用扩散焊
铜＋钛	焊条电弧焊扩散焊氩弧焊	产生气孔、裂纹，接头力学性能低	吸氢能力强、生成共晶体及氢化物，线胀系数差别大，形成金属间化合物	选用合适的焊接材料，制定正确的焊接工艺，预热、缓冷，采用扩散焊、氩弧焊等方法
碳钢＋钛	电弧焊	焊缝产生裂纹、氧化	焊缝中形成金属间化合物，氧化性强	合理选用填充材料、焊接方法及焊接工艺
铝＋钛	焊条电弧焊氩弧焊电子束焊等	焊缝氧化、脆化、气孔，合金元素烧损、蒸发	氧化性强，高温吸气能力强，形成金属间化合物，熔点差别大	控制焊接温度，严格清理接头表面，预热、缓冷，采用氩弧焊、电子束焊、摩擦焊
锆＋钛	电弧焊电子束焊扩散焊	焊缝氧化、裂纹、塑性下降	对杂质敏感性大，生成氧化膜，产生焊接变形	清理接头表面，预热、缓冷，采用夹具，选用惰性气体保护焊、电子束焊和扩散焊
青铜＋铸铁	扩散焊	青铜一侧产生裂纹，铸铁一侧变形严重	扩散焊时焊接温度、压力不合适	选择合适的焊接参数，焊接室中的真空度要合适

（续）

异种金属组合	焊接方法	焊接缺陷	产生原因	防止措施
金属 + 陶瓷	扩散焊	产生裂纹或剥离	线胀系数相差太大，升温过快，冷却速度太快，压力过大，加热时间过长	选择线胀系数相近的两种材料，升温、冷却应均匀，压力适当，焊接温度和保温时间适当
金属 + 半导体材料	扩散焊	错位、尺寸不符合要求	夹具结构不正确，接头安放位置不对，焊件振动	夹具结构合理，接头安放位置正确，周围无振动

　　熔焊尤其是弧焊，产生焊接缺陷（气孔、裂纹等）的可能性，无论同种金属焊接还是异种金属焊接都是相同的，只不过异种金属焊接发生的几率可能要大一些，需要采取的焊接工艺措施更复杂、更严格一些而已。

　　异种金属焊接的裂纹产生也和同种金属焊接裂纹的产生原因完全一样。但异种金属熔焊（弧焊）时，异种金属的物理、化学、力学及冶金相容性等方面存在较大差异，会使焊接接头的化学成分、金相组织、力学性能产生不均匀性，使接头会有更多机会产生薄弱层及拉应力。因此，裂纹发生的几率要比同种金属的焊接大得多。

　　在异种材料的焊接中，最常见的是异种钢的焊接，其次是异种有色金属焊接，最后是钢与有色金属的焊接。接头形式基本上有三种，即两种不同金属母材的接头，母材金属相同而填充金属不同的接头（如用奥氏体焊接材料焊接中碳调质钢的接头等）以及复合金属板的焊接接头。

　　2. 异种金属焊接的一般工艺措施

　　为了获得优质的异种金属材料焊接接头，可以采取以下一般工艺措施：

　　1）尽量缩短被焊金属材料在液态停留的时间，以防止或减少金属间化合物的生成。熔焊时，可以使热源更多地向熔点高的焊件输热来调节加热和接触时间；电阻焊时，可以采用截面和尺寸不同的电极，或者采用快速加热等方法来调节。

　　2）焊接时要加强被焊金属材料保护，防止或减少周围空气的侵入。

　　3）采用与两种被焊金属材料都能很好焊接的中间过渡层，以防止生成金属间化合物。

　　4）焊缝中加入某些合金元素，以阻止金属间化合物相的产生和增长。

　　在工程上，许多异种钢的焊接接头常常在高温和腐蚀环境中运行。另外，为了消除焊接残余应力，某些焊接接头焊后需要在高温下进行一定时间的热处理。一般来说，异种钢焊接接头焊后热处理的目的是消除焊接残余应力，降低应力腐蚀的敏感性，软化热影响区，提高焊接接头区域的塑性。短时间的高温焊后热处理对提高焊接接头的高温时效性有利，特别是 Ni 基合金焊缝金属。对于一些淬硬倾向很大的珠光体钢母材，为了改善热影响区的韧性，减小冷裂敏感性，有必要进行焊后热处理。

应用于电站锅炉、石油、化工行业的高温、高压、腐蚀环境中的异种钢焊接接头，其使用温度多在 400~650℃ 之间。焊接接头的热强性和热疲劳性能的好坏，会直接影响到焊件的使用寿命。改善焊接组织在高温下的转变行为对焊件的高温使用寿命有很大影响，特别是提高了高温持久强度和塑性，可以大大延长焊件的使用寿命。

3. 异种金属电弧焊时焊缝熔合比的调整

对于异种金属的焊接，焊缝金属是第三种金属材料，其化学成分既不同于 A 侧金属，也不同于 B 侧金属。

无论同种金属焊接还是异种金属焊接，一般都是以熔敷焊接材料的化学成分为焊缝金属的基本成分。这里的焊接材料是指弧焊辅助材料，即焊条、焊丝、焊剂、保护气体等，焊接金属材料是指母材金属。熔敷金属是指填充金属（焊芯、焊丝及其他金属添加物）在焊接过程和它们的药皮或焊剂或保护气体进行冶金反应后的熔化金属，相当于熔合比为 0 时的焊缝金属，实际是在平板上堆焊（第一层堆焊的熔敷金属的熔合比也在 10% 左右）多层堆焊后最后一层的堆焊层金属的化学成分才是真正的熔敷金属。在各种焊接材料的国家相应标准中，都规定了这些焊条、焊丝、焊丝和焊剂的配合熔敷金属的化学成分及力学性能。

以熔敷焊接材料的化学成分作为焊缝的基本成分，母材金属的熔入引起焊缝中合金元素所占比例的降低或提高，分别称做"稀释"或"合金化"。

通常认为异种金属熔焊时不均匀性问题极为突出，其焊接接头的化学成分不均匀性，以及由此导致的组织和力学性能的不均匀性是，异种金属焊接中极为突出的问题。异种金属焊接接头中，不仅焊缝与母材的成分往往不同，就连焊缝本身成分也是不均匀的（尤其在多层焊时）；此时，焊缝与母材交界的过渡区成分也往往既区别于焊缝又不同于母材。这种成分的不均匀对异种金属焊接接头的整体性能有重要影响，在选择填充材料、制定焊接工艺时应充分估计到其影响的后果。采用熔焊时，更要注意对稀释率的控制。

异种金属熔焊时往往会产生粗大铸态组织、相变以及再结晶应力等问题，使接头性能变差。对于相互溶解度有限，物理、化学性能差别很大的异种材料，由于熔焊时的相互扩散作用会导致接头部位的化学和金相组织的不均匀或生成金属间化合物，所以异种金属熔焊时应尽量降低熔合比，尽量采用小电流、高焊速。常采用的措施是在坡口一侧或两侧堆焊一层中间金属过渡层。

熔合比的大小与焊接方法、接头形式、焊接层次及材料物理性能有关，表 1-8 是几种焊接方法的熔合比范围。表 1-9 是焊条电弧焊和堆焊时熔合比的近似值，显示了坡口角度及焊接层数对熔合比的影响。

表 1-8　几种焊接方法的熔合比范围

焊接方法	熔合比（%）
碱性焊条电弧焊	20~30
酸性焊条电弧焊	15~25

（续）

焊接方法	熔合比（％）
熔化极气体保护焊	20～30
埋弧焊	30～60
带极埋弧焊	10～20
钨极氩弧焊	10～100

表 1-9　焊条电弧焊和堆焊时熔合比的近似值　　　　（单位:%）

焊层	坡口角度/(°)			焊条电弧焊和堆焊时熔合比(%)
	15	60	90	
1	48～50	43～46	40～43	30～35
2	40～43	35～40	25～30	15～20
3	36～39	25～30	15～20	8～12
4	35～37	20～35	12～15	4～6
5	33～36	17～22	8～12	2～3
6	32～36	15～20	6～10	<2
7～10	30～35	—	—	—

　　熔合比越大，合金元素在焊缝金属中所占的比例越低，合金元素被稀释越严重，因此，常用稀释率来表达焊缝金属的熔合比。熔合比越小，合金元素的稀释率越小。在许多情况下，熔合比的数值与稀释率的数值是一样的。

　　根据焊缝金属的化学成分即可分析、推论出可能获得的组织和性能，如果不符合预期的要求，还可以通过调整熔合比或改变焊接材料，使之符合要求。

　　4. 异种金属电弧焊时堆焊过渡层

　　只要是熔焊，总会有部分母材金属熔化进入焊缝引起稀释，很多情况下还会形成如金属间脆性化合物、低熔共晶物等新的组织。为了解决母材金属的释稀问题，改善异种金属之间的焊接性，可以采用堆焊过渡层（隔离层）的方法。过渡层的成分可以是一种母材的成分，也可以是介于两种母材之间的过渡成分。当然，过渡层应对两种母材都具有良好焊接性。图 1-1 是前一种形式的过渡层堆焊法。对异种材料 A－B 的焊接，可先在 B 坡口面上堆焊 A，堆焊面加工后再与 A 材料相焊，就成了 A－A 间的焊接了，反之亦然。在实际应用中，最常见的是后一种，即过渡层是介于两种母材之间的过渡成分。

　　这种介于两种母材之间的"过渡成分"在国内各家不同的资料中称谓不一，"隔离层"、"中间层"、"过渡层"及"中间过渡层"等，但含义相同。这种过渡层是一种起"钝化作用"的过渡金属。把过渡层金属作为"溶质"，使它向被焊金属（溶剂）溶解，即过渡层的金属元素作为溶质能够在两种母材金属的基体（钢铁金属的基体为 Fe，铝合金的基体为 Al，不管钢铁或铝合金中还包含有多少其他合金成分）中形成连续固

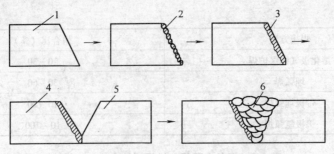

图1-1 异种金属熔焊时堆焊过渡层的示意图

1、4—母材B 2—堆焊过渡层 3—坡口加工 5—母材A 6—焊缝

溶体才能起作用。

5. 异种金属熔焊方法适应性的选择原则

异种金属的焊接能力会受到焊接方法的强烈制约。由于焊接方法的多样性，异种金属的焊接能力有较大的差别。常用异种工程金属材料的组合，基本上都可以实现获得无焊接缺陷优质接头的能力，以及满足其结构或构件使用（股役）要求的能力。与异种金属焊接技术有关的一些重要基本焊接方法，如图1-2所示。

图1-2 与异种金属焊接技术有关的一些重要焊接方法

从异种金属焊接性角度审视和讨论焊接方法的原理及分类时，人们首先关心的是各种焊接方法工艺特点，限定的异种金属材料组合能否适应某种焊接方法。如果两种或两种以上的焊接方法都具备对异种金属焊接的适应性，那么自然选择设备投资小、焊接成本低的焊接方法；其次关心选定的焊接方法对焊工技术的依赖性和能否实现自动化焊接；同时，要考虑异种金属组合焊接结构的形式对不同焊接方法的适应性，因为每种焊接方法都对接头形式及尺寸，对结构或构件的形式与尺寸大体有相应的优化适用范围。例如，埋弧焊适用于中厚板对接、搭接及角接接头的长焊缝，那么那些由异种金属通过焊接构成的切削工具（如石油钻杆和钻头的连接，齿轮结构的连接等），就不要考虑选

择埋弧焊或焊条电弧焊，压焊可能更合适；大尺寸（直径及板厚）的某些异种金属组合罐、缶等大型容器反倒可以选用埋弧焊。

1.2　常用熔焊方法对异种金属焊接的适应性

1.2.1　异种金属组合的弧焊

1. 常用弧焊方法的相关工艺特点

图 1-3 中，焊条电弧焊（SMAW）、钨极氩弧焊（TIG）（即钨极气体保护焊）、熔化极气体保护焊（GMAW）及埋弧焊（SAW）四种焊接方法都是以焊接电弧作为热源的弧焊焊接方法，表 1-10 显示了常用弧焊的工艺特点及其对异种金属焊接的适应性。

表 1-10　常用弧焊的相关工艺特点及其对异种金属焊接的适应性

弧焊方法	相关工艺特点	异种金属焊接的适应性
焊条电弧焊	1. 焊缝填充金属靠焊芯，焊缝金属合金化靠焊条药皮内铁合金中的合金元素向焊缝金属中过渡 2. 焊接电流范围受焊条芯直径限制： $I = (39 \sim 50)D$，D 为焊条直径（mm） 适应的焊件板厚范围较宽，可以开坡口进行多道多层焊。焊缝长短、形状及位置不受限制，灵活方便，但焊缝熔合比范围较小，且生产率较低 3. 适合钢铁材料或含有钢铁材料的异种金属焊接	见表 1-11、图 1-3，焊条种类繁多，焊条药皮配方制容易，是异种金属焊接的首选
埋弧焊	1. 焊缝填充金属和合金化有两种情况： 1）合金焊丝 + 熔炼焊剂配合时，填充焊缝和合金化都依靠焊丝，焊剂只起保护作用 2）焊丝 + 烧结焊剂配合时，填充金属靠焊丝，合金化靠焊剂 2. 焊接电流大，$I = (100 \sim 150)D$，D 为焊丝直径（单位：mm）。适合中厚板规则长焊缝的平焊或船形位置的焊接 3. 一般用于黑色金属焊接，有色金属只有纯铜（紫铜）可以采用埋弧焊	见表 1-11、图 1-3，因为热输入较大，不适合含有热敏感材料的异种金属焊接
钨极氩弧焊	1. 焊缝填充金属及合金化依靠外加焊丝或板条。焊接电流受钨极直径限制，焊接电流范围小，只能焊接薄板 2. TIG 焊是电弧焊方法中唯一的高质量、高生产率的焊接方法，几乎可以焊接大多数金属材料 3. 能够焊接空间位置的焊缝，但不能进行室外作业	见表 1-11、图 1-3，有极宽的熔合比范围（0～100），是异种金属最重要的焊接方法，适合异种黑色金属组合，异种有色金属组合及黑色金属与有色金属组合的焊接

（续）

弧焊方法	相关工艺特点	异种金属焊接的适应性
熔化极气体保护焊	GMAW 因保护气体不同，包括 MIG 焊、MAG 焊和 CO_2 焊等三种焊接方法 1. 焊缝填充金属及合金化均依靠焊丝 2. 焊接电流范围 $I =（100～300）D$，D 为焊丝直径（单位：mm） 3. 电弧形态因电流密度及保护气体不同会有不同的熔滴过渡形式，分别适合不同的金属材料和板厚的焊接。可焊接空间位置的焊缝，但不能进行室外作业	见表 1-12 及图 1-3，GMAW 焊中的 MIG 焊因为热输入比 TIG 焊大得多，也不能焊接热敏感金属材料，可与激光焊组成复合焊接法以用于厚板的高速焊接

表 1-11 异种金属接头组合电弧焊的焊接适应性

材料	锆	锡青铜	钨	钛	钽	高合金钢	碳素钢	银	铌	镍	钼	黄铜	锡	纯铜	锑	硬质合金	灰铸铁	钒	球墨铸铁	铅	铍	铝
锆	●										√	√										
锡青铜		●	√	√													√	√			√	√
钨		√	●	√		√			√													
钛			√	●	√	√		√					√					√	√		√	√
钽				√	●											√						
高合金钢			√	√		●	√	√	√	√				√		√	√		√	√	√	√
碳素钢						√	●	√														
银				√		√	√	●	√				√	√	√						√	√
铌			√			√		√	●	√			√		√							
镍						√			√	●				√								
钼	√										●	√										
黄铜	√										√	●	√									
锡				√				√	√			√	●	√	√							
纯铜						√		√		√			√	●								
锑								√	√				√		●	√						
硬质合金					√	√									√	●						√
灰铸铁		√				√											●	√	√			
钒		√		√													√	●	√			
球墨铸铁				√		√											√	√	●			
铅						√														●	√	
铍		√		√		√		√												√	●	√
铝		√		√		√		√								√					√	●

注：√—焊接性良好；●—同种金属焊接；空白处为焊接性差或无数据。

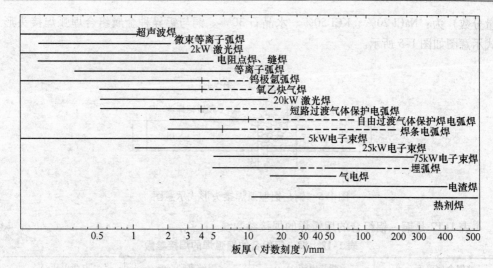

图 1-3　常用焊接方法推荐的适用焊件厚度

2. 异种金属组合的弧焊典型焊接工艺

（1）铜与铝组合的埋弧焊　铜与铝接头基本上用于电力设备，以及与导电性或导热性有关的结构，铝的密度比铜的小、价格低，以铝代替铜是这类铜－铝结构的经济原则。与钢铁材料相比较，铝与铜的热物理性能的差别还不算大，因此没有以钢代铜之说。

铝－铜在液态时，相互无限互溶；固态时则有限固溶，会形成金属间化合物。在有限溶解度内接头可以形成共同晶粒，以铝为溶剂，以铜为溶质，铜在铝中的固态溶解度只有 13% 左右，如图 1-4 所示的铜与铝二元合金相图。因此，铝与铜的焊缝金属应当是铝基合金，可采用铝焊丝作为填充金属。在铜侧开半 U 形坡口，铝侧不开坡口。半 U 形坡口内预置 $\phi3mm$ 的铝丝，以增加焊缝中铝的比例。

由于铜的熔点比铝高出 424℃，线胀系数高出 40%，电导率高出 70%（见表 1-1），因此，焊接电弧应指向铜侧，电弧与铜母材坡口上沿的偏离值 l 为焊件厚度的

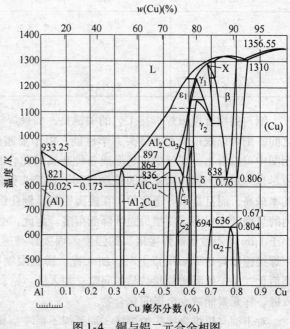

图 1-4　铜与铝二元合金相图

0.5～0.7 倍，以达到均匀熔化，并且采用铝焊剂进行渣保护，铝焊剂的化学成分（质

量分数）为：NaCl 20%、KCl 50%、水晶石 30%。铜与铝异种金属组合埋弧焊接头形式示意图如图 1-5 所示。

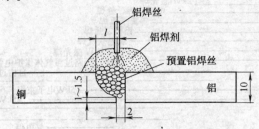

图 1-5　铜与铝埋弧焊接头形式示意图

表 1-12 是铜 – 铝组合的埋弧焊的焊接参数。

表 1-12　铜 – 铝组合的埋弧焊的焊接参数

被焊金属厚度/mm	焊接电流/A	焊丝直径/mm	电弧电压/V
8	360 ~ 380	2.5	35 ~ 38
10	380 ~ 400	2.5	38 ~ 40
12	390 ~ 410	2.6	39 ~ 42
20	520 ~ 550	3.2	40 ~ 44

焊接速度 /(m/h)	焊丝偏离 /mm	焊道数目	焊剂层	
			宽度/mm	高度/mm
24.4	4 ~ 5	1	32	12
21.5	5 ~ 6	1	38	12
21.5	6 ~ 7	1	40	12
18.6	8 ~ 12	3	46	14

　　铜与铝组合埋弧焊焊接工艺的关键是，如果焊缝金属中铜的质量分数在 8% ~ 10% 之间，则可以获得满意的接头力学性能。但不要超过 13%，否则从图 1-4 所示的合金相图中可以看出，焊缝中容易形成各种金属间化合物，如 Al_2Cu、$AlCu$、Al_2Cu_3 等。还应尽量缩短液态铝和固态铜的接触时间。在接头铜侧 3 ~ 10μm 内形成金属间化合物的几率最高，而且是不可避免的。在接头铝侧是铜在铝中的固溶体带，在金属间化合物区内的显微硬度很高，使接头强度降低很多。为此，必须将金属间化合物区的厚度减小到小于 1μm 才不致影响焊接接头的强度。埋弧焊高速度焊接是解决方案之一，如表 1-12 中焊接速度高达 20m/h 以上时，加入锌、镁能限制铜向铝中过渡；加入钙、镁能使表面活化，易于填满树枝状结晶的间隙；加入钛、锆、钼等难熔金属有助于细化组织；加入硅、锌元素能减少金属间化合物。

　　对于铜与铝组合接头的焊接，埋弧焊不是唯一具有工艺适应性的焊接方法，其他焊接方法如 TIG 焊、电子束焊、摩擦焊等都有较好的适应性。只有在中厚板、长直焊缝或环缝长焊缝条件下，埋弧焊的优势才可以充分发挥出来。另外，只有当焊条电弧焊对铜与铝焊接没有相应的焊条时，才采用埋弧焊。

（2）钢与铜组合的埋弧焊　钢铁材料是铁基合金，不管钢铁材料是什么化学成分，都视为这些合金元素在 Fe 中的固溶体，可能是有限固溶体。图 1-6 为铁与铜的二元合金相图。

液态时铁和铜无限互溶，固态时则有限互溶，不形成金属间化合物。以铜为溶剂，铁为溶质，从液态随着温度的下降，铁在铜中的溶解度逐渐下降，铜的温度为 1094℃ 时，铁在铜中的溶解度为 4%，650℃ 时为 0.2%，温度再降低时，溶解度已经无明显地变化。

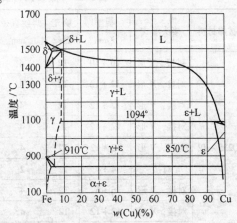

图 1-6　铁与铜二元合金相图

从液态的无限互溶到固态时的有限互溶（Fe 在 Cu 中的有限互溶），这一点与铝 – 铜异种金属的冶金相容性相似。钢 – 铜热物理性能的差异所增加的焊接难度也极为相似。

钢与铜组合埋弧焊焊接工艺的关键是选择何种焊缝金属。对于低碳钢与铜的埋弧焊，焊缝金属为铜基，则填充焊丝应为纯铜（T2）。Q235 低碳钢与 2 号纯铜（T2）的对接接头形式如图 1-7 所示。

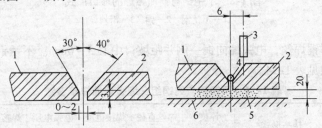

图 1-7　Q235 低碳钢与 2 号纯铜对接接头形式

1—低碳钢　2—纯铜　3—填充铜焊丝（T2）　4—躺放镍丝　5—焊剂垫　6—平台

对于厚度大于 10mm 的钢与铜的异种结构件，需开 V 形坡口，坡口角度为 60°～70°。由于钢与铜的热导率相差较大，可将 V 形坡口改为不对称形状，铜一侧的角度稍大于钢侧，可以为 40°，钝边为 3mm，间隙为 0～2mm，焊丝偏向铜一侧，距离焊缝中心 5～8mm，以减少钢的熔化量。在焊接坡口可以放镍丝或铝丝作为填充焊丝，焊剂用 HJ431 或 HJ430，低碳钢与铜组合埋弧焊的焊接参数见表 1-13。

（3）不锈钢与铜组合的埋弧焊　不锈钢与铜组合的埋弧焊，焊前要严格清理焊件、焊丝表面。板厚为 8～10mm 的焊件，一般需要开 70° V 形坡口，铜一侧的坡口角度为 40°，12Cr18Ni9（1Cr18Ni9）不锈钢一侧的坡口角度为 30°，并采用铜衬垫，坡口形式如图 1-8 所示。

表1-13 低碳钢与铜组合埋弧焊的焊接参数

被焊材料	接头形式	板厚/mm	填充焊丝	焊丝直径/mm	在坡口处躺放焊丝	焊接电流/A	电弧电压/V	焊接速度/(cm/s)
Q235 + T2	对接，V 形	10 + 10	T2	4	1 根 Ni 丝	600 ~ 660	40 ~ 42	0.33
	对接，V 形	12 + 12	T2	4	2 根 Ni 丝	650 ~ 700	42 ~ 43	0.33
	对接，V 形	12 + 12	T2	4	2 根 Al 丝	600 ~ 650	40 ~ 42	0.33
	对接，V 形	12 + 12	T2	4	3 根 Al 丝	660 ~ 750	42 ~ 43	0.33
	对接，V 形	12 + 12	T2	4	3 根 Al 丝	700 ~ 750	42 ~ 43	0.32
	对接	4 + 4	T2	2	—	300 ~ 360	42 ~ 34	0.92
	对接，V 形	6 + 6	T2	4	—	450 ~ 500	34 ~ 36	0.53
	对接，V 形	12 + 12	T2	4	1 根 Ni 丝	650 ~ 700	40 ~ 42	0.33
	对接，V 形	12 + 12	T2	4	2 根 Ni 丝	700 ~ 750	42 ~ 43	0.33

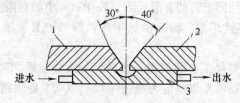

图 1-8 不锈钢与铜埋弧焊的坡口形式
1—不锈钢 2—铜 3—滑块

一般可选择铜焊丝，电弧偏向铜一侧并距坡口中心 5 ~ 6mm。不锈钢与纯铜组合埋弧焊的焊接参数见表 1-14。

表1-14 不锈钢与纯铜组合埋弧焊的焊接参数

被焊材料	接头形式	厚度/mm	焊丝直径/mm	焊接电流/A	电弧电压/V	焊接速度/(cm/s)	送丝速度/(cm/min)
12Cr18Ni9 + T2	对接，开 V 形坡口	10 + 10	4	600 ~ 650	36 ~ 38	0.64	232
		12 + 12	4	650 ~ 680	38 ~ 42	0.60	227
		14 + 14	4	680 ~ 720	40 ~ 42	0.56	223
		16 + 16	4	720 ~ 780	42 ~ 44	0.50	217
		18 + 18	5	780 ~ 820	44 ~ 45	0.45	213
		20 + 20	5	820 ~ 850	45 ~ 46	0.43	210

传统啤酒酿造厂的糊化锅是不锈钢与纯铜组合的异种金属焊接，其局部结构示意图如图 1-9 所示。该容器是由 12Cr18Ni9 不锈钢与 T2 纯铜焊接而成，不锈钢与纯铜都紧贴在 Q235 低碳钢上，三者共同组成接头。所以不需另加衬垫，属于异种金属的内环缝焊接。

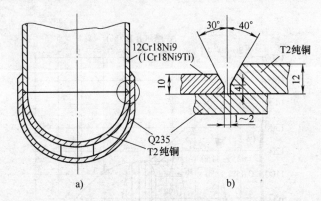

图 1-9 啤酒糊化锅不锈钢与纯铜焊接的结构示意图

a）糊化锅底部结构 b）坡口形状和尺寸

糊化锅的内环缝采用 $\phi4mm$ 的 T2 纯铜焊丝与 HJ431 或 HJ350 焊剂配合的埋弧焊，其焊接参数为：电弧电压为 40 ~ 42V，焊接电流为 600 ~ 800A，焊接速度为 0.5 ~ 0.6cm/s。焊接接头的抗拉强度可达到 353MPa，高于纯铜本身的强度。

（4）20g 钢与 Q345 钢组合的埋弧焊 埋弧焊时，按照 20g 钢的焊接性要求选择焊丝和焊剂。按 Q345（16Mn）钢的要求选择预热工艺，一般板厚小于 8mm 的薄板结构可不预热，板厚在 15 ~ 30mm 时，预热温度为 150 ~ 150℃。20g 钢与 Q345 钢组合埋弧焊的焊接参数见表 1-15。

表 1-15 20g 钢与 Q345 钢组合埋弧焊的焊接参数

接头形式	板厚/mm	焊接材料	焊丝直径/mm	焊接电流/A	电弧电压/V	焊接速度/(cm/s)
无坡口对接	12 + 12	H08A + HJ431	4	700 ~ 750	30 ~ 32	0.88
V 形对接多层	14 + 14	H08A + HJ431	4	760 ~ 800	32 ~ 34	0.83
T 形角接多层	16 + 16	H08A + HJ431	4，5	760 ~ 800	32 ~ 34	0.83
T 形角接多层	20 + 20	H08A + HJ431	5	750 ~ 800	32 ~ 36	0.69
T 形角接多层	30 + 30	H08A + HJ431	5	720 ~ 800	32 ~ 36	0.69

（5）钢与铝异种金属组合的 TIG 焊 钢与铝接头是唯一能适应 TIG 焊或电子束焊的异种金属组合。因为作为异种金属熔焊的首选焊接方法 SMAW，没有合适的焊条，也找不到合适的中间过渡层金属采用 SMAW 焊使两侧金属 Fe 和 Al 都能够接受。因而，钢与铝组合的 SMAW 或 SAW 的工艺焊接性极差。

TIG 焊采取特殊的工艺措施则可以基本满足钢 + 铝 TIG 焊的焊接性要求。图 1-10 是铁与铝二元合金相图。由图中可知，Fe 和 Al 既可以形成有限固溶体，又可以形成多种金属间化合物，还可以形成共晶体。

Fe 在固相 Al 中的溶解度极小，室温时几乎不溶于 Al。因此，含微量铁的铝合金在冷却凝固过程中会析出 $FeAl$、$FeAl_2$、$FeAl_3$、Fe_2Al_7、Fe_3Al 和 Fe_2Al_5 等金属间脆性化合

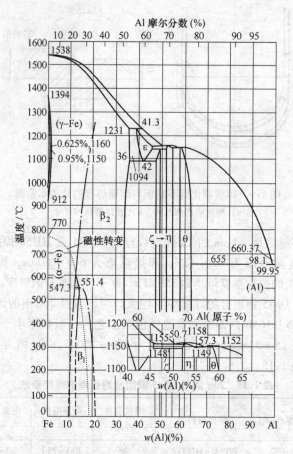

图 1-10　铁与铝二元合金相图

β_1—$AlFe_3$　β_2—$AlFe$　η—$AlFe_2$　θ—Al_3Fe　ε—复杂体心立方（化学式不详）

物，其中以 Fe_2Al_5 脆性最大。此外，铝还可以与钢中的 Mn、Cr、Ni 等元素形成有限固溶体和金属间化合物，还能与钢中的碳形成金属间化合物。这些化合物都是促使钢与铝焊接接头强度和硬度的提高以及塑性和韧性下降的主要原因；铝在铁中的溶解度要比铁在铝中的溶解度大得多，含有一定量铝的铁具有良好的抗氧化性能，但当铁中铝的质量分数超过 5% 以上时，则有较大的脆性，严重影响其焊接性。表 1-16 是钢与铝及铝合金的物理性能对比。

表 1-16　钢与铝及铝合金的物理性能对比

材料		熔点 /℃	热导率 /[W/(m·K)]	密度 /(g/cm³)	线胀系数 /(×10⁻⁶/K)	电阻率 /(×10⁻⁸Ω·cm)
钢	碳钢 Q235	1500	77.5	7.86	11.76	1.5
	不锈钢 12Cr18Ni9Ti	1450	16.3	7.98	16.6	7.4

（续）

材料		熔点 /℃	热导率 /[W/(m·K)]	密度 /(g/cm³)	线胀系数 /(×10⁻⁶/K)	电阻率 /(×10⁻⁸Ω·cm)
铝及铝合金	纯铝 1060 （L2）	658	217.7	2.70	24	2.66
	防锈铝 5A03 （LF3）	610	146.5	2.67	23.5	4.96
	防锈铝 5A06 （LF6）	580	117.2	2.64	24.7	6.73
	防锈铝 3A21 （LF21）	643	163.3	2.73	23.2	3.45
	硬铝 2A12 （LY12）	502	121.4	2.78	22.7	5.79
	硬铝 2A14 （LD10）	510	159.1	2.80	22.5	4.30

从表 1-17 可以看出，铝及铝合金的物理性能与钢相差甚远，这也会给它们之间的焊接过程造成很大的难度。首先，它们的熔点相差达 800~1000℃时，当铝或铝合金已完全熔化时，钢还保持着固态，这就很难发生熔合现象，而且液态的铝对固态的钢也很难润湿。虽然有用于同种金属及其合金焊接的铝焊条（GB/T 3669—2001），如 E1100 （TAl）、E3003 （TAlMn）及 E4043 （TAlSi），但要用这些铝焊条在钢坡口上堆焊过渡层是不可行的。其次，铝及铝合金的热导率与钢相差 2~3 倍，故很难均匀加热。线胀系数相差 1.4 倍以上，这也必然会在接头界面两侧产生残余应力，而且无法通过热处理来消除它，残余应力是产生裂纹的原因之一。另外，铝及铝合金加热时在表面迅速形成稳定的氧化膜（Al_2O_3），也会造成熔合困难。综上所述，焊接钢与铝及铝合金，采用熔焊方法焊接是极其困难的。

对于最单纯的 Q235 低碳钢和工业纯铝的组合接头，必须要找到一种金属作为过渡层，避开铁和铝的直接接触。过渡层金属既能和铁固溶又能与铝固溶，在金属元素中只有锌、银可以。

在 Q235 钢一侧坡口上涂覆一层锌层，以 TIG 焊的电弧作为热源，以锌条作为填充金属熔敷在钢侧表面的方法曾被采用。过渡层越厚越好。这种接头坡口形式、焊件与焊丝和钨极的相对位置如图 1-11 所示。

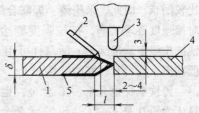

图 1-11　接头坡口形式和电弧位置
1—钢件　2—填充焊丝　3—钨极
4—铝件　5—镀锌层

电弧偏向铝侧，填充金属采用工业纯铝，其纯度比母材的工业纯铝相等或高一个等级，例如，铝母材为 1050A 时，填充焊丝应为 1070A。钨极直径为 $\phi2~\phi5mm$，交流电源，焊接电流根据焊件厚度，可按表 1-17 中数据选择。

表 1-17　低碳钢与工业纯铝组合的 TIG 焊的焊接电流

金属板厚/mm	3	6~8	9~10
焊接电流/A	110~130	130~160	180~200

这种 TIG 焊的技术要点是电弧沿铝一侧表面移动，而铝焊丝沿钢一侧移动，使液态铝流至钢的坡口表面，要注意保护坡口上的镀锌层，勿使之过早熔化蒸发而失去作用。

采用上述工艺 Q235 钢与工业纯铝组合的接头强度可达 88~98MPa。以上讨论的是低碳钢（以 Q235 为例）与工业纯铝（以 1060/L2 为例）焊接时，采用 TIG 焊与钎接涂覆低熔点锌的过渡层的 TIG 焊接工艺。对于其他钢种（如奥氏体不锈钢），以及其他铝合金（如防锈铝 3A21）的 TIG 焊，工艺会更麻烦一些，单靠锌过渡层就不能得到满意的结果了。这部分内容将在本节"钢与有色金属的焊接"有关章节中讨论。

（6）铸铁与碳钢组合的 CO_2 气体保护焊　铸铁异种材料的焊接不是不同种类铸铁之间的焊接，如灰铸铁与可锻铸铁材料的焊接，而是指铸铁与碳钢或有色金属之间的焊接。铸焊联合结构的制造，其优点是可以同时发挥铸铁和碳钢或有色金属各自的性能优势，降低制造成本，提高产品的经济效益。铸铁自身的焊接性比较差，异种金属焊接时出现的难度与存在问题都是出自焊接性较差的铸铁一侧。铸铁的性能优点是耐磨性、切削加工性和吸振性等比较好。缺点是抗拉强度低、塑性差，常见灰铸铁的塑性几乎为零。所以，几乎没有铸铁焊接构件，但铸铁异种金属构件——铸件与钢或有色金属的组合构件还是不少的。

本节以 HT200 + Q275[一] 组合的焊接，讨论其典型 CO_2 气体保护焊焊接工艺。图 1-12 是某机械设备上风缸的活塞与活塞杆的焊接结构及活塞杆的加工尺寸图。

利用灰铸铁的耐磨性、良好的切削加工性等优点制造成活塞，活塞杆约为 0.5m 长，整体结构若用铸造成形工艺则比较困难。因此，采用铸 - 焊联合结构，对接强度要求不高，抗拉强度能达到铸铁抗拉强度就很满足。活塞杆可用 Q275 低碳钢，其具有较好的韧性。

铸铁本身也是 Fe - C 合金，也有资料认为铸铁是 Fe - C - Si 三元合金，但不妨碍其冶金相容性分析。从一种金属冶金相容性考虑，灰铸铁 HT200 和低碳钢 Q275 能够形成连续固溶体，冶金焊接性不存在问题，即不一定会有脆性金属间化合物生成。但二者的物理性能、化学成分及力学性能的差异会给这种组合的焊接带来许多工艺难度。表 1-18 ~ 表 1-20 分别为灰铸铁 HT200 和低碳钢 Q275 在物理性能、力学性能、化学成分及常态金相组织等方面的差异比较。

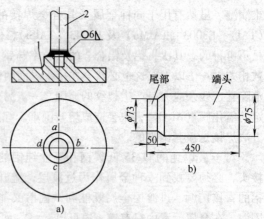

图 1-12　活塞杆与活塞的焊接结构
以及活塞杆的加工尺寸
a）活塞杆与活塞的焊接结构　b）活塞杆的加工尺寸
1—活塞　2—活塞杆

表 1-18　灰铸铁 HT200 及低碳钢 Q275 的物理性能

材料	熔点/℃	密度/(g/cm³)	线胀系数/(×10⁻⁶/K)
HT200	1100 ~ 1250	6.7 ~ 7.6	10.6
Q275	1450	7.82	11.2

[一] Q275 牌号在 GB/T 700—2006 中取消，但目前在工程上仍有使用。

表 1-19 灰铸铁 HT200 及低碳钢 Q275 的力学性能

材料	抗拉强度/MPa	布氏硬度/HBW	伸长率（%）
HT200	200	170 ~ 220	≤1
Q275	490 ~ 630	110 ~ 150	17

表 1-20 灰铸铁 HT200 及低碳钢 Q275 的化学成分（质量分数,%）常态金相组织

材料	C	Si	Mn	P	S	组织
HT200	3.1 ~ 3.4	1.5 ~ 2.0	0.6 ~ 0.9	<0.3	<0.12	珠光体
Q275	0.28 ~ 0.38	0.35	0.5 ~ 0.8	0.045	0.5	珠光体

在灰铸铁（HT200）与低碳钢（Q275）的焊接性上，首先是铸铁的塑性接近为零，所以不能考虑压焊方法，其熔焊工艺焊接性主要存在两个方面的问题：其一是焊接热循环过程中，接头（HT200 一侧）容易形成白口化和高碳马氏体淬硬组织；其二是接头容易形成裂纹。分析如下：

1）白口化和淬硬组织。灰铸铁同种金属弧焊或与低碳钢组合弧焊时，且不管焊缝金属为何种类型（铸铁、铁基、铜基、镍基）接头，HT200 侧在电弧加热熔化热循环过程中，如果工艺处理不当，在一般焊接冷却条件下，不可避免地要在热影响区产生白口组织。当 HT200 与 Q275 组合焊缝金属为低碳钢（钢基焊缝）时（低碳钢焊条 J422，SMAW 焊或 CO_2 气体保护焊），HT200 中的碳肯定会过渡到焊缝金属中而出现马氏体淬硬组织。

2）裂纹包括热裂纹和冷裂纹。由于铸铁（包括灰铸铁）含杂质碳、硫、磷量较高（见表 1-21），特别是硫、磷有害元素比 Q275 高出 5 ~ 6 倍，因此在选用钢基焊缝时，由于 HT200 中硫、磷的溶入而产生低熔共晶物 FeS 和 Fe_3P，在其应力条件下产生热裂纹，热裂纹也包括焊缝收尾时的火口裂纹。因为发生在高温结晶过程中，所以称为热裂纹或结晶裂纹。冷裂纹发生在金属凝固后较低温度（一般低于 400℃），一般发生在 HT200 一侧的近缝区，甚至 HT200 母材上。冷却收缩产生的拉应力使得塑性几乎为零的 HT200 近缝区有白口组织与马氏体淬硬组织的 HT200 一侧母材和近缝区也会产生冷裂纹。

HT200 与 Q275 组合接头的焊接方法可有多种选择：如传统的 SMAW 焊、CO_2 气体保护焊、TIG 焊、MIG 及 MAG 焊等。SMAW 热焊法，将焊接部位或者构件整体加热到 400 ~ 600℃（暗红色），使 HT200 得到较好的热塑性，然后用焊条焊接，电弧略倾向于 HT200 一侧，焊接过程中，焊接区的温度不得低于 400℃，在 400 ~ 600℃ 条件下，HT200 有很好的塑性，没有热应力。因此，不会出现热裂纹，焊完之后自然冷却到 100 ~ 200℃ 时，再马上加热到 600 ~ 620℃，保温 1h，然后缓冷，用热石棉或草木灰覆盖焊缝区，缓冷速度为 25℃/h。这种缓冷程序称之为消除应力热处理。热焊焊条采用钢芯铸铁焊条（牌号为 Z208 或 Z100 或 Z106）、镍基焊条（牌号 Z408 等），或者结构钢焊条（牌号 J422、J507），这种预热、缓冷的热焊法需要消耗较大的能源，成本较高。冷焊法虽然能源消耗少，但焊条价格高昂。冷焊法不预热、不缓冷、工序简单，焊条采

用镍基焊条或镍铜焊条。铜和镍对接头组合两侧都有较好的冶金相容性。如果采用J422 或 J507 焊条，则应先在 HT200 一侧用镍基焊条堆焊过渡层，之后再用铜基焊条堆焊中间过渡层。

铸铁与钢焊接时，填充金属的选择请见表 1-21。无论热焊还是冷焊，其工艺要点是小电流、短弧焊、短道焊、每焊完一段焊道（10～20mm）趁热马上用铁锤击打焊缝，打出麻点以松弛热应力。

对于灰铸铁自身的焊接（补焊），以及其他铸铁（如球墨铸铁、可锻铸铁、合金铸铁等）自身的补焊及其异种金属组合（同钢铁金属或有色金属）焊接，也基本上是上述的焊接工艺：预热、缓冷、高价的专用焊条，以及低热输入、短道焊、断续焊，趁热锤击焊缝松弛应力等。因此，HT200 与 Q275 组合采用 SMAW 焊是成本很高的工艺方法。

灰铸铁（HT100、HT150、HT250 等）是所有铸铁种类（球墨、可锻等）中最廉价的金属材料，廉价指的是制造（浇铸及其热处理）工艺简单、成本最低。在所有熔焊方法中，CO_2 气体保护焊也是成本最低。因此，HT200 与 Q275 组合采用 CO_2 气体保护焊应当是最合理的选择。因为 CO_2 气体保护焊的特点之一就是氧化性恰好对铸铁焊接不构成危害。细丝短路过渡 CO_2 气体保护焊与 SMAW 焊比较，不仅熔敷速度高（高 2 倍），焊接速度快（快 2 倍），还在于 CO_2 气体保护焊的热输入比 SMAW 焊小，可以做到比SMAW 焊更小的熔合比。TIG 焊、MIG/MAG 焊及高能束焊（等离子弧焊、电子束焊、激光焊）可能都会获得低热输入和小熔合比，但焊接成本都远远高于 CO_2 气体保护焊。

表 1-21　铸铁与钢焊接时填充金属的选择

被焊材料	焊条电弧焊	CO_2 气体保护焊	氩弧焊	钎接	
				钎料	钎剂
低碳钢 + 灰铸铁	AWSENi – CL – A [w(Ni)95%] Ni337 EZ116		Ni112	H62 HSCuZn2 HSCuZn3 CuZnB CuZnA BCu – ZnD	硼砂,硼酸盐
低碳钢 + 可锻铸铁	EZCQ EZNi – 1 EZNiFe – 1 EZNiFeCu EZNiCu – 1 E5015 E4303 E4301	H08Mn2SiA 53Ni – 45Fe 药芯焊丝	Ni337 ENi – Cl – A [w(Ni)95%] ENi – Cl [w(Ni)93%]	Ag315 BAg – 3 BAg – 4	QJ101 或 QJ102
低碳钢 + 球墨铸铁	EZNi – 1 EZNiFe – 1 EZNiFeCu Ni337 ENi – Cl – A E5015			35Sn – 30Pb – 35Zn 软钎料	

HT200 与 Q275 组合的 CO_2 气体保护焊的焊接工艺要点如下：

1）采用热焊工艺，即焊前预热、焊后缓冷，预热缓冷规范与 SMAW 热焊法完全一样。

2）采用小电流、短焊缝（10 ~ 20mm），断续焊。

3）每道短焊缝焊完后趁热马上锤击敲打。

4）待全部焊完后施加缓冷措施，与 SMAW 热焊法一样。

HT200 铸铁活塞与 Q275 低碳钢活塞杆 CO_2 气体保护焊的焊接参数见表 1-22。

表 1-22 HT200 铸铁活塞与 Q275 低碳钢活塞杆 CO_2 气体保护焊的焊接参数

焊丝牌号	焊丝直径 /mm	焊接电流 /A	电弧电压 /V	焊接速度 /（m/h）	CO_2 流量 /（L/min）
H08Mn2SiA	1.2	70 ~ 100	18 ~ 22	8 ~ 10	12 ~ 15

按以上 4 个工艺要点施焊，接头没有冷、热裂纹，完全可以满足使用要求。

1.2.2 异种金属组各的高能密度焊

高能密度焊包括电子束焊（EBW）、激光焊（LBW）和等离子弧焊（PAW）等。高能密度焊也称做高能束焊接，因为其焊接能源分别是直径很小、温度极高的离子束、电子束和光子束。弧焊的弧柱平均温度不超过 5000℃，TIG 焊温度较高可达 8000 ~ 10000 摄氏度（℃），而等离子束可达 50000℃，电子束可达十万摄氏度，激光更高达百万摄氏度。与弧焊比较，高能密度焊是高成本焊接，但也是一种特种焊接方法。能够焊接弧焊方法不能适应的特种金属材料及特殊的异种金属组合。三种高能密度焊的共同之处是焊缝形成机理相同，也都不用开坡口和填充金属。等离子弧焊成本比 TIG 焊高，焊接优势不如激光焊及电子束焊，且操作复杂设备故障率高，在异种金属焊接中应用较少。

1. 高能密度焊的相关工艺特点及对异种金属组合焊接适应性（见表 1-23）

表 1-23 高能密度焊的相关工艺特点及对异种金属组合焊接的适应性

焊接方法	相关工艺特点	异种金属组合焊的适应性
等离子弧焊（PAW）	1. 等离子弧呈圆柱状，可以拉得很长且很稳定，焊接电流也不变化。在焊接电流小到 1A 以上仍能稳定地燃烧。可以焊接 0.1mm 以下的微型件 2. 不用填充金属，焊缝窄，热影响区很小，一般情况下焊接质量及生产率都超过 TIG 焊 3. 调整等离子弧的形态，可以实现薄板焊接的微束等离子弧（转移弧）焊 也可以利用非转移弧的锁孔效应实现厚度 10mm 以上焊件的单面焊双面成型。适用于焊接贵重金属（Ni、Ti 等）和难熔金属及由其组合的异种金属焊接 缺点是焊接参数多，调节困难，钨极内缩，焊枪体积大，电弧可达性差	适于有贵重金属或难熔金属的组合。难熔金属的物理性能见表 1-25

（续）

焊接方法	相关工艺特点	异种金属组合焊的适应性
电子束焊 （EBW）	电子束焊的焊接特点见表1-24 电子束焊接的缺点： 1. 被焊工件形状尺寸受工作室（真空室）尺寸限制，且每次焊件装卸都要重新抽真空，生产率低 2. 电子易受散磁场干扰，装卡具不能使用磁性材料 3. 焊接时产生X射线，需要防护	见表1-26、表1-27。适于难熔金属＋有色金属组合，难熔金属＋钢铁材料组合及钢铁材料＋有色金属组合的焊接。其中难熔金属的物理性质见表1-25 异种金属电子束焊时常见组合及其需要添加的中间过渡层金属见表1-27
激光焊 （LBW）	1. 焊接用激光束是一种人造光，因而也具有自然光的反射和吸收特性。激光焊时金属吸收率与材料表面温度及功率密度的关系如图1-13所示 2. 激光束频谱极窄，光斑直径可以小到0.01mm。功率密度可达109W/cm²，可一次焊厚度为50cm以上的焊件，不用开坡口，无填充金属一次成形，深宽比达12∶1。异种金属焊接常用脉冲激光点焊焊接细微件 3. 适于焊接难熔金属，热敏感强的金属以及物理性能差异较大的异种金属组合 4. 激光能透射、反射，可以光纤传输，能焊接一般难以达到的部位 其缺点是对焊件的加工、组装及定位要求严格，对高反射率的金属焊接难度大还有是电光转换率很低只有0.1%～0.3%	异种金属组合采用激光焊的可能性见表1-28 在一定条件下，Cu＋Ni、Ni＋Ti、Gu＋Ti、Ti＋Mo、黄铜＋铜、低碳钢＋铜、不锈钢＋铜以及其他组合都可以进行激光焊

表1-24　电子束焊的焊接特点

序号	特点	内　　容
1	焊缝深宽比高	电子束斑点尺寸小，功率密度大。可实现高深宽比（即焊缝深而窄）的焊接，深宽比达60∶1，可一次焊透厚度0.1～300mm的不锈钢板
2	焊接速度快，焊缝组织性能好	能量集中，熔化和凝固过程快。例如焊接厚度为125mm的铝板，焊接速度达40cm/min，是氩弧焊的40倍；高温作用时间短，合金元素烧损少，能避免晶粒长大，改善了接头的组织性能，焊缝耐蚀性好
3	焊件热变形小	功率密度高，输入焊件的热量少，焊件变形小
4	焊缝纯度高	真空对焊缝有良好的保护作用，高真空电子束焊尤其适合焊接钛及钛合金等活性材料
5	工艺适应性强	焊接参数易于精确调节，便于偏转，对焊接结构有广泛的适应性
6	可焊材料多	不仅能焊接金属和异种金属材料的接头，也可焊接非金属材料和复合材料，如陶瓷、金属间化合物、石英玻璃等
7	工艺再现性好	电子束焊的焊接参数易于实现机械化、自动化控制，重复化、再现性好，提高了产品质量的稳定性
8	可简化加工工艺	可将重复的或大型整体加工的焊件分为易于加工的、简单的或小型部件，用电子束焊接成一个整体，减少加工难度，节省材料，简化工艺

表 1-25　难熔金属的物理性能

金属	熔点/℃	密度 /(g/cm³)	比热容 /(J/g·k)	热导率 /[W/(cm·K)]	线胀系数 /(×10⁻⁶/K)	弹性模量 /MPa
W	3410 ± 10	19.21	0.138	1.298	4.5	345×10^3
Mo	2620 ± 10	10.22	0.243	1.424	5.3	276×10^3
Ta	2996	16.6	0.142	0.544	6.5	189×10^3
Nb	2460 ± 10	8.57	0.269	0.523	7.39	105×10^3
Fe	1450	7.8	0.469	0.51	11.16	202×10^3

表 1-26　各种金属组合采用电子束焊的适应性

项目	Al	Be	Cu	Au	Fe	Mg	Mo	Ni	Pt	Si	Ag	Ti	W	Zr	V
Al	√√	√	√		√							√		√	√
Be	√	√√	√	√	√										
Cu	√	√	√√	√	√		√					√	√		
Au		√	√	√√				√		√					
Fe	√		√		√√			√							√
Mg						√√									
Mo	√		√		√		√√		√						
Ni	√		√		√		√	√√	√	√	√				√
Pt				√			√		√√						
Si			√	√				√		√	√				
Ag			√					√		√	√√				
Ti	√		√		√							√√	√		√
W			√									√	√√		
Zr	√				√									√√	√
V	√				√			√						√	√√

注：√为焊接性良好（√√为同种金属焊接）；空白处为焊接性差或无相关数据。

表 1-27　异种金属电子束焊时所采用的中间过渡层金属

被焊异种金属	过渡层金属	被焊异种金属	过渡层金属
Ni + Ta	Pt	钢 + 硬质合金	Co、Ni
Mo + 钢	Ni	Al + Cu	Zn、Ag
Cr - Ni 不锈钢 + Ti	V	黄铜 + Pb	Sn
Cr - Ni 不锈钢 + Zr	V	低合金钢 + 碳钢	10MnSi8

表1-28　异种金属组合采用激光焊的可能性

项目	Al	Mo	Fe	Cu	Ta	Ni	Si	W	Ti	Au	Ag	Co
Al	√					√		√		√		
Mo		√			√							
Fe			√	√	√							
Cu			√	√	√							
Ta		√	√	√	√							
Ni	√			√	√			√		√	√	
Si				√						√		
W	√							√				
Ti									√			
Au	√					√	√					√
Ag						√					√	
Co										√		√

注：√为焊接性良好；空白为焊接性差或无相关数据。

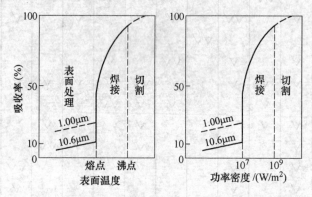

图1-13　金属吸收率与材料表面温度及功率密度的关系

2. 异种金属组合电子束焊的工艺处理

（1）异种金属组合电子束焊的焊接性　异种金属熔焊焊接性的好坏，可根据两者的冶金相容性来判断，电子束焊也是如此，具有冶金相容性能够生成连续固溶体或能够无限互溶的异种金属，则具有良好的焊接性。有限互溶或焊缝能生成有限固溶体的电子束焊，也可以获得良好的接头强度与塑性。这也是与传统弧焊方法的最大区别之一。如果异种金属没有冶金相容性，采用弧焊方法（如TIG焊）焊缝就会生成金属间化合物，而采用电子束焊却能获得一定强度和致密性的焊接接头。因为电子束焊能够精确地控制和分配输入到被焊金属材料的能量，能够把金属间化合物限制到最小数量，使其厚度不超过几十微米，而TIG焊则无法控制和限制所形成的脆性金属间化合物的数量，这也是电子束焊的最大优势。例如，钼与镍组合的焊接，TIG焊无法获得合格的焊接接头，而电子束焊可以。还有，采用电子束焊–钎焊方法，可以将弧焊无法实现的钼＋铜或钼＋钨组合成功地连接到一起，保证接头有良好的致密性和一定的强度。

钼和铜是不能互溶的，且其线胀系数不同，采用电子束焊–钎焊焊接时，可控制钼不熔化而仅仅使铜熔化，熔化的铜浸润在钼上形成接头。铜与铝组合焊接时，为了避免产生金属间脆性化合物，还可以加锌箔或银箔。用银夹片（0.7mm 薄片作为中间过渡金属层）可以获得塑性良好的铜–铝接头。所以异种金属真空电子束焊时，某些情况下也需要添加中间过渡金属层，过渡金属和两侧母材都应有良好的冶金相容性。

异种金属物理性能的差别和冶金相容性同样是判断异种金属工艺焊接性好坏的条件之一。对电子束焊来说，对异种金属不同熔点的处理，有两种工艺处理方法：其一是两种金属熔点接近，对工艺无特殊要求，可将电子束指向接头中间。如果要求焊缝金属的熔合比不同，以改善接头组织性能时，可将电子束倾斜一角度，指向要求熔合比多的一侧；其二是两种金属熔点相差较大时，为防止低熔点母材熔化流失，可将电子束集中在熔点较高的母材一侧，不让低熔点母材金属熔化过多而影响焊缝质量。还可以利用铜板传递热量，以保证两种金属受热均匀。

（2）钢与有色金属组合的焊接　钢一侧常用的是低碳钢和不锈钢，有色金属常用的是铝、铜、钛、镍及钨、钼等。无论低碳钢还是合金钢，与有色金属组合熔焊时，都可视为钢与有色金属组合的熔焊，因为钢的合金元素（即使是高合金钢）都是作为溶质，以铁为溶剂固溶在铁中的，除非不锈钢与镍基合金或高铬钢组合熔焊，才考虑合金元素的作用。

1）钢与铝及铝合金组合。由于铁与铝液态时无限互溶，固态时有限固溶而且还会生成金属间化合物。所以钢与铝合金组合的熔焊时焊接性较差，采用传统弧焊方法（如 TIG 焊）时，需要开不对称坡口，以及用银作为过渡层，采用 TIG–钎焊方法可以在一定程度上获得满意的接头。电子束焊同样用熔焊–钎焊方法，也采用银作为过渡层，不用开坡口，靠电子束指向角度控制熔合比，可以获得较高质量的接头，力学试验接头在铝侧母材上破坏。电子束焊的优势显而易见，但成本要比 TIG 焊法高出诸多倍。

2）钢与铜及铜合金组合。钢与铜组合可以直接进行电子束焊，可以不用过渡层，因为没有金属间化合物产生。

3）钢与钛及钛合金组合。在钢与钛及钛合金组合的焊接生产中，应用电子束焊较多。钢与钛及钛合金的真空电子束焊的特点是，可获得窄而深的焊缝，而且热影响区很窄。由于是在真空中焊接，避免了钛在高温下吸收氧、氢、氮而使焊缝金属脆化。在电子束焊的缝焊中有可能生成金属间化合物（$TiFe$、$TiFe_2$），使接头塑性降低，但由于焊缝比较窄（焊缝宽度和熔深之比为 1:3 或 1:20），在工艺上难以控制，能够减少生成或不生成 $TiFe$、$TiFe_2$07Cr19Ni11Ti。因此，钢与钛及其合金的电子束焊可以获得质量良好的焊接接头。

钢与钛及钛合金的真空电子束焊之前，必须对钛的表面进行清理，即用不锈钢丝刷或用继续加工端面之后进行酸洗，用水冲洗干净。钢与钛及其合金的电子束焊的焊接参数，可以参考钛及其合金电子束焊的焊接参数。

4）不锈钢与钛及其合金组合。07Cr19Ni11Ti 不锈钢与钛及钛合金真空电子束焊时，一般选用 Nb 和青铜作为中间过渡层，这些中间过渡层可使焊缝不出现金属间化合物，不出现裂纹和其他缺陷，接头强度高且具有一定的塑性。如果不用中间过渡层，将获得塑性低的接头，甚至出现裂纹。这些中间过渡层金属有 V + Cu、Cu + Ni、Ag、V + Cu + Ni、Nb 和 Ta 等，但采用中间过渡金属层的焊接工艺比较复杂。

5）不锈钢与钼组合。焊接时使电子束焦点偏离开钼的一侧，以调节和控制钼的加热温度。只要焊接表面加工合适和焊接参数适当，熔化的不锈钢就能很好地浸润固态钼的表面，形成具有一定力学性能的接头。

不锈钢与钼焊接接头的强度与塑性取决于接头形式和焊接参数。不锈钢与钼电子束焊的焊接参数及接头性能见表 1-29。试验温度为 20℃，电子束偏向 12Cr18Ni9Ti 不锈钢一侧。在拉伸试验和弯曲试验时，试样断裂位置在钼与焊缝金属之间的界面上。

表 1-29　不锈钢与钼组合电子束焊的焊接参数及接头性能

金属厚度/mm		焊接参数			接头性能		
Mo	12Cr18Ni9Ti	加速电压 /kV	电子束电流 /mA	焊接速度 /(cm/s)	抗拉强度 /MPa	弯曲角 /(°)	接头形式
0.5	0.8	16	15	0.83	250 ~ 530（390）	13 ~ 73（43）	对接
0.3	0.4	16.3	20	1.11	460 ~ 720（580）	40 ~ 70（55）	搭接
0.3	0.4	16.5	9	1.11	230 ~ 550（420）	40 ~ 140（93）	角对接

注：括号中的数据为试验平均值。

3. 异种金属组合电子束焊的典型焊接工艺

（1）不锈钢与钨组合　不锈钢与钨组合电子束焊时，为了获得满意的焊接接头，必须采取特殊的工艺措施。不锈钢与钨的电子束焊焊接工艺步骤如下：

1）焊前对不锈钢和金属钨进行认真地清理和酸洗。酸洗溶液的成分（质量分数）为：$H_2SO_4$54% + $HNO_3$45% + HF1.0%，酸洗温度为 60℃，酸洗时间为 30s。酸洗后的母材金属需在水中冲洗并烘干，烘干温度为 150℃。

2）焊前再将被焊接头用酒精或丙酮进行脱脂和脱水。将清理好的被焊接头装配、定位，然后放入真空室内，并调整好焊接参数和电子束焊枪。

3）焊接过程中应注意真空室中的真空度，要求真空度在 1.33×10^{-5}Pa 以上。

4）不锈钢与金属钨真空电子束焊组合的焊接参数：加速电压为 17.5kV，电子束电流为 70mA，焊接速度为 30m/h。

5）焊后取出焊件并缓冷。待焊件冷至常温时，进行焊接接头检验，发现焊接缺陷应及时返修。

（2）异种有色金属组合　一些冶金上不相容的金属可以通过填充另一种与两者皆相容的金属薄片（即中间过渡层）来实现电子束焊，例如填夹镍薄片可以使铜与钢或两种不同的铜焊在一起，填夹铝薄片可以使沸腾钢焊在一起，填夹镍基合金可以使不锈钢与结构钢焊在一起等。

1）铜与铝组合的电子束焊。铜与铝的焊接并带有中间过渡层时，采用电子束焊工艺可以获得优良的焊接接头。中间过渡层可采用厚度为 0.7mm 的银薄片。

2）锆与铌组合的电子束焊。锆（Zr）主要用于核电站、核潜艇及核动力舰船的核反应堆的某些部件，也可用于制造反应塔、热交换器等，另外锆具有优良的耐酸、碱及其他介质腐蚀的能力，因此也在化工、农药设备中广泛使用。铌（Nb）是重要的合金钢添加剂，广泛用于冶金、化工、电子和航空航天等领域，铌也被作为超导材料广泛使用。

锆与铌的热物理性能不同，锆的热导率比铌的热导率小，焊后产生的变形大，在应力作用下易形成裂纹。锆与铌的焊接性差，要获得满意的焊接接头，必须采取合适的焊接方法和工艺措施。

真空电子束焊用于焊接锆与铌的核潜艇产品部件，可获得良好的结果。推荐的焊接参数为：电子束焊机型号为 EZ—6—100，加速电压为 60kV，电子束电流为 20 ~ 75mA，焊接速度为 18 ~ 20m/h，电子束偏向熔点高的一侧约 1 ~ 2mm，真空度达到 1.33×10^{-4}Pa。采用上述电子束焊工艺可获得接头性能良好的锆与铌的核潜艇部件。

4. 异种金属组合的脉冲激光点焊

熔点、沸点相近的异种金属组合，能够形成牢固接头的激光焊参数范围较大。当上片金属 A 的下表面和下片金属 B 的上表面同时熔化的温度范围相差不大时（见图1-14a），此温度范围可在 $A_熔$—$B_沸$ 之间进行调整。于是相应的激光参数调整范围也不大。若一种金属的熔点比另一种金属的沸点还高得多（见图1-14b），则这两种金属形成牢固的接头范围就很窄，或者不可能进行焊接。因为，当上片金属 A 的下表面熔化时，下片金属 B 的上表面已经蒸发。即使是这样的焊点，还可能有一定的强度，但焊点也只与钎焊性质相近，已不属于熔焊了。在这种情况下，由于生产的需要，还需要采用激光焊时，可采用过渡金属来进行牢固地焊接。例如在密封性微型继电器簧片的焊接中，需将银 – 镁 – 镍合金簧片与镀银铁柱（或可伐合金）焊接起来，它们的焊接性较差，这时可采用锌白铜作为过渡材料，先将锌白铜与银 – 镁 – 镍合金焊接起来，然后将锌白铜焊在铁柱上。

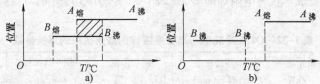

图 1-14　两种金属的熔点、沸点示意图

a）两种金属熔点相差不大时　b）当一种金属的熔点比另一种金属的沸点还高时

脉冲激光焊时通常把反射率低、传热系数大、厚度较小的金属选为上片；细丝与薄膜焊接前，可先在丝端熔接直径为丝径 2 ~ 3 倍的球，以增大接触面和便于激光束对准；脉冲激光焊也可用于薄板缝焊，这时焊接速度 $v = df(1 - K)$（式中 d 为焊点直径，f 为脉冲频率，系数 K，依板厚板 0.3 ~ 0.9）。

表 1-30 为各种材料焊件脉冲激光焊时的焊接参数。

表 1-30　各种材料焊件脉冲激光焊时的焊接参数

材料	厚度（直径）/mm	脉冲能量/J	脉冲宽度/ms	激光器类别
镀金磷青铜 + 铝箔	0.3 + 0.2	3.5	4.3	钕玻璃激光器
不锈钢片	0.15 + 0.15	1.21	3.7	钕玻璃激光器
纯铜箔	0.05 + 0.05	2.3	4.0	钕玻璃激光器
镍铬丝 + 铜片	0.10 + 0.15	1.0	3.4	—
不锈钢片 + 铬镍丝	0.15 + 0.10	1.4	3.2	红宝石激光器
硅铝丝 + 不锈钢片	0.10 + 0.15	1.4	3.2	红宝石激光器

5. 异种金属组合的连续激光焊实例

较厚板的异种金属组合连续激光焊，常常采用激光 – MIG 复合热源焊接方法，有关钢与铝组合的激光 – MIG 复合焊接将在本书第 3 章详细讨论。冷轧钢板和高强度锌钢板的拼接长缝激光焊也属于异种金属组合焊接，即碳钢与低合金钢组合的焊接。这种异种薄板拼接激光焊在汽车制造中应用较多。这两种低合金高强度镀锌钢与冷轧钢的化学成分及力学性能见表 1-31。

表 1-31　高强度镀锌钢与冷轧钢的化学成分及力学性能

材料	板厚/mm	C	Si	Mn	Al	Ti	P	S	拉拉强度/MPa	屈服强度/MPa	伸长率（%）
		质量分数（%）									
镀锌钢	1.5	≤0.18	≤0.5	≤2.0	—		≤0.025	≤0.015	800~950	500	≥10
冷轧钢	1.0	≤0.08	—	≤0.45	≥0.02		≤0.03	≤0.025	≥270	120~240	≥42
	1.5	≤0.08	—	≤0.4	≥0.015	≤0.2	≤0.025	≤0.025	≥260	120~210	≥44
	2.0	≤0.08	—	≤0.4	≥0.02		≤0.025	≤0.02	≥270	120~210	≥40

表 1-31 中镀锌钢板是瑞典的 DOGAL—800DP 钢，冷轧钢板为国产 Q195 低碳钢，从化学成分、厚度看，采用传统弧焊方法（如 MIG/MAG 焊）也可以容易地实现这种异种金属组合的焊接。如果采用激光连续焊则是为了追求高质量、高生产率。激光焊成本高是相对的，焊接产品大批量时则平均成本可能比 MIG/MAG 焊、CO_2 焊都低，因为焊接速度快，自动化程度高，质量分散性小。例如低碳钢板（薄板）拼接激光焊速度可达 10m/min，投资成本仅为电阻焊的 2/3。表 1-32 是 Q195 冷轧钢与高强度镀锌钢激光拼焊的焊接参数。

表 1-32　Q195 冷轧钢与高强度镀锌钢激光拼焊的焊接参数

板厚(镀锌钢 + 冷轧钢)/mm	激光功率/kW	焊接速度/(m/min)	侧吹角度/(°)	侧吹气流量/(m³/h)	离焦量/mm
1.5 + 1.0	0.9	0.8	30	2.0	−0.6
	1	1.4	30	1.6	−0.4
1.5 + 1.5	1.2	0.8	35	2.2	−0.2
	1.3	1.2	30	2.2	0
1.5 + 2.0	1.4	0.8	40	1.8	−0.4
	1.4	1.2	30	2.2	0

采用 PHC—1500 型 CO_2 激光器，激光功率 1.5kW，波长为 $1.6\mu m$，聚焦元件是焦距 f 为 127mm 的硒化锌透镜，聚焦前的光束直径 28mm，焦斑直径约为 0.42mm。

焊接接头采用对接，间隙控制在板厚的 1/10 以内。焊前用丙酮清洗焊接部位。采用自制的焊接夹具固定焊件，两焊件下表面平齐。采用 N_2 作为保护气和等离子体控制气，同轴气流量为 $3m^3/h$，侧吹气体通过一个内径为 6mm、与焊接平面的夹角在 30° 左右的圆管供应，气流方向与焊接速度方向相反。激光光束相对试样表面的法线向薄板一侧倾斜 5°，试件随工作台移动。

焊后在显微镜下观察，接头熔合区的组织上是贝氏体 + 低碳马氏体，热影响区的组织是上贝氏体 + 低碳马氏体 + 铁素体。由于冷却条件不同，热影响区的晶粒明显比熔合区的晶粒细小。接头的抗拉强度为 353MPa，拉伸试验时断裂位置处于冷轧钢一侧，说明接头强度高于冷轧钢母材。

1.3　常用压焊方法对异种金属焊接的适应性

1.3.1　异种金属组合的冷压焊

1. 冷压焊的特点

冷压焊是在常温下只靠外加压力使金属产生强烈塑性变形而形成接头的焊接方法，其特点如下。

1）冷压焊的压力一般高于材料的屈服强度，以产生 60% ~ 90% 的变形量。加压方式可以缓慢挤压、滚压或加冲击力，也可以分几次加压达到所需的变形量。

2）冷压焊中，金属的结合是界面处咬合的细晶形成的晶间结合，咬合的细晶增加了金属的有效结合面积，使冷压焊接头有较高的强度。冷压焊不会产生其他焊接接头常见的软化区、热影响区和脆性中间相，因此特别适用于热敏感材料，高温下易氧化的材料以及异种金属的焊接。

3）在冷压焊过程中，由于焊接接头的变形硬化可以使接头强化，其结合界面呈现复杂的峰谷和犬牙交错的形貌，结合面积比简单的几何截面大。因此，在正常情况下，同种金属的冷压焊接头强度不低于母材；异种金属的冷压焊接头强度不低于焊接接头较软一侧金属的强度。由于结合界面面积大，又无中间相生成，所以冷压焊接头具有优良的导电性和耐蚀性。

4）冷压焊由于不需加热、不需填料，焊接的主要焊接参数由模具尺寸确定，故易于操作和实现自动化，焊接质量稳定、生产率高、成本低。由于不用焊剂，接头不会引起腐蚀。焊接时接头温度不升高，材料组织状态不变，适于异种金属和熔焊无法实现的一些金属材料和产品的焊接。

5）冷压焊特别适用于在焊接中要求必须避免母材软化、退火和不允许烧坏绝缘的一些材料或产品的焊接。例如，某些高强度变形时效铝合金导体，当温度超过 150℃ 时，强度成倍下降；某些铝合金通信电缆或铝壳电力电缆，在焊接铝管之前就已经装入了电缆绝缘材料，焊接时的温度升高不允许超过 120℃。石英谐振子及铝质电容器的封盖工序、Nb – Ti 超导线的连接等也可以采用冷压焊。

6）同种金属或硬度差较小的金属间具有良好的冷压焊焊接性；硬度相差较大的异种金属间冷压焊必须采用工艺措施改善其冷压焊接性。工艺措施包括搭接焊时压头的直径调整等。异种材料在熔焊时往往会产生脆性金属间化合物，而由于冷压焊是在室温下实现异种金属的焊接，原子之间难以实现化学反应生成脆性金属间化合物，因此冷压焊也是焊接异种材料较合适的方法。

7）冷压焊所需设备简单，工艺简便，劳动条件好。其焊接件的形状和尺寸主要决定于加压模具的结构。硬度较高的材料冷压焊时常需要多次加压，有时需要重复顶锻 2 ~ 4 次才能使界面完全焊合。冷压焊所需的挤压力较大，大截面焊件焊接时设备较庞大，搭接焊后焊件表面有较深的压坑，因而在一定程度上限制了它的应用。

2. 冷压焊的分类及应用

根据焊接接头的形式，冷压焊可分为搭接冷压焊和对接冷压焊两大类。

（1）搭接冷压焊 搭接冷压焊的示意图如图 1-15 所示。应注意搭接冷压焊与电阻点焊的相似之处和区别。搭接冷压焊时，将被焊工件搭放好后，用钢制压头加压，当压头压入必要深度并保持一定时间后，焊接完成。搭接冷压焊包括搭接点焊和搭接缝焊。用柱状压头形成焊点，称为搭接冷压点焊；用滚轮式压头形成焊缝，称为搭接冷压缝焊。搭接缝焊又包括滚压焊、套压焊和挤压焊。搭接冷压焊可以焊接厚度为 0.01 ~ 20mm 的箔材、带材和板材。此外，管材的封端及棒材的搭接也可以通过搭接冷压焊实现。搭接冷压点焊常用于导线和母线的连接。搭接冷压缝焊可用于焊接气密性要求较高的接头。其中滚压焊适于焊接大长度焊缝，例如，制造有色金属管、铝制容器等电容器的产品；套压焊常用于电容器元件封帽的封装焊及日用铝制品件的焊接。

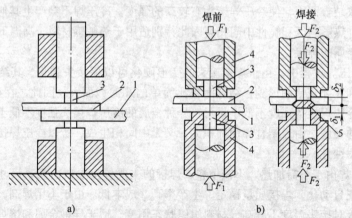

图 1-15 搭接冷压焊示意图

a）带轴肩式 b）带预压套环式

1、2—焊件 3—压头 4—预压套环 5—焊接接头

δ_1、δ_2—焊件厚度 F_1—预压力 F_2—焊接压力

（2）对接冷压焊 对接冷压焊的示意图如图 1-16 所示。对接冷压焊时，将被焊工

件分别夹紧在左右钳口中，并伸出一定长度，施加足够的顶锻压力，使伸出部分产生径向塑性变形，将被焊界面上的杂质挤出，形成金属飞边，紧密接触的洁净金属形成焊缝，完成焊接过程。对接冷压焊主要用于制造同种或异种金属线材、棒材或管材的对接接头。

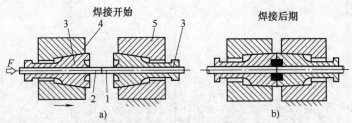

图 1-16　对接冷压焊的示意图

a）顶锻前　b）顶锻后（飞边切掉）

1、2—焊件　3—钳口　4—活动夹具　5—固定夹具

对接冷压焊接头的最小横截面积为 $0.5mm^2$（用手动焊钳），最大焊接接头的横截面积可达 $500mm^2$（用液压焊机）。主要用于对接简单或异形截面的线材、棒材、板材和管材等。可在生产中进行同种材料的接长、制造双金属过渡接头或异种金属的焊接。电气工程中铝、铜导线、母线的对接冷压焊应用最为广泛。

冷压焊焊件的搭接厚度或对接横截面积受焊机吨位的限制而不能过大；焊件的硬度受冷压焊模具材质的限制而不能过高。

在模具强度允许的前提下，不产生加工硬化的延性金属，如 Cu、Al、Ag、Ni、Zn、Cu、Pb 及其合金等均适于冷压焊。它们之间的任意组合，包括液相、固相不相溶的非共格金属，如 Al 与 Pb、Zn 与 Pb 等的组合，也可进行冷压焊。铝与铝对接可焊横截面积达 $1500mm^2$，铝与铜对接可焊横截面积达 $1000mm^2$。但是对于某些异种金属（如 Cu 或 Al）形成的焊缝，在高温下会扩散而产生脆性化合物，使其延性明显地下降。这类金属组合的冷压焊接头只适合在较低温度下工作。

3. 冷压焊对异种金属焊接的适应性

（1）异种金属组合冷压焊焊接性特征及工艺要点　冷压焊是诸多压焊方法中唯一不用加热，在常温条件下仅靠外加压力进行施焊的焊接工艺方法，冷压焊适合于塑性较好的有色金属之间的同类异种金属组合的焊接，也适合于钢铁材料与有色金属组合的焊接，但钢铁材料只限于低碳钢、低合金钢和奥氏体型不锈钢，因为其他钢铁材料的硬度和塑性指标所需的外加压力太大，技术上难以实施。目前，铜铝异种金属组合冷压焊很多，但钢与有色金属组合的冷压焊较少。

表 1-33 提供了各种金属组合采用冷压焊的焊接性。由表中数据可知，这些组合中绝大部分是有色金属之间的组合。其中铁只能与常见几种有色金属（Ti、Zn、Cu、Al、Ni）的组合具有冷压焊焊接性，这里的 Fe 视为低碳钢、低合金钢和不锈钢中合金元素的溶剂元素；常用有色金属 Cu、Al、Ti 相互之间都有良好的冷压焊焊接性，Ni 除与 Ti

的冷压焊焊接性无法确认外，Ni 与 Fe、Al、Cu 相互之间也都有良好的冷压焊焊接性。

表1-33　各种金属组合采用冷压焊的焊接性

项目	Ti	Cd	Pt	Sn	Pb	W	Zn	Fe	Ni	Au	Ag	Cu	Al
Ti	√√							√				√	√
Cd		√√		√	√								
Pt			√√	√	√		√	√	√	√		√	√
Sn		√	√	√√	√								
Pb		√	√	√	√√		√	√	√			√	√
W												√	
Zn			√		√			√	√	√			
Fe	√		√		√		√		√				
Ni			√		√		√	√√		√	√	√	√
Au			√				√		√		√	√	√
Ag			√		√		√	√	√	√	√√	√	√
Cu	√		√		√	√			√	√	√		√
Al	√		√		√				√	√	√	√	√√

（2）冷压焊的接头不会生成金属间化合物或低熔共晶物　异种金属组合的冷压焊接头强度会不低于接头中较软一侧的金属强度。但冷压焊接头不宜在高温条件下工作，否则通过高温扩散又会生成金属间化合物，这里"高温"是指低于熔点的工作介质温度。

（3）冷压焊使接头形成的能量是焊接压力　焊接压力又称做外加压力，焊接压力是冷压焊唯一的动力源。这个压力可能是人手通过杠杆原理施加到接头上，也可能是气动或液压施加压力。冷压焊使用的设备是不通用的，不像熔焊或热压焊（电阻焊、摩擦焊等）的焊接设备被标准化、系列化。

严格来说冷压焊设备一般不称做冷压焊机，因为冷压焊时的焊接压力是，通过模具传递到焊接部位产生塑性变形而形成接头的，所以冷压焊设备的主体是模具，有时称做焊钳。其动力源（气压设备、液压设备或人手杠杆焊钳）仅仅是通用气压机及其传递机构（气泵和气阀等）或液压机械及其传递机构。因此，目前冷压焊设备没有系列标准，而模具也不可能有通用模具，只能是针对特定材料及接头形式、形状尺寸而设计个性化模具。各种冷压焊设备及其可焊接的横截面积见表1-34。

表1-34　各种冷压焊设备及其可焊接的横截面积

冷压焊设备	压力/kN	可焊接的横截面积/mm²			设备参考质量/kg
		铝	铝与铜	铜	
携带式手焊钳	10	0.5~20	0.5~10	0.5~10	1.4~2.5
台式对焊手钳	10~30	0.5~30	0.5~20	0.5~20	4.6~8

（续）

牌号	厚度/mm	焊前状态及清理	电极直径/mm 上	下	I/A	t/s	p/(N/点)	熔核直径 d/mm
13Cr11Ni2W2MoVA + 14Cr17Ni2	2.0 + 2.5	淬火，回火	4.0 ~ 5.5	4.0 ~ 5.5	8600 ~ 9000	0.32 ~ 0.38	8000 ~ 9000	4.0 ~ 5.5
12Cr18Ni9 + 21 – 11 – 2.5 铸造不锈钢	1.0 + 1.0	正火	4.0 ~ 5.0	4.0 ~ 5.0	6400	0.14 ~ 0.22	4900	4.0
	1.0 + 2.0				7100	0.12 ~ 0.22	6000	4.3

表 1-50　钢与高温合金组合点焊的焊接参数

材料	厚度/mm	焊前状态	电极直径/mm 上	下	焊接电流/A	通电时间 t/s	压力 p /(N/点)	熔核直径 d/mm
GH3039 + GH3030	1.0 + 1.0	固溶	5.0^{+1}_{0}	5.0^{+1}_{0}	5000 ~ 6000	0.34 ~ 0.38	4600 ~ 5000	5.0
GH3039 + GH3044	1.2 + 1.5				6000 ~ 6500	0.32 ~ 0.36	4800 ~ 5200	5.0
GH3044 + GH3030	1.8 + 1.2	固溶	5.0^{+1}_{0}	5.0^{+1}_{0}	5200 ~ 6400	0.32 ~ 0.36	6800 ~ 7500	5.0
	2.0 + 2.0		5.0^{+1}_{0}	5.0^{+1}_{0}	6400 ~ 7500	0.28 ~ 0.32	6500 ~ 7100	5.0
GH3044 + 12Cr18Ni9	1.5 + 1.0	固溶	5.0	5.0	5800 ~ 6200	0.34 ~ 0.38	5300 ~ 6500	3.5 ~ 4.0
GH2132 + 12Cr18Ni9	1.5 + 1.5	时效或固溶	5.5 ~ 6.0	5.5 ~ 6.0	8500 ~ 8800	0.30 ~ 0.40	5500 ~ 6500	5.0 ~ 5.5
GH2132 + 12Cr18Mn8Ni5	3.0 + 2.5	时效	6.0	6.0	10200	0.36	6720	5.0
GH2132 + 14Cr17Ni2	2.0 + 2.0	时效	5.5 ~ 6.0	5.5 ~ 6.0	一次 9500 二次 5000	一次 0.36 二次 1.6	7800 ~ 8500	5.0 ~ 5.5
GH1140 + GH3030	1.5 + 1.5	固溶	7.0	7.0	8200 ~ 8400	0.38 ~ 0.44	5200 ~ 6200	6.0 ~ 7.0
GH1140 + GH3039								
GH1140 + 12Cr18Ni9	1 + 0.8	固溶	5.0	5.0	6100 ~ 6500	0.22	4000 ~ 5000	4.5
	1 + 1		5.0	5.0	6100 ~ 6500	0.26	4500 ~ 5500	4.5
	1 + 1.5		5.0 ~ 6.0	5.0 ~ 6.0	6200 ~ 6500	0.26 ~ 0.3	4500 ~ 5500	4.5
	1.5 + 1.5		7.0	7.0	8200 ~ 8400	0.38 ~ 0.44	5200 ~ 6200	6.0 ~ 7.0
	1 + 2		5.0 ~ 6.0	5.0 ~ 6.0	6500 ~ 6800	0.26 ~ 0.30	5500 ~ 5800	5.5
	1 + 4		10.0 ~ 12.0	10.0 ~ 12.0	6400 ~ 6800	0.30 ~ 0.34	6000 ~ 6500	5.5

表1-51　铜与铝组合闪光对焊的焊接条件

焊接参数		焊接断面/mm			
		棒材直径		带材	
		20	25	40×50	50×10
焊接电流最大值/kA		63	63	58	63
伸出长度/mm	铝	3	4	3	4
	铜	34	38	50	36
烧化留量/mm		17	20	18	20
闪光时间/s		1.5	1.9	1.6	1.9
闪光平均速度/(mm/s)		11.3	10.5	11.3	10.5
顶锻留量/mm		13	13	6	8
顶锻速度/(mm/s)		100~120	100~120	100~120	100~20
顶锻压强/MPa		190	270	225	268

1.3.4　异种金属组合的摩擦焊

摩擦焊（friction welding，英文缩写为FW）是压焊中比较重要的焊接方法，也是异种金属组合焊接的重要方法之一。与闪光对焊一样，摩擦焊主要解决两个问题：其一是棒材或管材的接长；其二是实现异种金属的连接。

摩擦焊是以机械摩擦生热作为加热热源的压焊方法，其焊接过程示意图如图1-21所示。

将两个圆形截面焊件进行对接焊，首先使一个焊件以中心线为轴高速旋转，然后将另一个焊件向旋转焊件施加轴向压力 F_1，接触端面开始摩擦生热，达到给定的摩擦时间或规定的摩擦变形量时，立即停止焊件转动，同时施加更大的顶锻压力 F_2，接头在顶锻压力的作用下产生一定的塑性变形，即顶锻变形量。在保持一段时间以后，松开两个夹头，取出焊件，结束全部焊接过程。

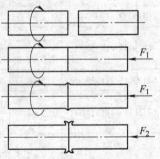

图1-21　摩擦焊接过程示意图

两焊件接合面之间在压力下高速相对摩擦便产生两个很重要的效果：一是破坏了接合面上的氧化膜或其他污染层，使纯金属暴露出来；另一个是发热，使接合面很快形成热塑性层。在随后的摩擦扭矩和轴向压力作用下，这些破碎的氧化物和部分塑性层被挤出接合面外而形成飞边，剩余的塑性变形金属就构成焊缝金属，最后的顶锻使焊缝金属获得进一步锻造，形成了质量良好的焊接接头。

1. 摩擦焊的特点

1）摩擦焊与闪光对焊和电阻对焊相似，不同之处在于焊接热源的区别，闪光对焊和电阻对焊是利用电阻热，而摩擦焊是利用摩擦热。摩擦焊是一种固态焊接方法，结合面不发生熔化，熔合区金属为锻造组织，不产生与熔化和凝固相关的焊接缺陷。

2）摩擦焊中压力与扭矩的力学冶金效应使得晶粒细化、组织致密、夹杂物弥散分布。不仅摩擦焊的接头质量高，而且再现性好。

3）摩擦焊可用于异种材料及难焊金属材料的连接，如铝-钢、铝-铜和钛-铜等。凡是可以进行锻造的金属材料都可以进行摩擦焊。

4）摩擦焊的尺寸精度及生产效率高，焊机功率小，节能省电，易于实现机械化、自动化，操作简单、人为因素得到了有效控制。焊接过程所需控制的参数少，只有时间、压力、位移和速度；惯性摩擦焊在飞轮转速被设定时，只需控制压力一个参数就可以进行焊接，焊接接头质量稳定性及焊接再现性好。

5）摩擦焊工作时不产生烟雾、弧光及有害气体，环境清洁。

6）接头焊前不需要特殊清理，焊接时不需要填充材料和保护气体，也不需要焊剂。

7）对非圆形截面的焊件焊接较困难，所需设备复杂。对盘状薄零件和管壁件，由于不易夹固，施焊也很困难。由于受摩擦焊机主轴电动机功率和压力的限制，目前最大焊件的横截面面积仅为 $20000mm^2$。

8）摩擦焊机的一次性投资大，只有大批量集中生产时，才能降低焊接生产成本。

9）接头的飞边是多余和有害的，常常要求增加清除工序。

2. 分类

摩擦焊的分类方法有多种，常用的有普通连续驱动摩擦焊、惯性摩擦焊和搅拌摩擦焊三种。

（1）连续驱动摩擦焊　连续驱动摩擦焊过程的示意图如图 1-22 所示。将待焊工件的两端分别固定在旋转夹具和移动夹具内，焊件夹紧后，移动夹具随滑台向旋转端移动，移动至一定距离后，旋转端焊件开始旋转，焊件接触后开始摩擦加热，然后进行时间控制或摩擦缩短量控制等。达到设定值时，旋转停止，顶锻开始并维持一段时间，然后旋转夹具松开滑台退到原位，移动夹具松开，取出焊件，焊接过程结束。连续驱动摩擦焊是目前最常用的一种摩擦焊方法。

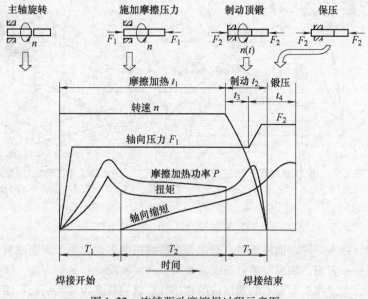

图 1-22　连续驱动摩擦焊过程示意图

连续驱动摩擦焊机与普通车床相类似，最早的摩擦焊机都是用普通车床进行改造而成。普通型连续驱动摩擦焊机的构造包括主轴系统、加压系统、机身、夹头、检测与控制系统和辅助装置六大部分。主轴系统由主轴电动机、离合器、制动器、主轴等组成，加压系统有液压加压机构和拉杆、导轨等受力机构，辅助装置主要包括自动送料、卸料系统和自动切除飞边系统。

（2）惯性摩擦焊　惯性摩擦焊过程示意图如图 1-23 所示。焊件的旋转端夹持在飞轮里，焊接过程首先将飞轮和焊件的旋转端加速到一定的转速，然后飞轮与主电动机脱开；同时焊件的移动端向前移动，焊件接触后，开始摩擦加热。在摩擦加热过程中，飞轮受到摩擦扭矩的制动，转速降低。当飞轮、主轴系统和旋转夹头上的焊件转速为零时，接头上的温度分布也达到了要求。最后，在轴向压力的作用下，结束焊接过程。

惯性摩擦焊的主要特点是恒压、变速，它将连续驱动摩擦焊的加热和顶锻工艺结合在一起。惯性摩擦焊机主要由电动机、主轴、飞轮、夹盘、移动夹具和液压缸组成，如图 1-23 所示。

（3）搅拌摩擦焊　搅拌摩擦焊是近年来发展起来的一种新型的摩擦焊技术，其焊接原理如图 1-24 所示。焊接主要由搅拌头完成，搅拌头由搅拌针、夹持器和圆柱体组成。焊接开始时，搅拌头高速旋转，搅拌针迅速钻入被焊板的焊缝，与搅拌针接触的金属摩擦生热形成很薄的热塑性层。

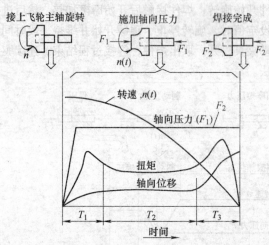

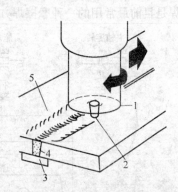

图 1-23　惯性摩擦焊焊接过程示意图

图 1-24　搅拌摩擦焊原理示意图
1—夹持器　2—搅拌针
3—背面撑垫　4—焊缝　5—焊件

当搅拌针钻入焊件表面以下时，有部分金属被挤出表面，由于正面轴肩和背面垫板的密封作用：一方面，轴肩与被焊板表面摩擦，产生辅助热；另一方面，搅拌头和焊件相对运动时，在搅拌头前面不断地形成的热塑性金属转移到搅拌头后面，填满后面的空腔，形成焊缝金属。

搅拌摩擦焊已在国内外的航空航天工业中应用，并已形成应用于在低温下工作的铝合金薄壁压力容器的焊接，完成了纵向焊缝的直线对接和环形焊缝沿圆周的对接，并且该技术及其工程应用开发已在运载工具的新结构设计中广泛采用。

由于未见有关异种金属组合焊接采用搅拌摩擦焊的资料，本文不进一步讨论其工艺及应用。其他摩擦焊焊接方法还有相位摩擦焊、线性摩擦焊、嵌入摩擦焊、径向摩擦焊、摩擦堆焊、第三体摩擦焊等，都是原创型连续驱动摩擦焊方法的变形应用和发展，其基本原理相同，只是工艺有异。

3. 异种金属组合摩擦焊的焊接性

连续驱动摩擦焊和惯性摩擦焊的异种金属组合的焊接性分别见表 1-52 及表 1-53。

异种金属组合摩擦焊焊接性是指金属在摩擦焊接过程中形成和母材等强度等塑性接头的能力。其影响因素主要有如下几点：

（1）两种材料是否互相溶解和扩散　同种金属和合金能很好地进行焊接，而异种材料特别是不能溶解和扩散的金属很难获得质量优良的摩擦焊接头。

（2）力学与物理性能　高温强度高、塑性低、导热好的材料较难焊接，异种材料的力学性能与物理性能差别大时也不容易焊接。

（3）碳当量　碳当量高时，淬透性好，这样的材料不容易焊接。

（4）高温活性　材料的高温氧化倾向大或某些活性金属都难以焊接。

（5）脆性相的产生　凡是形成脆性合金的异种金属都难以得到理想的焊接接头。

（6）摩擦因数　摩擦因数低的材料，由于摩擦加热功率低，不容易保证焊接质量。

（7）材料脆性　一般情况下，脆性材料难于焊接。

（8）表面氧化膜　表面氧化膜容易破碎的金属容易焊接，反之，则焊接难度增大。

表 1-52　异种金属组合连续驱动摩擦焊的焊接性

材料	铝	铝合金	黄铜	陶瓷	铜	烧结铁	镁合金	蒙乃尔	镍	镍基合金	莫尼克	铌合金	银	碳钢	耐热钢	马氏体时效钢	不锈钢	钽	钛	锆合金
铝	可	可	可	可	可	否	可	否	否	否	否	否	否	否	否	可	否	否	否	可
铝合金	可	可	否	可	否	否	否	否	否	否	否	否	否	否	否	否	否	否	否	否
黄铜	可	否	否	否	否	否	否	否	否	否	否	否	否	否	否	否	否	否	否	否
陶瓷	可	否	否	否	否	否	否	否	否	否	否	否	否	否	否	否	否	否	否	否
铜	可	否	否	否	否	否	否	否	否	否	否	否	否	否	否	否	否	否	否	否
烧结铁	否	否	否	否	否	否	否	否	否	否	否	否	否	否	否	否	否	否	否	否
镁合金	可	否	否	否	否	否	否	否	否	否	否	否	否	否	否	否	否	否	否	否
蒙乃尔	否	否	否	否	否	否	否	否	否	否	否	否	否	否	否	否	否	否	否	否
镍	可	否	否	否	否	否	否	否	否	否	否	否	否	否	否	否	否	否	否	否
镍基合金	否	否	否	否	否	否	否	否	可	否	否	可	否	否	否	否	否	否	否	否

（续）

材料	铝	铝合金	黄铜	陶瓷	铜	烧结铁	镁合金	蒙乃尔	镍	镍基合金	莫尼克	铌合金	银	碳钢	耐热钢	马氏体时效钢	不锈钢	钽	钛	锆合金
莫尼克	否	否	否	否	否	否	否	否	否	可	否	否	否	可	可	否	可	否	否	否
铌合金	否	否	否	否	否	否	否	否	否	否	否	否	否	否	否	否	否	否	否	否
银	否	否	否	否	否	否	否	否	否	否	否	否	否	否	否	否	否	否	否	否
碳钢	可	否	否	否	否	否	否	否	否	否	否	否	否	否	否	否	否	否	否	否
耐热钢	否	否	否	否	否	否	否	否	否	否	否	否	否	否	否	否	否	否	否	否
马氏体时效钢	否	否	否	否	否	否	否	否	否	否	否	否	否	否	否	否	否	否	否	否
不锈钢	否	否	否	否	否	否	否	可	否	可	否	否	否	可	可	否	可	否	否	否
钽	否	否	否	否	否	否	否	否	否	否	否	否	否	否	否	否	否	否	否	否
钛	可	否	否	否	否	否	否	否	否	否	否	否	否	否	否	否	否	否	否	否
锆合金	可	否	否	否	否	否	否	否	否	否	否	否	否	否	否	否	否	否	否	否

表 1-53　异种金属组合惯性摩擦焊的焊接性

材料	铝及其合金	青铜	碳化物渗碳合金	钴合金	铜	铜镍合金	镍基合金	合金钢	碳钢	易切削钢	马氏体时效钢	烧结钢	不锈钢	工具钢	钛合金	阀门材料	锆合金
铝及其合金	好				可			可	可								
青铜		好							好								
碳化物渗碳合金									好						好		
钴合金								好	好								
铜	可				好				好								好
铜镍合金						好			好				好				
镍基合金							好	好	好		好		好				
合金钢	可			好			好	好	可		好		好	好	可		好
碳钢	可	好	好	好	好	好	好	好	好	可		好	好	好	可		好
易切削钢								可	可								
马氏体时效钢							好	好									
烧结钢									好			好					
不锈钢	可						好	好	好				好		可		
工具钢			好						好					好			

（续）

材料	铝及其合金	青铜	碳化物渗碳合金	钴合金	铜	铜镍合金	镍基合金	合金钢	碳钢	易切削钢	马氏体时效钢	烧结钢	不锈钢	工具钢	钛合金	阀门材料	锆合金
钛合金								可	可				可		好		
阀门材料								好	好								
锆合金				好													好

注：好—焊接性良好；可—焊接性一般。

4. 常用异种有色金属组合摩擦焊

铜与铝组合摩擦焊有高温摩擦焊和低温摩擦焊两种。铜管与铝管高温摩擦焊的焊接参数见表1-54。460~480℃是铜与铝异种材料低温摩擦焊接的最佳温度范围，在该温度范围能获得满意的铜与铝摩擦焊接头。表1-55列出了不同直径的铜管与铝管低温摩擦焊的焊接参数。

表1-54　铜管与铝管高温摩擦焊的焊接参数

焊件直径 /mm	转速 /(r/min)	外圆线速度 /(m/s)	摩擦压力 /MPa	摩擦时间 /s	顶锻压力 /MPa	铜件轴角 /(°)	接头断裂特征
8	1360	0.58	19.6	10~15	147	90	
10	1360	0.71	19.6	5	147	60	
12	1360	0.75	24.5	5	147	70	
14	1500	1.07	24.5	5	156.8	80	
16	1800	1.47	31.36	5	166.6	90	
18	2000	1.51	34.3	5	176.4	90	脆断
20	2400	1.95	44.1	5	176.4	95	
22	2500	2.52	49	4	205.8	100	
24	2800	2.61	54.2		245	100	
26	3000	3.11	60	3	350	120	

表1-55　不同直径的铜管与铝管低温摩擦焊的焊接参数

焊件直径 /mm	转速 /(r/min)	摩擦时间/s	顶锻压力 /MPa	维持时间/s	铜管模量 /mm	铝管模量 /mm	顶锻速度 /(mm/s)	焊前预压力/N	摩擦压力/MPa
6	1030	6	588	2	10	1	1.4	—	166~196
8	840	6	490	2	13	2	1.4	196~294	166~196
10	450	6	392	2	20	2	2.1	490~588	166~196
12	385	6	392	2	20	2	3.2	882~980	166~196

（续）

焊件直径 /mm	转速 /(r/min)	摩擦 时间/s	顶锻压力 /MPa	维持 时间/s	铜管模量 /mm	铝管模量 /mm	顶锻速度 /(mm/s)	焊前预 压力/N	摩擦 压力/MPa
14	320	6	392	2	20	2	3.2	1078 ~ 1176	166 ~ 196
16	300	6	392	2	20	2	3.2	1274 ~ 1372	166 ~ 196
18	270	6	392	2	20	2	3.2	1470 ~ 1568	166 ~ 196
20	245	6	392	2	20	2	3.2	1666 ~ 1764	166 ~ 196
22	225	6	392	2	20	2	3.2	1862 ~ 1960	166 ~ 196
24	208	6	392	2	24	2	3.7	2058 ~ 2156	166 ~ 196
26	205	6	392	2	24	2	3.7	2058 ~ 2156	166 ~ 196
30	180	6	392	2	24	2	3.7	2058 ~ 2156	166 ~ 196
36	170	6	392	2	26	2	3.7	2254 ~ 2352	166 ~ 196
40	160	6	392	2	28	2	3.7	2450 ~ 2548	166 ~ 196

5. 常用异种钢组合、钢与铝及铝合金组合摩擦焊

异种钢组合摩擦焊的常用焊接参数见表 1-56。Q235 钢与 1050A（L3）纯铝管件组合摩擦焊的常用焊接参数见表 1-57。典型异种金属材料组合零件摩擦焊的焊接参数见表 1-58。

表 1-56　异种钢组合摩擦焊的焊接参数

材料	顶锻压力/MPa		顶锻量/mm		加热 时间/s	转速 /(r/min)	焊件 直径/mm	用于顶锻 的伸出长 度/mm
	加热	顶锻	加热	总计				
20 钢 + 30 钢（45 钢）	50	100	3.5	5.6 ~ 5.8(5)	7(10)	1000	20	—
15Mn + Q245 钢	50	100	3.5	6	6 ~ 7	1000	20	—
25Mn + 45 钢	50	150	3	5	7	1000	20	—
50Mn + Q245 钢（45 钢）	50	150	3.5	5(4.5 ~ 5)	7(8)	1000	20	—
20Cr + Q245 钢（45 钢）	50	120	3	5.5(3)	8	1000	20	—
40Cr + Q245 钢	50	100	3.5	5 ~ 5.5	12	1000	25	—
W9Cr4V2 + 45 钢	80	160	—	2.3	11	1000	20	2
W9Cr4V2 + 40Cr	100	200	—	2.2	8	1000	18	2
W18Cr4V + CrWMn	100	200	—	3	30	1000	30	8
W18Cr4V + 45 钢（40Cr）	100	200	—	2.5(2.2)	12(9)	1000	22(18)	—
W18Cr4V + 9SiCr	120	240	3	3	15	1000	30	2 ~ 2.5
4Cr9Si2 + 40Cr	40	80	3	3.5	3.6	1000	12	—
CCr15 + Q245 钢（45 钢）	50	140	2.5(3)	6 ~ 6.5(5.5)	8 ~ 9	1000	25	—

（续）

材料	顶锻压力/MPa		顶锻量/mm		加热时间/s	转速/(r/min)	焊件直径/mm	用于顶锻的伸出长度/min
	加热	顶锻	加热	总计				
20Cr3MoWVA+40Cr（40Mn）	60	210	3	5.5（5）	4.8	1000	20	—
31Cr19Ni9MoNbTi+40Cr	60	210	—	2.3	9	1000	20	2
12Cr18Ni9+Q245 钢（45 钢）	60	210		3.2（3.5）	9	1000	25	2（2.5）
12Cr18Ni9+40Cr（2Cr13）	60	210	—	4	9	1000	25（20）	3～3.5
12Cr18Ni9+14Cr17Ni2	60	210		4	9	1000	20	3
12Cr18Ni9+12CrMoV	60	210	6	9	5	1000	20～25	6
14Cr17Ni2+06Cr18Ni12Mo2Ti	60	210		1	9	1000	20	2～3

表 1-57　Q235 钢与 1050A（L3）纯铝管件组合摩擦焊的常用焊接参数

直径/mm	伸出长度/mm	顶锻压力/MPa		加热时间/s	顶锻量/mm		转速/(r/min)
		摩擦时	顶锻时		摩擦时	顶锻时	
20+20	12	49	117.6	3.5	10	12	1000
25+25	14	49	117.6	4	10	14	1000
30+30	15	49	117.6	4	10	15	1000
35+35	16	49	49	4.5	10	14	750
40+40	20	49	49	12	12	13	750
50+50	26	49	49	7	10	15	400

表 1-58　典型异种金属材料组合零件摩擦焊的焊接参数

零件名称		材料组合	焊件直径/mm	焊接参数					
				主轴转速/(r/min)	摩擦压力/MPa	摩擦时间/s	顶锻压力/MPa	顶锻保压时间/s	刹车时间/s
汽车后桥管		45 钢	外径70 内径50	99	55～60	14～18	110～130	6～8	0.2～0.3
液压千斤顶支承缸	内筒	Q245（20 钢）钢+45 钢	外径47 内径45	1150	126	1～2	244	6	0.2
	外筒	Q245（20 钢）钢+45 钢	外径76 内径—	1150	87	1～1.5	130	4～6	0.2
汽车排气阀		5Cr21Ni4Mn9N+40Cr	10.5	2500	140	4	300	3	0.2～0.3

（续）

零件名称	材料组合	焊件直径/mm	焊接参数					
			主轴转速/(r/min)	摩擦压力/MPa	摩擦时间/s	顶锻压力/MPa	顶锻保压时间/s	刹车时间/s
自行车铝合金轴壳	2A50（LD5）锻铝	16.5	2500	45	3	90	4~5	0.15
柴油机增压器叶轮	731B 耐热合金+40Cr	27	1350	70(1) 100(2)	3(1) 12(2)	300	7	0~0.1
汽车后桥壳	Q345（16Mn）+45Mn	152	585	30(1) 50~60(2)	5(1) 20~25(2)	100~120	10	
石油钻杆	40Cr+42SiMn-35CrMo	63~140	585	30(1) 50~60(2)	6~8(1) 24~30(2)	120	10~20	
铲车活塞杆	40Cr	90	585	20~30(1) 50~60(2)	15~20(1) 35~40(2)	100~120	15~20	
刀具柄	高速钢+45钢	14	2000	120	10	240	—	
铝铜管	Al-Cu	—	1500	40	2.5	250	5	

注：1. 括号内数字为摩擦级数。

2. 2A50 为新标准的铝合金牌号，下同。

6. 异种金属组合摩擦焊应用实例

（1）45 钢与 W8Co3N 高速钢组合的摩擦焊 W8Co3N 高速钢是一种重要的刀具材料，它具有比碳素工具钢更高的淬火、回火硬度及热硬性（也称红硬性），但其价格也相对较高。为节约高速钢材料，降低刀具成本，将碳素结构钢 45 钢（柄部材料）与高速钢 W8Co3N（刃部材料）焊接复合是目前普遍采用的复合刀具制备方法。采用 C20 型连续驱动摩擦机焊接 45 钢与 W8Co3N 高速钢刀具，焊机主轴转速为 1475r/min，采用的摩擦焊焊接参数见表 1-59 所示。

表 1-59 45 钢与 W8Co3N 高速钢组合摩擦焊的焊接参数

摩擦压力/MPa	顶锻压力/MPa	摩擦时间/s	顶锻时间/s	顶刹制度
130	240	12	6	同步

接头焊接后立即进行退火处理，以消除焊接残余应力，然后进行整体淬火和三次高温回火。退火工艺为：860℃保温 5h，炉冷至 560℃之后空冷。淬火工艺为：淬火加热温度 1220℃，回火加热温度 520℃。

焊后对焊件进行了扭转性能试验，试验结果见表 1-60。结果表明，焊件断裂均出现在 45 钢一侧，断口为切断型断口，断面与焊件轴线垂直，有回旋状塑性变形痕迹。焊合区组织为锻造组织，焊合区及热影响区经过充分的塑性变形，接头具有良好的力学性能。

表 1-60　45 钢与 W8Co3N 高速钢组合焊合扭转性能试验结果

试件号	抗扭强度/MPa	断裂位置
1	649	断口位于 45 钢一侧，距焊缝 8mm
2	669	断口位于 45 钢一侧，距焊缝 32mm
3	664	断口位于 45 钢一侧，距焊缝 35mm

采用显微镜观察 45 钢与 W8Co3N 高速钢组合摩擦焊的焊合区及其附近区域，W8Co3N 高速钢基体金属内的碳化物几何尺寸形状及其分布状况得到改善，微观组织晶粒经动态再结晶和相变重结晶而得到细化，形成细晶粒组织；45 钢基体内的带状组织消失，在避免焊接端面氧化脱碳产生的铁素体条带的情况下，不仅不会损伤焊接接头的强度、塑性和韧性，而且其综合力学性能比母材有所提高。

（2）钨铜合金与铜组合摩擦焊　钨铜合金具有较好的抗电弧烧蚀、抗熔焊性和良好的导电、导热性，被广泛用作电触头、电火花、电阻焊、等离子电极和军工产品等，钨铜合金与铜组合摩擦焊由于生产效率高、成本低，在国内外已得到广泛应用。

钨-铜合金是采用粉末冶金法将质量分数为 80% 的 W 和质量分数为 20% 的 Cu 烧结成规格为 $\phi10mm \times 50mm$ 的圆柱体，T2 纯铜棒是尺寸为 $\phi12mm \times 100mm$ 的圆柱体。采用 C—04—A 型连续驱动摩擦焊机进行焊接，其焊接参数对接头的影响见表 1-61。

表 1-61　钨铜合金与铜组合连续驱动摩擦焊的焊接参数对接头成形的影响

试件号	主轴转速/(r/min)	摩擦压力/MPa	顶锻压力/MPa	摩擦顶锻时间/s		飞边大小	接头状况
1	1450	120 ~ 145	130 ~ 155	5	4	较小	未焊合
2	2950	125 ~ 130	140 ~ 147	5	3	一般	封闭
3	2950	110 ~ 125	125 ~ 135	8	3	均匀	封闭好
4	3000	110 ~ 125	130 ~ 140	5	3	较小	封闭好

焊后将接头在 GEN—10 型万能拉伸试验机上进行室温拉伸试验。结果表明，钨铜合金与铜接头的抗拉强度达 280MPa。接头拉伸时，大多数在铜端断裂，个别在接头处断裂。由接头与铜的强度比可知，摩擦焊接头能达到与铜材等强的水平，与铜的抗拉强度之比为 93%，而且试样在拉伸过程中，铜端均有缩颈现象。

采用 HX—1000 型显微硬度计，在载荷 100g 的负荷下对钨铜合金与铜摩擦焊接头硬度进行测量，每点间距为 0.1mm。接头热影响区很窄，约 0.2mm。摩擦焊接头经过 X 射线检测，未发现任何明显的焊接缺陷。采用扫描电镜分析，钨铜材料与铜的摩擦焊接头接合面均完好，无裂纹、气孔等缺陷，而且晶粒细小、致密，在结合面处无晶粒长大现象，无明显热影响区。

钨铜和铜复合件的性能主要是它的强度、硬度和电导率。摩擦焊接头铜端硬度和电导率见表 1-62。硬度和电阻率在焊接前后几乎没有变化，仍能保持焊前铜母材良好的电导率和强度要求。

表1-62　钨铜与铜摩擦焊接头铜端硬度和电导率

接头形式	硬度（HBW）		电导率/（MΩ/mm）	
	焊前	焊后	焊前	焊后
对接	80.1	79.2	58.6	57.5

1.3.5　异种金属组合的爆炸焊

1. 概述

爆炸焊（explosive welding，英文缩写为 EW）是利用炸药爆炸产生的冲击力造成焊件的迅速碰撞、塑性变形、熔化及原子间相互扩散而实现连接的一种压焊方法。爆炸焊实质上是以炸药为能源的压焊、熔焊和扩散焊相结合的金属焊接技术。

爆炸焊的焊缝不是像熔焊一样是一条直线，而是一般情况下是一个面，不管是搭接还是对接都是两块金属面和面的焊接。爆炸焊主要应用于金属复合板（也称双金属板，关于复合板请见本书第5章复合钢的焊接有关内容）的制造。其次应用在异种金属熔焊采用的过渡接头或过渡块的制造，其三应用于某些结构的包覆层制造。因此爆炸焊的典型工件常用基层（或基板）和覆层（或覆板）来表示。

按被焊件初始安装方式不同，爆炸焊有平行法和角度法两种基本形式。

（1）平行法　图1-25为用平行法复合板材的爆炸焊接装置及其焊接过程示意图。把覆板2焊到基板1上，基板常常需要有重量较大的基础3（如钢砧座、沙、土或水泥平台等）支托，覆板与基板之间平行放置且留有一定间距 h，在覆板上面平铺一定量的炸药5，为了缓冲和防止爆炸焊时烧坏覆板表面，常在炸药与覆板之间放上缓冲保护层4，如橡胶、沥青、黄油等。此外，还需选择适当爆点来放置雷管6，用以引爆，如图1-25所示。覆板与基板的间隙是垫块（称作间隙柱）支撑起来的。

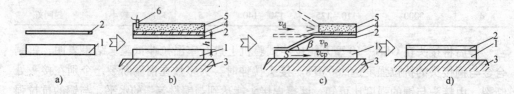

图1-25　平行法爆炸焊过程示意图

a）基板与覆板　b）焊前安装　c）爆炸过程某瞬间　d）完成焊接

1—基板　2—覆板　3—基础　4—缓冲保护层　5—炸药　6—雷管

β—碰撞角　S—碰撞点　v_d—炸药爆轰速度　v_p—覆板速度　v_{cp}—碰撞点速度　h—间距

爆炸从雷管处开始并以 v_d 的爆轰速度向前推进，在爆炸力作用下，覆板以 v_p 速度向基板碰撞，见图1-25c，在碰撞点 S 处产生复杂的界面结合过程。随着爆炸逐步进行，碰撞逐步向前推进，碰撞点以 v_{cp} 速度（这时与 v_d 同步）向前移动，当炸药全部爆炸完时，覆板即焊接到基板上，如图1-25d 所示。

（2）角度法　角度法爆炸焊过程示意图如图1-26所示。用角度法进行复合材料爆炸焊时，在安装过程中应使覆板与基板之间倾斜一定角度 α（称为预置角 α）。这种角度爆炸焊只限于小型焊件的复合。由于间距随着爆炸点位置的变化而不断地发生变化，因此对于大面积焊件的复合不能采用这种方法。

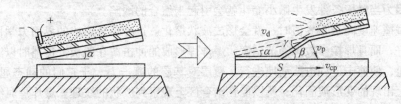

图 1-26　角度法爆炸焊过程示意图

α—预置角（安装角）　β—碰撞角　γ—折弯角　v_d—炸药的爆轰速度

v_p—覆板的下落速度　v_{cp}—碰撞点 S 的移动速度

　　无论是平行法还是角度法，炸药总是均匀地平铺在覆板上的。当雷管将炸药引爆后，炸药瞬时释放的化学能量产生一种高压（700MPa）、高温（3000℃）和高速度（500～1000m/s）传播的冲击波，这个冲击波作用在覆板上，便推动覆板高速向下运动，覆板在间隙中被加速撞向基板，与此同时伴随着强烈的热效应，接触面上金属的物理性质类似液体，在撞击点前方形成射流，射流的冲刷作用清理了金属表面的氧化膜和吸附层，使洁净的金属表面相互接触，并在高压下紧密结合形成金属键。随着炸药的连续爆炸，界面将不断向前移动，形成连续的焊炸接合面，如图 1-27 所示。

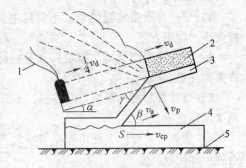

图 1-27　爆炸焊的瞬态示意图

1—雷管　2—炸药　3—覆板

4—基板　5—地面　v_d—炸药的爆轰速度

$(1/4)$ v_d—爆炸产物的速度　v_p—覆板的下落速度

v_{cp}—碰撞点 S 的移动速度　v_a—气体的排出速度

α—预置角（安装角）　β—碰撞角　γ—折弯角

　　良好的爆炸结合取决于两板件的碰撞角、碰撞速度、覆板速度、碰撞点压强以及被焊两板的物理和力学性能等。为了形成较好的爆炸结合，碰撞速度必须低于两板材的声速。碰撞角 β 存在一个最小值，低于此值，不管碰撞速度如何，都不会形成爆炸接合面。

　　爆炸时产生的界面碰撞速度和角度不同，两金属材料之间的冶金结合形式不同，结合面形态大致有直线结合、波状结合和直线熔化层结合三种，如图 1-28 所示。

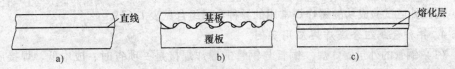

图 1-28　爆炸结合面形态示意图

a）直线结合　b）波状结合　c）直线熔化层结合

形成直线结合与波状结合之间有一个临界碰撞速度，当碰撞速度低于这个临界速度时，结合面就呈直线结合状态，直线结合面上不发生熔化。这种结合方式没有得到实际应用，因为当碰撞条件发生微小变化就会引起未熔的缺陷。

当碰撞速度高于临界值时，就会形成波状熔化。这种结合形成的界面力学性能比直线结合好，而且焊接参数选择范围宽。爆炸焊形成的冲击波在覆板上传播时以波动形式传递能量，使撞击过程也波动地进行。覆层对基层的撞击力大于它们的动态屈服强度，使界面上出现的变形被固化，所以能在结合区上观察到波状的纹理。爆炸焊时结合层的波状结合，增大了界面的接触面积，有利于结合强度的提高。

当撞击速度和角度过大，就会形成一个连续的熔化层。这种熔化层在其内部常常有大量缩孔和其他缺陷，所以必须避免能形成连续熔化层的焊接操作。

2. 爆炸焊的特点

1）爆炸焊所需装置简单，不消耗电力，操作方便，成本低廉，适用于野外作业，投资少，应用方便。

2）焊接的表面材料（覆板）和基板材料（本体材料）的厚度及厚度比，可根据生产需要任意选择。

3）爆炸焊基板和覆板直接连接，不需要填充金属，结构设计采用复合板，从而节约了大量贵重金属。

4）爆炸焊对焊件表面清理要求不太严格，只需要去掉较厚的氧化物和油污，而结合强度却比较高。

5）爆炸焊时覆板和基板之间为冶金结合，其结合强度超过两者中强度较低材料的抗拉强度。

当然，爆炸焊也有如下一些问题和缺点：

1）爆炸焊的基板和覆板应具有足够的韧性和抗冲击性，以承受爆炸冲击的影响。

2）被焊金属的形状受到限制，只适用于平面或柱面结构。

3）操作人员需要充分了解所使用的炸药性能和操作规则，爆炸时产生的噪声和气浪对环境有一定的影响。

4）爆炸焊在野外作业，机械化程度低，劳动条件差，并受气候条件限制。

3. 异种金属爆炸焊的焊接性

任何具有足够强度与塑性并能承受爆炸工艺过程所要求的快速变形的金属都可以进行爆炸焊焊接。通常要求金属的伸长率≥5%（在50mm标距长度上），V形缺口冲击吸收能量≥13.5J。

国内外已试验成功的爆炸焊常用的异种金属组合见表1-63。

4. 异种金属组合爆炸焊应用实例

（1）铜管的外包爆炸焊　铜管与钢管的爆炸焊接是一项省时、成本低、焊接质量高的特种成形技术，发展前景广阔。爆炸焊铜管覆管与基管的尺寸见表1-64。覆管是用厚度为2.0mm的薄板卷成圆管，再用电子束焊接而成，基管采用无缝钢管。基管的外表面和覆管的内表面均需抛光，并在爆炸焊接前用脱脂棉蘸丙酮擦洗。采用2号岩石硝铵和质量分数为 10% 的食盐作为炸药。

表 1-63　国内外已试验成功的爆炸焊接常用的金属组合

材料	奥氏体不锈钢	铁素体不锈钢	碳钢	低合金钢	铝及其合金	铜及其合金	镍及其合金	钛及其合金	钽	铌	铂	银	金	钼	铅	钨	钯	钴	镁	锌	锆
奥氏体型不锈钢	√	√	√	√	√	√	√	√				√	√	√		√		√			√
铁素体型不锈钢	√	√	√	√	√	√	√	√						√							
碳钢	√	√	√	√	√	√	√	√				√	√	√	√	√		√	√	√	√
低合金钢	√	√	√	√	√	√	√	√				√	√	√	√						
铝及合金	√	√	√	√	√	√	√	√					√						√		
铜及合金	√	√	√	√	√	√	√	√													
镍及合金	√	√	√	√	√	√	√	√				√	√						√		
钛及合金	√	√	√	√	√	√	√	√								√	√				√
钽	√		√	√	√	√	√	√													
铌	√		√	√	√	√	√	√								√	√				
铂						√	√	√													
银	√		√		√	√		√					√								
金	√			√			√							√							
钼	√	√	√	√					√	√						√					
铅			√	√												√					
钨	√							√									√				
钯										√								√			
钴	√		√	√															√		
镁			√	√	√		√	√												√	
锌			√																	√	
锆	√		√	√				√													√

注：√—焊接性良好；空白处为焊接性差或无报导数据。

表1-64　爆炸焊铜管覆管与基管的尺寸

管径或壁厚	覆管内径	覆管外径	覆管壁厚	基管内径	基管外径	基管壁厚
尺寸/mm	222.1	226.3	2.1	185.8	214.0	14.1

铜管外包时的爆炸焊装置如图1-29所示，起爆炸药采用导爆索，将导爆索放置在炸药的底部并呈环状，外接雷管。

为了排净空气，把覆管和保护层用干黄油紧紧地粘住。再按照基管的外径、覆管与基管的外表面间距、装药厚度及起爆方式等的关系，将基管、覆管、保护层、炸药及外层铁筒准备好，按图1-29所示将各部分安装，待把基管底部密封并注水后，即可进行爆炸焊接操作。表1-65为铜管外包爆炸焊的焊接参数及实测结果。

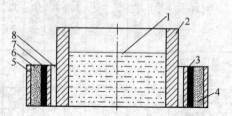

图1-29　铜管外包爆炸焊接装置
1—水　2—基管　3—覆管　4—导爆索
5—药室外壳　6—主体炸药　7—保护层　8—间隙

表1-65　铜管外包爆炸焊的焊接参数及实测结果

装药质量比	间隙/mm	复合管实际内径/mm	复合管实际外径/mm	复合管理论外径/mm	外形变形量（%）	界面结合形态
0.8	4.2	175.9	207.9	218.2	4.7	波状

利用水在爆炸瞬间压缩性极小的特点，采用圆管外包爆炸焊接，内部注水的工艺方法能将壁厚为2.0mm的铜管可靠地外包在钢管段上，复合管的外径变形量可控制在5%以下，结合界面达到理想的波形结合。

（2）铌与不锈钢复合棒的爆炸焊　核燃料后处理过程中应用的铌与不锈钢复合棒，采用爆炸焊方法制备，具有结合强度高、成本低等优势。其中不锈钢选用316L固溶态棒材，铌材选用Nb－1Zr合金热锻态棒材，材料的化学成分和力学性能见表1-66和表1-67。

表1-66　316L不锈钢与Nb－1Zr合金的化学成分　（质量分数,%）

材料	C	Si	Mn	P	S	Ni	Cr	Mo	Cu	N	Zr	W	Ta
316L不锈钢	0.02	0.89	1.38	0.02	0.02	12.1	16.1	2.2	0.24	0.03	—	—	—
Nb－1Zr合金	0.10	—	—	—	—	—	0.01	—	—	0.003	0.9	0.02	0.1

表1-67　不锈钢与Nb－1Zr合金的力学性能

材料	抗拉强度/MPa	屈服强度/MPa	伸长率（%）	断面收缩率（%）	硬度（HBW）
316L不锈钢	550	235	60	73	142
Nb－1Zr合金	456	407	24	85	120

为了使铌与不锈钢形成冶金结合，采用爆炸焊接中的外复法制取。焊前首先将不锈钢棒材加工成管材后，对内壁进行抛光。铌合金棒材进行车光、抛光，进行超声波检

测。采用外复法进行爆炸焊，炸药选用 TB 系列，药包直径为 60 ~ 80mm，爆炸速度在 2100 ~ 2500m/s 范围内。铌与不锈钢复合棒的爆炸焊装置如图 1-30 所示。

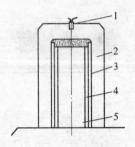

焊后采用超声波检测，结果是起爆端和尾端各去除长度 20mm 的边界效应区之后，复合棒的结合率达到 100%。对于爆轰波传播方向平行的断面进行金相观察，界面呈现细小波纹与直线结合交替形态。

图 1-30　铌与不锈钢复合棒的爆炸焊装置
1—雷管　2—炸药
3—不锈钢　4—间隙　5—铌棒

焊后对铌与不锈钢复合棒进行热循环实验，第一次 800℃ ×5min，空冷 2min；第二至十次为 800℃ ×3min，空冷 2min。实验结果表明，该材料可经受 800℃ 的多次热冲击，界面保持完好，且无明显扩散热，界面抗剪强度大于 300MPa，略高与铌母材的强度，能够满足规定的大于 250MMPa 的技术要求。

（3）工具钢与 Q235 组合复合板爆炸焊　工具钢与低碳钢有不同的力学性能特性，采用爆炸焊接方法的将它们复合在一起时，其复合板不仅具有极好的耐磨性能，而且还具有良好的抗冲击性能，使工具钢的应用得到进一步扩展。

基板为 Q235 低碳钢（尺寸 400mm ×300mm ×30mm），覆板为 T10 工具钢（尺寸 400mm ×300mm ×7mm），其爆炸焊工艺如下：

1）选用爆炸速度为 2000 ~ 2200m/s 的 2 号岩石硝铵低爆炸速度的炸药，炸药厚度为 40mm。

2）在覆板上放置毛毡作为保护层，以减轻爆炸焊接中工具钢覆板对基板的冲击速度，解决工具钢板易出现的破裂问题。

3）采用较大尺寸的药盒，以消除炸药爆轰过程中的边界效应，确保复合板周边可靠焊接。

4）使覆板长度大于基板长度 5 ~ 10mm，并将起爆点引出至覆板面积之外，以确保爆轰波传到复合部位时，覆板对基板的碰撞达到可靠焊接所需要的速度。

焊后对工具钢与 Q235 组合复合板进行剪切试验，其抗剪强度为 315MPa，剪短部位均发生在强度相对较小的 Q235 低碳钢基材上。因此，复合界面满足爆炸焊接复合板的强度要求。经超声波检测，爆炸焊界面焊合率超过了 98%。

第❷章 ▶▶▶▶▶

异种钢铁材料组合的焊接

2.1 钢铁材料的焊接性

2.1.1 概述

1. 异种钢铁材料焊接技术的基础

异种金属材料组合的焊接技术，是建立在焊接方法的选择及金属材料自身焊接性特征这两个基础上的一种技术工艺措施。异种钢铁材料组合的焊接也是如此。

不同的焊接方法会直接影响异种金属组合接头的热过程及焊缝（或结合面）的形成过程，从而导致焊接的成功或失败。这就是焊接方法对异种金属焊接的适应性或异种金属组合对焊接方法的适应性。在本书第 1 章已经进行了大篇幅的讨论。

异种金属焊接过程中出现的焊接缺陷等问题，也往往是焊接接头中自身焊接性较差的一侧在其同种金属焊接时常常出现的问题，其应对措施也不尽相同。这是本章将要重点讨论的问题。

钢铁材料的种类繁多，不同种类的钢，其焊接性特征及等级千差万别，熟知各种钢铁材料的焊接性特征及其差别，对分析制定异种钢铁材料的焊接工艺措施是非常必要的。

2. 钢铁材料的分类方法

钢铁材料的分类方法大体有按用途分类法（如结构钢、工具钢及特殊用途钢）、按化学成分分类法以及按金相组织分类法三种。对于作为焊接结构用钢的钢种，按化学成分分类法可分为碳素钢（简称为碳钢）、合金钢及特殊用途钢三大类。每大类又分若干小类。对于异种钢铁材料组合的焊接，常常采用按金相组织分类法，如分为珠光体钢、铁素体钢、奥氏体钢、马氏体钢或含有两种组织的复合钢等。按化学成分分类法是钢铁材料最重要的基本分类法，因为只有知道其化学成分才能大体判断及分析其焊接性。还有按品质不同分为普通钢和优质钢。异种钢铁材料组合的焊接习惯采用按金相组织分类方法。其原因是：

一是因为相同金相组织类型的钢材，其热物理性能的差异较小，这对某些压焊方法特别重要。

二是对于常用的熔焊方法，可以实施以下共同的工艺原则：

1）焊接材料一般选择与母材金相组织相同的金属。

2）焊接材料熔敷金属的化学成分接近于强度较低一侧的钢材，即异种钢材中合金化程度小的一侧钢材的化学成分。

3）预热温度及热处理工艺一般按合金化程度高的一侧来确定。表 2-1 是常用于异种钢焊接结构的基本材料分类。该表采用的是按金相组织分类法。

表 2-1 常用于异种钢焊接结构的基本材料分类

组织类型	类别	钢 号
珠光体钢	I	低碳钢：Q195、Q215、Q235、Q255[①]、08、10、15、Q245（20）
	II	中碳钢和低合金钢：Q275[①]、Q295、Q345、15Mn、20Mn、25Mn、30Mn2、30、15Mn2、18MnSi、27SiMn、15Cr、20Cr、30Cr、10Mn2、20CrMnTi、20CrV
	III	潜艇用低合金钢 AK25、AK17、AK28、AJ15
	IV	高强度中碳钢和低合金钢：35、40、45、50、55、35Mn、45Mn、50Mn、40Cr、45Cr、50Cr、35Mn2、40Mn2、45Mn2、50Mn2、30CrMnTi、40CrMn、40CrMn、35CrMn、40CrV、25CrMnSi、30CrMnSi、35CrMnSiA
	V	铬钼热稳定钢：15CrMo、30CrMo、35CrMo、38CrMoA1A、12CrMo、20CrMo
	VI	铬钼钒、铬钼钨热稳定钢：20Cr3MoWVA、12Cr1MoV、25CrMoV
铁素体、铁素体－马氏体钢	VII	高铬不锈钢：06Cr13、12Cr13、20Cr13、30Cr13
	VIII	高铬耐酸耐热钢：Cr17[②]、Cr17Ti[②]、Cr25[②]、1Cr28[②]、14Cr17Ni2
	IX	高铬热强钢：14Cr11MoVNB、1Cr12WNiMoV[②]、14Cr11MoV
奥氏体、奥氏体－铁素体钢	X	奥氏体耐酸钢：022Cr19Ni10N、06Cr19Ni10、12Cr18Ni9、17Cr18Ni9、0Cr18Ni9Ti[②]、12Cr18Ni9Ti、1Cr18Ni11Nb[②]、Cr18Ni12Mo2Ti[②]、1Cr18Ni12Mo3Ti[②]
	XI	奥氏体高强度耐酸钢：0Cr18Ni12TiV[②]、Cr18Ni22W2Ti2[②]
	XII	奥氏体耐热钢：0Cr23Ni18[②]、Cr18Ni18[②]、Cr23Ni13[②]、0Cr20Ni14Si2[②]、Cr20Ni14Si2[②]
	XIII	奥氏体热强钢：45Cr14Ni14W2Mo、Cr16Ni15Mo3Nb[②]
	XIV	铁素体－奥氏体高强度耐酸钢：0Cr21Ni5Ti[②]、0Cr21Ni6Mo2Ti[②]、12Cr21Ni5Ti

① Q255 钢、Q275 钢牌号在 GB/T 700—2006 标准中已取消，但实际生产中仍有使用。

② 不锈钢的牌号在 GB/T 20878—2007 中没有对应的新牌号，但实际生产中仍在使用。

2.1.2 碳钢的焊接性

1. 影响碳钢焊接性的因素

碳钢焊接性等级［优、良、差、极差（A、B、C、D）］的差别主要取决于冷裂纹、热裂纹的敏感性及焊接接头塑性降低的程度。影响这两个因素主要有以下三个方面：一是化学成分；其二是焊接工艺因素；其三是焊接结构中焊接接头的拘束度。工艺因素是指熔焊方法的选择、热输入大小、焊接速度、焊前坡口准备、母材稀释率的设计及焊接材料（焊条、焊丝或焊剂）的匹配和烘干程度，以及焊前预热和焊后缓冷等；焊接接头的拘束度是指结构的刚度及环境温度可能对接头产生的拉应力。上述三个影响因素之间互相制约、互相影响是极为复杂的。但是，母材的化学成分对焊接性的影响是最基本的。其他工艺因素和结构因素都是通过母材的化学成分来影响碳钢的焊接性。

碳钢的化学成分是影响碳钢焊接性的基本因素，其中化学成分中影响最大的是碳含量，其次是杂质硫、磷含量。元素 Si、Mn 以及作为杂质的 Cr、Ni、Cu、As 等超过许用范围时，对焊接性也有一定影响。通常把碳钢的主要元素如 C、Si、Mn 等含量对焊接性的影响用碳当量法表示。

碳当量法就是把钢中各种元素都分别按照相当于若干含碳量的办法综合起来，作为判断钢材焊接性的标志。如钢中每增加 $w(Mn)$ 为 0.6%，则相当于增加 $w(C)$ 为 0.1% 对钢材焊接性的影响效果，这样，就可以把 Mn 的含量以 1/6 计入碳当量。

由国际焊接学会推荐的碳当量法计算公式如下：

$$C_{eq} = w(C) + \frac{w(Mn)}{6} + \frac{w(Cr)}{5} + \frac{w(Mo)}{5} + \frac{w(V)}{5} + \frac{w(Ni)}{15} + \frac{w(Cu)}{15} + \frac{w(Si)}{24} + \cdots$$

式中元素符号表示该元素在钢中的质量分数。对于碳钢 C_{eq} 可简化为：

$$C_{eq} = w(C) + w(Mn)/6 + w(Si)/24$$

由于碳钢的 Si 含量较少，$w(Si)$ 最大不超过 0.5%，按其 1/24 折算，数值更小，所以公式中有时可以忽略 Si 的影响。

按照碳当量可以把钢材的焊接性分成良好、一般和低劣。

1）$C_{eq} < 0.4\%$，焊接性良好。一般不必采取预热等措施，就可以获得优良的焊缝。低碳钢和低合金钢属于这一类。

2）C_{eq} 在 0.4% ~ 0.6% 之间，焊接性从一般到较差。这类钢材在焊接过程中淬硬倾向逐渐明显，通常需要采取焊前预热（150 ~ 200℃），焊后缓冷等措施。中碳钢和某些合金钢属于这一类。

3）$C_{eq} > 0.6\%$，焊接性差到低劣。这类钢材产生裂纹倾向严重，不论周围气温高低，焊件刚度和厚度如何，必须预热到 200 ~ 450℃。焊后应采取热处理等措施，如弹簧钢等。

2. 低碳钢的焊接性

按含碳量不同分为低碳钢、中碳钢和高碳钢。

低碳钢的含碳量 [$w(C)$ 在 0.30% 以下，$w(Mn)$ 在 0.25% ~ 0.80% 之间，$w(Si) < 0.35\%$]。按上式计算，其 C_{eq} 在 0.40% 以下，焊接性显然是非常优良的。一般情况下不必采取预热、控制层间温度和焊后保温措施。但对下列特殊情况，仍需引起足够注意：

1）在结构刚度过大的情况下，为了防止拉裂，焊前有必要适当预热至 100 ~ 150℃。有时，焊后缓冷或保温，甚至热处理也是必要的。例如 GB150—2011《钢制压力容器》标准就规定对名义厚度 $\delta_n > 32mm$ 的碳钢 A、B 类焊缝（如焊前已预热 100℃以上，则 $\delta_n > 38mm$）必须进行焊后热处理。

2）当焊件温度低于 0℃ 时，一般应在始焊处 100mm 范围内预热到手感温暖程度（约 15 ~ 30℃ 之间）。尤其对刚度较大的焊接结构，更应避免过快的焊接冷却速度。冷却速度取决于以下几个因素：钢材的厚度和几何形式，焊接时钢材的实际起始温度以及焊接热输入的大小。

3）杂质 S、P 含量严重超标时（沸腾钢中较为多见），易于在晶界形成低熔共晶的聚集，导致熔合线附近产生液化裂纹，甚至焊缝区的热裂纹。

4）焊缝扩散氢含量过大时，在厚板和 $C_{ep} > 0.15\%$ 情况下有产生氢致裂纹的可能性，在厚板 T 形接头焊接时有可能出现层状撕裂。焊缝含氮量超标时 $[\varphi(N_2) > 0.008\%]$ 则会引起接头塑性和韧性的急剧降低。氢的来源有两个途径，其一是保护不好从空气中进入，其二是焊接材料（焊条、焊剂等）中的水分及焊件坡口、焊丝上的油污预热分解出氢。氢溶入液态熔池冷凝时向热影响扩散聚集，产生所谓氢脆。

5）一些热输入较大的焊接方法，如埋弧焊、粗丝熔化极气体保护焊和电渣焊，这些方法焊接时往往因热影响区粗晶区的晶粒粗大而导致接头塑性和韧性的下降。尤其是电渣焊，因为冷却速度特别缓慢，这种趋向就更为严重，因此在大多数情况下，焊后进行正火处理以细化晶粒就显得非常必要。

6）在焊接过热条件下，有可能在熔合区出现魏氏组织。

3. 中碳钢的焊接性

中碳钢的 $w(C)$ 在 $0.30\% \sim 0.60\%$ 之间，$w(Mn)$ 在 $0.50\% \sim 1.2\%$ 之间，$w(Si)$ 在 $0.17\% \sim 0.37\%$ 之间。其中，影响焊接性变差的主要因素是过高的碳含量。锰的增加对焊接性有一定影响，而硅含量少，对焊接性的影响也不大。

中碳钢的 C_{eq} 一般在 $0.40\% \sim 0.60\%$ 之间，其中 C、Mn 含量偏低的 30Mn 钢、30 钢其 C_{eq} 在 $0.40\% \sim 0.45\%$ 之间，焊接性接近低碳钢。此类钢在结构拘束度和冷却速度不太大时，既不必焊前预热，也无需进行焊后保温或热处理。除此之外，则必须要预热、控制层间温度和后热或焊后热处理。但尤其对 C_{eq} 在 $0.60\% \sim 0.80\%$ 之间的 50、55、60、45Mn、50Mn、60Mn 钢具有严重淬硬倾向，必须采取较高预热温度和采取焊接全过程的严格控温措施。涉及中碳钢焊接性的其他注意事项尚有：

1）随着碳含量的增加，钢的淬透性也急剧增加，意味着更易于产生马氏体组织。为了避免在热影响区产生马氏体而导致形成冷裂纹，必须严格控制焊接接头的冷却速度。除了一定的预热温度外，还可以采取随从加热和焊后缓冷等措施。

2）碳含量的增加使产生热裂纹的概率增加。而且焊缝产生 CO 气孔的倾向也相应增加。

3）氢致裂纹的敏感性，随着碳含量的增加而增加。

4. 高碳钢的焊接性

高碳钢的焊接性之差已是众所周知，一般不用于焊接结构中。尽管按照铁-碳合金相图中钢的 $w(C)$ 可以高达 2%，但除了一些高碳工具钢 $w(C)$ 可超过 1% 以外，其余高碳钢量 $w(C)$ 几乎都在 0.85% 以下。例如，用于机械零件、弹簧、模具等的 65、70、75、80、85、65Mn、70Mn 七种优质碳素结构钢，u71、u71Cu、u74 三种碳素铁道钢轨，以及 ZG340—640 铸造碳钢，其 C_{eq} 都在 $0.80\% \sim 1.0\%$ 之间，焊接性可谓极差。若不采取特殊控温措施，几乎无法用常规焊接方法施焊。高碳钢焊接时的最大难度是如何避免由淬硬引起的焊接冷裂纹，这些正好是钢的淬透性随着碳含量的增加而急剧增加的必然结果。高碳钢极少作为焊接结构材料，只有少数高碳钢构件的修复偶尔遇到。因此，这里不进行讨论。

2.1.3　低合金钢的应用及其焊接性

当今世界上钢产量中 70% 以上属于工程结构用钢，即结构钢，而工程结构用钢

（结构钢）中的60%以上属于低合金钢，可见低合金钢在国民经济各行各业中应用的重要性。在低合金钢中，低合金高强度结构钢（简称为低合金高强钢）的应用又是最为广泛。因此，本节重点放在低合金高强度结构钢的讨论上。

低合金高强度结构钢是低合金钢中按使用性能来分类时追求高强度的钢种。低合金钢按使用性能（不是专门用途）可分为高强度钢、低温钢、耐热钢、耐蚀钢、耐磨钢和抗层状撕裂钢等六种。低合金钢是在低碳钢的基础上加入一定量的合金元素而成，不同合金元素的分别加入，使得原来的低碳钢获得了高强度、耐热、耐蚀、耐低温、耐磨、抗层状撕裂等多种性能。大家熟知的碳钢是随着含碳量的增加，而提高了钢的强度，但塑性与韧性却会同步下降，使焊接性变差。因此，焊接用钢不能指望以增加碳含量来提高接头的力学性能。事实证明，在低碳钢的基础上加入少量（质量分数不超过5%）有益合金成分，能使其在保持一定塑性、韧性的条件下，大幅度或成倍地提高其强度，而且不使其焊接性过分恶化。随着焊接结构承载能力的要求进一步提高和服役条件的进一步苛刻，利用低合金高强钢的高强度，在相同条件下，可使结构的壁厚大大减小，整体重量减轻，降低制造成本，延长使用寿命，特别对大型结构件，有着较好的综合经济效益。

以优质碳素结构钢20钢为例，其常温下的屈服强度 σ_s 只有245MPa，抗拉强度 σ_b 为420MPa，而著名的低合金高强度钢牌号为 HY-130（美国钢种）的钢种，$\sigma_s \geqslant$ 895MPa，$\sigma_b \geqslant$ 1029MPa，有的钢种甚至可达1666MPa。显然，如果制造一个30000m³ 的球罐，采用不同强度的20钢和welten80号钢（日本钢种，$\sigma_s \geqslant$ 686MPa，$\sigma_b \geqslant$ 895MPa），那么后者比前者可以节省近70%的钢铁材料，经济效益相当可观。

结构钢提高强度级别的方法，至今不外有三种：一是在碳钢中增加碳含量，可以增加到 $w(C) \leqslant 1.0\%$，但随着碳含量的增加其焊接性变差，实际上当 $w(C) \geqslant 0.4\%$ 时，则接头的焊接就不能采用等强度原则，而采用低匹配原则。所以，依靠增碳而提高强度的方法极有限度。只能增加到中碳钢碳含量的范围，高碳钢几乎无焊接性可言。二是在低碳钢的基础上加入少量合金元素成为低合金钢，可以使强度进一步提高，σ_b 可达700MPa，σ_s 可达400MPa以上。三是将低合金钢热处理强化，经调质处理改变低合金钢的珠光体组织，则还可以进一步提高其抗拉强度和屈服强度，分别可达到1000MPa以上。同时，焊接性都在随着强度提高而同步下降。其焊接性变差的根本原因是碳当量的增加，大部分屈服强度为350MPa以上的低合金高强钢，焊前预热焊后缓冷，以及热处理几乎是不可缺少的工艺手段。

低合金钢的分类方法有多种：

（1）按钢材的使用性能分　可分为高强度结构钢、低温钢、耐热钢、耐蚀钢、耐磨钢、层状撕裂钢等。

（2）按专门用途分　可分为一般结构用钢和专门用途钢，专门用途钢有锅炉用钢、石油天然气输送管线用钢、压力容器用钢、船体用结构钢、桥梁用结构钢等，都有各自的标准规范及化学成分及力学性能。专门用途钢对化学成分及力学性能的要求更加严格。要注意的是，但这里所指的专门用途钢和有关专门用途碳钢各自属于不同的强度级别。

（3）按钢材的屈服强度最低值分　可分为345MPa、390MPa、440MPa、540MPa、590MPa、690MPa和980MPa等不同等级。

（4）按钢材使用时的热处理状态分　可分为热轧、控轧控冷（TMCP）、正火、调质等。使用时热处理状态也是其供货状态。

（5）按钢的显微金相组织分　可分为铁素体－珠光体钢、针状铁素体钢、低碳贝氏体钢和回火马氏体钢等。

在所有低合金钢中，低合金高强度结构钢的应用最广泛。

常用低合金高强度结构钢一般按屈服强度和热处理状态组合可分为三个等级所属的三种钢。

1）热轧正火钢。屈服强度 σ_s 为 295～490MPa 或 295～690MPa，微合金化控轧钢的 σ_s 可达 690MPa。

2）低碳调质钢。σ_s 在 490～980MPa 之间。

3）中碳调质钢。σ_s 在 880～1176MPa 之间。

1. 热轧正火钢和微合金化控轧钢

（1）化学成分及性能　低合金高强度钢的牌号编制方法与碳钢类似，牌号由三部分组成：代表屈服强度的字母 Q；Q 后面的数字表示屈服强度值；第三部分为质量等级 A、B、C、D、E 五个等级，等级的区别在于 P、S 的含量及冲击能量的不同。例如 Q420A 和 Q420E，A 级 $w(S)$、$w(P)$ 均为 0.045%，而 E 级 Q420E 的 $w(P)$、$w(S)$ 均为 0.025%。

在 C－Mn 或 Mn－Si 系基础上加入 V、Nb、Ti、Cr、Mo 等碳化物或氮化物形成元素，通过沉淀强化和细化晶粒，使 σ_s 提高到了 490MPa。

热轧正火钢的一个分支是微合金化控轧钢，这种钢是通过冶金技术进一步降低 C、P、S 的含量，提高钢的纯净度，同时施以微合金化，使钢材具有均匀的细晶粒等轴晶铁素体基体，其强度高于一般正火钢，而不失其韧性，并通过控扎得到 Q690，在淬火＋回火状态下使用，σ_s 可达到 690MPa。

热轧正火钢中的专门用途钢是在 C－Mn 体系中加入了少量的 V、Nb、Ti、Al、Cu、N 元素及稀土元素，以适应不同用途。同一钢种用于压力容器、锅炉、气瓶、船体等结构时，其命名又各有不同的表示符号。因为低合金高强度通用结构钢的按屈服强度的命名法中，每一个强度级别又是一个钢种，是代表具有相同屈服强度而不同化学成分的一个族群，而专门用途钢不仅要求屈服强度，而且还要求其他性能及化学成分，所以除了桥梁钢外，一般以其主要化学成分来命名。

表 2-2 为几种常用低合金高强度结构钢新旧标准中的对应牌号对照表。

表2-2　几种常用低合金高强度结构钢新旧标准中的对应牌号对照表

GB/T 1591—2008 规定牌号	GB/T 1591—1988 规定牌号
Q295（A、B）	09MnV、09MnNb、09Mn2、12Mn
Q345（A～E）	12MnV、14MnNb、16Mn、16MnRE、18Nb、9MnCuPTi、10MnSiCu
Q390（A～E）	15MnV、15MnTi、16MnNb、10MnPNbRE
Q420（A～E）	15MnVN、14MnVTiRE
Q460（C、D、E）	—

热轧正火低合金高强度结构钢的中外牌号对照见表 2-3。

表 2-3　热轧正火低合金高强度结构钢的中外牌号对照

中国 GB/T 1591	国际标准 ISO	原苏联 ГОСТ	美国 ASTM	美国 UNS	日本 JIS	德国 DIN	英国 BS	法国 NF
Q295 - A	—	295	Gr·42 (σ_s290)	—	SPFC490	5Mo3	—	A50
Q295 - B			Gr·A (σ_s290)	—		PH295	—	—
Q345 - A	E355CC (σ_s355)	345	Gr·50	—	SPFC590 (σ_s355)	Fe510C (σ_s355)	Fe510C (σ_s355)	Fe510C (σ_s355)
Q345 - B	E355DD (σ_s355)	—	Gr·B	—	—	Fe510D1 (σ_s355)	Fe510D1 (σ_s355)	Fe510D1 (σ_s355)
Q345 - C	E355E (σ_s355)	—	Gr·C	—	—	Fe510D2 (σ_s355)	Fe510D2 (σ_s355)	Fe510D2 (σ_s355)
Q345 - D	—	—	Gr·D	—	—	Fe510DD1 (σ_s355)	Fe510DD1 (σ_s355)	Fe510DD1 (σ_s355)
Q345 - E	—	—	Gr·A A808M T$_{ype}$7	—	—	Fe510DD2 (σ_s355)　PH355 (σ_s355)	Fe510DD2 (σ_s355)　50EE (σ_s355)	Fe510DD2 (σ_s355)　E355 - II (σ_s355)
Q390 - A	E390CC	390	—	—	STKT540	—	—	—
Q390 - B	—	—	—	—	—	—	—	—
Q390 - C	E390DD	—	—	—	—	—	—	A550 - I (σ_s400)

（续）

中国 GB/T 1591	国际标准 ISO	原苏联 ГОСТ	美国 ASTM	美国 UNS	日本 JIS	德国 DIN	英国 BS	法国 NF
Q390 - D	—	—	—	—	—	—	50F	—
Q390 - E	E390E	—	—	—	—	—	—	—
Q420A	E420CC	—	60 (σ_s415)	—	SEV295	—	—	E420 - I
Q420B	E420DD	—	Gr·E (σ_s415)	—	SEV345	—	—	E420T - II
Q420C	E420E	—	Gr·B (σ_s415)	—	—	—	—	—
Q420D	—	—	$T_{ype}7$ (σ_s415)	—	—	—	—	—
Q420E	—	—	—	—	—	—	—	—
Q460C	E460DD	—	65 (σ_s450)	—	SM570	—	—	E460T - II
Q460D	E460E	—	—	—	SMA570W	—	—	—
Q460E	—	—	—	—	SWA570P	—	—	—

（2）热轧正火钢在焊接结构中的应用 不论一般用途或专用的热轧正火钢，其焊接性均较好，可以用于各类焊接结构。但不同专业领域又有不同的专门要求。

1）一般用途热轧正火钢的主要特性及其应用范围见表2-4。表中列举了Q295，…，Q460各类低合金高强度钢钢材的主要特性及应用范围。由于少量合金元素的加入，低合金高强度钢的力学性能大为增加（尤其是强度），而其冶炼成本则增加不多，因而无论在技术上，使用性能上，还是在经济效益上，采用低合金高强度钢代替碳钢都是合理的选择。

2）专业用钢的特性及其应用范围见各自相应的标准规定。

表2-4 一般用途热轧正火钢的主要特性及其应用范围

牌号	主要特性	用途举例
Q295	钢中只含有极少量的合金元素，强度不高，但有良好的塑性、焊接性及耐蚀性能	建筑结构，工业厂房，低压锅炉，低、中压化工容器，油罐，管道，起重机，拖拉机，车辆及对强度要求不高的一般工程结构
Q345 Q390	综合力学性能好，焊接性、冷加工性能热加工性能和耐蚀性能均好，C、D、E级钢具有良好的低温韧性	船舶、锅炉、压力容器、石油储罐、桥梁、电站设备、起重运输机械及其他较高载荷的焊接结构件
Q420	强度高，特别是在正火或正火加回火状态有较高的综合力学性能	大型船舶，桥梁，电站设备，中、高压锅炉，高压容器，机车车辆，起重机械，矿山机械及其他大型焊接结构件
Q460	强度最高，在正火、正火加回火或淬火加回火状态有很高的综合力学性能，全部用铝补充脱氧，质量等级为C、D、E级，可保证钢的良好韧性	备用钢种，用于各种大型工程结构及要求强度高、载荷大的轻型结构

2. 低碳低合金调质钢

对于低合金钢高强度钢，也不能仅仅依靠增加合金元素来提高强度，能仍然保持合理的韧性、塑性水平。热轧、正火低合金高强度结构钢的屈服强度等级上限为460～490MPa，如果再提高，只有通过调制热处理方法改变其金相组织才能实现，并且不至于损失其韧性。这就是低合金调质钢。含有少量不同合金成分的低碳低合金钢，经过调质热处理之后就成为低碳低合金调质钢。这类钢普通可以在调质状态下施焊，焊后也不必再进行调质热处理。屈服强度可以达到490～980MPa。

低碳低合金调质钢的含碳量 $w(C) \leqslant 0.25\%$，一般在0.18%左右，其合金系统一般采取 Si-Mn-Cr-Ni-Mo-Cu，同时添加 V、Nb、Ti 等微合金化元素，有时还加入少量B（硼）以提高钢的淬透性。低碳低合金调质钢能否具有较高的屈服强度及良好的韧性、塑性等综合力学性能，主要取决于如下三个要素：低碳、低合金元素和正确的热处理制度。其热处理制度一般为奥氏体化－淬火－回火。回火温度越低，强度越高。而韧性、塑性相对较低。常用的几种低碳低合金调质钢的热处理制度及组织见表2-5。

低碳低合金调质钢适应了焊接结构越来越向大型化和高参数发展的趋势需要，因此，被广泛应用在一些重要的焊接结构制造中。如国产的 HQ 系列、日本 WEL – TEN 系列、德国 StE 系列、美国 ASTM A514 – B、A517 等钢种主要应用在工程机械、矿山机械的制造中，如牙轮钻机、推土机、挖掘机、煤矿液压支架、重型汽车及工程起重机等；低裂纹敏感性（CF）钢、WDL 系列的 07MnCrVR、07MnCrVDR、07MnCrMoV – D 及 0707MnCrMoV – E 钢具有较好的低温韧性及优良的焊接性，可用于在低温下服役的焊接结构，如高压管线、桥梁、电视塔等钢结构，在大型球罐及海上采油平台的制造中，也有广阔的应用前景；ASTM A533 – C、HY – 80、HY – 100、HY130 和 12Ni3CrMoV（与 HY – 80 相当）钢，主要用于核压力容器、核动力装置、舰船及航天装备。值得注意的是，没有专门用途低碳低合金调质钢，一些国产及国外常用低碳低合金调质钢的力学性能见表2-6、表2-7。

表 2-5　常用的几种低碳低合金调质钢的热处理制度及组织

牌号或名称	热处理制度	组织
07MnCrMoVR 07MnCrMoVDR 07MnCrMoV – D 07MnCrMoV – E	调质处理	回火贝氏体 + 回火马氏体 + 贝氏体
HQ60	980℃ 水淬 + 680℃ 回火	回火索氏体
HQ70	920℃ 水淬 + 680℃ 回火	亚共析铁素体 + 球状渗碳体
HQ80	920℃ 水淬 + 660℃ 回火	回火索氏体 + 弥散碳化物
HQ100	920 水淬 + 620℃ 回火 （12mm 以下板轧后空冷 + 620℃ 回火）	回火索氏体
14MnMoNbB	920℃ 水淬 + 625℃ 回火	—
A533 – B	843℃ 水淬 + 593℃ 回火	贝氏体 + 马氏体（薄板） 铁素体 + 贝氏体（厚板）
12NiCrMoV	880℃ 水淬 + 680℃ 回火	回火贝氏体 + 回火马氏体
HY – 130	820℃ 水淬 + 590℃ 回火	回火贝氏体 + 回火马氏体

表 2-6　一些国产常用低碳低合金调质钢的力学性能

牌号或名称	板厚/mm	σ_b/MPa	σ_s/MPa	δ_5（%）	180°冷弯完好 d = 弯心直径 a = 试样厚度	A_{KV}/J	热处理状态
07MnCrMoVR 07MnCrMoVDR	16 ~ 50	640 ~ 740	≥490	≥17	d = 3	-40℃ ≥47	调质
07MnCrMoV – D 07MnCrMoV – E	12 ~ 60	570 ~ 710	≥450	≥17	d = 3	-40℃ ≥47	调质

（续）

牌号或名称	板厚/mm	σ_b/MPa	σ_s/MPa	δ_5（%）	180°冷弯完好 d=弯心直径 a=试样厚度	A_{KV}/J	热处理状态
WCF-62	—	610~740	≥495	≥17	—	-20℃≥47	调质
WCF-80	—	785~930	≥685	≥15	—	-40℃≥29	调质
HQ60	≤50	≥590	≥450	≥16	$d=3a$	-10℃≥47 -40℃≥29	调质
HQ70	≤50	≥680	≥590	≥17	$d=3a$	-20℃≥39 -40℃≥29	调质
HQ80C	20~50	≥785	≥685	≥16	$d=3a$	-20℃≥47 -40℃≥29	调质
HQ100	8~50	≥950	≥880	≥10	$d=3a$	-25℃≥27	调质
14MnMo	12~50	590~735	≥490	—	—	-40℃≥27	调质
14MnMoNbB	20~50	755~960	≥685	≥14	（120°）$d=3a$	A_{KU}/（J/cm²） ≥39	调质
15MnMoVNRE	8~42	≥785	≥685			-40℃≥21	调质
12Ni3CrMoV	≥16	—	588~745	≥16	—	-20℃≥64	调质

表 2-7 一些国外常用低碳低合金调质钢的力学性能

牌号或名称	板厚/mm	σ_b/MPa	σ_s/MPa	δ_5（%）	A_{KV}/J	热处理状态
ASTM A514	≤20	760~895	≥690	≥18	协议	调质
	20~65	760~895	≥690	≥18	协议	调质
	>65~150	690~895	≥620	≥16	协议	调质
StE690	≤50	670~820	≥550		-40℃≥40	调质
WEL-TEN60	6~50	590~705	≥450		-10℃≥47	调质
WELTEN62CF	—	≥590	≥450	≥16	-20℃≥47	调质
WEL-TEN70	6~50	690~835	≥615		-20℃≥39	调质
	>50~75	665~815	≥600			
WEL-TEN70C	6~50	685~835	≥615		-20℃≥39	调质
WEL-TEN80	6~50	785~930	≥685		-20℃≥35	调质
	>50~100	765~910	≥665			
WEL-TEN 80C	6~40	785~930	≥685	≥20	-20℃≥35	调质
WEL-TEN100N	6~32	950~1125	≥880		-25℃≥27	调质

（续）

牌号或名称	板厚/mm	σ_b/MPa	σ_s/MPa	δ_5 （%）	A_{KV}/J	热处理状态
ASTM A533 – C	Ⅰ级	550 ~ 690	≥345	≥18	协议	调质
	Ⅱ级	620 ~ 795	≥485	≥16		调质
	Ⅲ级	690 ~ 860	≥570	≥16		调质
HY – 80	>19	—	550 ~ 685		– 84℃≥47	调质
HY – 100	>19	—	690 ~ 825		– 84℃≥41	调质
HY – 130	5 ~ 19		896 ~ 1034		– 54℃≥54	调质
	>19		896 ~ 1000			

3. 中碳低合金调质钢

中碳低合金调质钢与低碳低合金调质钢的区别主要在于碳含量的大幅提高，$w(C)$ 达到 0.30% ~ 0.45% 的水平。碳含量的多寡左右着其强度水平，合金元素只起到保证淬透性和抗回火脆性的作用。该类钢的主要特点是高的硬度和比强度。钢的纯度对防止焊接裂纹至关重要，所有中碳低合金调质钢对 S、P 的限制都十分严格，而且强度水平越高，S、P 的含量越低。如美国的 H – 11 钢（5Cr – 1.5Mo – Si 系），$w(S)$、$w(P)$ 均控制在 0.01% 以下，只有通过真空熔炼手段方能实现。可见这类钢的冶炼和焊接成本（包括焊前退火和焊后调质热处理）都很高，从而限制了其使用范围和发展前景。

常用中碳低合金调质钢的化学成分中，其 $w(C)$ 在 0.25% ~ 0.45% 范围内，S、P 等杂质含量达到高级优质钢水平 [$w(S)$、$w(P)$ ≤ 0.03%，甚至更低]，合金体系有 Cr – Mn – Si、Cr – Mn – Si – Ni、Cr – Mn – Si – Mo – V、Cr – Mo、Cr – Mo – V、Cr – Ni – Mo、Cr – Mo – Si – V、Mn – Cr – Ni – Mo – V、Mn – Si – Cr – Ni – Mo – V 等。

常用中碳低合金调质钢的屈服强度在 σ_s880 ~ 1176MPa 以上。强度水平与碳含量和热处理工艺参数密切相关，如 40Cr 钢在 850℃ 正火、660℃ 回火下的 σ_s 为 412MPa，但 850℃ 淬火、500℃ 回火下的 σ_s 提高到 621MPa，增幅达 1/2。

中碳低合金调质钢大部分归属 GB/T 3077—1999《合金结构钢》，在该标准中按冶金质量分为优质钢、高级优质钢（钢的牌号后加"A"）、特级优质钢（牌号后加"E"）。

大多数中碳低合金调质钢都是在退火状态下施焊，焊后再经调质热处理获得它所要求的性能。焊后调质的成本和难度，极大地限制了这种调质钢在大型焊接结构中的应用。至于在调质状态下焊接，焊后不再作调质热处理，则会发生焊接接头的软化和热影响区脆化（甚至脆裂）。故该类钢的使用范围较窄，远没有低碳低合金调质钢的优势，更不如热轧正火钢的普及。

4. 常用低合金高强度结构钢同种金属的熔焊焊接性及其工艺要点

表 2-8 为常用低合金高强度结构钢同种金属的熔焊工艺要点。

表 2-8　常用低合金高强度结构钢同种金属的熔焊工艺要点

类别	焊接性	焊接方法适应性	焊接材料选择原则	焊前预热	焊后热处理
热轧正火钢	A（良好）	所有熔焊方法均适应，常用方法为：SMAW、TIG、MIG/MAG、SAW 及 ESW	按等强度原则不同的坡口形式熔合比不同，I 形坡口埋弧焊熔合比大，应采用含 Mn 高的 H08Mn 或 H10Mn2 焊丝	碳当量 C_{eq} > 0.40% 时，厚壁件必须预热外，一般不必预热	大型结构焊后退火消除应力时，会损失一部分强度可适当提高焊接材料的强度级别
低碳低合金调质钢	B（一般）有一定的冷裂倾向，热影响区软化	只有热输入较小的 TIG 焊、SMAW 及细丝 MIG/MAG 焊接方法适合，ϕ4mm 以下的 SAW 焊及窄间隙焊也可以	允许按低匹配原则，有时必须采用低匹配原则，首先保证接头无裂纹、无缺陷	50～150℃ 预热	除《钢制压力容器》标准GB 150—2011 的硬性规定外，一般不进行焊后热处理
中碳低合金调质钢	C（差）有严重的裂纹倾向及热影响区过热脆化和近缝区软化现象	1. 先退火、后焊接，焊后再调质，可采用所有熔焊方法	1. 退火状态下焊接方法，采用等强度原则	只有厚件预热，一般不必预热	焊后调质热处理
		2. 调质状态下焊接方法只能选用能量集中热输入小的 TIG、SMAW 焊细丝短路过渡 MIG/MAG 焊方式中的 ϕ3mm 以下的细丝埋弧焊，以及等离子弧焊、电子束焊	2. 调质状态下必须采用低匹配原则，首先保证不产生裂纹，不能保证接头强度	必须焊前预热，焊后缓冷及后热等	不进行任何热处理

2.1.4　不锈钢的分类及性能

1. 分类

（1）按性能与用途分类　不锈钢的问世是首先为了解决普通碳钢在大气中被氧化的问题。铁被氧化生成一层黑锈（$FeO + Fe_2O_3$），覆盖在钢铁的表面。如果空气潮湿，则铁进一步被氧化成带结晶水的黄锈（$Fe_3O_4 + H_2O$），黄锈因含结晶水因而氧化层不致密，会一层一层地脱离，这就是锈蚀，因生锈而被腐蚀。为了防止钢铁材料在氧化性介质（大气和水，不是海水）中被锈蚀，出现了主加元素为铬的不锈钢。铬在氧化性

介质中被氧化生成 Cr_2O，Cr_2O 覆盖在钢材表面，成为极致密的保护膜，使之不能进一步被氧化。铬对氧的亲和力远远大于铁对氧的亲和力，阻止了 FeO、Fe_3O_4、Fe_3O_4 + H_2O 的生成。这种现象称作铬钝化或铬钝化状态。

　　这种以铬为主加元素的钢称为铬不锈钢，铬不锈钢才是最早问世的单纯性抗氧化性介质的不锈钢。其代表性产品为 Cr13、Cr17 型铬不锈钢［如 68Cr17（7Cr17）、12Cr13、12Cr17d（1Cr17）、21Cr13（2Cr13）］等。铬的质量分数在不锈钢中必须大于 12% 才能起到抗氧化作用。

　　工业生产和产品结构追求的已经不仅仅是钢铁材料不受氧化性介质的锈蚀，而进一步提出要求能够在酸、碱、盐介质中不受腐蚀，于是出现了铬、镍为主要加入元素的钢材，即铬镍不锈钢［$w(Cr)$ 仍在 12% 以上］。铬镍不锈钢的抗氧化性能力又大大超过铬不锈钢，而且还会有其他超过铬不锈钢的性能优势，如耐不同浓度的酸、碱、盐腐蚀，或不同高温、低温场合等。对铬镍不锈钢，单从铬镍的比例无法判定不锈钢属于耐热还是耐低温或耐酸，但从含碳量上可以判定。一般低碳或超低碳铬镍不锈钢多用于强腐蚀介质（酸、碱、盐）中耐蚀及低温场合。而高碳者，则仅仅能用于耐热。但是，单从铬镍（当量）的比例却可以判断出这种铬镍不锈钢在室温状态下的金相组织是奥氏体还是马氏体或铁素体或混合组织，这对判断不锈钢的熔焊焊接性特别有利，这就是经典的舍夫勒尔不锈钢组织图，如图 2-1 所示。

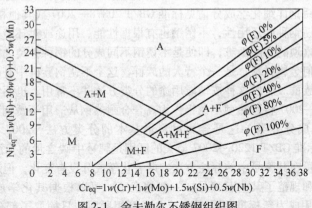

图 2-1　舍夫勒尔不锈钢组织图

　　图 2-1 中已经将碳、锰及钼、铌、硅的含量对组织状态的影响折算进去了，见图 2-1 中纵坐标镍当量及横坐标铬当量计算公式。从各种元素对不锈钢组织的影响和作用程度上看，纵坐标属于形成和稳定奥氏体的元素，除子公式中 Ni、C、Mn 外，还应有 N 和 Cu；横坐标属于铁素体形成元素，除了 Cr、Si、Mo、Nb 外，还应有 Ti、Ta、W、V、Al 等。因此，不锈钢按工作环境适应性或用途，可以分为抗氧化型不锈钢、耐热型不锈钢、耐蚀型不锈钢、耐低温型不锈钢等。有参考文献称不锈钢是耐蚀钢与耐热高合金钢的通称；也有参考文献称不锈钢是一般在大气、水等弱腐蚀介质中耐蚀的钢和在酸、碱、盐等强腐蚀性介质中耐酸钢的总称。完整的说法应当是 $w(Cr)$ 大于 12% 以上或含铬镍［$w(Cr)$ 在 5% ~35% 之间］的抗氧化型、耐蚀型、耐热型、耐低温型等不同

用途钢种的总称为不锈钢。如果单独称谓则有抗氧化型不锈钢、耐酸型或耐强腐蚀型不锈钢、耐热型不锈钢、低温型不锈钢等，都以"不锈钢"三个字，来区分其他合金系统的耐热钢、高温合金、低温用钢、耐蚀合金和耐海水钢等。

属于耐热型不锈钢的钢种又有两种类型，仅耐高温、抗氧化而强度要求不高的如12Cr17d、16Cr25Ni20Si2（1Cr25Ni20Si2）等即耐热不锈钢。工作温度可达 900 ~ 1100℃；既要耐高温、抗氧化，又要求具有较高强度者，即热强不锈钢。其耐热温度会牺牲一部分，如12Cr18Ni9、06Cr25Ni20、12Cr12MoWV 等，只能在 600 ~ 800℃条件下工作。

属于耐低温不锈钢和耐蚀型不锈钢的含碳量都比较低、属于低碳或超低碳不锈钢，如 06Cr19Ni9、12Cr18Ni9 等。实际上许多不锈钢的钢种通用性甚强，兼有耐蚀、耐热、耐低温的性能。特别对于 M、Cr、C 三个元素的比例为 $w(Cr)$ 在 17% ~ 19% 之间，$w(Ni)$ 在 8% ~ 10% 之间，及 $w(C) \leqslant 0.03$ 的条件下所获得的耐蚀效果及耐低温性能最为理想，即所谓低碳 18 - 8 型不锈钢。其力学性能和冷热加工性能，以及焊接性都比较好，从而获得了最广泛的应用，其应用量占不锈钢总量的 70% 以上。

此外，不锈钢的不锈性和耐蚀性都是相对的，受到多种条件和因素的制约，包括介质种类、浓度、纯净度、流动状态、环境温度和压力等。目前，还没有对任何腐蚀环境都具有耐蚀性的不锈钢。只能根据具体使用条件进行合理的选择。表 2-9 是摘录的部分新旧标准及各国不锈钢牌号对照，表中序号是新标准 GB/T 20878—2007《不锈钢耐热钢　牌号及化学成分》中原来的序号。从表中也可以看到各种不锈钢牌号的主要化学成分，各牌号不锈钢详细化学成分请见标准 GB/T 20878—2007 或其他相关材料手册。

鉴于许多不锈钢种的通用性，不锈钢也有根据性能、用途或对环境适应性的分类方法，会遇到十分繁琐的实际困难，即使是不锈钢不同成分的钢种种类之繁多，也超过了几乎所有其他任何金属材料，是一个特大的族群，这个不锈钢族群中有多种迥异和相互交叉的个性化小族群。所以这种按性能用途的分类方法并不常用，也不实用。并有专用标准 GB/T 4238—2007 将耐热型不锈钢作为高合金耐热钢从通用不锈钢中分离了出来。

（2）按化学成分分类　这是金属材料最基本的分类方法，2007 年新标准 GB/T 20878—2007 和标准 GB/T 1220—2007 最大的区别是牌号中碳含量的标注采用了优质碳素结构钢的含碳量在其牌号中的标注方法。两者化学成分没有变化，但新标准增加了一些钢号，并淘汰和规范了某些旧牌号。一般情况下，可以根据其化学成分（含碳量的实际值）变通套用成为新标准牌号。由于本书篇幅所限，只摘取了部分不锈钢新标准的化学成分，如果读者需要请参考中国标准出版社出版的 GB/T 20878—2007 或其他近期的相关手册类读物。

按化学成分分类，不锈钢可分为如下三类：

1）铬不锈钢，$w(Cr)$ 大于 12%，如 12Cr13、68Cr17 等。

2）铬镍不锈钢，在铬不锈钢中加入镍，以提高其耐蚀性、冷变形性和焊接性，如12Cr18Ni9Si3（1Cr18Ni9Si3）、06Cr19Ni13Mo4（0Cr19Ni13Mo3）等。

3）铬锰氮不锈钢，含有铬锰氮元素，如 26Cr18Mn12Si2N（3Cr18Mn12Si2N）等。

（3）按室温状态金相组织分类　无论同种钢铁材料焊接还是异种钢铁材料组合的焊接，不锈钢的分类都习惯采用按金相组织的分类方法。因为这种分类方法比较实用，

表2-9 不锈钢新旧标准及各国不锈钢牌号对照

序号	中国 GB/T 20878—2007		美国 ASTM A959—2004	日本 JIS G4303—1998 JIS G4311—1991	国际 ISO/T S15510—2003 ISO 4955—2005	欧洲 EN 10088：1—1995 EN 10095—1995
	新牌号	旧牌号				
1	12Cr17Mn6Ni5N	1Cr17Mn6Ni5N	S20100, 201	SUS201	X12CrMnNiN17-7-5	X12CrMnNiN17-7-5, 1.4372
2	12Cr18Mn9Ni5N	1Cr18Mn8Ni5N	S20200, 202	SUS202	—	X12CrMnNiN18-9-5, 1.4373
3	20Cr13Mn9Ni4	2Cr13Mn9Ni4	—	—	—	—
4	20Cr15Mn15Ni2N	2Cr15Mn15Ni2N	—	—	—	—
5	53Cr21Mn9Ni4N	5Cr21Mn9Ni4N	—	SUH35	X53CrMnNiN21-9	X53CrMnNiN21-9, 1.4871
77	06Cr13Al	0Cr13Al	S40500, 405	SUS405	X6CrAl13	X6CrAl13, 1.4002
78	06Cr11Ti	0Cr11Ti	S40900	SUH409	X6CrTi12	—
79	022Cr11Ti	—	S40920	SUH409L	X2CrTi12	X2CrTi12, 1.4512
80	03Cr11NbTi	—	S40930	—	—	—
81	06Cr13	0Cr13	S41008, 410S	SUS410S	X6Cr13	X6Cr13, 1.4000
95	12Cr12	1Cr12	S40300, 403	SUS403	—	—
96	12Cr13	1Cr13	S41000, 410	SUS410	X12Cr13	X12Cr13, 1.4006
97	Y25Cr13Ni2	Y2Cr13Ni2	—	—	—	—
98	04Cr13Ni5Mo	0Cr13Ni5Mo	S41500	SUSF6NM	X3CrNiMo13-4	X3CrNiMo13-4, 1.4313
99	Y12Cr13	Y1Cr13	S41600, 416	SUS416	X12CrS13	X12CrS13, 1.4005
130	04Cr13Ni8Mo2Al	—	S13800, XM-13	—	—	—
131	05Cr15Ni5Cu4Nb	—	S15500, XM-12	—	—	—
132	05Cr17Ni4Cu4Nb	0Cr17Ni4Cu4Nb	S17400, 630	SUS630	X5CrNiCuNb16-4	X5CrNiCuNb16-4, 1.4542
139	06Cr15Ni25Ti2MoAlVB	0Cr15Ni25Ti2MoAlVB	S66286, 660	SUH660	—	—

注：表中1~5属于奥氏体不锈钢，77，…，81属于铁素体不锈钢，95，…，99属于马氏体不锈钢，130，…，139属于沉淀硬化不锈钢。

金相组织类型相同的钢铁材料其物理性能差异较小，在熔焊焊接材料选择、焊前预热温度和热处理工艺方面都有共同的工艺规律与原则。按金相组织分类，不锈钢有以下五种类型：

1）奥氏体型不锈钢。在室温下为纯奥氏体组织或奥氏体加少量铁素体组织。这种少量铁素体有助于防止焊接热裂纹的产生，也有利于防止焊缝晶间腐蚀。奥氏体不锈钢典型成分为低碳、高铬和高镍，其中 $w(C) < 15\%$、$w(Cr) \geqslant 16\%$、$w(Ni) \geqslant 8\%$。典型钢种为 18 - 18 型及 25 - 20 型两种系列，如 06Cr19Ni9、12Cr18Ni9、022Cr18Ni15Mo4N 和 06Cr25Ni20（0Cr25Ni20）等，少数牌号也有中碳者。奥氏体不锈钢不能用热处理方法强化，但可以通过冷变形提高其强度及硬度。采用固溶处理使之软化，供货状态多为固溶处理。

2）铁素体型不锈钢。在室温下组织为铁素体。合金元素以高铬为主，通常铬的质量分数（$w(Cr)$）$\geqslant 13\%$。不含镍，属于低碳铬不锈钢，某些钢种添加了 Mo、Ti、Al、Si 元素等成分。典型钢种中铬的质量分数为 13%、17%，最高可达 30%，如高纯铁素体型钢如 008Cr30Mo2（00Cr30Mo2）及 06Cr11Ti（0Cr11Ti）022Cr12 等，退火状态供货。

3）马氏体型不锈钢。在室温下合金元素以高铬为主，通常 $w(Cr)$ 在 12% ~ 18% 之间，但含碳量高于铁素体不锈钢，通常 $w(C)$ 为 0.1 ~ 1.0% 之间。不含镍，有的含有少量镍，可大体视为高碳铬不锈钢。含碳量低的马氏体不锈钢淬火状态组织中可出现少量铁素体，而 $w(C) > 0.3\%$ 时则出现碳化物。典型钢种有 $w(Cr)$ 13% 系列的 12Cr13、20Cr13（2Cr13）、30Cr13（3Cr13）、40Cr13（4Cr13）和 $w(Cr)$ 17% 系列的 14Cr17Ni2（1Cr17Ni2）、68Cr17（7Cr17）、85Cr17（8Cr17）、95Cr18（9Cr18）等。

4）奥氏体 - 铁素体型不锈钢。是指同时具有奥氏体及铁素体双相组织，通常钢中铁素体的体积分数占 40% ~ 60%，奥氏体占 60% ~ 40%，这种钢具有优异的耐腐蚀性能。最典型的钢种有 18 - 5 型、22 - 5 型及 25 - 5 型，如 022Cr19Ni5Mo3Si2N、022Cr22Ni5Mo3N、022Cr25Ni7Mo3WCuN、022Cr25Ni6Mo2N。主要特点是与 18 - 8 型相比，提高了铬而降低了镍。同时，添加了 Mo 和 N 元素，双相不锈钢常以固溶处理供货。

5）沉淀硬化型不锈钢。这是一类需要经过时效强化处理以析出硬化相的高强度不锈钢。包括以下三种类型：马氏体沉淀硬化型不锈钢、半奥氏体沉淀硬化型和奥氏体沉淀硬化型。由于这类钢含有较多硬化元素，因此其焊接性比奥氏体不锈钢差。典型钢种有 05Cr17Ni4Cu4Nb（0Cr17Ni4Cu4Nb）、07Cr17Ni7Al（0Cr17Ni7Al）等。

2. 不锈钢的耐蚀性

耐蚀是不锈钢"不锈"的主要特性，也是不锈钢有别于其他钢的最大特点。五类不锈钢尽管在"不锈"（指耐大气腐蚀）意义上是共同的，但在耐酸、碱、盐等腐蚀性更强的介质中其作用又是互不相同的。它们在力学性能、耐高低温性能、冷热加工性能及焊接性上差别也很大。

不锈钢耐蚀性的基础是钝化作用。从腐蚀机理来分析，可分为化学腐蚀和电化学腐蚀两类。从腐蚀的形式来看，又可分为均匀腐蚀和局部腐蚀两类。不锈钢的腐蚀破坏，据分析 90% 以上均来自局部腐蚀，包括点腐蚀、缝隙腐蚀、晶间腐蚀和应力腐蚀等四类。

各类不同不锈钢耐各种腐蚀的性能及比较可详见有关参考文献。其中双相不锈钢由于对晶间腐蚀不敏感，以及能耐氯化物应力腐蚀，优于传统的奥氏体不锈钢。

3. 不锈钢的耐热性

除了抗氧化耐腐蚀外，不锈钢还具有优良的耐高温、低温性能，许多不锈钢可兼作耐热钢或低温钢使用。目前 –196℃ 以下的深冷设备中，就大量使用了低碳或超低碳的 18–8 型奥氏体不锈钢和一些析出硬化型奥氏体不锈钢（如 A–286）。

耐热钢有低合金耐热钢、中合金耐热钢及高合金耐热钢之分，只有高合金耐热钢属于耐热型不锈钢。作为耐热钢使用的不锈钢，多为含碳量较高的铁素体、马氏体和奥氏体不锈钢，且具有以下特点：

（1）保证抗氧化要求　需较高含铬量以形成致密氧化膜。能在 800℃、1000℃、1100℃ 时，仍能保持热安定性的铬的质量分数分别为 10% ~12% 、22% 和 30% 。Si 和 Al 有助于增强 Cr 的影响，适宜加入量（质量分数）各约 2%。

（2）保证热强性要求　一般措施为：

1）增加 Ni 以得到稳定的奥氏体组织，利用 Mo、W 固溶强化，提高原子间结合力。但加入 Mo 对抗氧化性不利。

2）形成碳化物（MC、MoC、$M_{23}C_6$）为主的第二相，为此应适当提高含碳量。

3）加入微量硼或稀土等以控制晶粒度并强大晶界，如耐热奥氏体不锈钢 06Cr15Ni25Ti2MoAlVB。

（3）高温脆化问题　耐热不锈钢在热加工或高温长期工作时会产生各种脆化现象，如 06Cr13 钢在 550℃ 左右的回火脆性，高铬铁素体钢的晶粒长大脆化，奥氏体钢沿晶界析出碳化物造成的脆化以及铁素体钢的 475℃ 脆性、850℃ 附近的 σ 相析出脆化，甚至高 Cr–Ni 奥氏体钢（如 25–20 型）也有 σ 相析出脆化问题。

高温脆化问题在一定程度上限制了不锈钢在耐热领域的使用，部分耐热不锈钢的适用温度范围及主要用途见表 2-10。

4. 不锈钢的物理性能

不锈钢的物理性能与碳钢有很大的差别：

1）电阻率为碳钢的 5 倍左右。

2）线胀系数比碳钢大 50% 左右。

3）热导率仅为碳钢的 1/3 ~1/2。

4）除了奥氏体型不锈钢外，其他几种不锈钢都有磁性，含有少量铁素体的奥氏体不锈钢在冷作变形较大的条件下，也会呈现一定的磁性，可以通过退火去除。

在不锈钢的族群中，金相组织相同的不锈钢钢种，其物理性能都比较接近，不同的金相组织中，奥氏体不锈钢的线胀系数比其他组织不锈钢大 50% 。马氏体、铁素体不锈钢的线胀系数与碳钢接近；奥氏体不锈钢的热导率比马氏体钢、铁素体不锈钢小 30% ~40% ；奥氏体型不锈钢的电阻率比马氏体、铁素体不锈钢大 30% 左右。这些物理性能的差异，决定了不同组织的不锈钢焊接性的差异。表 2-11 为常用不锈钢的物理性能。

表 2-10　部分耐热不锈钢的适用温度范围及主要用途

钢种	牌号	适用温度范围及其主要用途
马氏体型	12Cr12	抗氧化温度 600～700℃，用于汽轮机叶片、喷嘴、锅炉、燃烧器、阀门
	12Cr13	抗氧化温度 700～800℃，用途同上
	X20CrMoV12－1	抗氧化温度 600～650℃，用于高压锅炉受热面管、集箱、蒸汽管道
铁素体型	06Cr11Ti	抗氧化温度 700～800℃，用于锅炉、燃烧器壳体、喷嘴
	06Cr12	抗氧化温度 600～700℃，用于高温高压阀体、燃烧器
	06Cr13Al	适用温度范围 700～800℃，用于燃汽轮机、压缩机叶片
	12Cr17d	在 900℃温度以下抗氧化，用于炉用高温部件、喷嘴
奥氏体型	06Cr19Ni10 12Cr18Ni9	抗氧化温度 870℃以下，用于锅炉受热面管子、加热炉零件、热交换器、马弗炉、转炉、喷管
	06Cr18Ni11Ti 06Cr18Ni11Nb	耐高温腐蚀，氧化温度范围 400～900℃，用于工作温度 850℃以下的管件
	16Cr20Ni14Si2	抗高温氧化温度范围 1035℃以下，用于工作温度 1000～1050℃的电介和高温分解装置管件、渗碳马弗炉、锅炉吊挂支撑、工作温度 650～700℃的超高压蒸汽管道
	06Cr23Ni13	抗氧化温度直到 980℃，用于燃烧器火管、汽轮机叶片、加热炉体、甲烷变换装置、高温分解装置
	06Cr23Ni20	抗氧化温度直到 1035℃，用于加热炉部件、工作温度 950℃以下的燃气系统管件
	06Cr17Ni12Mo2 06Cr19Ni13Mo4	抗氧化温度不低于 870℃，用于工作温度 600～750℃的化工炼油热交换器管件、炉用管件
沉淀硬化型	07Cr17Ni7Al	工作温度 550℃以下的高温承载部件
	06Cr15Ni25Ti2MoAlVB	抗氧化温度 700℃，用于工作温度 700℃以下的汽轮机、转子叶轮、叶片、轮环

5. 不锈钢的力学性能

　　马氏体型不锈钢在退火状态下，硬度最低，可淬火硬化，正常使用时的回火状态的硬度又稍有下降。铁素体型不锈钢的特点是常温冲击韧度低。当在高温长时间加热时，力学性能将进一步恶化，可能导致 475℃脆化、σ 脆化或晶粒粗大等。奥氏体型不锈钢常温具有低的屈强比（40%～50%），伸长率、断面收缩率和冲击吸收功均很高，并具有高的冷加工硬化性。某些奥氏体型不锈钢经高温加热后，会产生 σ 相晶界析出碳化铬引起的脆化现象。在低温下，铁素体型和马氏体型不锈钢的夏比冲击吸收能量均很低，而奥氏体型不锈钢则有良好的低温韧性。对含有百分之几铁素体的奥氏体型不锈钢，则应注意低温下塑性和韧性降低的问题。

表 2-11　常用不锈钢的物理性能

物理性能

类型	牌号	密度 ρ /(g/cm³)	电阻率 μ /(MΩ·cm)	磁性	比热容 c /[×10³J/(kg·K)] (0~100℃)	平均线胀系数 α/(×10⁻⁶/K)					热导率 λ /[W/(m·K)]		纵向弹性模量 /(×10³MPa)
						0~100	0~316	0~538	0~649	0~816	100℃	500℃	
碳素钢	Q235	7.86	15	有	0.50	11.4	11.5	—	—	—	46.89	—	205.9
铁素体型不锈钢	06Cr13Al	7.75	60			—	—	—	—	—	27.00	—	
	12Cr17d	7.70			0.46	10.4	11.0	11.3	11.9	12.4	26.13	26.29	200.1
马氏体型不锈钢	12Cr13	7.75	57			9.9	10.1	11.5	11.7		24.91	28.72	
	12Cr12		55										
	21Cr13												
	14Cr17Ni2		72			11.7	12.1				20.26		
奥氏体型不锈钢	12Cr17Ni7	7.93		无	0.50	16.9	17.1	18.2	18.7		16.29	21.48	193.2
	12Cr18Ni9		72			17.3	17.8	18.4	19.1				
	06Cr19Ni9		73			16.3				20.2			
	06Cr18Ni11Ti					16.7	17.1	18.5	19.3		15.95	22.15	
	06Cr18Ni11Nb		74										
	06Cr17Ni12Mo2	7.98				16.0	16.2	17.5	18.5		16.29	21.48	200.1
	06Cr23Ni13		78			14.9	16.7	17.3	18.0		14.19	18.67	
	06Cr25Ni20					14.4	16.2	16.9	17.5				

不锈钢异种金属接头组合中，不锈钢一侧追求的往往不是力学性能，特别是对强度没有要求，而是其耐蚀或耐热等性能。因此，异种金属焊接接头往往采用低匹配原则，首先保证不出现焊接缺陷。

2.1.5 不锈钢的焊接性及其工艺要点

不锈钢按金相组织不同而划分的五种类型中，因化学成分、金相组织结构及物理性能的差异，其熔焊焊接性各有其特殊性。

1. 奥氏体型不锈钢的焊接性

奥氏体型不锈钢由于塑性较好，且不可淬硬，因此与马氏体型或铁素体型不锈钢比较，有较好的焊接性。奥氏体型不锈钢是实际应用最广的不锈钢，以其含高铬、高镍为其特征。除了 Cr-18-Ni8 及 Cr25-Ni20 类型外，还有一种所谓超级奥氏体型不锈钢。超级奥氏体型不锈钢的化学成分介于普通奥氏体型不锈钢和镍基合金之间，含有较高的 Mo、N、Cu 等合金元素，超低含碳量，以提高奥氏体组织的稳定性、耐蚀性，特别是提高耐氯离子（Cl^-）应力腐蚀破坏的能力。该类型奥氏体型不锈钢的金相组织为典型的纯奥氏体。目前，国内尚无此类钢的标准，但已经在国内各种制造业（化工、造纸等设备制造）中有实际应用。

奥氏体型不锈钢熔焊的主要问题有热裂纹、接头脆化及耐蚀性降低。其中耐蚀性指的是焊接接头耐晶间腐蚀、应力腐蚀及点状腐蚀的能力。

（1）热裂纹　热裂纹产生的原因如下：

1）热导率小，线胀系数大，焊接过程会产生较大的拉应力，而焊缝结晶期间拉应力的存在是产生热裂纹的必要条件。

2）方向性强的柱状结晶，易造成有害杂质的偏析，促使形成晶间液态间层，成为导致拉裂的薄弱环节。

3）除了 P、S、Sn、Sb 等杂质外，一些合金元素如 B、Si、Nb 等因溶解度有限，也会形成低熔共晶。

在接头材质一定的条件下，焊接工艺的选择是避免发生热裂纹的唯一途径。焊接工艺选择，包括两个方面：其一是选择铬当量（Cr_{eq}）与镍当量（Ni_{eq}）比值（Cr_{eq}/Ni_{eq}）较大的焊接材料，即焊缝金属中添加铁素体形成与稳定元素，尽量使焊缝冷却后在室温形成含有少量铁素体的 F+A 组织。一般使 $\varphi(F)$（含量）占 3%~12% 时，基本上可以阻隔有害杂质及某些合金元素的偏析聚集，以免形成低熔共晶。

其二是选择较小的焊接热输入、不预热、降低层间温度等。小热输入是降低焊接电流，而非增大焊接速度。过分提高焊接速度会使冷却速度加快，会增加焊缝凝固过程不平衡。希望焊缝结晶时先析出铁素体，随后发生包晶和共晶反应，凝固过程结束后的组织为奥氏体+铁素体，这种结晶模式称做 FA 凝固模式。FA 结晶模式由于铁素体的提前析出，打乱了奥氏体柱状结晶的方向，而且形成的偏析液态膜难以润湿 $\gamma+\delta$ 的界面，同时分析出的 δ 铁素体还能较高地溶解 S、P、Sn 等杂质。因此，具有理想的抗热裂性能；如果结晶过程先析出奥氏体，随后发生包晶和共晶反应，凝固过程结束后的组织为奥氏体+铁素体，则这种结晶模式称做 AF 模式，AF 模式的焊缝也具有较好的抗裂性能，因为铁素体在结晶后期析出，可以阻止粗大奥氏体柱状晶粒的长大，有分割残液的作用，同时也可以较多溶解有害元素 P、S、Sn 等；如果焊接参数选择不当，可能会出现先析出奥氏体组织，凝固过程结束后的组织为纯奥氏体的所谓 A 型结晶模式，这种 A 型结晶模式的焊缝金属具有较大的热裂纹敏感性。

焊接工艺选择（焊接材料及焊接参数）的目的是不希望焊缝金属组织成为纯奥氏体的 A 模式，而是希望结晶过程能够向着有利于避免热裂纹发生的方向发展。

（2）接头脆化 接头脆化有以下两种情况：

1）焊缝金属的低温脆化，焊缝金属的脆化只有在低温时才会发生，因此低温用钢为满足低温塑韧性的要求，希望焊缝金属组织应当是单一的奥氏体组织。虽然 δ 铁素体的存在可以避免热裂纹的产生，但却会恶化低温用不锈钢的低温韧性而发生焊缝脆化。

2）接对 σ 相脆化，σ 相是一种脆而硬的金属间化合物。一般在晶界形成。γ 相和 δ 相均可能发生 σ 相转变，并与温度有极大关系。如 25 - 20 型（06Cr25Ni20）奥氏体型不锈钢焊缝，析出 σ 相的温度为 800 ~ 900℃，18 - 8 型钢则低于 850℃，在奥氏体 + 铁素体型双相组织的焊缝中，当 δ 铁素体体积分数（含量）较高时，如果超过 12%，δ 向 σ 的转变速度大大超过 γ 向 σ 的转变速度，造成焊缝金属明显脆化。σ 相的脆化还与奥氏体不锈钢的合金过程有关，Cr、Mo 具有明显的 σ 化作用，提高奥氏体化合金元素 Ni 的含量，是防止 σ 相脆化的有效措施。

防止接头 σ 相脆化的焊接工艺要点如下：

1）适当控制焊缝中铁素体的含量，焊缝金属铁素体所占比例增大，虽然对防止产生热裂纹有利，但会增加 σ 相脆化的敏感性，在相互矛盾的情况下，焊缝中铁素体的体积分数应控制在 3% ~ 8%。

2）严格控制焊接材料（焊丝、焊剂、焊条药皮等）中的 Mo、Si、Nb 等 σ 相形成元素。适当降低 Cr、增加 Ni。

3）选择低热输入的焊接方法，并适当控制焊接热输入，不预热，控制层间温度不得过高，以减少高温停留时间。

4）避免在 600 ~ 850℃ 温度区间进行焊后热处理，接头也不能在此温度区间长期工作，这点对耐热不锈钢尤为重要。

（3）晶间腐蚀及其防止的工艺要点 焊接接头的耐蚀性是指焊缝及热影响区的耐晶间腐蚀、应力腐蚀开裂（SCC）和点蚀的能力。

晶间腐蚀是在腐蚀介质的作用下，起源于金属表面沿晶界深入到金属内部的选择性的腐蚀现象。晶间腐蚀会导致晶粒间的结合力丧失，材料强度会几乎消失变脆，敲击时已无金属声，在低应力下即发生破坏。

不锈钢发生间接腐蚀的原因是，因为熔焊时焊缝金属重熔及接头的局部不均匀加热而引起的焊缝及热影响区的金属材料发生局部的"贫铬"现象。沿晶界析出了铬的碳化物，铬元素阻止了金属离子的作用，遭到了破坏，这就是公认的所谓"贫铬"理论解释。当局部区域的含铬量降低到钝化的极限 $w(\text{Cr}) = 12.5\%$ 以下时，在腐蚀环境中就会发生晶间腐蚀现象。

18－8 型奥氏体不锈钢经固溶处理后
（供货状态）在敏化温度范围加热，沉淀
出铬的碳化物，使晶间 $w(Cr)$ 低于
12.5%，这个敏化温度区间为 450～
850℃，尤其 600～800℃ 最为敏感。图 2-2
是 18－8 型不锈钢可能出现晶间腐蚀的
部位。

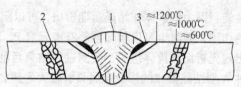

图 2-2　18-8 型不锈钢焊接性基体
可能出现晶间腐蚀的部位
1—焊缝区　2—HAZ 敏化区
3—熔合区（靠近熔合线的过热区）

除了"贫铬"理论外，P、S 等杂质沿
晶界发生的偏析也会导致晶间腐蚀，这是在未经敏化区加热也未发生碳化铬析出产生的
晶间腐蚀。沿晶界析出含富铬的 σ 相，也会导致晶间腐蚀发生。图 2-4 中的三种晶间腐
蚀部位，在同一接头上不会同时发生。对于焊缝区的晶间腐蚀，如果钢的含碳量低于其
溶解度，$w(C) \leqslant 0.015\% \sim 0.03\%$，即所谓超低碳，则不会有碳化铬的析出，不会产生
所谓的"贫铬"现象。如果钢中含有能形成稳定碳化物的元素 Nb 或 Ti，并经稳定化处
理（850℃×2h 空冷）使之优先形成碳化铌（NbC）或碳化钛（TiC）也可避免碳化铬
的产生。因此，防止焊缝区发生晶间腐蚀的工艺要点是：

1）在母材为超低碳奥氏体型不锈钢的情况下，必须选用超低碳焊接材料，使焊缝
也成为超低碳。

2）选用含有 Nb 或 Ti 稳定化元素的焊接材料。

3）选用合适的焊接材料，使焊缝金属形成含有一定量 δ 铁素体的双相组织，δ 铁
素体的体积分数一般应控制在 4%～12% 之间。

对于热影响区敏化区（600～1000℃）的晶间腐蚀（图 2-2 中的 2 区）只有普通
18－8 型不锈钢才会发生，而含 Nb、Ni 的 18－8 型不锈钢或超低碳不锈钢不会出现敏化
区晶间腐蚀。对于普通 18－8 型不锈钢敏化区晶间腐蚀防止措施除了上述三条外，还要
求采用较小的热输入，加快冷却速度，并不在敏化区停留过长时间的办法来避免。

图 2-2 中的 3 区的"刀蚀"，即刀口状晶间腐蚀，只发生在 18－8Nb 或 18－8Ti 钢
的熔合区，这是因为 NbC 或 TiC 在高温 1200℃ 以上，C、Nb、Ti 大量被固溶于奥氏体晶
内，冷却时碳原子向晶间扩散和聚集，而 Nb、Ti 则来不及扩散，造成晶界析出碳化铬。
高温过热及其随后的中温敏化相继作用是造成"刀蚀"的必要条件，一定量 C、Nb、Ti
的存在是造成"刀蚀"的充分条件。防止"刀蚀"的工艺要点同样是减少含碳量，减
小过热采用低热输入焊接并杜绝交叉焊缝的设计。

（4）应力腐蚀开裂（SCC）及其防止　应力腐蚀开裂（英文缩写为 SCC）是一种
无塑性变形的脆断形式，是一种危险的突然破坏。在化工设备的事故中不锈钢的 60%
以上属于不锈钢 SCC，SCC 也是最为复杂和难以解决的问题。其产生外部因素是残余拉
应力，内因是接头金属内部组织的变化，或一定的材质及与介质的匹配，包括腐蚀介质
局部浓度突然增高等难以认知的原因。SCC 的金相特征是裂纹从表面向内部扩展，点蚀
往往是裂纹的根源。裂纹常常表现为穿晶扩展，裂纹的尖端常出现分支，裂纹整体呈现
树枝状。避免发生 SCC 脆断的工艺措施要点如下：

1）正确地选择母材，如果接头工作在高浓度氯化物介质中，超级奥氏体不锈钢就
会显示出其明显的抗应力腐蚀能力。

2）采用含 Cr、Mo、Ni 等耐蚀合金元素，高于母材的焊接材料，可使焊缝金属耐应力腐蚀性能提高。

3）尽量减少接头的应力集中，接头的外在焊接缺陷如咬边、电弧擦伤等往往成为导致发生 SCC 的根源之一，接头部位光滑、洁净的外在质量至关重要。

4）采用适当的方法消除残余应力，如焊后低温退火、振动、锤击和喷丸等。

5）合理设计接头，避免介质在接头部位聚集。

（5）点蚀及其防止　点蚀是点状腐蚀现象，它是最难控制的腐蚀行为。往往是 SCC 发生的根源之一，点蚀是金属材料表面产生的尺寸小于 1.0mm 的穿孔性或蚀坑性宏观腐蚀，这是由于金属表面钝化膜局部破坏而引发的。大多数奥氏体型不锈钢有点蚀倾向，最易发生的部位是焊缝中不完全熔合区，其化学成分虽然与母材相同，但经历了熔化与凝固过程。产生原因可能是耐点蚀元素 Cr 和 Mo 的偏析。

防止点蚀的工艺要点为：

1）避免采用 TIG 焊的自熔焊接法，即使填丝为同质材料，仍不如母材耐点蚀。

2）采用比母材 Cr、Mo、Ni 含量更高的焊接材料，必要时采用镍基焊丝。

（6）奥氏体型不锈钢的焊接材料　奥氏体型不锈钢的焊接通常采用与母材化学成分相似的焊接材料，即要求按"等成分原则"选择焊接材料，以满足奥氏体型不锈钢接头的耐蚀性等使用性能。填充金属的选择主要考虑所获得熔敷金属的金相组织，焊缝中的主要组成相是 γ 相、δ 相和碳化物。根据不同的焊接方法，常用奥氏体型不锈钢推荐选用的焊接材料见表 2-12。表中不锈钢的牌号有些是 1992 年的旧标准牌号，与新标准牌号的对照请见表 2-9，或见 GB/T 20878—2007 标准。

表 2-12　常用奥氏体型不锈钢推荐选用的焊接材料（摘自 GB/T 983—2012）

钢号	焊条		氩弧焊焊丝	埋弧焊材料		使用状态
	GB/T 983—2012 型号	牌号		焊丝	焊剂	
06Cr19Ni9	E308 - 16	A102	H06Cr21Ni10	H06Cr21Ni10	HJ260 HJ151	焊态或固溶处理
12Cr18Ni9	E308 - 15	A107				
06Cr17Ni12Mo2	E316 - 16	A202	H06Cr19Ni12Mo2	H06Cr19Ni12Mo2		
06Cr19Ni13Mo4	E317 - 16	A242	H06Cr20Ni14Mo3	—	—	
06Cr19Ni11	E318 - 16	A002	H022Cr19Ni10	H022Cr19Ni10	HJ172 HJ151	焊态或消除应力处理
06Cr17Ni14Mo2	E3161 - 16	A022	H00Cr19Ni12Mo2	H00Cr19Ni12Mo2		
12Cr18Ni9	E347 - 16	A132	H06Cr18Ni11Ti H06Cr18Ni11Nb	H06Cr18Ni11Ti H06Cr18Ni11Nb		焊态或稳定化和消除应力处理
06Cr18Ni11Ti						
06Cr18Ni11Nb						
06Cr23Ni13	E309 - 16	A302	H06Cr23Ni13	—	—	焊态
16Cr23Ni13				—	—	
06Cr25Ni20	E308 - 16	A402	H06Cr25Ni20	—	—	
20Cr25Ni20				—	—	

2. 马氏体型不锈钢的焊接性

（1）类型

1）Cr13 型马氏体不锈钢，其性能及用途见表2-10。

2）低碳马氏体型不锈钢，包括超低碳马氏体型不锈钢。

3）超级马氏体型不锈钢。表2-13 是常用低碳及超级马氏体型不锈钢的化学成分。

Cr13 型不锈钢主要作为具有一般耐蚀性的不锈钢使用。随着含碳量的增加，强度、硬度增高，塑性、韧性下降，焊接性越差。作为焊接用钢，$w(C)$ 一般不超过 0.15%。以 Cr12 为基础的马氏体型不锈钢，因加入 Ni、Mo、W、V 等合金元素，除了具有一定的耐蚀性外，还具有较高的高温强度及高温抗氧化能力，属于耐热型不锈钢（热强钢），焊接性也很差。

超级马氏体型不锈钢是近年来国外研制的一种新型马氏体不锈钢，其成分特点是超低碳和低氮，$w(Ni)$ 控制在 4% ~ 7% 的范围内，还加入了少量的 Mo、Ti、Si、Cu 等合金元素。这类钢具有高强度、高韧性及良好的耐蚀性（耐汽蚀、耐磨等）及良好的焊接性。

（2）焊接性特点与工艺要点　不同类型的马氏体型不锈钢主要由于含碳量的不同而焊接性差别很大。

1）Cr13 型普通马氏体不锈钢和以 Cr12 为基础的热强型马氏体型不锈钢属于焊接性较差的类型。Cr13 型马氏体不锈钢一般经调质处理，金相组织为马氏体，随着回火温度的不同，马氏体的强度、硬度及韧塑性可以在较大范围内调整，以满足不同的使用要求。图2-3 为 12Cr13 型不锈钢的等温组织转变图。

表 2-13　常用低碳及超级马氏体型不锈钢的化学成分

牌号	标准	化学成分（质量分数,%）						
		C	Mn	Si	Cr	Ni	Mo	其他
ZG0Cr13Ni4Mo（中国）	JB/T 7349—2014	0.06	1.0	1.0	11.5 ~ 14.0	3.5 ~ 4.5	0.4 ~ 1.0	—
ZG0Cr13Ni5Mo（中国）	JB/T 7349—2014	0.06	1.0	1.0	11.5 ~ 14.0	4.5 ~ 5.5	0.4 ~ 1.0	—
CA – 6NM（美国）	ASTM A734/A734M—2003	0.06	1.0	1.0	11.5 ~ 14.0	3.5 ~ 4.5	0.4 ~ 1.0	—
Z4 CND 13 – 4 – M（法国）	AFNOR NF A32 – 059—1984	0.06	1.0	0.8	12.0 ~ 14.0	3.5 ~ 4.5	0.7	—
ZG0Cr16Ni5Mo（中国）	企业内部标准	0.04	0.8	0.5	15.0 ~ 16.5	4.8 ~ 6.0	0.5	S = 0.01
Z4 CND 16 – 4 – M（法国）	AFNOR NF A32 – 059—1984	0.06	1.0	0.8	15.5 ~ 17.5	4.0 ~ 5.5	0.7 ~ 1.50	—

（续）

牌号	标准	化学成分（质量分数,%）						
		C	Mn	Si	Cr	Ni	Mo	其他
12Cr – 4.5Ni – 1.5Mo（法国）	CLI 公司标准	0.015	2.0	0.4	11.0 ~ 13.0	4.0 ~ 5.0	1.0 ~ 2.0	N = 0.012 S = 0.002
12Cr – 6.5Ni – 2.5Mo（法国）	CLI 公司标准	0.015	2.0	0.4	11.0 ~ 13.0	6.0 ~ 7.0	2.0 ~ 3.0	N = 0.012 S = 0.002

注：1. 表中的单值为最大值。
　　2. 其他钢种的 P、S 的质量分数不大于 0.03%。

由图 2-3 可知，高温奥氏体冷却到室温时，即使是空冷，也能转变为马氏体，表现出了明显的淬硬倾向，焊接是一个快速加热与快速冷却的不平衡冶金过程。因此，Cr13型不锈钢的焊缝及热影响区焊后自然为硬而脆的高碳马氏体，含碳量越高，硬而脆的倾向就越大，当拘束度越大（如厚壁结构）或含氢量较高时，极易导致冷裂纹的发生。因此，冷裂纹和脆化问题是 Cr13 型（包括 Cr12 为基础的热强钢）马氏体型不锈钢的焊接性特征。

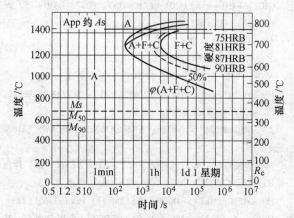

图 2-3　12Cr13 型不锈钢的等温组织转变图
化学成分（质量分数）：C0.11%、Mn0.44%、Si0.37%、Ni0.16%、Cr12.2%
A—奥氏体　F—铁素体　C—碳化物　Ms—马氏体开始转变温度
华氏温度 $°F$ 为非法定计量单位其与摄氏温度 $℃$ 的核算为：

$$1℃ = (°F - 32) \times \frac{5}{9}，下同$$

为避免冷裂纹脆断的发生，Cr13 型普通马氏体型不锈钢焊接时，应采用如下工艺要点：

① 采用与母材相同的焊接材料，并在焊接材料中加入少量的 Nb、Ti、、Al 等合金元素，以细化焊缝晶粒，提高焊缝金属的韧性、塑性。同时，焊前预热（100 ~ 350℃），含碳量越高预热温度应越高，焊后进行热处理（回火和完全退火）。焊后热处

理之前甚至可采取后热措施，防止氢致裂纹的发生。

② 在含碳量较高的 Cr13 型不锈钢或者焊前预热、焊后热处理难以实施，以及拘束度较大的接头，焊接材料的选择可以按低强度匹配原则，采用奥氏体型焊接材料，以提高焊缝金属的韧性、塑性，而牺牲部分强度。但由于奥氏体组织或以奥氏体组织为主体的焊缝金属的热物理性能及力学性能，与母材的差异导致残余应力对接头的使用产生不利影响时，可根据接头性能的要求进行严格的工艺评定，对必要的常用镍基焊接材料，为使焊缝与母材的线胀系数接近，应尽量降低其残余应力。

2）低碳及超级马氏体型不锈钢的焊接性良好，可以按等强度原则选择与母材同质的焊接材料，一般不需要预热或低温预热，但需要进行焊后热处理以保证接头的韧性、塑性。如果接头拘束度大，或者焊前预热及焊后热处理无法实施，也只能采用低强度匹配原则，选用超低碳奥氏体型焊接材料。表 2-14 是马氏体型不锈钢常用焊接材料及焊接工艺方法。表 2-15 是各种焊接方法焊接不锈钢的适用性。表 2-14 中的某些焊接材料（焊丝）的牌号是旧标准，注意新旧标准对照。

表 2-14　马氏体不锈钢的常用焊接材料及焊接工艺方法

母材类型	焊接材料	焊接工艺方法
Cr13 型	G202（E410 – 16）、G207（E410 – 15）、G217（E410 – 15）焊条 H12Cr13、H20Cr13 焊丝 AWS E410T 药芯焊丝 其他焊接材料：E410Nb（Cr13 – Nb）焊条 A207（E309 – 15）、A307（E316 – 15）等焊条 H06Cr17Ni12Mo2[①]（H06Cr17Ni12Mo2）、H1Cr24Ni13 等焊丝	焊条电弧焊 TIG MIG
低碳及超级 马氏体钢	E0 – 13 – 5Mo（E410NiMo）焊条 AWS ER410NiMo 实心焊丝、AWS E410NiMoT 和 AWS E410NiTiT 药芯焊丝 其他焊接材料：A207（E309 – 15）、A307（E316 – 15）焊条 HT16/5、G367M（Cr17 – Ni6 – Mn – Mo）焊条 H06Cr17Ni12Mo2[①]（H06Cr17Nli12Mo2）、H06Cr23Ni13 焊丝 HS13 – 5（Cr13 – Ni5 – Mo）、HS367L（Cr16 – Ni5 – Mo）、HS367M（Cr17 – Ni6 – Mn – Mo）焊丝 000Cr12Ni2、000Cr12Ni5Mo1.5、000Cr12Ni6.5Mo2.5 焊丝	焊条电弧焊 TIC MIG SAW

① 表中 H06Cr17Ni12Mo2 焊丝为新牌号，括号内为旧牌号，下同。

表 2-15　各种焊接方法焊接不锈钢的适用性

焊接方法	母材			板厚/mm	说明
	马氏体型	铁素体型	奥氏体型		
焊条电弧焊	适用	较适用	适用	>1.5	薄板焊条电弧焊不易焊透，焊缝余高大
手工钨极氩弧焊	较适用	适用	适用	0.5～3.0	厚度大于 3mm 时可采用多层焊工艺，但焊接效率较低

（续）

焊接方法	母材			板厚/mm	说明
	马氏体型	铁素体型	奥氏体型		
自动钨极氩弧焊	较适用	适用	适用	0.5～3.0	厚度大于 4mm 时采用多层焊，小于 0.5mm 时操作要求严格
钨极脉冲氩弧焊	应用较少	较适用	适用	0.5～3.0 <0.5	热输入低，焊接参数调节范围广，卷边接头
熔化极氩弧焊	较适用	较适用	适用	3.0～8.0 >8.0	开坡口，单面焊双面成形 开坡口，多层多道焊
熔化极脉冲氩弧焊	较适用	适用	适用	>2.0	热输入低，焊接参数调节范围广
等离子弧焊	较适用	较适用	适用	3.0～8.0 ≤3.0	厚度为 3.0～6.0mm 时，采用"穿透型"焊接工艺，开 I 形坡口，单面焊双面成形。厚度 ≤3.0mm 时，采用"熔透型"焊接工艺
微束等离子弧焊	应用很少	较适用	适用	<0.5	卷边接头
埋弧焊	应用较少	应用很少	适用	>6.0	效率高，劳动条件好，但焊缝冷却速度缓慢
电子束焊接	应用较少	应用很少	适用	—	焊接效率高
激光焊接	应用很少	应用很少	适用	—	焊接效率高
电阻焊	应用很少	应用较少	适用	<3.0	薄板焊接，焊接效率较高
钎焊	适用	应用较少	适用		薄板连接

3. 铁素体型不锈钢的焊接性

铁素体型不锈钢的合金元素也是以高铬为主的高铬不锈钢，不含镍，某些钢种添加有 Mo、Ti、Al、Si 等合金元素。普通型铁素体不锈钢和普通型马氏体不锈钢虽然都属于高铬不锈钢，其区别在于普通型铁素体型不锈钢的含碳量比马氏体型的低，属于低碳高铬不锈钢。室温组织为铁素体。铁素体型不锈钢分为普通型与高纯型（高纯度高铬型）两大类。

普通型铁素体不锈钢按含铬量的不同，又可分为低铬、中铬、高铬三种。要指出的是这里的低铬、中铬及高铬是在 $w(Cr)$ 为 12%～30% 范围内划分的三个阶段的相对值，与铁素体型不锈钢是低碳高铬不锈钢的说法是不一样的。低铬铁素体型不锈钢的 $w(Cr)$ 为 12%～14%，如 06Cr12、06Cr13Al 等；中铬的 $w(Cr)$ 为 16%～18%，如 10Cr17Mo、06Cr17Mo、06Cr18Mo 等；高铬 $w(Cr)$ 为 25%～30%，如 008Cr27Mo、008Cr30Mo2 等。

高纯度高铬铁素体型不锈钢严格控制了钢中的 C+N 的含量，因为影响晶间腐蚀敏感性的元素不仅是碳，氮也起到了关键的作用。按 C+N 含量的不同可分为如下三个档：

其一为 $w(C+N) \leq 0.035\%～0.045\%$，如 019Cr19Mo2NbTi（003Cr18Mo2）。

其二为 $w(C+N) \leqslant 0.030\%$，如 03Cr18Mo2Ti。

其三为 $w(C+N) \leqslant 0.010\% \sim 0.015\%$，如 008Cr30Mo2（00Cr30Mo2）等。

新标准中实际上未规范旧标准中含碳量为三个零（000）的不锈钢。

（1）普通型铁素体不锈钢的焊接性特点 高温脆性和晶间腐蚀是普通型铁素体不锈钢焊接时出现的主要问题。通常情况下，将普通铁素体不锈钢加热到 950~1000℃ 以上，然后急冷到室温，则会产生塑性和韧性（缺口韧性）急剧下降的所谓"高温脆性"。熔焊时，靠近熔合线的过热区温度超过 1000℃ 的区域，晶粒急剧长大，使该区发生"高温脆性"也是必然的。高温脆性是产生冷裂纹和脆断的根源。高温脆性产生的原因是碳、氮化合物在晶界上的析出所致。

晶间腐蚀也是普通型铁素体不锈钢焊接遇到的问题之一。原因与奥氏体型不锈钢晶间腐蚀的"贫铬理论"一样，在其特定的温度区，富铬的碳化物（碳化铬）和氮化物（氮化铬）在晶界和晶内位错析出，使晶粒边沿发生普通铁素体"贫铬"而造成晶间敏化。

普通型铁素体不锈钢的熔焊工艺要点如下：

1）焊前预热，换热温度在 100~150℃ 范围内，预热可使母材在具有较好塑性、韧性的条件下焊接，含铬量越高，预热温度相应提高。

2）采用小的热输入，焊接过程电弧不摆动，不连续施焊，多层多道焊时控制层间温度在 150℃ 以上，但不可过高。

3）焊后进行热处理，退火温度为 750~800℃，退火过程中铬重新均匀化，碳化物及氮化物球化，使晶间敏化消失，并防止高温脆化的发生。

4）焊接材料的选择有几种方案：其一是同质材料，如对应 Cr16~Cr18 型铁素体不锈钢的 G302（E430-16）、G307（E430-15）焊条及 H12Cr17 焊丝；其二是奥氏体型焊接材料，此时可不进行焊前预热及焊后热处理。对应 Cr25~Cr30 型铁素体不锈钢的焊条、焊丝为 Cr25-Ni13 型及 Cr25-Ni20 型超低碳焊条及焊丝；对应 Cr16~Cr18 型铁素体不锈钢的有 022Cr19-Ni10 型、Cr18Ni12Mo 型超低碳焊条和焊丝。

（2）高纯度型高铬铁素体不锈钢的焊接性特点

对于 C、N、O 等间隙元素含量极低的超高纯度型高铬铁素体不锈钢，高温脆化不明显，接头具有很好的塑性、韧性，焊前无须预热，焊后无须热处理。在同种钢焊接时，尚无标准化的焊接材料。由于间隙元素含量已经很低，所以焊接工艺要点是防止接头区的污染，来保证焊接接头的塑性、韧性及耐蚀性。要点为：

1）尽量减小热输入，多层多道焊时层间温度低于 100℃，并采用快冷措施。

2）增加熔池保护，TIG 焊或 MIG 焊时氩气的纯度要高，流量适当增大，最好双层保护，要附加拖罩且在背面用通氩气的铜垫板进行保护和加速冷却。

3）填丝防止高温端离开保护区。

4）焊接方法选择见表 2-15。

2.2　异种钢组合的焊接

现代工程金属结构由于其零部件在不同的介质、温度、受力条件等环境下工作，采用不同的金属材料制作成复合金属结构是最科学的设计，因而也会节省成本，做到物尽其用。异种钢的焊接技术则正是为不同类型钢种组成的焊接结构服务的一门实用技术。

异种钢焊接技术由于焊缝两侧的母材金属的化学成分、物理性能甚至金相组织的不同，焊接过程会出现许多比任何一侧母材本身同种金属焊接时的难点和问题都要复杂得多。与其他同种金属材料焊接技术一样，异种钢焊接技术涉及的问题也是焊接接头焊接性分析、焊接方法和焊接材料的选择及工艺措施的制定与实施等三个方面，共同构成整套异种钢接头的焊接技术。

在钢铁材料的分类方法中，按化学成分分类、按性能用途分类和按室温下钢铁材料的金相组织分类等三种方法，异种钢的焊接基本上按金相组织分类来讨论其焊接性，如珠光体钢与铁素体钢组合的焊接、珠光体钢与马氏体钢组合的焊接、珠光体钢与奥氏体钢组合的焊接等；但对金相组织相同、而化学成分和性能却有较大差异的钢种之间的组合接头的焊接，也属于异种钢的焊接，如不同珠光体钢间的焊接，不同奥氏体钢间的焊接等。因此，异种钢的焊接包括金相组织相同与金相组织不同的两种情况。

此外，由于钢铁材料分类方法不同，所以有时同一个牌号有几个名称，如高铬钢或高铬钢间的焊接。高铬钢是指碳钢中含金属元素铬的质量分数 $[w(Cr)]$（含量）≥12% 不含 Ni 的钢，如 20Cr13（2Cr13）、10Cr17（1Cr17）。但在按性能用途分类中，20Cr13 和 10Cr17 都属于高合金耐热钢，在不锈钢大类中 20Cr13 属于马氏体型不锈钢，10Cr17 或 06Cr13Al（0Cr13Al）却属于铁素体型不锈钢。因此，"高铬钢间的焊接"可能是马氏体型钢和铁素体型钢组合的焊接，高碳高铬钢给织为马氏体、低碳高铬钢却是铁素体。高碳高铬不锈钢耐热性强是其特点，抗氧化温度为 700～800℃，低碳高铬钢 06Cr13Al（0Cr13Al）的特点是耐蚀性较好，塑韧性及高温加工性好。因此异种钢焊接时，根据两侧母材金属的化学成分为判断其金相组织及其自身焊接性特点和级别是必需的。

2.2.1　异种珠光体钢组合的焊接

1. 异种珠光体钢组合的焊接性

（1）异种珠光体钢组合类型　以下几类钢种构成了珠光体钢的族群：

1）碳钢。低碳钢（普通及优质）、中碳钢。

2）低合金高强度结构钢。热轧正火钢、低碳调质钢和中碳调质钢。

3）低合金耐热钢。铬钼耐热钢、铬钼钒及铬钼钨耐热钢等。

4）专门用途低碳钢及低合金钢。锅炉、船舶及压力容器等专门用钢。

金属组织为珠光体钢种类及其牌号见表 2-16。

表 2-16　珠光体钢的种类及其牌号

主要显微组织	钢种类别	钢号
珠光体	低碳钢	Q195、Q215、Q235、Q275、08、10、15、Q245（20）
	低合金钢	Q295、Q345、Q390、20Mn、25Mn、30Mn、15Mn2、18MnSi、25MnSi、15Cr、20Cr、30Cr、10Mn2、18CrMnTi、10CrV、20CrV
	低合金高强度钢及中碳钢	35、40、45、50、55、35Mn、40Mn、45Mn、50Mn、40Cr、45Cr、50Cr、35Mn2、40Mn2、45Mn2、50Mn2、30CrMnTi、40CrMn、35CrMn2、40CrSi、35CrMn、40CrV、25CrMnSi、30CrMnSi、35CrMnSiA
	铬钼耐热钢	12CrMo、15CrMo、20CrMo、30CrMo、35CrMo、38CrMoAlA
	铬钼钨钒耐热钢	20Cr3MoWVA、12Cr1MoV、25CrMoV

（2）焊接性特征　不同珠光体钢组合接头的焊接性，主要取决于焊接时的淬火倾向，而决定淬火倾向的因素主要是含碳量和母材的厚度。碳的质量分数低于 0.25%，淬硬倾向小；碳的质量分数超过 0.25%，淬硬倾向增大。厚度越增大，近缝区的冷却速度就越快，淬硬倾向越大。珠光体钢焊接时，其淬硬倾向、硬度与裂纹倾向三者之间的关系见表 2-17。

表 2-17　珠光体钢焊接时淬硬倾向、硬度与裂纹倾向的关系

淬硬倾向（以最大马氏体体积分数,% 计）	最大硬度 HRC	焊道干裂纹倾向
>70	>41	很可能
60 ~ 70	36 ~ 40	有可能
<60	<36	无可能
<30	<28	无可能

因此，不同珠光体钢组合接头的焊接，大体相当于低碳钢和低碳钢、或低碳钢和中碳钢、或中碳钢和中碳钢之间的焊接。从表 2-16 中可知，属于低碳范围的低合金珠光体钢有屈服强度 Q295 ~ Q420（Q390）范围的热轧正火低合金高强度钢、低碳调质钢和其他低碳低合金钢，还有低合金耐热钢；属于中碳范围的有中碳调质钢及其他中碳低合金钢。

相同金相组织的异种钢组合的焊接，不存在冶金不相容及焊缝中生成金属间脆性化合物的问题，由于具有相同的金相组织，其物理性能基本接近，因此也不存在熔点、热导率及线胀系数等不同的焊接困难。但是由于不同牌号珠光体钢的化学成分不同、力学性能不同、其他耐蚀及耐热等性能的差异，焊接接头因碳当量不同而发生裂纹脆化及力学性能及其他耐蚀、耐热性能降低的问题。

珠光体钢按焊接性（淬硬倾向）、力学性能、使用性能及工程应用的接近程度，可再分为 6 个类别（Ⅰ、Ⅱ、Ⅲ、Ⅳ、Ⅴ、Ⅵ），每个类型的同种金属焊接性基本相同或相近。这 6 个类别的自身（同种金属）焊接的焊接性要点见表 2-18，作为其组合焊接性分析的参考系。

表 2-18　珠光体钢类别分组及其焊接性要点

类别	组成钢种	焊接性及工艺要点
I	1. 低碳钢：包括普通碳素结构钢中的低碳钢及优质碳素钢中的低碳钢 2. 优质低碳专用钢：锅炉、压力容器用钢及某些船舶用耐蚀钢	1. 焊接性极好，无淬硬裂纹倾向 2. 对热循环不敏感，所有焊接方法都可以适应 3. 焊接材料选择可以按"等强度"原则匹配 4. 焊前不必预热、焊后不用热处理 5. 大厚度接头可以低温预热
II	1. 含碳量偏低的中碳钢 2. 低合金钢中的低碳热轧正火钢	1. 中碳钢与低碳钢无严格界限，含碳量偏低的中碳钢的焊接性接近低碳钢，比低碳钢焊接性略差。如 Q275、30Mn、30 钢 2. 在低合金钢中热轧正火钢强度级别较低，如 Q295、Q345 焊接性一般良好，但比低碳钢略差 3. 焊接性的特点是：对热循环不敏感，可采用一般常用电弧焊接法，焊接材料选择按等强度原则，无须焊前预热及焊后热处理。只有大厚度接头应低温预热
	3. 强度级别较高的低合金热轧正火钢（Q390～Q540）	焊接性较差，淬硬裂纹倾向明显，焊前预热，焊后热处理，焊接热循环敏感，焊接材料仍可按强度原则选择
	4. 低合金钢中的低碳调质钢	有一定的冷裂倾向及热影响区软化裂纹倾向及发生概率接近并略高于强度级别较高的热轧正火钢。对焊接热循环敏感，严格控制热输入，减小冷却速度，焊前必须预热，焊后不进行热处理；焊接材料选择可以采用等强度匹配，有时必须采用低强度匹配原则
III	船用特殊低合金钢（耐候及耐海水腐蚀钢）属于超低碳含铜、磷及微量细化晶粒元素 Al、Mo、Ti、Nb、V 等的低合金钢，强度较低，供货状态为热轧正火	焊接性与强度级别较低的热轧正火钢相同，热循环不敏感，适应所有弧焊方法，材料选择按等强度，无须预热及焊后热处理
IV	1. 含碳量偏高的中碳钢 $w(C) \geqslant 0.40\%$	碳当量在 0.45% 以上的中碳钢有严重的裂纹倾向和热裂纹发生的高概率以及氢致裂纹的可能性。对焊接热循环极其敏感，只能选择 SMAW 焊、手工 TIG 焊、CO_2 焊及 MAG 焊，不推荐 MIG 焊及原则上不推荐埋弧焊；焊接材料必须采用低强度匹配原则；焊前必须预热、焊后必须采取缓冷及热处理措施
	2. 低合金低碳调质钢（调质状态下焊接）	调质状态下焊接方式：有严重的焊缝裂纹倾向及热影响区脆化、近缝区软化现象。对热循环极为敏感，只适于能量集中、热输入小的焊接方法；焊接材料选择必须采用低强度匹配；必须焊前预热、焊后缓冷和后热。焊后不进行任何热处理
	3. 低合金中碳调质钢（退火状态下焊接）	先退火、后焊接，焊后再进行调质处理恢复其高强度，退火状态下中碳低合金调质钢焊接性良好，对热循环不敏感，可采用任何熔焊方法，焊接材料选择可按等强度原则，焊前不必预热，但焊后必须进行调质处理。这种焊接方法在异种钢或异种金属焊接的条件下，几乎不可能进行
	4. 强度级别高的低碳调质钢	淬硬倾向明显，热循环敏感，不预热，不进行焊后热处理，低强度匹配

（续）

类别	组成钢种	焊接性及工艺要点
V	低合金铬钼耐热钢，属于低碳、合金元素（质量分数）小于 2.5% 的 Cr - Mo 合金，热轧状态供货。耐温 550 ~ 800℃之间，强度不高，400 ~ 500MPa 之间	本组按使用性能划分，都是低合金耐热钢。焊接性与热轧正火低合金钢接近，焊接方法适应性强，焊接材料按等强度原则，一般焊前不预热，焊后热处理是必须的
VI	低碳铬钼钒、铬钼钨低合金耐热钢，强度级别高，耐高温温度高	焊接性较差，焊接材料选择按低强度匹配，焊前预热，焊后热处理

表 2-18 中共包含了 6 个类别的珠光体钢的族群。异种珠光体钢组合接头的焊接，按纯数学方法排列，应有 21 种组合方式。表 2-19 及表 2-20 分别是采用焊条电弧焊和气体保护焊时 21 种异种珠光体钢组合焊接材料选择与热处理参数。

2. 异种珠光钢组合的焊接性工艺原则

珠光体钢的 6 中类别，共同点是金相组织相同，都是珠光体，因此其物理性能相同或相近；其不同之处是淬火倾向、强度级别、应用性能以及化学成分的差别，因此焊接性（同种金属焊接性）各不尽相同，其 21 种组合的异种珠光体钢种类别的焊接性自然也有较大的差别。具有不同焊接性的组合，因为都是珠光体组织，所以这些组合的熔焊工艺却都遵守如下共同的工艺原则。

（1）焊接方法的选择 不同的熔焊方法，有不同的热循环和热输入能力及范围，对于热循环不敏感的组合，如 Ⅰ + Ⅰ、Ⅰ + Ⅱ、Ⅱ + Ⅱ、Ⅰ + Ⅲ、Ⅱ + Ⅲ、Ⅲ + Ⅲ可以适应任何熔焊方法，但必须优先选用生产率高、焊接成本低的焊接方法，如 SMAW 焊、MAG/CO_2 焊及埋弧焊等常用弧焊方法。其中埋弧焊热过程中，热输入大、接头冷却速度慢、生产率高，但必须是规则的长焊缝（包括环缝），才能发挥其质量稳定、生产率高的优势；TIG 焊虽然热输入小，但填充金属与焊接电弧没有直接的联系，以及 TIG 焊接电源的恒流特性，所以在焊接薄壁件时，其热输入及熔合比是可以精确随机调整与可控；SMAW 焊方法比较灵活，焊接材料种类很多，便于选择，应用性强。

对于有淬硬倾向的组合，包括组合接头中两侧都有淬硬倾向，或只有一侧母材有淬硬倾，或两侧有不同的淬硬倾向的组合，对热循环比较敏感，应首先考虑淬硬倾向较大一侧母材自身焊接性对焊接方法的适应性。一般选用低热输入、能量集中的焊接方法，这类焊接方法可以获得较小的熔合比，不推荐埋弧焊、电渣焊，甚至 MIG 焊，而应采用 SMAW 焊、TIG 焊或 MAG/CO_2 焊。这类组合和 Ⅰ + Ⅳ、Ⅱ + Ⅳ、Ⅲ + Ⅳ、Ⅳ + Ⅳ组合中不同牌号钢的组合。焊接热输入越大，母材熔入焊缝越多，即稀释率越大。焊接热输入又取决于焊接电流、电弧电压及焊接速度。

异种珠光体钢的焊接，也都适用于压焊方法。压焊方法时，接头不熔化，也不用填充材料，成本低、效率高，但只有接头形式符合压焊要求时才可以采用，或者熔焊方法不能满足要求的情况下而改变接头设计时采用压焊方法。

表 2-19　常见异种珠光体钢组合焊条电弧焊的焊接材料的选择及热处理参数

（摘自 GB/T 983—2012）

钢材组合	焊接材料		预热温度/℃	回火温度/℃	其他要求
	牌号	型号[①]			
I + I	J421，J423 J422，J424	E4313，E4301 E4303，E4320	不预热或 100 ~ 200	不回火或 600 ~ 640	壁厚不小于 35mm 或要求保持机加工精度时必须回火，$w(C)$ $\leqslant 0.3\%$ 可不预热
	J426	E4316			
I + II	J427，J507	E4315，E5015			
I + III	J426，J427	E4316，E4315	150 ~ 250	640 ~ 660	
	A507	E1 – 16 – 25Mo6N – 15	不预热	不回火	
I + IV	J426，J427 J507	E4316，E4315， E5015	300 ~ 400	600 ~ 650	焊后立即进行热处理
	A407	E2 – 26 – 21 – 15	200 ~ 300	不回火	焊后无法热处理时采用
I + V	J426，J427 J507	E4316，E4315， E5015	不预热或 150 ~ 250	640 ~ 670	工作温度在 450℃ 以下，$w(C)$ $\leqslant 0.3\%$ 可不预热
I + VI	R107	E5015 – Al	250 ~ 350	670 ~ 690	工作温度 $\leqslant 400$℃
II + II	J506，J507	E5016，E5015	不预热或 100 ~ 200	600 ~ 650	—
II + III	J506，J507	E5016，E5015	150 ~ 250	640 ~ 660	—
	A507	E1 – 16 – 25Mo6N – 15	不预热	不回火	
II + IV	J506，J507	E5016，E5015	300 ~ 400	600 ~ 650	焊后立即进行回火
	A407	E310 – 15	200 ~ 300	不回火	不能热处理情况下采用
II + V	J506，J507	E5016，E5015	不预热或 150 ~ 250	640 ~ 670	工作温度 $\leqslant 400$℃，$w(C) \leqslant$ 0.3%，板厚 $\delta \leqslant 35$mm 不预热
II + VI	R107	E5015 – A1	250 ~ 350	670 ~ 690	工作温度 $\leqslant 350$℃

（续）

钢材组合	焊接材料		预热温度/℃	回火温度/℃	其他要求
	牌号	型号①			
Ⅲ + Ⅲ	A507		不预热或150~200	不回火	—
Ⅲ + Ⅳ	A507		200~300	不回火	工作温度≤350℃
Ⅲ + Ⅴ	A507	E16-25MoN-15	不预热或150~200	不回火	工作温度≤450℃，$w(C)≤$0.3%不预热
Ⅲ + Ⅵ	A507		不预热或200~250	不回火	工作温度≤450℃，$w(C)≤$0.3%不预热
Ⅳ + Ⅳ	J707，J607	E7015-D2，E6015-D1	300~400	600~650	焊后立即进行回火处理
	A407	E310-15 D1	200~300	不回火	无法热处理时采用
Ⅳ + Ⅴ	J707	E7015-D2	300~400	640~670	工作温度≤400℃，焊后立即回火
	A507	E1-16-25Mo6N-15	200~300	不回火	无法热处理时采用，工作温度≤350℃
Ⅳ + Ⅵ	R107	E5015-A1	300~400	670~690	工作温度≤400℃
	A507	E1-16-25Mo6N-15	200~300	不回火	无法热处理时采用，工作温度≤380℃
Ⅴ + Ⅴ	R107，R407R207，R307	E5015-A1，E6015-B3E5515-B1，E5515-B2	不预热或150~250	660~700	工作温度≤530℃，$w(C)≤$0.3%可不预热
Ⅴ + Ⅵ	R107，R207R307	E5015-A1，E5515-B1E5515-B2	250~350	700~720	工作温度500~520℃，焊后立即回火
Ⅵ + Ⅵ	R317R207，R307	E5515-B2-VE5515-B1，E5515-B2	250~350	720~750	工作温度≤550~560℃，焊后立即回火

（2）焊接材料的选择　异种钢焊接时，必须按异种钢组合接头两侧母材的化学成分、性能、接头形式及使用要求来正确地选择焊接材料。对于异种珠光体钢，焊接材料的选择，应能保证接头的力学性能及其他性能不低于母材中要求较低一侧的指标，即宜选择合金含量较低一侧母材相匹配的珠光体型焊接材料，并要求保证力学性能中的抗拉强度不低于两侧母材标准规定值的较低者，也就是说按强度较低一侧母材，采用等强度原则选择焊接材料。由于珠光体钢除部分低碳钢外，大部分具有不同程度的淬硬倾向，所以采用与强度较低一侧母材等强度选择焊接材料时，大部分条件下需要配合焊前预热、焊后后热或热处理等措施，来防止接头产生裂纹等缺陷。如果产品不允许或施工现场无法进行焊前预热和焊后热处理时，则可以选择奥氏体焊接材料而不预热、不进行焊

后热处理。利用奥氏体焊缝良好的塑性、韧性，且排除扩散氢的来源，可以有效防止焊缝及近缝区产生冷裂纹，也可以采用镍基合金（如蒙乃尔）焊接材料。虽然接头强度可能低于两侧母材中强度较低者，但却可以避免冷裂纹缺陷导致的焊接失败，这种牺牲接头强度的选择称作异种珠光体钢组合焊接的"低强度匹配原则"。"低强度匹配原则"不适合异种珠光体钢组合中有一侧或两侧母材都是耐热钢的场合，即指的是表2-19及表2-18中含有V或VI的组合。因为奥氏体型的焊接材料与珠光体低碳低合金耐热合金（表2-18中的V或VI）线胀系数有较大的差异，奥氏体型的线胀系数比珠光体低碳合金耐热钢大50%左右，会在其接头的界面产生较大的附加热应力，而导致接头提前失效。

表 2-20　异种珠光体钢气体保护焊焊接材料的选用

母材组合	焊接方法	焊接材料		热处理工艺/℃
		保护气体成分（体积分数）	焊丝	
I + II I + III	CO$_2$ 保护焊	CO$_2$	ER49 – 1 （H08Mn2SiA）	预热 100 ~ 250 回火 600 ~ 650
	TIG 焊 MAG 焊	Ar99% ~ 98% + O$_2$1% ~ 2% 或 Ar80% + CO$_2$20%	H08A H08MnA	
I + IV	CO$_2$ 保护焊	CO$_2$100%	ER49 – 1 （H08Mn2SiA）	预热 200 ~ 250 回火 600 ~ 650
	TIG 焊 MAG 焊	Ar99% ~ 98% + O$_2$1% ~ 2% 或 Ar80% + CO$_2$20%	H08A H08MnA	
			H1Gr21Ni10Mn6	不预热、不回火
I + V	CO$_2$ 保护焊	CO$_2$ 或 CO$_2$ + Ar	ER55 – B2 H08CrMnSiMo GHS – CM	预热 200 ~ 250 回火 640 ~ 670
I + VI	CO$_2$ 保护焊	CO$_2$ 或 CO$_2$ + Ar	H08CrMnSiM ER55 – B2	
II + III	CO$_2$	CO$_2$	ER49 – 1，ER50 – 2 ER50 – 3，GHS – 50 PK – YJ507，YJ507 – 1	预热 150 ~ 250 回火 640 ~ 660
II + IV	CO$_2$ 保护焊	CO$_2$		预热 200 ~ 250 回火 600 ~ 650
	TIG MAG	Ar + O$_2$ 或 Ar + CO$_2$	H1Cr21Ni10Mn6	不预热 不回火
II + V	CO$_2$ 保护焊	CO$_2$	ER49 – 1，ER50 – 2 ER50 – 3，GHS – 50 PK – YJ507，YJ507	预热 200 ~ 250 回火 640 ~ 670

（续）

母材组合	焊接方法	焊接材料		热处理工艺/℃
		保护气体成分（体积分数）	焊丝	
Ⅱ + Ⅵ	TIG MAG	Ar + O$_2$ 或 Ar + CO$_2$	ER55 – B2 – MnV H08CrMoVA	预热 200 ~ 250 回火 640 ~ 670
	CO$_2$ 保护焊	CO$_2$	YR307 – 1	
Ⅲ + Ⅳ Ⅲ + Ⅴ Ⅲ + Ⅵ	CO$_2$ 保护焊	CO$_2$	GHS – 50，PK – YJ507 ER49 – 1，ER50 – 2， ER50 – 3	预热 200 ~ 250 回火 640 ~ 670
Ⅳ + Ⅴ Ⅳ + Ⅵ	TIG MAG	Ar80% + CO$_2$20%	ER69 – 1 GHS – 70	预热 200 ~ 250 回火 640 ~ 670
	CO$_2$ 保护焊	CO$_2$	YJ707 – 1	
Ⅴ + Ⅵ	TIG MAG	Ar + O$_2$ 或 Ar + CO$_2$	H08CrMoA ER62 – B3	预热 200 ~ 250 回火 700 ~ 720

此外，接头中可能形成脆性的金属间化合物和脱碳层或增碳层。最好采用与母材同质的焊接材料，如果异种珠光体构件接头在使用温度下可能产生扩散层，最好采用堆焊含 Cr、V、Nb、Ti 合金元素高于母材的过渡层的方法。如果是低碳钢类和珠光体耐热钢组合的（Ⅰ + Ⅴ、Ⅰ + Ⅵ、Ⅲ + Ⅴ、Ⅲ + Ⅵ组合）焊接，选择低碳钢或珠光体耐热钢焊接材料；对于低合金钢（非调质钢）与珠光体型耐热合金的组合（Ⅱ + Ⅴ、Ⅱ + Ⅵ组合）的焊接，不能选择与耐热钢化学成分相同的焊接材料，而按强度等级选择强度较低一侧母材相应的焊接材料。

对于焊接性很差的淬火钢，Ⅳ类钢之间组合的（Ⅳ + Ⅳ、Ⅳ + Ⅴ、Ⅳ + Ⅵ的组合）焊接，也可以采用堆焊过渡层的方法，但要求过渡层金属的塑性好，熔敷金属不会淬火的材料。堆焊后必须立即回火，过渡层有极小的拘束度，可以吸收拉应力。

（3）预热及焊后热处理　焊接方法（热输入及焊接参数）的选择及焊接材料的选择不是孤立的工艺原则，只有与焊前预热、焊后热处理共同配合才能构成一套完整的异种金属焊接技术。对于异种珠光体组合的焊接也是如此。

焊前预热的目的主要是降低焊接接头淬火裂纹的倾向，预热温度应按淬火倾向大的或者合金元素含量高的一侧母材钢种来确定。焊接材料选择采用低强度匹配时，则可以不进行预热或降低预热温度。因为塑性、韧性较好的奥氏体或镍基合金焊接材料可以吸收产生冷裂纹的拉应力，从而避免产生冷裂纹。表 2-18、表 2-19 中的焊接接头组合中含有淬火倾向小的低碳低合金钢的组合，可以不预热，或为了保险起见采用低温预热。而淬火倾向明显较大的中碳钢、中碳调质钢等则必须采取预热措施。

评价淬硬倾向程度的重要指标是碳当量，在异种珠光体钢组合的焊接中，通常按碳当量高的一侧母材来选择预热温度。$w(C)$ 低于 0.30% 的低碳钢，没有淬火倾向，焊接性非常好，一般不需预热，但在焊件厚度很大，如 40mm 以上或环境温度很低（0℃以下）时，仍需预热，预热温度可控制在 75℃ 左右。当碳当量 wC_{eq} 在 0.30% ~ 0.60% 时，淬硬倾向比较大，预热温度应为 100 ~ 200℃，$C_{eq} > 0.60\%$，焊接性差到低劣，且淬硬和冷裂纹倾向都很大。需要较高的预热温度，一般需要在 250 ~ 350℃ 以上，刚度比较大时，还必须采取焊后保温措施。

焊后热处理的目的是改善淬火钢焊缝金属与近缝区的组织和性能，消除厚大焊件中的焊接残余应力，促进扩散氢的逸出，防止产生冷裂纹及保持焊件尺寸精度。对于异种珠光体钢的组合，按合金含量较高的一侧母材钢种来确定热处理工艺参数是基本原则。

常用焊后热处理方法有高温回火、正火及正火 + 回火等三种，应用较多的是高温回火。对于强度等级大于 500MPa 的具有延迟裂纹的低合金钢，焊后应及时进行局部回火。如果焊后不能立即回火热处理，应当及时进行后热处理，即加热温度在 200 ~ 350℃ 之间，保温 2 ~ 6h。

3. 异种珠光体钢的焊接工艺

在分析了异种珠光体钢组合的焊接性及工艺原则的基础上，再进一步讨论由焊接方法（及焊接参数）、焊接材料及热处理三者组成的具体焊接工艺条件和措施就方便多了。

（1）Q345（16Mn）钢与 Q235 钢组合的焊条电弧焊 SMAW、CO_2 气体保护焊及埋弧焊（SAW） Q235 是屈服强度为 235MPa 的低碳钢（也称为通用低碳钢），Q345（16Mn）是强度级别比 Q235 高的 Q345 型低碳低合金热轧钢，Q345（16Mn）与 Q235 属于表 2-19 及表 2-20 中的 Ⅰ + Ⅱ 方式组合。二者都具有良好的塑性、韧性及焊接性，但 Q345（16Mn）钢的淬硬倾向略大于 Q235 钢，在焊件较厚、接头刚度较大及环境温度较低时，容易产生冷裂纹。

1）Q235 钢与 Q345（16Mn）钢组合中两侧母材金属对热循环都不敏感，对任何熔焊方法都有适应性，常用焊接方法为 SMAW 焊、CO_2 气体保护焊及埋弧焊（SAW）。

表 2-21 是 Q235 钢与 Q345（16Mn）钢组合焊条电弧焊的焊接参数，表 2-22 是埋弧焊的焊接参数。

表 2-21 Q235 钢与 Q345（16Mn）钢组合焊条电弧焊的焊接参数

板厚/mm	焊条		焊条直径/mm	焊接电流/A	电弧电压/V	焊接电源
	牌号	型号				
3 + 3	J422	E4303	3.2	90 ~ 110	25	交流（AC）
5 + 5	J422	E4303	3.2	90 ~ 110	25	交流（AC）
8 + 8	J426	E4316	4	120 ~ 160	26	交、直流（AC、DC）
10 + 10	J427	E4315	4	120 ~ 170	26	直流反接（DCRP）
12 + 12	J427	E4315	4	120 ~ 170	26	直流反接（DCRP）
15 + 15	J427	E4315	4	120 ~ 170	26	直流反接（DCRP）
20 + 20	J427	E4315	4 ~ 5	160 ~ 180	24	直流反接（DCRP）

表 2-22 Q235 钢与 Q345（16Mn）钢组合埋弧焊的焊接参数

接头形式	板厚/mm	焊接材料	焊丝直径/mm	焊接电流/A	焊接电压/V	焊接速度/（cm/s）
对接（不开 I 形坡口）	12 + 12	H08A + HJ431	4	700 ~ 750	30 ~ 32	0.88
对接（V 形坡口）	16 + 16	H08A（H08MnA，H10Mn2）+ HJ431	4	700 ~ 750	30 ~ 32	0.88
T 形接头	20 + 20	H08A（H08MnA，H10Mn2）+ HJ431	5	750 ~ 800	31 ~ 33	0.83
对接（V 形接口）	16 + 16	H08A（H08MnA，H10Mn2）+ HJ431	4	650 ~ 700	36 ~ 38	0.50 ~ 0.55

焊接材料可以按强度等级（或合金元素含量）低的 Q235 钢的等强度原则选用焊接材料，在此焊条电弧焊时选择了最常用的 J42 型酸性焊条，焊件厚度较大时选用碱性焊条，埋弧焊焊丝与焊剂的配合也选用了高硅高锰焊剂（HJ431）和 H08A 焊丝或 10Mn2 焊丝（见表 2-22）。

2）预热措施只在厚度大、结构刚性大及环境温度低时需要预热、一般不用焊后热处理，表 2-23 是 Q235 钢与 Q345（16Mn）钢组合对接焊时推荐的预热温度。

表 2-23 Q235 钢与 Q345（16Mn）钢组合对接焊时推荐的预热温度

板厚 δ/mm	环境温度/℃	预热温度/℃
< 10	< −15	200 ~ 300
10 ~ 6	< −10	150 ~ 250
18 ~ 24	< −5	100 ~ 200
25 ~ 40	<0	100 ~ 150
>40	任何温度	100 ~ 150

（2）20g 钢与 Q345 钢与钢组合的焊条电弧焊（SMAW）、CO_2 气体保护焊及埋弧焊（SAW）　20g 钢属于低碳钢中含碳量偏高的锅炉用钢，20g 钢与 Q345（16Mn）钢组合的焊接性与 Q235 钢与 Q345（16Mn）钢基本相同，钢（20g）的强度级别低于 Q345 钢。焊接材料按 20g 钢等强度选择。

表 2-24 ~ 表 2-26 分别是 20g 钢与 Q345 钢组合对接焊条电弧焊、埋弧焊及 CO_2 气体保护焊的焊接参数。

表 2-24 20g 钢与 Q345 钢组合对接焊条电弧焊的焊接参数

接头形式	板厚/mm	焊条		焊接电流/A	电弧电压/V	焊接速度/（cm/s）	预热温度/℃
		型号	牌号				
V 形对接	20	E4316，E4315	J426，J427	180 ~ 230	32 ~ 34	4.16	150 ~ 200

表 2-25　20g 钢与 Q345 钢埋弧焊的焊接参数

接头形式	板厚/mm	焊接材料	焊丝直径/mm	焊接电流/A	电弧电压/V	焊接速度/(cm/s)
无坡口对接	12 + 12	H08A + HJ431	4	700 ~ 750	30 ~ 32	0.88
V 形对接多层	14 + 14	H08A + HJ431	4	760 ~ 800	32 ~ 34	0.83
T 形角接多层	16 + 16	H08A + HJ431	4，5	760 ~ 800	32 ~ 34	0.83
T 形角接多层	20 + 20	H08A + HJ431	5	750 ~ 800	32 ~ 36	0.69
T 形角接多层	30 + 30	H08A + HJ431	5	720 ~ 800	32 ~ 36	0.69

表 2-26　20g 钢与 Q345 钢对接 CO_2 气体保护焊的焊接参数

焊件厚度/mm	坡口几何尺寸				焊接参数		
	接头形式	α/(°)	δ/mm	β/mm	焊道层数	焊接电流/A	电弧电压/V
8		—	1 ± 0.5	—	2	280 ~ 300	28 ~ 30
		—	3 ~ 4	—	1	260 ~ 280	28 ~ 30
12		60	1 ± 0.5	6	2	380 ~ 400	30 ~ 32
						280 ~ 300	28 ~ 30
		60	1 ± 0.5	3 ~ 4		380 ~ 400	30 ~ 32
20		60	1 ± 0.5	3 ~ 4		440 ~ 460	30 ~ 32
25		60	1 ± 0.5	3 ~ 4	4	420 ~ 440	30 ~ 32
50		60	1 ± 0.5	3 ~ 4	14	280 ~ 300	28 ~ 30[1]
						380 ~ 400	30 ~ 32[2]

注：H08Mn2SiA 焊丝，其直径为 2mm，气体消耗量 1100 ~ 1300L/h。

[1] 每面第一层；

[2] 其余各层。

（3）异种低合金钢组合的摩擦焊　异种低合金钢组合摩擦焊的焊接参数及其焊接接头性能见表 2-27 及表 2-28。

表 2-27　异种低合金钢组合摩擦焊的焊接参数

钢材牌号	顶锻压力/MPa		顶锻量/mm		加热时间/s	转速/(r/min)	焊件直径/mm	用于顶锻的伸出长度/mm
	加热	顶锻	加热	总计				
20 + 30	50	100	3.5	5.6 ~ 5.8	7	1000	20	—
20 + 45	50	100	3.5	5	10	1000	20	—
15Mn + Q245（20）	50	100	3.5	6	6 ~ 7	1000	20	—
25Mn + 45	50	150	3	5	7	1000	20	—
50Mn + Q245（20）	50	150	3.5	5	7	1000	20	—
50Mn + 45	50	150	3.5	4.5 ~ 5	7 ~ 8	1000	20	—
20Cr + Q245（20）	50	120	3	5.5	8	1000	20	—
20Cr + 45	50	120	3	5	8	1000	20	—
40Cr + Q245（20）	50	100	3.5	5 ~ 5.5	12	1000	25	—
W9Cr4V2 + 45	80	160	—	2.5	11	1000	20	2
W9Cr4V2 + 40Cr	100	200	—	2.2	8	1000	18	2
W18Cr4V + CrWMn	100	200	—	3	30	1000	30	8
W18Cr4V + 45	100	200	—	2.5	12	1000	22	2
W18Cr4V + 40Cr	100	200	—	2.2	9	1000	18	2
W18Cr4V + 9SiCr	120	240	3	3	15	1000	30	2 ~ 2.5
4Cr9Si2 + 40Cr	40	80	3	3.5	3.6	1000	12	
GCr15 + Q245（20）	50	140	2.5	6 ~ 6.5	8 ~ 9	1000	25	
GCr15 + 45	50	140	3	5 ~ 6	7 ~ 8	1000	22	
20Cr3MoWVA + 40Cr	60	210	3	5.5	4.8	1000	20	
20Cr3MoWVA + 40Mn	60	210	—	5	4.8	1000	20	

表 2-28　异种低合金钢组合摩擦焊焊接接头的力学性能

钢材牌号	抗拉强度/MPa	冷弯角/(°)	弯曲试件的断裂位置	钢材牌号	抗拉强度/MPa	冷弯角/(°)	弯曲试件的断裂位置
50Mn + Q245（20）	412	180	不断	40Cr + Q245（20）	372 ~ 451	180	不断
15Mn + 45	451	—	—	W18Cr4V + 45	583 ~ 602	—	—
50Mn + 15Mn	402 ~ 451	—	—	W18Cr4V + 40Cr	588 ~ 608	—	—
50Mn + Q245（20）	392 ~ 412	180	不断	W18Cr4V + 9SiCr	598 ~ 608	—	—
20Cr + Q245（20）	382 ~ 352	160 ~ 180	不断	GCr15 + Q245（20）	412 ~ 461	120 ~ 160	热影响区

（4）异种低合金调质钢 35CrMo 与 40Mn2 组合的摩擦焊　图 2-4 所示的是由

35CrMo 钢与 40Mn2 钢采用摩擦焊方法焊接而成的石油钻杆，这种钻杆是由带螺纹的工具接头和管体构成。35CrMo 钢与 40Mn2 钢同属于中碳调质钢。表 2-29 ~ 表 2-31 分别是其结构图尺寸、焊接参数及接头力学性能。

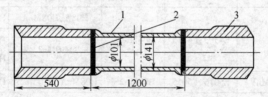

图 2-4　石油钻杆的摩擦焊结构图尺寸

1—40Mn2 钢　2—摩擦焊缝　3—35CrMo 钢

表 2-29　石油钻杆的横截面尺寸

钻杆材料	钻杆直径/mm	焊接接头外径/mm	焊接接头内径/mm	焊接横截面积/mm²
35CrMo + 40Mn2	141	141	101	7600
35CrMo + 40Mn2	127	127	97	5300

注：石油钻杆的焊接是在专用摩擦焊焊机上进行的。

表 2-30　摩擦焊焊接石油钻杆的焊接参数

钻杆材料	钻杆直径/mm	摩擦压力/MPa	顶锻压力/MPa	摩擦变形量/mm	顶锻变形量/mm	摩擦时间/s	摩擦转速/(r/min)
35CrMo + 40Mn2	141	50 ~ 60	120 ~ 140	13	8 ~ 10	30 ~ 50	530
35CrMo + 40Mn2	127	40 ~ 50	100 ~ 120	10	6 ~ 8	20 ~ 30	530

表 2-31　摩擦焊焊接石油钻杆的焊接接头力学性能

钻杆材料	钻杆直径/mm	抗拉强度/MPa	伸长率(%)	断后收缩率(%)	冲击韧度[1]/(J/cm²)	接头弯曲角度/(°)
35CrMo + 40Mn2	141	697	24	67	45	96
35CrMo + 40Mn2	127	770	19	69	51	113

[1] 强度值、冲击韧度均为两次试验的平均值。

（5）异种低合金钢（Ⅰ + Ⅱ及Ⅱ + Ⅳ）组合的焊条电弧焊、CO_2 气体保护焊及埋弧焊　焊接结构中经常会遇到异种低合金钢（Ⅰ + Ⅱ或Ⅱ + Ⅳ）组合的焊接，在厚板结构和较大拘束度或低温条件施焊时，异种结构钢焊接有产生冷裂纹的可能性。采取一定的工艺措施，则可避免冷裂纹的产生。

熔焊是异种低合金钢常用的焊接方法其焊接材料一般根据强度较低的母材选择，而焊接工艺应根据强度高的母材确定。常见异种低合金钢组合的焊接材料和预热温度见表 2-32，焊条电弧焊和埋弧焊条件下，常见异种低合金钢组合的焊缝及焊接接头的力学性能见表 2-33。

表 2-32　常见异种低合金钢组合的焊接材料和预热温度

钢材牌号	焊条电弧焊用焊条型号	CO_2 气体保护焊用焊丝	埋弧焊用		预热温度/℃
			焊丝	焊剂	
Q345(16Mn) + 20g	E4303，E4315	H08Mn2Si	H08A，H08MnA	HJ431	100 ~ 150(焊条
			H10Mn2	HJ230 HJ130	电弧焊 $\delta > 10$mm)
Q345(16Mn) + Q390(15MnV)	E5016，E5015	H08Mn2Si	H08MnA，H10Mn2A	HJ431	不预热
Q345(16Mn) + 15MnTi	E5016，E5003	H08Mn2Si	H08MnA，H10Mn2A	HJ431	不预热
Q345(16Mn) + 20MnMoB	E5016，E5003	H08Mn2Si	H08MnA，H10Mn2A	HJ431	100
Q345(16Mn) + Q420(15MnVN)	E5003，E5015	H08Mn2Si	H10Mn2A	HJ431	100
Q345(16Mn) + 40Cr	E5001，E5015	H08Mn2Si	H10Mn2	HJ230	200
Q345(16Mn) + 12Cr2MoAlV	E5015	H08CrNi2MoA	H08CrNi2MoA	HJ431	150
Q235A + (Q345)16Mn	E5003，E5016，E5015	H08Mn2Si，H10MnSi	H08A，H08MnA，H10Mn2	HJ431	不预热
			H10Mn2	HJ230 HJ130	100 ~ 150 (焊条电弧焊厚件)
20g + 20MnMoB	E5015	H08Mn2Si	H08A，H08MnA	HJ431	200(焊条电弧焊)
			H10Mn2	HJ230	
Q390(15MnV) + 20MnMoB	E5503，E5515 - G	H08CrNi2MoA	H10Mn2	HJ431	200
14MnMoV + 20MnMoB	E5501 - G	H08CrNi2MoA	H08MnMoA	HJ350	200
Q390(15MnV) + 14MnMoV	E6015 - D1	H08CrNi2MoA	H08MnMoA	HJ350	200
14MnMoV + 18MnMoNb	E6015 - D1，E7015 - D2	H08CrNi2MoA	H08Mn2MoA	HJ350	200
			H08Mn2MoVA	HJ250	
12MoAlV + 12Cr2MoAlN	E5515 - B2	H12Cr3MnMoA	H12Cr3MnMoA	HJ350	200 ~ 250
15CrMo + 20CrMo9	E5515 - B2	H12Cr3MnMoA	H12Cr3MnMoA	HJ350	200 ~ 250
20CrMo9 + Cr5Mo	E6015 - B3	H12Cr3MnMoA	H12Cr3MnMoA	HJ350	200 ~ 350
20CrMo9 + 18MnMoNb	E7015 - D2	H08CrNi2MoA	H08Mn2Mo	HJ350	200

（6）异种低合金低碳调质钢组合（HQ130 钢与 HQ70 钢）的 MAG/CO_2 气体保护焊

低碳调质钢中的强度级别差距较大（如 σ_s 在 490 ~ 980MPa 之间），虽然都属于低碳调质钢，但因为合金元素不同，导致的强度级别不同，而焊接性差别较大。以 HQ130 钢与 HQ70 钢组合的熔焊为例，HQ70 钢的屈服强度只有 590MPa（抗拉强度 σ_b = 700MPa），而 HQ130 钢的 $\sigma_s > 1000$MPa（σ_b = 1300MPa），而且 HQ130 钢的碳当量 $w(C) \geqslant 0.46\%$，因而 HQ130 钢比 HQ70 钢有较高的淬硬性和冷裂纹倾向，基本上属于中碳钢类的焊接特征。HQ70 钢的焊接性接近热轧正火钢，有一定的淬硬倾向，比热轧

表2-33 常见异种低合金钢组合焊缝及焊接接头的力学性能

钢材牌号	焊接方法	焊接材料	焊缝拉伸			接头拉伸			接头冷弯/(°) $d=2a$	焊缝冲击吸收能量/J
			屈服强度/MPa	抗拉强度/MPa	伸长率/(%)	屈服强度/MPa	抗拉强度/MPa	断裂位置		
Q345(16Mn)+Q235①	埋弧焊	H08MnA+HJ431	—	—	—	—	40.9~46.8	Q235	100①	78.4~92.5
Q345(16Mn)+20	埋弧焊	H08A+HJ431	—	—	—	25.1~26.8	44.1~45.5	20钢	90~100微裂	81.5~90.9
Q345(16Mn)+15MnTi	焊条电弧焊	J507	46.8	58.1	30	—	65.4	Q345(16Mn)	180	152.9
	埋弧焊	H08A+HJ431	38.0	53.1	25.8	—	57.8	Q345(16Mn)	180	84.7
14MnMoV+20MnMoB	焊条电弧焊	J607	—	—	—	43.0	59.5	20MnMo	180	141.7
Q390(15MnV)+18MnMoNb	焊条电弧焊	J606	49.1~50.5	65.8~73.5	21.7~24.7	38.6~41.4	52.3~52.7	Q390(15MnV)	180	133.3
Q390(15MnV)+14MnMoV	焊条电弧焊	J606	—	—	—	42.4~43.7	58.0~59.3	Q390(15MnV)	150	109.8
14MnMoV+18MnMoNb	焊条电弧焊	J606	—	—	—	61.2~61.6	72.8~73.4	焊缝	180	116.8

① 在Q235钢熔合区开裂。

正火钢淬硬倾向大，比中碳调质钢低得多。因此，HQ130 钢与 HQ70 钢组合的焊接仍然属于不同淬硬倾向钢种的焊接，该组合的熔焊工艺要点如下：

1）焊接方法的选择。由于对热循环敏感，要求能够严格控制热输入，要兼顾冷裂纹产生和热影响区软化或脆化，因此，热输入过大会降低热影响区的韧性，热输入过小则冷裂纹倾向大。因此，当厚度为 12mm 左右时，热输入以 10～20kJ/cm 范围比较合适。不同厚度都有最佳值。

2）焊接材料的选择，最好采用低强度匹配。

3）焊前不预热，焊后不进行热处理。HQ130 钢与 HQ70（HQ80）钢组合或高强钢采用 MAG/CO_2 焊气体保护时，其焊接参数见表 2-34。焊丝采用 H08Mn2SiA 或 H08Mn2SiMoA，焊丝直径为 1.0～1.2mm。

表 2-34 HQ130 钢与 HQ70（HQ80）钢或高强钢组合的 MAG/CO_2 焊的焊接参数

焊接方法	保护气体	气体流量 /（L/min）	电弧电压/V	焊接电流/A	焊接热输入 /（kg/cm）
GMAW	CO_2（实丝）	8～10	30～32	200～220	15.2～17.1
	CO_2（药丝）	8～10	31～34	210～240	15.5～18.3
	Ar + CO_2（80∶20）	8～10	32～33	220～230	15.3～16.5

（7）异种低合金耐热钢组合的焊接 异种低合金耐热钢组合的焊接，仍然属于异种珠光体钢组合的焊接。低合金耐热钢有不同程度的淬硬倾向，在各种熔焊热循环决定的冷却条件下，焊缝金属和热影响区内可能形成对冷裂纹敏感的显微组织；大多数低合金钢都含有 Cr、Mo、V、Nb、Ti 等强碳化物形成元素，从而使接头的过热区有不同程度的再热裂纹（即消除应力裂纹）的敏感性；如果有害残余元素含量超过允许极限时，不会出现回火脆性或长时脆变。当焊接方法、焊接材料及热处理规范选择合理时，仍然会获得较良好的焊接接头质量。

常用低合金耐热钢的化学成分见标准 GB 5310—2008 和 GB 6654—1996。常用低合金耐热钢对焊接方法有较强的适应性，例如，焊条电弧焊、埋弧焊、熔化极气体保护焊（MAG/CO_2 焊）、TIG 焊、电渣焊、电阻焊及感应加热压焊等都可以用于低合金耐热钢。异种低合金耐热钢组合焊接，自然也可以采用上述方法。

异种低合金耐热钢组合焊接材料的选择比较简单，原则上按合金元素较低的一侧母材钢种选择，例如 15CrMo 钢与 12Cr2Mo 钢组合的异种焊接接头，可选用 R302 或 R307 焊条，以及 H08CrMoA 焊丝。因为结构设计时总是将异种钢接头布置在工作温度较低的一侧，接头力学性能可以满足产品技术条件的要求，且焊接工艺也比较简单。常用异种低合金耐热钢组合焊接材料的选用见表 2-35。异种低合金耐热钢的焊后热处理，以按合金元素较高的一侧母材的热处理规范来选择。

表 2-35 常用异种低合金耐热钢组合焊接材料的选用

异种钢接头相焊种	焊接材料		
	焊条电弧焊焊条	TIG 焊丝 MIG 焊丝，MAG 焊焊丝	埋弧焊焊丝
15Mo + 12CrMo，15CrMo	R102，R107	H08MnSiMo	H08MnMo
15CrMo + 12Cr1MoV	R302，R307	H08CrMnSiMo	H12CrMo
15CrMo + 12Cr2Mo	R302，R307	H08CrMnSiMo	H12CrMo
12Cr2Mo + X20Cr9MoV12 – 1	R407	H08Cr3MoMnSi	H08Cr3MnMoA
12Cr2Mo + 20CrMoV12 – 1	ECrMoMV12B42（EN1599:1997）	WCrMoWV12Si（EN12070:1999）	SCrMoWV12/SAFB2（EN12070/760）
10Cr9Mo1VNb + 12Cr18Ni9Ti 06Cr18Ni11Nb（0Cr18Ni11Nb） 16Cr20Ni14Si2（1Cr20Ni14Si2）	ENiCrFe3	ErNiCrFe3	—
15CrMo + 12Cr18Ni9Ti 12Cr1MoV + 06Cr18Ni11Nb 12Cr2Mo + 12Cr20Ni14Si2	ENiCrFe3	ERNiCrFe – 3	—
15CrMo + 12Cr18Ni9Ti[①] 12Cr1MoV + 06Cr18Ni11Nb 12Cr2Mo + 16Cr20Ni14Si2	A312 A402，A407	06Cr19Ni13Mo3（H0Cr19Ni13Mo3）	06Cr19Ni13Mo3（H0Cr19Ni3Mo3）

① 只适用于工作温度低于400℃的异种钢接头。

各国制造法规对低合金耐热钢制品的最低焊后热处理温度都相应有标准规定，对不同低合金钢种的最低预热温度也都有制造法规规范的参数，大体都在 80~150℃ 之间，选择原则也是按淬火倾向较高的一侧钢种来确定。预热温度主要根据钢的碳当量、接头拘束度和焊缝金属含氢量来决定，并不是预热温度越高越好。

2.2.2 异种珠光体钢组合的焊接应用实例

1. 45Cr 钢与 35 钢管组合万向轴组件的焊接（45Cr 钢与 35 钢管组合的 SMAW 焊或 CO_2 气体保护焊）

图 2-5 如所示的结构中，叉形件 1 和端部轴头 3 承受较大工作应力，以 45Cr 中碳低合金调质钢制造，连接管较长，所受载荷也较小，以 35 中碳钢制造，均为强度较高的珠光体钢。该组合焊接易产生淬硬组织，导致近缝区产生裂纹。

可采用焊条电弧焊，E7015 – D2 焊条，或用 CO_2 气体保护焊，使用 H12Cr16Ni25Mo6 焊丝。焊前 300~400℃ 预热，焊后立即进行 600~650℃ 消除应力热处理并除氢。

2. 35CrMo 钢阀体与 Q235 钢组合法兰的焊接（35CrMo 钢与 Q235 组合的 SMAW 焊）

某井口结构件与 35CrMo 钢阀体与 Q235 钢法兰盘焊成，其焊接接头及坡口形式如图 2-6 所示。焊成之后，还必须经焊后回火处理以达到预期要求。35CrMo 系中碳低合金调质钢，焊接性差，与 Q235 钢在化学成分、力学性能上差异很大，焊接时有冷裂倾向。可采用焊条电弧焊，焊条成分应介于两种母材之间，接头力学性能不低于 Q235钢，故选择 J427 低氢型焊条。

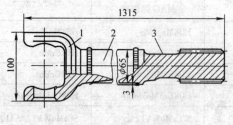

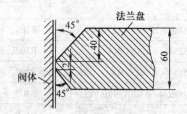

图 2-5　万向结构图　　　　　　　　图 2-6　焊接接头及坡口形式
1—叉形件　2—连接管　3—端部轴头

焊前预热到 300℃，保温 1h，保证装配间隙 1mm，定位焊。采用小热输入量焊接。工艺参数：打底焊用 φ3.2mm 焊条，焊接电流为 100～110A，焊接 4 层；填充焊用 φ4mm 焊条，焊接电流为 180～190A；盖面焊用 φ5mm 焊条，焊接电流为 240～250A。均为直流反接，焊件两面对称焊。层间锤击以减小应力。焊后立即进行 650℃×2h 消除应力回火。共焊接 20 套，全部达到预期质量要求。

2.2.3　异种高铬钢（马氏体/铁素体）组合的焊接

1. 焊接性

高铬钢是指铬的质量分数 $[w(Cr)]$ 在 12% 以上的铬不锈钢，不含镍，只有少数耐酸型高铬钢含少量镍如 14Cr17Ni2（1Cr17Ni2）；高铬钢按其含碳量可分高碳高铬钢和低碳高铬钢两种，高碳高铬钢属于马氏体型不锈钢，低碳高铬钢属于铁素体型不锈钢；高铬钢按性能用途又可分为抗氧化不锈钢（合金元素只有铬）、耐酸耐热高铬钢（含少量量 Ti 或 Ni）及耐热高强度高铬钢（含铌、钒、钨等）三种。表 2-1 中的 Ⅶ、Ⅷ、Ⅸ 类就是按高铬钢性能用途的分类法。但真正讨论其焊接性时，又必须按金相组织分类法。无论是马氏体型高铬钢，还是铁素体型高铬钢，由于含有强碳化物形成元素铬的存在，因此熔合区中不会有明显的扩散层存在，不会发生热裂纹缺陷。

高铬钢焊接时存在的主要问题是：铁素体型钢是一种低碳高铬 $[w(Cr)17\%～28\%]$ 合金，在固溶状态下为单相铁素体组织，这类钢虽然无淬硬性，但热敏感性很高，在焊接高温作用下会使晶粒严重粗化（含铬量越高，粗化越严重）而引起塑性和韧性显著下降；马氏体型钢 $w(Cr)$ 为 11.5%～18%，有强烈的空淬倾向，几乎在所有的冷却条件下都转变成马氏体组织，同时也有晶粒粗化倾向和回火脆性。可见这两类钢的焊接性都比较差，尤其是马氏体型钢更差。所以，焊接不同马氏体-铁素体型异种钢时，最重要的是必须采取措施防止接头近缝区产生裂纹或塑性和韧性的下降。焊接性不好的金属材料，最好采用焊条电弧焊及 TIG 焊或埋弧焊等焊接方法。

对于铁素体型钢，通常采取的措施是选用抗裂性能好的奥氏体或镍基填充材料，采用小参数、快速焊、窄焊道，以及多层焊时严格控制层间温度等手段。对于马氏体型钢，则必须预热，预热温度通常要高于 250～300℃（但不超过 400℃），采用小热输入施焊，焊后缓冷，冷却到低于 100℃时再进行 700～750℃的高温回火。只有当焊件厚度在 10mm 以下时，且无刚性固定的情况下，才可以不预热。如果焊接构件不承受冲击载荷，厚度较大时也可以不预热，但此时必须采用奥氏体组织的焊缝金属，因此会产生焊缝强度大大低于母材的严重问题。

另外，这种焊接接头在热处理时，还会在熔合区产生使工作能力下降的组织变化。所以不预热而采用奥氏体焊接材料焊接这类钢时应十分慎重，只有在无法进行热处理，且只承受静载荷，又无很大压力的情况下才允许采用奥氏体焊接材料进行焊接。

异种马氏体与铁素体型高铬不锈钢组合焊时的焊接材料及预热、回火温度见表 2-36。

2. 焊接材料的选择

如表 2-36 所示，对于异种高铬不锈钢（Ⅶ + Ⅶ）组合的焊接，应选用 E410 - 15（G207）不锈钢焊条，埋弧焊时选用 H12Cr13（H1Cr13）焊丝。对于高铬不锈钢和高铬耐酸耐热钢组合的焊接（Ⅶ + Ⅷ类），焊接材料的选用与焊接高铬不锈钢时相似，在特殊情况下也可以选择奥氏体型不锈钢焊条和焊丝，如 E309 - 15（A307）焊条和 H16Cr23Ni13（H2Cr23Ni13）焊丝。对于高铬不锈钢和高铬热强钢（Ⅶ + Ⅸ）的焊接，焊条可按高铬不锈钢母材一侧成分选用 E410 - 15（G207）焊条，也可以选用 E11MoVNiW - 15（R817）或 E11MoVNi - 15（R827）焊条。对于高铬耐酸耐热钢和高铬热强钢组合的焊接（Ⅷ + Ⅸ），可以选用 E430 - 15（G307）不锈钢焊条、E11MoVNiW - 15（R817）、E11MoVNi - 15（R827）或 E309Mo - 16（A312）不锈钢焊条。

选择焊接材料时应注意两个问题：一是不能使焊缝金属形成单相铁素体组织，以免铁素体晶粒过分增大，使接头产生脆性，又无法用热处理消除；另一个是焊缝中应含有钛或其他碳化物形成元素，不然使接头的塑性和韧性变得极差，且有冷裂倾向。因此，不同高铬钢焊接时，最好选用铬镍铁素体 - 奥氏体钢的焊接材料。

3. 预热和焊后热处理

异种低碳铁素体型不锈钢焊接时，焊前可以不预热，并应选择较小的焊接热输入和低于 100℃的层间温度，以防止晶粒长大。对于 $w(C)$ 大于 0.1% 的异种马氏体 - 铁素体型高铬不锈钢的焊接，为了防止焊接时有裂纹出现，焊前应预热到 200～300℃，焊后要进行 700～740℃的高温回火。对于高铬不锈钢和高铬耐酸耐热钢的焊接，预热温度和回火温度的选择要与焊接高铬不锈钢时相似。高铬不锈钢和高铬热强钢焊接时，焊前预热温度应控制在 350～400℃，焊后保温缓冷后立即进行 700～740℃的高温回火处理。对于高铬耐酸耐热钢和高铬热强钢的焊接，预热温度与回火温度及层间温度的选择与高铬不锈钢和高铬热强钢焊接时相近，可参考表 2-36 及表 2-37。

异种高铬钢组合焊接采用焊条电弧焊时，涉及了以下三种焊条，即以 G 字母开头的高铬钢焊条；以 A 字母开头的奥氏体钢焊条；以 R 字母开头的耐热钢焊条。铬钼耐热钢焊条各种牌号的简明介绍见标准 GB/T 5118—2012；高铬钢（铬不锈钢）焊条各种牌号的熔敷金属（焊缝金属）主要成分及用途简介见 GB/T 983—2012 标准。奥氏体型钢（铬镍不锈钢）焊条各种牌号的焊缝金属主要化学成分及主要用途见本章 2.2.5 节有关内容及表 2-49。

表 2-36　异种马氏体－铁素体型高铬不锈钢组合焊时的焊接材料及预热温度、回火温度

母材组合	焊条型号		预热温度/℃	回火温度/℃	备注
	GB/T 983—2012	牌号			
Ⅶ + Ⅶ	E410 – 15	G207	200 ~ 300	700 ~ 740	焊接接头可在蒸馏水、弱腐蚀性介质、空气、水气中使用，工作温度为 540℃，强度不降低，在 650℃时热稳定性良好，焊后必须回火，但 06Cr13（0Cr13）钢可不回火
Ⅶ + Ⅷ	E410 – 15	G207	200 ~ 300	700 ~ 740	
	E309 – 15	A307	不预热或 150 ~ 200	不回火	焊件不能热处理时采用。焊缝不耐晶间腐蚀。用于无硫气相中，在 650℃时性能稳定
Ⅶ + Ⅸ	E410 – 15 E11MoVNiW – 15	G207 R817	350 ~ 400	700 ~ 740	焊后保温缓冷后立即回火处理
	E309 – 15	A307	不预热或 150 ~ 200	不回火	—
Ⅷ + Ⅷ	E309 – 15	A307	不预热或 150 ~ 200	不回火	焊缝不耐晶间腐蚀，用于干燥侵蚀性介质
Ⅷ + Ⅸ	E430 – 15 E11MoVNiW – 15	G307 R817	350 ~ 400	700 ~ 740	焊后保温缓冷后立即进行回火处理
	E309Mo – 16	A312	—	—	

表 2-37　异种高铬不锈钢组合焊时的预热和层间温度以及焊后热处理规范

异种钢组合	预热温度/℃	层间温度/℃	焊后热处理规范
06Cr13 低碳铁素体型不锈钢	可不进行预热	< 100	可不进行焊后热处理
12Cr13、20Cr13、30Cr13 等具有强烈淬硬倾向的马氏体型不锈钢间	≥200 ~ 300	≥200 ~ 300	700 ~ 740℃

（续）

异种钢组合	预热温度/℃	层间温度/℃	焊后热处理规范
12Cr17Ti （1Cr17Ti）、14Cr17Ni2（1Cr17Ni2）等铁素体类不锈钢间	150～200 或不进行预热	＜100	可不进行焊后热处理，但不耐腐蚀；如焊后经 700～750℃快冷，可提高耐晶间腐蚀性能
高铬不锈钢（铁素体－马氏体组织）＋高铬耐酸耐热钢（铁素体组织）	一般为 200～300；如用奥氏体钢焊条或焊丝时，可降至 150～200，甚至可不预热	同预热温度	必须经 700～740℃热处理；如用奥氏体钢焊条或焊丝时，可不进行热处理，但不耐晶间腐蚀

2.2.4　异种奥氏体型不锈钢组合的焊接

1. 焊接性及焊接方法

不同牌号的异种奥氏体型不锈钢组合焊接时，应考虑各种奥氏体型不锈钢本身的焊接性特点而采取相应的工艺措施，选择焊接材料。与同种奥氏体型不锈钢的焊接一样，本书中所讲述的奥氏体型不锈钢同种金属材料焊接的工艺要求，都适用于异种奥氏体型不锈钢的焊接。但主要注意防止热裂纹、晶间腐蚀和相析出脆化等问题。如控制焊缝金属的含碳量，限制焊缝热输入及高温停留时间，添加稳定化元素、采用双相组织焊缝、进行固溶处理或稳定化热处理等。但稳定化元素的添加等必须适当，否则过多的 δ 相会引起相析出脆化，合金元素对热裂纹倾向的影响见表 2-38。

表 2-38　合金元素对热裂纹的影响

元素		γ 单相组织焊缝	γ + δ 双相组织焊缝
奥氏体化元素	Ni	显著增大热裂倾向	显著增大热裂倾向
	C	$w(C)$ 为 0.3%～0.5%，同时有 Nb、Ti 等元素时减小热裂倾向	增大热裂倾向
	Mn	$w(Mn)$ 为 5%～7% 时，显著减小热裂倾向，但有 Cu 时增大热裂倾向	减小热裂倾向，若要使 δ 消失，则增大热裂倾向
	Cu	Mn 含量极少时影响不大，但 w 大于 2% 时增大热裂倾向	增加热裂倾向
	N	提高抗裂性	提高抗裂性
	B	含量极少时，强烈增加热裂倾向，但 $w(B)$ 为 0.4%～0.7% 时，减小热裂倾向	
铁素体化元素	Cr	形成 Cr－Ni 高熔点共晶细化晶粒	当 Cr/Ni≥1.9～2.3 时，提高抗裂性
	Si	$w(Si)≥0.3%～0.7%$ 时，显著增加热裂倾向	通过焊丝加入 $w(Si)≤1.5%～3.5%$ 时可减小热裂倾向
	Ti	显著增大热裂倾向；但当（质量比）Ti/C≈6 时，减小热裂倾向	$w(Ti)≤1.0%$ 影响不大，$w(Ti)≥1.0%$ 时细化晶粒，减小热裂倾向
	Nb	显著增大热裂倾向；当（质量比）Nb/C≈10 时，减小热裂倾向	易产生区域偏析，减小热裂倾向
	Mo	显著提高抗裂性	细化晶粒，减小热裂倾向
	V	稍增大热裂倾向；但若形成 VC，则细化晶粒减小热裂倾向	细化晶粒，去除 S 的作用，显著提高抗裂性
	Al	强烈增大热裂倾向	减小热裂倾向

奥氏体型不锈钢焊缝的性能与其化学成分密切相关，同种奥氏体型不锈钢熔焊时，采用的是"等化学成分原则"，而非等强度或低强度匹配。所以，异种奥氏体型不锈钢的熔焊也必须尽量保持焊接参数的稳定，从而使熔合比稳定，以保证焊缝金属化学成分的稳定。无论采用何种奥氏体型不锈钢焊缝，都必须严格控制有害杂质S、P的含量，因为这些杂质会引起热裂纹倾向。

几乎所有的焊接方法都可以用于奥氏体型不锈钢的焊接，但焊条电弧焊仍是应用较多的方法。不同奥氏体型不锈钢焊接时，一般都不需要预热，也不需要焊后热处理。只有在很特殊的情况下，才考虑焊后固溶处理或稳定化处理等。表2-39是异种奥氏体型不锈钢组合焊接用的焊条及其应用场合。

表2-39　异种奥氏体型不锈钢组合焊接用的焊条及其应用场合

焊条	焊后热处理	备注
E316 – 16（A202）	不回火或950～1050℃稳定化处理	用于350℃以下非氧化性介质
E347 – 15（A137）		用于氧化性介质，在610℃以下有热强性
E318 – 16（A212）		用于无侵蚀性介质，在600℃以下具有热强性
E309 – 16　E309 – 15（A302、A307）	不回火或870～920℃回火	在不含硫化物或无侵蚀性介质中，1000℃以下具有热稳定性，焊缝不耐晶间腐蚀
E347 – 15（A137）		不含硫的气体介质中，在700～800℃以下具有热稳定性
E16 – 25Mo6N – 15（A507）		适用于 $w(N) < 35\%$ 又不含 Nb 的钢材，700℃以下具有热强性

表中括号内为焊条牌号，下同。

2. 焊接材料的选用

表2-40是异种奥氏体型不锈钢各种组合采用焊条电弧焊时，焊条牌号的选用及焊后热处理工艺，表2-41是异种奥氏体型不锈钢各种组合采用氩弧焊（TIG、MIG）时焊接材料的选用。

对于含铬量高于或接近于镍的奥氏体型不锈钢，可以选用工艺性好的奥氏体－铁素体型焊接材料，此时，焊缝成分中的主要合金元素要比熔敷金属中的相对少些，但通常在母材的焊接熔透深度下，就可以使焊缝中保证具有奥氏体－铁素体双相组织。焊接材料的合金元素的选择取决于构件的工作条件和对热处理的要求。

对于含镍量超过含铬量的奥氏体型不锈钢，奥氏体含量提高了，因而不能用奥氏体－铁素体型材料焊接。因为在焊缝中合金元素镍稍有增加，就会使焊缝成为

表 2-40　异种奥氏体型不锈钢各种组合采用焊条电弧焊时焊条牌号的选用及焊后热处理工艺

母材组合	焊条		焊后回火/℃	备注
	型号	牌号		
X + X	E318 – 15	A217	不回火或 950 ~ 1050℃奥氏体稳定化处理	在无侵蚀液介质或非氧化性介质中可在 360℃以下使用。焊后经奥氏体稳定化处理，晶间腐蚀可通过 T 法试验。在不含硫的气体介质中，能耐 750 ~ 800℃高温
	E318 – 16	A212		在 360℃以下，在无氧化性液体介质中，焊后不作敏化处理和奥氏体稳定化处理，晶间腐蚀可通过 T 法试验
	E318Nb – 16	—		可在无氧化性过热蒸汽（500℃）下使用。经过奥氏体稳定化处理后，必须进行晶间腐蚀试验
	E347 – 15	A137	不回火或在870 ~ 920℃下回火	可用于氧化性侵蚀液介质中，焊后不经敏化处理，可通过 T 法试验。焊后经 870 ~ 920℃奥氏体稳定化处理，敏化后可通过 T 法试验。1000 ~ 1150℃奥氏体稳定化处理后可通过 X 法试验
X + XII	E318V – 15	—	不回火或 780 ~ 920℃下回火	在不含硫的气体介质中，在 750 ~ 800℃下具有热稳定性，需要消除焊接残余应力时才采用回火
X + XIII	E318 – 16	A212	不回火或 950 ~ 1050℃奥氏体稳定化处理	用于温度在 360℃以下的非氧化性液体介质中，焊后状态或奥氏体稳定化处理后，具有耐晶间腐蚀性能
	E347 – 15	A137	不回火或在870 ~ 920℃下回火	用于氧化性液体介质中，经过奥氏体稳定化处理后，可以通过 X 法试验。在 610℃以下具有热强性
	E318V – 15	—		用于无侵蚀性的液体介质中，在 600℃以下具有热强性能

（续）

母材组合	焊条		焊后回火/℃	备注
	型号	牌号		
Ⅻ + Ⅻ	E309 – 16	A302		在不含硫化物的介质中，在1000℃以下具有热稳定性
	E309 – 15	A307		
Ⅻ + ⅩⅢ	E309 – 16	A302	不回火或在870～920℃下回火	在不含硫化物的介质中，或无侵蚀性的液体介质中，在1000℃以下具有热稳定性，焊缝不耐晶间腐蚀
	E309 – 15	A307		
	E347 – 15	A317		用于 $w(Ni)$ 小于16%的钢材。在650℃以下具有热强性。在不含硫的气体介质中，温度在750～800℃具有热稳定性
	E318V – 15	—		用于 $w(Ni)$ 小于16%的钢材。在650℃以下具有热强性。在不含硫的气体介质中，温度在750～800℃具有热稳定性
	E16 – 25MoN – 15	A507		适用于 $w(Ni)$ 在35%以下，而又不含Nb的钢材。700℃下具有热强性能
ⅩⅢ + ⅩⅢ	E318V – 15	—	870～920	600℃以下具有热强性
	E347 – 15	A317	870～920	用于 $w(Ni)$ 小于16%的钢材。在650℃以下具有热强性
	E16 – 25MoN – 15	A507	870～920	用于 $w(Ni)$ 在35%以下，而不含N，700℃以下具有热强性能，可使用于－150℃条件下

注：表中焊条型号摘自 GB/T 983—2012 标准。

表 2-41　异种奥氏体型不锈钢各种组合采用氩弧焊（TIG、MIG）时焊接材料的选用

焊接方法	焊接材料的选用		热处理工艺
	保护气体	焊丝	
TIG MIG	Ar	H06Cr17Ni12Mo2	用于350℃以下非氧化性介质中，可不预热，不回火或950～1050℃稳定化处理
		H22Cr17Ni12Mo2	
		H0Cr19Ni12Mo2	
		H00Cr19Ni12Mo2	
		H06Cr23Ni13	在不含硫化物或无侵蚀介质中，1000℃以下，具有热稳定性、不耐晶间腐蚀
		H12Cr23Ni18	

单相的奥氏体组织，易于产生裂纹。对于这种奥氏体型不锈钢的焊接，可以使用单相奥氏体或奥氏体与碳化物组织的焊接材料，但焊接时必须添加防止产生裂纹的合金元素。

对于上述两类钢之间的焊接接头，也可采用奥氏体或奥氏体与碳化物组织的焊接材料进行焊接。

（1）奥氏体型耐酸钢间的焊接材料选用　其要点如下：

1）选用 E308 - 15（A107）焊条或 H12Cr19Ni9 焊丝。焊前不预热，焊后可不经热处理，但可作奥氏体组织稳定化处理（950～1050℃）。这样的焊接结构可在 360℃ 以下的无侵蚀性液体介质或非氧化性介质中使用；在不含硫的气体介质中，能耐 750～800℃ 的高温。

2）选用 E316 - 16（A202）焊条。焊前不预热，焊后可不经热处理，但可作奥氏体组织稳定化处理（950～1050℃），焊接接头可在 360℃ 以下无氧化性液体介质中使用。

3）选用 E318 - 16（A212）焊条。焊前不预热，焊后可不经热处理，但可作奥氏体组织稳定化处理（950～1050℃），焊接接头可在 500℃ 以下无氧化性过热蒸汽下使用。

4）选用 E347 - 15（A137）焊条。焊前不预热，焊后可不经热处理或作 870～920℃ 热处理，焊接接头可在氧化性浸蚀液介质中使用。

（2）奥氏体型耐热钢间的焊接　选用 E309 - 16（A302）焊条、E309 - 15（A307）焊条或 H06Cr25Ni20（0Cr25Ni20）焊丝；焊前可不预热，焊后可不进行热处理或作 870～920℃ 热处理，其焊接接头可在不含硫化物的介质中使用，在 1000℃ 以下工作具有热稳定性。

（3）奥氏体型热强钢间的焊接

1）选用 E318V - 14（A137）焊条。可用于 $w(Ni) < 16\%$ 的奥氏体型热强钢焊接，焊接接头在 650℃ 以下具有热强性。

2）选用 E318V - 15（A237）焊条。焊接接头在 600℃ 以下具有热强性。

3）选用 E16 - 25 - MoN - 15（A507）焊条。用于 $w(Ni) < 35\%$，且不含 Nb 的奥氏体型热强钢焊接，焊接接头在 700℃ 以下具有热强性，且可用于深冷（-150℃）的条件下。

使用上述三种焊条时焊前不预热，焊后可经 870～920℃ 的热处理。如焊后无法进行奥氏体组织稳定化处理，则可在坡口面上用 E318V - 15（A237）和 E16 - 25 - MoN - 15（A507）焊条堆焊过渡层。多层焊根部焊道中，为避免母材熔合比较高而削弱焊接工艺，则可以采用 E318V - 15（A237）焊条，以提高熔敷金属中铁素体的体积分数（含量）约为 5.5%。

（4）奥氏体型耐酸钢与奥氏体型耐热钢组合的焊接　选用焊条为 E318V - 15（A237）。焊前可不预热，焊后可不热处理，也可以经 780～920℃ 的热处理，以消除残余应力。焊接接头在不含硫的气体介质中使用，在 750～800℃ 以下具有热稳定性。

（5）奥氏体型耐酸钢与奥氏体型热强钢组合的焊接　采用 E316 - 16（A202）焊条，焊前可不预热，焊后可不热处理，也可进行 950～1050℃ 的奥氏体稳定化处理。焊接接头可用于 360℃ 以下的非氧化性介质中；如采用 E347 - 15（A317）焊条，则可用于氧化性液体介质中，且在 610℃ 以下具有热强性；如采用 E318V - 15（A237）焊条，则只能用于无侵蚀性的液体介质中，焊接接头在 600℃ 以下具有热强性。使用后两种焊条时，焊前可不预热，焊后可不热处理，也可进行870~920℃的消除应力热处理。

（6）奥氏体型耐热钢与奥氏体型热强钢组合的焊接　根据焊接结构的工作条件，可选用如下焊条：

1）选用 E347-15（A317）焊条。适用于 $w(Ni)<16\%$ 的钢的焊接，焊接接头在650℃以下具有热强性，可用于不含硫的气体介质中工作，在750~800℃具有热稳定性。

2）选用 E318V-15（A237）焊条。适用于 $w(Ni)<16\%$ 的钢的焊接，焊接接头在600℃以下具有热强性，可用于不含硫的气体介质中工作，在750~800℃具有热稳定性。

3）选用 E309-16（A302）或 E309-15（A307）焊条。焊接接头可用于在不含硫化物的介质中或无侵蚀性的液体介质中工作，焊接接头在1000℃以下具有热稳定性，但焊缝不耐晶间腐蚀。

4）选用 E16-25-MoN-15（A507）焊条。适用于 $w(Ni)<35\%$ 且不含 Nb 的钢材焊接，接头在700℃以下具有热强性。

采用以上焊条焊接时，焊前均不预热，焊后均不热处理。也可进行870~920℃的热处理，以消除应力。

3. 异种奥氏体型不锈钢组合的焊接工艺

（1）熔焊工艺　异种奥氏体型不锈钢组合焊条电弧焊的焊接参数见表2-42，异种奥氏体型不锈钢组合手工 TIG 焊和 MIG 焊的焊接参数见表2-43和表2-44。

表 2-42　异种奥氏体型不锈钢组合焊条电弧焊的焊接参数

钢材牌号	厚度/mm	焊条直径/mm	平焊焊接电流/A	立焊焊接电流/A	仰焊焊接电流/A	电弧电压/V
12Cr18Ni9 +12Cr13	0.5+0.5	2.5	30~50	45~65	50~70	24~25
	1.0+1.0	2.5	40~55	50~75	60~80	24~25
12Cr18Ni9 +12Cr17d	1.0+1.0	2.5	45~60	50~75	65~75	24~25
	1.5+1.5	3.2	50~80	55~75	60~80	24~26
12Cr18Ni9 +12Cr28	1.5+1.5	3.2	55~75	60~75	55~80	24~26
	2.0+2.0	3.2	80~110	65~100	65~100	24~26
12Cr18Ni9 +20Cr13	2.0+2.0	3.2	80~100	65~100	75~110	24~26
	4.0+4.0	3.2	90~120	80~110	85~120	24~26
	5.0+5.0	4.0	100~140	90~130	90~130	25~27
	6.0+6.0	4.0	100~150	90~140	100~140	25~27

表 2-43　异种奥氏体型不锈钢组合的手工 TIG 焊的焊接参数

母材厚度 /mm	喷嘴直径 /mm	对接接头不加焊丝			对接接头加焊丝		
		焊接电流 /A	电弧电压 /V	氩气流量 /(L/min)	焊接电流 /A	电弧电压 /V	氩气流量 /(L/min)
0.5 + 0.5	6 ~ 12	30 ~ 50	10 ~ 18	3 ~ 4	35 ~ 60	10 ~ 18	3 ~ 4
0.8 + 0.8	6 ~ 12	40 ~ 55	10 ~ 18	3 ~ 4	40 ~ 70	10 ~ 18	3 ~ 4
1.0 + 1.0	6 ~ 12	45 ~ 60	11 ~ 20	3 ~ 4	45 ~ 75	10 ~ 20	3 ~ 4
1.5 + 1.5	6 ~ 12	50 ~ 80	11 ~ 20	4 ~ 5	55 ~ 85	11 ~ 20	4 ~ 5
2.0 + 2.0	6 ~ 12	75 ~ 120	11 ~ 21	5 ~ 6	80 ~ 125	11 ~ 21	5 ~ 6
2.5 + 2.5	6 ~ 12	80 ~ 130	11 ~ 22	6 ~ 7	85 ~ 135	12 ~ 22	6 ~ 7
3.0 + 3.0	6 ~ 12	100 ~ 140	12 ~ 22	6 ~ 7	110 ~ 150	12 ~ 22	6 ~ 7

注：采用直流正接（DCSP）或交流。

表 2-44　异种奥氏体型不锈钢组合的熔化极氩弧焊（MIG）的焊接参数

母材厚度 /mm	接头形式	焊丝直径 /mm	焊接电流 /A	电弧电压 /V	焊接速度 /(cm/s)	焊接层数	氩气流量 /(L/min)
2.5 + 2.5	对接接头 不开坡口	1.6	160 ~ 240		0.56 ~ 1.11	1	5 ~ 8
3.0 + 3.0		2.0	200 ~ 280	20 ~ 30	0.56 ~ 1.11	1	6 ~ 8
4.0 + 4.0		2.0 ~ 2.5	220 ~ 320		0.69 ~ 1.20	1	7 ~ 9
6.0 + 6.0	对接接头 V 形坡口	2.0 ~ 2.5	280 ~ 360		0.42 ~ 0.83	1 ~ 2	9 ~ 12
8.0 + 8.0		2.0 ~ 3.0	300 ~ 380	22 ~ 32	0.42 ~ 0.83	2	11 ~ 15
10 + 10		2.0 ~ 3.0	320 ~ 400		0.42 ~ 0.83	2	12 ~ 18

注：喷嘴直径为 12 ~ 20mm。

（2）电阻焊工艺　对奥氏体型不锈钢与铁素体型不锈钢组合熔焊时，在焊缝金属中会产生很大的不均匀性（化学成分、金相组织、力学性能）和较大的残余变形。采用压焊方法可以防止或大大减小异种钢焊接接头的各种不均匀性及变形。因此，许多熔焊无法实现的异种钢焊接接头，可用压焊进行焊接。常见异种奥氏体型不锈钢组合钢点焊的焊接参数和点焊接头的力学性能见表 2-45 和表 2-46。

表 2-45　常见异种奥氏体型不锈钢组合点焊的焊接参数

钢材牌号	厚度/mm	焊前状态及清理	电极直径/mm	焊接参数			熔核直径/mm
				焊接电流/A	焊接时间/s	每焊点的压力/(N/点)	
12Cr18Ni9 +12Cr13	1.2+1.2	12Cr13 回火，12Cr18Ni9Ti 淬火，抛光	5.0~6.0	6000~6500	0.24~0.28	1000~4500	≥5.0
	1.5+1.5		6.0~7.0	6500~6800	0.28~0.32	5000~5500	≥5.5
14Cr17Ni2 (1Cr17Ni2) +13Cr11Ni2 W2MoV	2.5+2.0	油淬，回火	5.0~7.0	8500~9500	0.32~0.38	8000	≥4.5
(1Cr11Ni2-W2MoV) 12Cr18Ni9 +14Cr17Ni2	1.5+2.0	14Cr17Ni2 油淬，回火，12Cr18Ni9Ti 淬火	4.0~4.5	6500~7000	0.30~0.38	5800	≥4.0
	1.5+3.5		5.0~7.0	9200~9700	0.32~0.38	7300	≥4.5
13Cr11Ni2-W2MoVA +14Cr17Ni2	2.0+2.5	淬火，回火	4.0~5.5	8600~9000	0.32~0.38	8000~9000	4.0~5.5
12Cr18Ni9 + 21-11-2.5 铸造不锈钢	1.0+1.0	正火	4.0~5.0	6400	0.14~0.22	4900	4.0
	1.0+1.0			7100	0.12~0.22	6000	4.3

表 2-46　异种奥氏体型不锈钢组合点焊焊接接头的力学性能

钢材牌号	厚度/mm	焊前状态	焊后处理	熔核直径/mm	温度/℃	抗剪强度/MPa	抗拉强度/MPa
14Cr17Ni2 + 12Cr18Ni9	1.5+1.0	14Cr17Ni2 油淬，回火 12Cr18Ni9Ti 淬火	未处理	4.0	20	518~565 (549)	—
	1.5+1.0		未处理	4.4	20	592~645 (621)	—
13Cr11Ni2WMo-VA + 14Cr17Ni2	2.0+2.5	油淬，回火	未处理	4.8~5.2	20	586~968 (763)	245~392 (283)

注：括号中的数据为试验平均值。

（3）异种奥氏体型不锈钢组合的摩擦焊　生产中常采用摩擦焊对异种奥氏体型不锈钢组合进行焊接，异种奥氏体型不锈钢组合摩擦焊的焊接参数见表 2-47，异种奥氏体型不锈钢组合摩擦焊焊接接头的力学性能见表 2-48。

表 2-47　异种奥氏体型不锈钢组合摩擦焊的焊接参数

钢材牌号	焊接压力/MPa		顶锻量/mm		加热时间 /s	转速 /(r/min)	焊件直径 /mm	用于顶锻的伸出长度/mm
	加热	顶锻压力	加热	总计				
12Cr8Ni9 + 20	60	210	—	3.2	9	1000	25	2
12Cr18Ni9 + 45	60	210	—	3.5	9	1000	25	2.5
12Cr18Ni9 + 40Cr	60	210	—	4	9	1000	25	3 ~ 3.5
12Cr18Ni9 + 20Cr13	60	210	—	4	9	1000	20	3 ~ 3.5
12Cr18Ni9 + 14Cr18Ni2	60	210	—	4	9	1000	20	3
12Cr18Ni9 + 12CrMoV	60	210	6	9	5	1000	20 ~ 25	6
14Cr17Ni2 + 06Cr18Ni12Mo2Ti	60	210	—	4	9	1000		2 ~ 3

表 2-48　异种奥氏体型不锈钢组合摩擦焊焊接接头的力学性能

钢材牌号	抗拉强度/MPa	冷弯角/(°)	弯曲试件的断裂位置
12Cr18Ni9 + 20	372 ~ 480	180	不断
12Cr18Ni9 + 40Cr	608	45	焊缝
12Cr18Ni9 + 21Cr13	608	180	不断
12Cr18Ni9 + 14Cr17Ni2	598	90	14Cr17Ni2 热影响区
15Cr18Ni9 + 12CrMoV		180	不断
17Cr17Ni2 + 06Cr17Ni12Mo2Ti (0Cr18Ni12Mo3Ti)	598	45 ~ 60	14Cr17Ni2 热影响区

2.2.5　奥氏体型不锈钢与珠光体钢组合的焊接

1. 焊接性分析

珠光体钢种类繁多，主要包括低碳钢、中碳钢、低中碳低合金钢和某些低合金耐热钢及热强钢。珠光体钢在焊接结构用的金属材料中占据 50% 以上，用途极为广泛。珠光体钢的焊接性级别跨度很大，从最容易焊接的低碳钢到最难焊接的中碳钢及中碳调质钢或某些耐热钢、热强钢，包罗万象。奥氏体型不锈钢的应用占不锈钢种类的 70% 以上，其焊接性总体来说属于良好，奥氏体型不锈钢也是种类繁多，它追求的不是力学性能（如同珠光体钢一样），而是其耐蚀、耐酸、耐热及耐低温等性能。除了耐热钢中的热强钢外，力学性能中的强度并不高，但塑性、韧性很好。合金元素 Cr、Ni 及 C 的含量及 Cr、Ni 的比例当然还有其他微量添加元素，这些元素共同决定了奥氏体型不锈钢的抗拒环境温度及介质的各种破坏能力，因此奥氏体型不锈钢同种金属焊接时，填充金属的选择是按"等化学成分原则"，而不是如珠光体同种金属焊接时的"等强度原则"或"低强度匹配原则"。

珠光体钢与奥氏体型不锈钢物理性能的差距主要在于线胀系数，奥氏体型不锈钢是黑色金属中线胀系数最大的钢种，珠光体钢中没有任何钢种的线胀系数能够接近或超过奥氏体型不锈钢的。线胀系数大，意味着焊接过程中产生的拉应力大，这是产生裂纹（热裂纹和冷裂纹）的原因之一。即使是珠光体钢中焊接性最好的低碳钢和奥氏体型不锈钢中焊接性最好的0Cr18Ni9（应该是2007年新标准中的06Cr19Ni10）或超级奥氏体不锈钢进行组合熔焊，其结果变得很复杂，这可能是由于焊接性最不好或焊接性良好。关键是选用何种焊接材料及选择何种焊接方法和工艺措施。

珠光体钢与奥氏体型不锈钢组合接头熔焊时，有如下焊接特征：

（1）焊缝金属因稀释而出现马氏体组织　珠光体钢和奥氏体型不锈钢组合的熔焊，不允许选用珠光体类焊接材料，该组合接头既不追求高强度、低塑韧性，也不追求有较好的抗拒环境温度和介质破坏的能力，只追求没有使接头失效的裂纹和脆化等焊接缺陷，基本满足最低使用要求是第一位的。

奥氏体型不锈钢是高合金钢，珠光体钢是低合金或无合金元素的碳钢，如果采用珠光体类焊接材料，则焊缝金属被奥氏体型钢一侧的母材熔化稀释，会成为舍夫勒尔不锈钢组合图（图2-1）中低合金钢。无论高、中、低合金元素主要都是 Ni 和 Cr，由舍夫勒尔组织图可知，焊缝金属 Ni、Cr 的被稀释工作点会落在图中东南角的 M 区（马氏体区），在焊接接头不均衡的拉应力条件下，焊缝会产生脆性层导致冷裂纹发生是无疑的。

因此，选用奥氏体类的焊接材料，尽量减小焊缝被珠光体侧母材金属的稀释，使焊缝获得奥氏体组织或奥氏体－铁素体双相组织，则塑性、韧性较好而不会产生冷裂纹，应该是最合理的选择原则。奥氏体类焊接材料（以焊条为例）牌号种类极多，如果采用焊条电弧焊方法，选用奥氏体类焊接材料时还应注意如下情况：如选用18－8型焊接材料，虽然能提高熔合区的塑性，但不能提高其抗裂性；若选用25－20型焊接材料，则可能因为单相奥氏体组织，易出现热裂纹；因此最好选用含 Ni、Cr 量比较高的25－13型或15－25型焊接材料，或者直接选用镍基焊条，但成本要高得多。

表2-49是奥氏体型不锈钢焊条，即铬镍不锈钢焊条简明表，该表给出了焊条金属主要成分的含量（质量分数%），这里实际上是指堆焊时熔敷金属的主要成分，未考虑异种金属焊接时被稀释因素。但仍可以作为珠光体钢与奥氏体型不锈钢组合的焊接选用焊条牌号的主要依据。此外，异种珠光体钢组合焊接及其他异种钢组合焊接采用"低强度匹配"原则时，也往往采用奥氏体类焊条，所以该表中所列焊条牌号，也成为其他场合焊条牌号的选择依据。

在采用奥氏体类焊接材料焊接珠光体钢与奥氏体型不锈钢组合接头时，为了避免焊缝金属被严重稀释而可能在焊缝中出现马氏体组织，可根据熔合比，计算出焊缝金属的铬当量和镍当量，然后根据图2-1所示的舍夫勒尔组织图，估算出焊缝的组织状态。例如，奥氏体型不锈钢和低碳钢焊接，当稀释率小于13%时，焊缝金属可保持奥氏体－铁素体双相组织；当溶入的低碳钢母材超过20%时，焊缝金属为奥氏体－马氏体双相组织，所以焊接时，最好采用铬镍含量高的焊条，如 A302、A307 等。由 Q235 钢与12Cr18Ni9 钢组合焊接的舍夫勒尔焊接组织图可知，焊接材料和焊接工艺不合适时，必然会在焊缝中出现马氏体组织。这里所说焊接工艺，是指焊接方法、坡口形式及焊接参数。有时，有些资料将焊接材料作为焊接工艺的内容也不无道理。

表 2-49　铬镍不锈钢焊条的简明表（摘自 GB/T 983—2012）

焊条牌号	焊条型号	药皮类型	焊接电源	焊缝金属主要成分（质量分数,%）	主要用途
A001G15	E308L-16	氧化钛型	交直流	C≤0.03 Cr19 Ni10	焊接同类不锈钢
A002	E308L-16	钛钙型	交直流	C≤0.04 C18.0~21.0 Ni9.0~11.0	焊接超低碳不锈钢或06Cr19Ni10型不锈钢结构，如合成纤维、化肥、石油等设备
A002A	E308L-17	钛钙型	交直流	C≤0.03 Cr19 Ni10	焊接同类不锈钢
A012Si	—	钛钙型	交直流	C≤0.04 Si3.5~4.3 Cr18.0~22.0 Ni12.0~15.0 Mo0.2~0.5	焊接抗浓硝酸超低碳不锈钢结构
A022	E316L-16	钛钙型	交直流	C≤0.04 Cr17.0~21.0 Ni11.0~14.0 Mo2.0~2.5	焊接尿素及合成纤维设备
A032	E317MoCuL-16	钛钙型	交直流	C≤0.04 Cr18.0~21.0 Ni12.0~14.0 Mo2.0~2.5 Cu~2	焊接合成纤维等设备，在稀、中浓度硫酸介质中工作的同类型超低碳不锈钢结构
A042	E309LMo-16	钛钙型	交直流	C≤0.04 Cr22.0~25.0 Ni12.0~14.0 Mo2.0~3.0	焊接尿素合成塔中衬里板（AISI316L）及堆焊和焊接同类型超低碳不锈钢结构
A052	—	钛钙型	交直流	C≤0.04 Cr17.0~22.0 Ni22.0~27.0 Mo4.0~5.5	焊接耐硫酸、醋酸、磷酸中的反应器、分离器等
A062	E309L-16	钛钙型	交直流	C≤0.04 Cr22.0~25.0 Ni12.0~14.0	焊接合成纤维、石油化工设备用同类型的不锈钢结构、复合钢和异种钢结构

（续）

焊条牌号	焊条型号	药皮类型	焊接电源	焊缝金属主要成分（质量分数,%）	主要用途
A072	—	钛钙型	交直流	C≤0.04 Cr27~29 Ni14~16	焊接00Cr25Ni、20Nb 钢等
A101	E308-16	钛型	交直流	C≤0.08 Cr18.0~21.0 Ni9.0~11.0	焊接工作温度低于300℃、耐腐蚀的06Cr19Ni10、07Cr19-Ni11Ti 等型不锈钢结构
A102	E308-16	钛钙型	交直流	C≤0.08 Cr18.0~21.0 Ni9.0~11.0	焊接工作温度低于300℃、耐腐蚀的07Cr19Ni11Ti 型不锈钢结构
A102T	E308-16	钛钙型	交直流	C≤0.08 Cr18.0~21.0 Ni9.0~11.0	焊接工作温度低于300℃、耐腐蚀的 06Cr19Ni10 型、07Cr19Ni11Ti 型等不锈钢结构及堆焊不锈钢表面
A107	E308-15	低氢型	直流	C≤0.08 Cr18.0~21.0 Ni9.0~11.0	焊接工作温度低于300℃、耐腐蚀的06Cr19Ni10 型不锈钢结构
A112	—	钛钙型	交直流	C≤0.12 Cr17~22 Ni7~11	焊接一般的 12Cr18Ni9（1Cr18Ni9）型不锈钢结构
A117	—	低氢型	直流	C≤0.12 Cr17~22 Ni7~11	焊接一般的铬 12Cr18Ni9（1Cr18Ni9）型不锈钢结构
A122	—	钛钙型	交直流	C≤0.08 Cr20.0~24.0 Ni7.0~10.0 Si≤1.5	焊接工作温度低于300℃、要求抗裂、耐腐蚀性较高的06Cr19Ni10 型不锈钢结构
A132 （A132A）	E347-16 （E347-17）	钛钙型 （钛酸型）	交直流	C≤0.08 Cr18.0~21.0 Ni9.0~11.0 Nb8×C%~1.00	焊接重要的含钛稳定的07Cr19Ni11Ti 型不锈钢结构

（续）

焊条牌号	焊条型号	药皮类型	焊接电源	焊缝金属主要成分（质量分数,%）	主 要 用 途
A137	E347 – 15	低氢型	直流	C≤0.08 Cr18.0~21.0 Ni9.0~11.0 Nb8×C%~1.00	焊接重要的含钛稳定的 06Cr19Ni11Ti 型不锈钢结构
A201	E316 – 16	钛型	交直流	C≤0.08 Cr17.0~20.0 Ni11.0~14.0 Mo2.0~2.5	焊接在有机和无机酸（非氧化性酸）介质中工作的不锈钢设备
A202	E316 – 16	钛钙型	交直流	C≤0.08 Cr17.0~20.0 Ni11.0~14.0 Mo2.0~2.5	焊接在有机和无机酸介质中工作的不锈钢结构
A207	E316 – 15	低氢型	直流	C≤0.08 Cr17.0~20.0 Ni11.0~14.0 Mo2.0~2.5	焊接在有机和无机酸介质中工作的不锈钢结构
A212	E316Nb – 16	钛钙型	交直流	C≤0.08 Cr17.0~20.0 Ni11.0~14.0 Mo2.0~2.5 Nb6×C%~1.00	焊接重要的 06Cr17Ni12Mo2（0Cr17Ni12Mo2）型不锈钢设备,如尿素、合成纤维等设备
A222	E316Cu – 16	钛钙型	交直流	C≤0.08 Cr18.0~21.0 Ni12.0~14.0 Mo2.0~2.5 Cu~2	焊接相同类型含铜不锈钢结构,如 06Cr18Ni12Mo2Cu2（0Cr18Ni12Mo2Cu2）
A232	E318V – 16	钛钙型	交直流	C≤0.08 Cr17.0~20.0 Ni11.0~14.0 Mo2.0~2.5 V0.30~0.70	焊接一般耐热、耐蚀的 06Cr17Ni12Mo2（0Cr17Ni12Mo2）型不锈钢结构
A237	E318V – 15	低氢型	直流	C≤0.08 Cr17.0~20.0 Ni11.0~14.0 Mo2.0~2.5 V0.30~0.70	焊接一般耐热、耐蚀的 06Cr19Ni10CoCr18Ni9 型及 06Cr17Ni12Mo2（0Cr17Ni12Mo2 型）不锈钢结构

（续）

焊条牌号	焊条型号	药皮类型	焊接电源	焊缝金属主要成分（质量分数，%）	主 要 用 途
A242	E317 – 16	钛钙型	交直流	C≤0.08 Cr18.0 ~ 21.0 Ni12.0 ~ 14.0 Mo3.0 ~ 4.0	焊接同类型的不锈钢结构
A302	E309 – 16	钛钙型	交直流	C≤0.15 Cr22.0 ~ 25.0 Ni12.0 ~ 14.0	焊接同类型的不锈钢结构
A307	E309 – 15	低氢型	直流	C≤0.15 Cr22.0 ~ 25.0 Ni12.0 ~ 14.0	焊接同类型的不锈钢结构
A312	E309Mo – 16	钛钙	交直流	C≤0.20 Cr22.0 ~ 25.0 Ni12.0 ~ 14.0 Mo2.0 ~ 3.0	焊接耐硫酸介质腐蚀的同类型不锈钢结构
A402	E310 – 16	钛钙型	交直流	C≤0.20 Cr25.0 ~ 28.0 Ni20.0 ~ 22.5	焊接高温条件下工作的同类型耐热不锈钢，也可焊接12Cr13（1Cr13）等钢种
A407	E310 – 15	低氢型	直流	C≤0.20 Cr25.0 ~ 28.0 Ni20.0 ~ 22.5	焊接高温条件下工作的同类型耐热不锈钢，也可焊接12Cr13（1Cr13）等钢种

（2）珠光体钢侧熔合区的脆性过渡层　珠光体钢（碳钢）与奥氏体型不锈钢组合的焊接，不仅仅是珠光体钢母材熔化对奥氏体焊接材料形成的奥氏体焊缝金属的稀释带来的冷裂纹问题。即使采用了高铬、镍焊接材料，甚至镍基合金焊接材料也不一定能全部解决珠光体与奥氏体型不锈钢组合接头的质量问题。因为在接头的三个区域（焊缝区、过渡区及珠光体侧母材与焊缝界面区）中，只解决了焊接区不发生冷裂纹的可能。过渡区是珠光体侧熔合线向焊缝延伸 $0.2 \sim 0.6$mm 宽的区域，称做过渡区或过渡层，在这个范围内，熔池的搅拌阻力相对比较大，合金元素 Cr 和 Ni 的含量低于焊缝区平均浓度，被珠光体侧母材稀释严重，呈现出低合金现象，从图 2-1 舍夫勒尔图中明显地会出现马氏体组织，虽然这些马氏体组织很窄，但为马氏体脆性层或脆性过渡层，图 2-7 是奥氏体焊缝金属中含镍量对脆性层宽度的影响。

图 2-7 中 3 区 x_1、x_2、x_3 分别为三种不同含镍量焊缝金属中的脆性过渡层（区）的宽度。由图 2-7 可知，选用奥氏体化能力很强的焊接材料，尤其是选用镍基合金材料可以减小脆性层的宽度。提高含镍量，还有利于防止熔合线珠光体钢与奥氏体钢焊缝金属界面附近因扩散而发生的碳元素迁移。图 2-8 是碳钢一侧奥氏体焊缝中的过渡区示

意图。

图 2-8b 是珠光体钢（碳钢）一侧奥氏体焊缝中脆性过渡层中合金元素（Ni、Cr）因过度被稀释，以及因焊缝搅线阻力引起的变化。图 2-8 中曲线平直段是焊缝区珠光体溶入比例及合金元素（Ni、Cr）含量变化的稳定区段。所谓熔池搅拌是指电弧电磁力的作用，使液态熔池金属的对流作用，越接近熔池边缘，阻力越大。虽然焊缝金属的化学成分可以根据填充金属及母材成分和熔合比按舍夫勒尔组织图的铬当量公式、镍当量公式进行计算，但给出的是焊缝中间部分的平均值；虽然焊缝组织可以根据组织图进行预测，但预测的仍然是焊缝中间部位的组织。

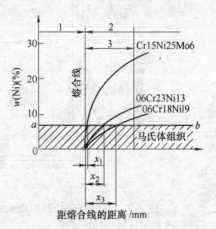

图 2-7　奥氏体焊缝金属中含镍量对脆性层宽度影响示意图
1—珠光体母材　2—奥氏体焊缝　3—过渡区

实际上，焊缝中间部位与焊缝边缘的化学成分有很大的差别。熔池边缘靠近固态母材处，液态金属的温度较低，流动性差，液态停留时间较短，受到机械搅拌作用比较弱，是一个滞留层。该处熔化的母材与填充金属不能充分地混合，而且越靠近熔合线，母材成分所占的比例越大，如图 2-8a 所示。

奥氏体型不锈钢与珠光体钢组合的焊缝中，Cr、Ni 元素向熔化的母材中扩散，以及母材中碳元素由于受到 Cr 的亲和作用向焊缝中扩散，最终形成一个合金元素浓度梯度。20 钢与 06Cr25Ni20（0Cr25Ni20）（A402）熔合区附近合金元素的成分分布如图2-9 所示。

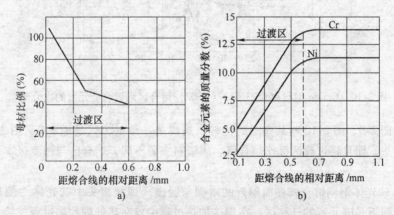

图 2-8　碳钢一侧奥氏体焊缝中的过渡区示意图
a）过渡区母材熔入比例　b）过渡区合金元素（Cr、Ni）含量的变化

由图 2-9 可知，因焊缝中的 Cr、Ni 含量较高，达到了舍夫勒尔（Schaffler）焊缝组

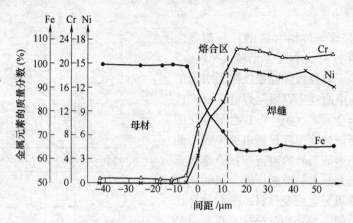

图2-9 20钢与06Cr25Ni20（A402）熔合区附近合金元素的成分分布

织图中单相奥氏体要求的含量，形成奥氏体组织。熔合过渡区中的Cr、Ni含量不足以形成单相奥氏体，快速冷却时可能形成脆性马氏体组织。珠光体耐热钢C15Mo钢与奥氏体型钢耐热钢06Cr23Ni13（0Cr23Ni13）（A302）熔合区附近合金元素的成分分布如图2-10所示。这种合金元素浓度的变化必然引起组织变化，形成一个称为熔合区的过渡区。该过渡区虽然很窄，但对焊接接头的力学性能有重要的影响。

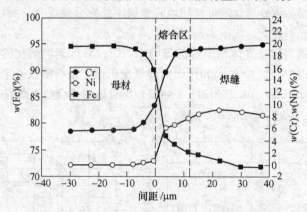

图2-10 Cr5Mo钢与06Cr23Ni13（A302）熔合区附近合金元素的成分分布

注意图2-9、图2-10与某些图的比较，规律是一致的，只是图2-9、图2-10是个完整的接头，而且将过渡区标作熔合区，因资料来源不同，熔合区与过渡区本是同一个区域。

（3）珠光体钢侧熔合线界面附近的增碳与脱碳　焊接接头中珠光体一侧母材与熔池交界面附近是碳元素的迁移区。在焊接加热过程中，在热处理加热过程或接头长期处于高温使用状态时，由于珠光体钢含碳量高，而且合金元素较少，而奥氏体钢却正好相反，因此，在该界面两侧造成了碳的活度差，而产生反应扩散成为碳元素迁移的动力。碳元素迁移的结果在珠光体侧形成脱碳层发生软化，在奥氏体钢一侧（焊缝金属）形成增碳层而硬化。由于两侧因软化和硬化而力学性能悬殊,在接头受力时该处可能引起应力集中,降低接头的承载能力,如果接头在高温 450℃ 以上长期工作,会导致接头提前失效。

图 2-11 显示的是珠光体低合金耐热钢 10CrMo910（2.25Cr－1Mo）,与奥氏体型高合金耐热钢 18－9CrNiNb 采用 Cr22Ni18Mn 焊条焊接接头中 C、Cr 的含量,热处理前后的变化,系用显微探针测得的结果。由图 2-11 可见,热处理后,焊缝金属熔合区的最高 $w(C)$ 可高达 0.97%,虽然这一区域很窄,但足以使接头的高温持久性能下降。

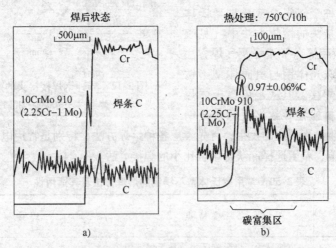

图 2-11　10CrMo910 与 18－9CrNiNb 铬镍奥氏体钢异种钢接头
热处理前后熔合区 C、Cr 含量的变化
a）热处理前　b）750℃/10h 热处理后

对于异种耐热钢焊接接头中碳的迁移,只能在焊接材料（填充金属）的选用上采取措施,以便避免或减弱高温工作条件下碳迁移带来的危害。如果工作温度低于 400℃ 以下,可以选用 06Cr23Ni13 或 06Cr25Ni20（Cr25Ni20）高铬镍奥氏体焊条;如果工作温度高于 400℃,应选用镍基合金焊接材料,如因康涅 82 型焊条,长期运行试验证明,镍基合金焊缝可以有效地遏制碳的扩散,且其线胀系数接近奥氏体钢,能大大降低热应力,并延长接头的使用寿命。

（4）无法通过热处理消除的接头残余应力　接头残余应力有两种:其一是因焊接局部加热冷却在拘束度足够大时产生的残余拉应力;其二是异种金属组合因两种母材线胀系数及导热能力相差较大引起的残余应力。第一种经常发生在同种金属焊接过程中,可以通过焊接热处理消除之;而第二种只能发生在异种金属组合的焊接接头中,是无法通过传统热处理方法消除这种残余应力。珠光体钢与奥氏体钢间线胀系数之比为 14:17,熔合线附近产生的比较大的残余应力。图 2-12 是一种异种钢组合接头焊后残余应力示意图。熔合线左侧是 06Cr25Ni20（0Cr25Ni20）型焊缝金属,右侧是珠光体耐热钢 20Cr3MoWV 母材。

2. 熔焊工艺

熔焊采取工艺措施解决上述 4 个焊接问题，只能从焊接方法及其工艺措施上着手，包括焊接方法选用，焊接热输入及冷却速度的控制，以及必要的堆焊过渡层技术。

（1）焊接方法的选用　适合于奥氏体型不锈钢同种金属组合或异种奥氏体型不锈钢组合接头的熔焊方法中（见表 2-50），除了微束等离子弧焊及气焊方法外，都适用于珠光体钢与奥氏体型不锈钢组合接头的焊接。但从避免奥氏体焊缝被珠光体母材稀释导致出现低合金钢焊缝金属而产生的冷裂纹的发生，首先考虑各种熔焊方法，特别是常用电弧焊方法对母材熔合比的影响，希望选择能获得熔合比小的焊接方法。

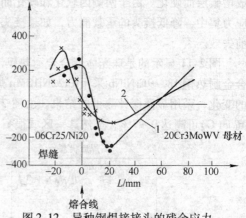

图 2-12　异种钢焊接接头的残余应力
1—焊态　2—700℃、2h 回火后

表 2-50　常用奥氏体型不锈钢的熔焊方法及其适用性

焊接方法	适用板厚/mm	焊接特点	焊接材料
焊条电弧焊	>1.5	方便灵活，热影响区小，易于保证焊接质量，适应各种焊接位置与不同板厚要求。但合金过渡系数低，易夹渣，更换焊条时接头处重复加热，影响焊接接头的耐蚀性。为减小焊接变形，坡口倾角和底部角度应小些。一般不需预热和焊后热处理。应采用小焊接热输入施焊，控制较低的层间温度，与腐蚀介质接触的焊层最后施焊	通常采用钛钙型和低氢型焊条，尽可能采用直流反接进行焊接；低氢型焊条的工艺性能比钛钙型差，只用于厚板深坡口或低温结构等抗裂性要求高的场合。为了保证脱渣良好也可用氧化钙型药皮焊条
钨极氩弧焊	0.5~3	用氩气保护，焊缝成形美观，合金过渡系数高，焊缝成分易控制，是最适合焊接奥氏体钢的方法。厚度大的钢板可采用多道焊，但不经济。可用于管道、管板等的焊接	焊丝一般长 1000mm，直径为 1~5mm。也可不加填充金属。Ar 气纯度（体积分数）不应低于 99.6%。钨极可以使用钍钨极或铈钨极
熔化极氩弧焊	>3	有多种熔滴过渡形式，可以焊接薄板，也可以焊接厚板，适应性强，生产效率高。焊接厚板时多采用较高电弧电压和焊接电流值的射流过渡，熔池流动性好，但只适于平焊和横焊。焊接薄板时采用短路过渡焊接法，熔池容易控制，适于任意位置的焊接。为防止背面焊道表面氧化和良好成形，低层焊道的背面应附加氩气保护	根据熔池不同的过渡形式，保护气体可有所不同。射流过渡采用直流反接，选用 $\phi 1.2 \sim \phi 2.4mm$ 焊丝，配合 $\varphi(Ar)98\% + \varphi(O_2)2\%$ 保护效果好。采用短路过渡时可采用 $\varphi(Ar)97.5\% + \varphi(CO_2)2.5\%$ 的混合气体保护

（续）

焊接方法	适用板厚 mm	焊接特点	焊接材料
埋弧焊	>6	焊接工艺稳定，焊缝成分和组织均匀，表面光洁、无飞溅，接头耐蚀性很高。但焊接热输入大、熔池大、HAZ 宽、组织易过热，因而对热裂纹敏感性较大。主要用于焊缝金属允许含 δ−铁素体的 18−8 型奥氏体钢，对 25−20 型钢不适用	焊丝中含 Cr 量略高，配合低 Mn 焊剂，可减小热裂倾向。HJ260 工艺性好，可过渡 Si，但抗氧化性差，不宜配合 Ti 焊丝使用。HJ172 工艺性较差，但氧化性低，用于焊接含 Ti、Nb 的钢。常用的还有 SJ601、SJ641 焊剂
等离子弧焊	2~8	适宜焊接薄板。该方法带穿透效应时，热量集中，可不开坡口而单面焊一次成形，尤其适于不锈钢管纵缝的焊接。加入百分之几到十几的氢可增强等离子弧的热收缩效应，增加熔池热能并可防止熔池的氧化	利用穿孔技术，不加填充金属。若加填充金属，可以选钨极氩弧焊用焊丝
气焊	<2	只适用于在没有合适的弧焊设备时选用	不加填充金属

　　虽然 TIG 焊、带极埋弧焊、酸性焊条电弧焊的熔合比范围最窄，熔合比下限最小；碱性焊条电弧焊、MIG/MAG 焊次之，埋弧焊比较特殊，可以在较大范围调节熔合比，但调节不太灵活。因此，奥氏体型不锈钢同种金属组合或异种奥氏体型不锈钢组合最常用的焊接方法仍然是焊条电弧焊、TIG 焊及 MIG 焊，只有在长直焊缝或大圆焊缝且要求缓冷的条件下采用埋弧焊是合适的，如珠光体钢与奥氏体钢的组合焊接中，为了避免或减小接头残余应力，以及减小过渡层的宽度，采用埋弧焊较为适宜，但不能采用大的焊接电流，因为焊接电流越大，熔合比越大。

　　当 Q235 低碳钢与 12Cr18Ni9 奥氏体型不锈钢进行焊条电弧焊时，采用如图 2-13 所示的接头形式。两种母材熔合比均为 20%，母材总熔合比为 40%。Q235 低碳钢与 12Cr18Ni9 不锈钢焊接的舍夫勒尔焊接组织图如图 2-14 所示。

　　Q235 低碳钢与 12Cr18Ni9 不锈钢及几种奥氏体型不锈钢焊条的铬、镍含量见表 2-51。

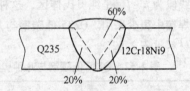

图 2-13　Q235 低碳钢与 12Cr18Ni9 奥氏体型不锈钢的接头形式

　　图 2-14 中，成分点 a 为 12Cr18Ni9 钢，b 点为 Q235 低碳钢，c 点为 A102 焊条（06Cr18Ni12）工作点。作 $a-b$ 连线，取 $a-b$ 连线中点 f 作为中点，然后将 $f-c$ 线按熔合比找出 30%~40% 的线段 $g-h$，此线段处于 A+M 组织区。由此可见，Q235 低碳钢与 12Cr18Ni9 焊接时，不能采用 A102 焊条（06Cr18Ni12）进行焊接。

　　采用 A307 焊条（06Cr23Ni13）时，为 d 点，在 $f-d$ 连线上的熔合比 30%~40% 为 $i-j$ 线段，此线段为 $\varphi(A)95\%+\varphi(F)5\%$ 组织，此种焊缝为奥氏体＋铁素体双相组织，抗裂性较好，是常用的一种焊缝合金成分。

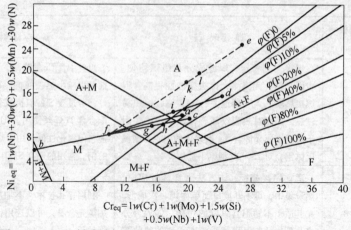

图 2-14 Q235 低碳钢与 12Cr18Ni9 不锈钢焊接的舍夫勒尔焊接组织图

表 2-51 Q235 低碳钢与 12Cr18Ni9 不锈钢及几种奥氏体型不锈钢焊条中的铬、镍含量

材料	化学成分（质量分数,%）					Cr_{eq}（%）	Ni_{eq}（%）	组织图上符号
	C	Mn	Si	Cr	Ni			
12Cr18Ni9	0.07	1.36	0.66	17.8	8.65	18.79	11.56	a
Q235	0.18	0.44	0.35	—	—	0.53	5.62	b
A102 焊条	0.068	1.22	0.46	19.2	8.50	19.89	11.15	c
A307 焊条	0.11	1.32	0.48	24.8	12.8	25.52	16.76	d
A407 焊条	0.18	1.40	0.54	26.2	18.8	27.01	24.9	e

采用 A407 高铬镍焊条（06Cr25Ni20）时，为 $f-e$ 连线，此线上的 30% ~40% 熔合比线段为 $k-l$，是纯奥氏体区，这种奥氏体焊缝易产生热裂纹，抗裂性并不好，在异种钢焊接中很少采用。Q235 低碳钢与几种奥氏体型不锈钢组合焊时的常用焊接方法及焊接材料见表 2-52。

表 2-52 Q235 低碳钢与几种奥氏体型不锈钢组合焊时常用焊接方法与焊接材料

异种金属名称	焊接方法	焊接材料	
		焊条型号	焊条牌号
Q235 + 12Cr18Ni9	焊条电弧焊	E309 – 16	A302
		E309 – 15	A307
Q235 + 12Cr18Ni9	焊条电弧焊	E347 – 16	A132
		E347 – 15	A137
		E309 – 16	A302
		E309 – 15	A307

应对焊缝金属，因采用高合金奥氏体焊接材料而被珠光体侧母材稀释，出现珠光体低合金焊缝金属可能产生的马氏体淬硬裂纹，除了焊接方法选用熔合比较小的焊接方法以及大坡口、小电流、快速焊、多层焊等工艺措施外，最主要的是焊接材料的选用。为

了使焊缝金属中产生奥氏体 + 铁素体组织，并且保持铁素体所占的比例（体积分数）在合理的范围内（3% ~ 8%），也可以在珠光体坡口面选用含镍量高的奥氏体焊条（如A402、A407、A412 等）堆焊拘束度很小的过渡层，然后加工，再用含镍量高的奥氏体焊条焊接；或者在焊接工作温度为 371℃ 以上条件的珠光体钢与奥氏体钢组合的异种金属接头时，采用镍基耐热合金焊条（见表 2-53 中的 Ni307 焊条）作为填充金属，其优点是允许被珠光体钢侧多种母材稀释，而不产生对冷裂纹敏感的马氏体组织，且对碳的溶解度低，可以减少碳从低合金珠光体钢向焊缝迁移。同时，其线胀系数更接近低合金钢母材，焊缝界面产生的内应力比采用奥氏体钢填充金属时小得多，有足够的抗蠕变能力及抗氧化能力。这一点对珠光体低合金耐热钢 10CrMo910（2.25Cr – 1Mo）与耐热型奥氏体不锈钢组合焊接更加重要。

对于不能采用热处理方法消除的，因线胀系数差别大而产生的接头残余应力，最好的解决办法仍然是关于焊接材料的选用，仍然是优先选用线胀系数与珠光体钢相近的，且塑性好的镍基焊接材料。这样会造成的焊接应力集中在焊缝与塑性变形能力强的奥氏体型不锈钢一侧，通过塑性变形释放拉应力；并严格控制冷却速度，焊后缓冷，同时尽量避免珠光体钢与奥氏体型不锈钢接头在温度频繁变化的条件下工作。

（2）焊接材料的选择及热处理工艺　珠光体钢与奥氏体型不锈钢组合的焊接时，焊接材料的选择必须遵守以下原则：焊接材料必须能够克服珠光体钢对焊缝稀释作用带来的不利影响；能够抑制或减轻熔合线附近碳元素的扩散迁移导致的脱碳层软化和增碳层的脆化；能够抑制或减轻过渡区脆性层的形成与危害，以及提高接头抗热裂纹和冷裂纹的能力，避免冷裂纹、热裂纹的产生。如果采用焊条电弧焊方法，奥氏体型不锈钢与珠光体钢组合焊接时焊条的选用、预热及焊后热处理工艺见表 2-53；如果采用气体保护焊方法（TIG、MIG），则可参考表 2-54。

表 2-53　奥氏体型不锈钢与珠光体钢组合焊接时
焊条的选用、预热及焊后热处理工艺（摘自 GB/T 983—2012）

母材组合	焊条		焊前预热/℃	焊后回火/℃	备　注
	型号	牌号			
I + X	E310 – 16 E310 – 15	A402 A407	不预热	不回火	不耐晶间腐蚀，工作温度不超过 350℃
	E16 – 25MoN – 16 E16 – 25MoN – 15	A502 A507			不耐晶间腐蚀，工作温度不超过 450℃
	E316 – 16	A202			用来覆盖 E1 – 16 – 25MoN – 15 焊缝，可耐晶间腐蚀
I + XI	E16 – 25MoN – 16 E16 – 25MoN – 15	A502 A507			不耐晶间腐蚀，工作温度不超过 350℃
	E318 – 16	A212			用来覆盖 A502 焊缝，可耐晶间腐蚀

（续）

母材组合	焊条		焊前预热/℃	焊后回火/℃	备注
	型号	牌号			
Ⅵ+ⅩⅢ	E309-16 E309-15	A302 A307	不预热或 200~300	不回火	不耐晶间腐蚀，工作温度不超过520℃，$w(C)<0.3\%$时可不预热
	E16-25MoN-16 E16-25MoN-15	A502 A507			工作温度不超过550℃
	AWS ENiCrFe-1	Ni307			工作温度不超过570℃，用来堆焊珠光体钢坡口上的过渡层
Ⅳ+ⅩⅢ	E16-25MoN-16 E16-25MoN-15	A502 A507	200~300		不耐晶间腐蚀，工作温度不超过450℃
	AWS ENiCrFe-1①	Ni307			在淬火珠光体钢坡口上堆焊过渡层
Ⅴ+Ⅹ	E309-16 E309-15	A302 A307	不预热或 200~300		工作温度不超过400℃，$w(C)<0.3\%$时，焊前可不预热
	E16-25MoN-16 E16-25MoN-15	A502 A507			工作温度不超过450℃，$w(C)<0.3\%$时，焊前可不预热
Ⅴ+Ⅺ	AWS ENiCrFe-1①	Ni307			用于与珠光体钢坡口上堆焊过渡层，工作温度不超过500℃
	E318-16	A212	不预热		如要求A502、A507、A302、A307的焊缝耐腐蚀，用A212焊一道盖面焊道
Ⅴ+Ⅷ	E309-16 E309-15	A302 A307	不预热或 200~300		不耐硫腐蚀，工作温度不超过450℃
	E16-25MoN-16 E16-25MoN-15	A502 A507			不耐硫腐蚀，工作温度不超过500℃
	AWS ENiCrFe-1①	Ni307			工作温度不超过550℃，在珠光体钢坡口上堆焊过渡层
Ⅵ+Ⅹ 或 Ⅵ+Ⅺ	E309-16 E309-15	A302 A307	不预热或 200~300		不耐硫腐蚀，工作温度不超过520℃，$w(C)<0.3\%$时可不预热
	E16-25MoN-16 E16-25MoN-15	A502 A507			不耐硫腐蚀，工作温度不超过550℃，$w(C)<0.3\%$时可不预热
	AWS ENiCrFe-1	Ni307			
	E318-16	A212	不预热		用来在A302、A307、A502、A507焊缝上堆焊覆面层，可耐晶间腐蚀

（续）

母材组合	焊条		焊前预热/℃	焊后回火/℃	备　注
	型号	牌号			
I + XⅢ	E16 – 25MoN – 16 E16 – 25MoN – 15	A502 A507			不得在含硫气体中工作，工作温度不超过 450℃
	AWS ENiCrFe – 1	Ni307			用来覆盖 A507 焊缝，可耐晶间腐蚀
Ⅱ + Ⅹ	E310 – 16 E310 – 15	A402 A407			不耐晶间腐蚀，工作温度不超过 350℃
	E16 – 25MoN – 16 E16 – 25MoN – 15	A502 A507			不耐晶间腐蚀，工作温度不超过 450℃
Ⅱ + Ⅺ	E316 – 16 E318 – 16	A202 A212			用 A402、A407、A502、A507 等焊条覆盖的焊缝表面，可以在腐蚀性介质中工作
Ⅱ + XⅢ	E16 – 25MoN – 16 E16 – 25MoN – 15	A502 A507	不预热	不回火	工作温度不超过 450℃
	AWS ENiCrFe – 1	Ni307			在淬火珠光体钢坡口上堆焊过渡层
Ⅲ + Ⅹ	E16 – 25MoN – 16 E16 – 25MoN – 15	A502 A507			不耐晶间腐蚀，工作温度不超过300℃ 不耐晶间腐蚀，工作温度不超过500℃
Ⅲ + Ⅺ	E316 – 16	A202			覆盖 A502，A507 焊缝，可耐晶间腐蚀
Ⅲ + XⅢ	E16 – 25MoN – 16 E16 – 25MoN – 15	A502 A507			不耐晶间腐蚀，工作温度不超过300℃ 不耐晶间腐蚀，工作温度不超过500℃
Ⅳ + Ⅹ	E16 – 25MoN – 16 E16 – 25MoN – 15	A502 A507	200～300		不耐晶间腐蚀，工作温度不超过450℃
Ⅳ + Ⅺ	AWS ENiCrFe – 1	Ni307			在淬火珠光体钢坡口上堆焊过渡层

表 2-54　奥氏体型不锈钢与珠光体钢组合气体保护焊时焊接材料的选用

母材组合	焊接方法	焊接材料的选择		热处理工艺	
		保护气体	焊丝	预热	回火
I + X I + XI	TIG MIG	Ar	H06Cr26Ni21, H12Cr25Ni20 H06Cr19Ni12Mo2, H022Cr19Ni12Mo2	不预热	不回火
I + XII I + XIII			H022Cr19Ni12Mo2, ERNiCrFe–5 ERNiCrMo–6		
II + X（XI） II + XII（XIII）			H0Cr26Ni21, H1Cr25Ni20 H06Cr19Ni12Mo2, H022Cr19Ni12Mo2		
III + X（XI） III + XII（XIII）			H06Cr19Ni12Mo2 H022Cr19Ni12Mo2		
IV + X（XI） IV + XII（XIII） IV + XIV			ERNiCrFe–5 ERNiCrMo–6	不预热或 150~200℃	不回火或 680~710℃
V + X（XI） V + XII（XIII）			H06Cr23Ni13, H12Cr23Ni13 H00Cr19Ni12Mo2, ERNiCrFe–5 ERNiCrMo–6		
VII + X（XI） VI + XII（XIII）			H0Cr24Ni13, H0Cr23Ni13 H00Cr19Ni12Mo2, ERNiCrFe–5 ERNiCrMo–6	不预热或 150~200℃	不回火或 730~770℃

2.2.6　奥氏体型不锈钢与珠光体钢及耐热钢组合的焊接应用实例

1. 乙烯裂解炉不同炉温段使用 12Cr5Mo 钢、20Cr25Ni20 钢与 12Cr18Ni9 组合的焊接（12Cr5Mo + 20Cr25Ni20，20Cr25Ni20 + 12Cr18Ni9 组合的 TIG 焊和焊条电弧焊）

（1）工况　乙烯裂解炉炉温 600~700℃ 区域，选用 12Cr5Mo（1Cr5Mo）珠光体耐热钢，炉温 950~1050℃ 区域，使用 20Cr25Ni20 奥氏体型不锈钢，连接法兰用 12Cr18Ni9 锻件。于是产生了 20Cr25Ni20 钢 + 12Cr18Ni9 钢与 20Cr25Ni20 钢 + 12Cr5Mo 钢两类焊接接头。即在同一管路中出现了奥氏体型不锈钢与珠光体耐热钢的焊接，同时也出现了不同牌号的奥氏体型不锈钢的焊接。

（2）焊接性分析　由于 20Cr25Ni20 钢与 12Cr18Ni9 钢或 12Cr5Mo 钢相焊，易产生热裂纹、冷裂纹和 σ 相析出等。且 20Cr25Ni20 在 600~900℃ 长期受热，易产生 σ 相。

（3）焊接工艺　采用手工 TIG 焊打底焊，焊条电弧焊填充焊。手工 TIG 焊使用 H06Cr23Ni13 焊丝。焊条电弧焊对 20Cr25Ni20 与 12Cr5Mo 用 E309–16（A302）焊条，对 20Cr25Ni20 与 12Cr18Ni9 用 E310–16（A402）焊条焊第一层，其后采用在 A402 基础上研制的特种焊条（提高 C、N 含量，限制 Mo、Nb 含量），以抗热裂并减少 σ 相析出。采用 V、U 形坡口，钝边 p 为 1.0~1.5mm。预热温度对 20Cr25Ni20 钢与 12Cr5Mo

钢为 360 ~ 400℃，层温 300℃；对 20Cr25Ni20 钢与 12Cr18Ni9 钢为 100℃，层温 <
150℃。焊后进行 1070℃ × 2h 热处理对已生成的 σ 相进行固溶处理，以减少冷裂纹
倾向。

2. Q345（16Mn）锻厚板与 06Cr18Ni11Ti 的焊接（Q345 + 06Cr18Ni11Ti 组合的焊条
电弧焊和埋弧焊）

（1）工况　沥青换热器筒体、封头材料为板厚 δ 26mm 的 06Cr18Ni11Ti
（0Cr18Ni10Ti）奥氏体型耐热钢，法兰为 Q345（16Mn）锻件，每台换热器有两条环缝
需焊接。其筒体结构如图 2-15 所示。

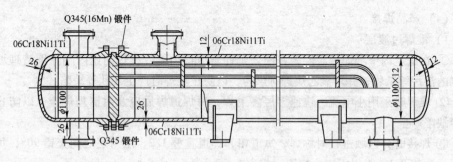

图 2-15　换热器筒体结构简图

（2）焊接试验　进行了同组别母材 16MnR 钢与 06Cr18Ni11Ti 耐热钢试板的三组焊
接工艺试验，前二组均为 HJ260 焊剂 + H12Cr23Ni13（φ5mm）焊丝的埋弧焊，以常规
热输入焊接出现了穿透性裂纹，以小热输入焊接的侧弯试验不合格。第三组试验先以
φ4mmA302 焊条堆焊过渡层，然后以 HJ260 焊剂 + H06Cr18Ni11Ti（φ4mm）焊丝直流正
接埋弧焊，结果达到预期目的。

（3）焊接工艺评定　以上述第三组试验为依据，做焊接工艺评定，焊接工艺评定
及产品焊接坡口与焊接层次如图 2-16a 所示，焊接工艺评定的焊接参数见表 2-55。试板
性能试验及无损检测均合格。

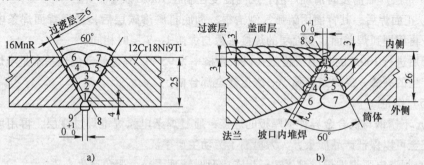

图 2-16　焊接工艺评定及产品焊接坡口与焊接层次

a）工艺评定坡口与焊接层次　b）产品焊接坡口与焊接层次

表 2-55　焊接工艺评定的焊接参数

焊接层数	焊接方法	焊接材料牌号及规格/mm	电源极性	焊接电流/A	电弧电压/V	焊接速度/(m/h)
坡口侧堆焊	焊条电弧焊	A302，φ4.0	直流反接	130～150	24～30	0.52～0.61
1～7	埋弧焊	H06Cr18Ni11Ti HJ260	直流正接	450～480	34～36	35～36
盖面8～9	焊条电弧焊	A302，φ4.0	直流反接	130～150	24～30	0.52～0.61

（4）产品焊接

1）堆焊过渡层

① 在法兰内壁堆焊过渡层，并使之延伸至坡口内侧，堆焊前用丙酮仔细清理坡口内侧的油污等杂物，并用氧乙炔进行烘烤，以防止堆焊时产生气孔等缺陷。

② 堆焊时采用小电流、快速多层多道焊，每焊道焊后应及时清理焊渣，以防止夹渣等缺陷产生。

③ 焊接时分区域进行对称焊，每道相邻焊道重叠 1/2，层与层之间交错 90°，每焊道焊后冷却至 100℃ 以下，再焊下一焊道。

④ 每层堆焊后进行100%的着色检测，确认了无任何缺陷后再堆焊下一层，堆焊层厚度为7mm。

⑤ 堆焊过渡层后，将焊件放上车床进行加工，使坡口面光洁，便于埋弧焊。

2）埋弧焊填充焊

① 焊前首先检查焊机是否正接，因直流正接可减少焊缝金属的熔合比。

② 焊接时应严格控制焊接热输入，特别是焊接电流和焊接速度，因两者对熔合比的影响最大，在保证焊接质量情况下，尽量选用小电流、大焊接速度。

③ 正面焊接时背面铺焊剂垫，以防止焊穿。

④ 每层焊后需及时清理焊渣，层间温度控制在100℃以下。

⑤ 正面焊后，其背面用碳弧气刨清根，彻底打磨渗碳层后，进行背面焊条电弧焊焊接，再用埋弧焊盖面。盖面层的焊接参数与焊接 1～7 层时相同。

焊后进行 100% 的 X 射线检测，一次合格率为95%，其返修部位也基本是堆焊过渡层时产生的夹渣，经焊条电弧焊一次返修全部合格。

（5）结论

1）不锈钢与低合金异种钢厚板的焊接，通过焊条电弧焊堆焊过渡层，再用埋弧焊焊接完全可以保证产品质量，大大提高了劳动生产率。

2）焊条电弧焊堆焊过渡层时，焊渣应及时清理干净，避免产生夹渣。

3）采用埋弧焊时应严格控制焊接热输入，以便将熔合比控制在最小值，选用铬、镍含量较高的焊接材料，可以得到满意的焊接接头，适用于批量生产。

2.2.7　珠光体钢与与高铬钢组合的焊接

在珠光体钢中碳钢（低碳钢及中碳钢）追求的是强度。从低合金钢的 Q295[⊖] 到中碳调质钢的 Q880 或 Q1170，随着含碳量的增加，屈服强度确定增大了，但塑性、韧性都越来越小，越来越不能采用等强度原则来选用焊接材料；属于珠光体组织的低合金钢大部分同样追求的是强度或良好的"综合力学性能"，应用最广泛的是所谓低合金高强度钢，经过调质处理，不仅屈服强度可以高达 980MPa 或更高，但与中碳钢相比，却有着较好的可以接受的塑性、韧性，当低合金高强度钢中的低合金元素的质量分数小于或等于 ≤5% 时，不仅可以提高强度，同时保留一定的塑性、韧性，还可以提高其耐热性。因此，珠光体组织的低合金钢中有 Cr－Mo 或 Cr－Mo－V－W 耐热（或热强）钢，追求的是在保证一定的力学性能条件下可以耐高温。不是所有的耐热或热强钢都属于珠光体组织，有的属于马氏体组织，即中合金耐热钢，有的属于奥氏体组织，即高合金耐热钢（耐热型奥氏体不锈钢），还有属于马氏体或奥氏体等非珠光体组织的耐蚀钢、耐酸钢和低温钢等。

本节只讨论属于珠光体组织的碳钢、低合金钢及低合金耐热钢（或热强钢）与高铬钢组合的焊接。珠光体钢包括碳钢、低合金高强钢和低合金耐热钢三种，其中按各自的含碳量，可分为低碳钢和中碳钢。珠光体钢同种金属的焊接性取决于自身碳的含量或碳当量，当碳当量较高时，在一定的焊接条件下可能会出现淬硬现象，成为冷裂纹的根源。

高铬钢分为低碳高铬钢和高碳高铬钢两种。低碳高铬钢称做铁素体型不锈钢；高碳高铬钢称做马氏体型高铬钢。而马氏体型高铬钢又包括马氏体型不锈钢和马氏体中合金耐热钢及高合金耐热钢，因为二者都属于马氏体组织，所以其焊接性非常接近。

珠光体钢与高铬钢组合的焊接，实际上是珠光体钢与铁素体型不锈钢（低碳高铬钢）组合和珠光体钢与马氏体型高铬钢（马氏体型不锈钢或马氏体高合金耐热钢）组合这两种异种钢组合的焊接。

1. 珠光体钢与马氏体型高铬钢组合的焊接

马氏体型高铬钢首先是马氏体型不锈钢（抗氧化锈蚀），其次是马氏体型高合金耐热钢，有关这些钢种在化学成分、新旧牌号对照、应用性能、耐热性、物理性能、力学性能、焊接方法、焊接材料的选用及焊接性分析，已在本章 2.1.8 节中作了介绍，除了低碳及超级马氏体型不锈钢外，普通型马氏体不锈钢的焊接性很差。淬硬冷裂纹及焊接接头脆化是普通型马氏体不锈钢及马氏体型高合金耐热钢焊接性的主要特征。

（1）焊接性特点　珠光体钢除低碳钢和某些热轧正火钢及控轧低合金钢外，大多数同种金属焊接都有接头出现淬硬冷裂纹倾向，但是通过合理的工艺措施可以避免或减弱焊缝冷裂纹的产生，这些工艺措施无非是正确地选用焊接材料、焊前预热及焊后热处理，甚至包括焊接热输入的控制等。所采取的工艺措施应能使近缝区在温度接近焊件钢材的马氏体点时，促使马氏体组织转变发生，同时，尽量消除熔池中溶解的氢。焊接接

⊖　Q295 钢在 GB/T 1591—2008 标准中已取消，但目前在有些工程中仍使用，下同。

头在低于马氏体点后的缓慢冷却，可以促使马氏体组织转变、预热或后热能够形成缓冷条件，并可消除或减少焊接应力。最后焊缝仍然是珠光体组织；而马氏体型高铬钢母材本身就是硬而脆的马氏体组织，同种马氏体型钢的焊接本来焊接性就很差，因此珠光体钢与普通马氏体型高铬钢组合的焊接性，主要取决于马氏体型钢焊接性的要求。

珠光体钢与马氏体型高铬钢组合的焊接性特点如下：

1) 焊接冷裂纹。焊接接头在焊接热循环条件下冷却时出现淬硬组织是产生冷裂纹的根源，特别是在氢来不及逸出而聚集的场合。珠光体钢与马氏体型钢热物理性能（线胀系数及热导率）的较大差异，更会使焊接接头出现较大的残余应力，焊件厚度及拘束度越大，残余应力就越明显增大，更促进了焊接接头的冷裂纹倾向。

2) 焊接接头脆化。珠光体钢与马氏体型高铬钢组合的焊接接头中，在马氏体型高铬钢母材侧的近缝区，易出现粗大的铁素体和碳化物组织，焊接接头晶粒粗化的基本原因是由于大多数马氏体型高铬钢的化学成分特点，使之处于舍夫勒尔组织图的马氏体 – 铁素体双相边界上。晶粒粗化使得焊缝金属的塑性降低，脆性增加。特别是在马氏体型钢中含铬量较高、焊件在550℃左右进行焊后热处理时，容易出现回火脆性，当马氏体型高铬钢中 $w(Cr) \geqslant 15\%$ 时，如果在 350~500℃ 进行长时间的加热并在缓慢冷却后，也会有脆性现象出现。

(2) 焊接工艺要点　为防止珠光体钢与马氏体高铬钢组合熔焊接头产生的脆化和发生冷裂纹缺陷，采取如下工艺措施是必须的：

1) 预热。预热温度应按淬硬倾向大的马氏体型高铬钢的要求选择。对于珠光体钢中淬火倾向较大或结构厚度较厚时，预热温度应稍高一些。但为了防止马氏体型高铬钢侧金属的晶粒粗化，预热温度不能太高。因此，预热温度通常选为 150~400℃。

2) 焊后热处理。因为马氏体型高铬钢一般是在调质状态下进行焊接的，为防止冷裂纹的产生，以及调节焊接接头的力学性能，通常要进行 650~700℃ 的高温回火处理。

3) 焊接材料的选用。珠光体钢与马氏体型高铬钢组合的焊接，采用珠光体钢焊接材料（焊条或焊丝）比较合理，焊后焊缝塑性较好，脆性扩散层也较小。为尽量减少扩散层及减少脱碳层中的晶粒长大现象，焊条电弧焊时，应采用在熔敷金属中加入碳化物形成元素的珠光体耐热钢焊条 E5503 – B1（R202）、E5515 – B1（R207）和 E5515 – B2（R307），而尽量不用 J426、J427、J506 及 J507 焊条，当焊件厚度较大或对焊缝塑性要求较高时，则可以用上述三种焊条（R202、R207、R307）中之一的在高铬钢一侧坡口上堆焊过渡层，然后在"过渡层"与珠光体钢间，采用 J426、J427、J506 或 J507 进行焊接。由于 $w(Cr)$ 为 12% 左右的普通型马氏体高铬不锈钢的淬硬倾向大，焊前必须预热和焊后必须进行消除应力和去氢热处理。表 2-56 是马氏体型高铬钢与常用珠光体钢组合焊接时所选用的焊条及热处理规范。表 2-56 中高铬不锈钢指的是普通型马氏体高铬不锈钢。

4) 焊接参数。为防止冷裂和焊接接头脆化，应采用热输入小的焊接工艺。焊条电弧焊时采用短弧焊、小电流；MAG 焊时采用短路过渡形式。表 2-57 是珠光体钢与马氏体型高铬不锈钢采用熔化极混合气体保护（MAG）焊时的焊接参数。

表 2-56　马氏体型高铬钢与常用珠光体钢组合焊接时所选用的焊条、
预热温度和焊后热处理规范

异种钢组合	焊条	预热温度/℃	焊后热处理规范
低碳钢、中碳钢、低合金钢 + 高铬不锈钢	E5503 – B1（R202）、E5515 – B1（R207）和 E5515 – B2（R307）。如焊后无法进行热处理，则采用 E309 – 16（A302）和 E309 – 15（A307）焊条	300 ~ 400　如焊后无法进行热处理，且采用上述焊条时，预热温度为 150 ~ 200	650 ~ 680℃，焊件工作温度在 350℃以下，焊后应立即热处理
中碳钢、中碳锰钢、低合金钢 + 高铬不锈钢	E5503 – B1（R202）、E5515 – B1（R207）焊条	300 ~ 400	620 ~ 660℃消除应力、除氢处理，焊件工作在 350℃以下，焊后必须立即处理
铬钼珠光体耐热钢 + 高铬不锈钢	E5515 – B2（R307）焊条	300 ~ 400	680 ~ 700℃，焊后立即进行，焊件可在 500℃以下工作
铬钼钒、铬钼钨珠光体耐热钢 + 高铬不锈钢	内部焊缝用 E5515 – B2（R307）焊条；表层焊缝用 E5515 – B2、V（R317）焊条	300 ~ 400	焊后立即进行 720 ~ 750℃热处理　焊件可工作于 540℃以下

表 2-57　珠光体钢与马氏体型高铬不锈钢采用熔化极混合气体保护（MAG）焊时的焊接参数

母材厚度/mm	接头形式	焊丝直径/mm	焊接电流/A	电弧电压/V	送丝速度/(m/min)	焊接速度/(mm/min)	气体流量/(L/min)
1.6 + 1.6	T 形接头		85	15	4.6	425 ~ 475	
2.0 + 2.0		0.8	90	15	4.8	325 ~ 375	
1.6 + 1.6	对接接头		85	15	4.6	375 ~ 525	15
2.0 + 2.0			90	15	4.8	285 ~ 315	

注：1. 采用短路过渡形式。

　　2. 混合保护气体成分为：$\varphi(Ar)99\% \sim 97\% + \varphi(O_2)1\% \sim 3\%$。

2. 珠光体钢与铁素体型高铬钢组合的焊接

铁素体型高铬钢与马氏体型高铬钢的区别在于铁素体型高铬钢是低碳高铬钢，而马氏体型高铬钢是高碳高铬钢，此外铁素体钢中 $w(Cr)$ 在 17% ~ 28% 之间，则马氏体钢中 $w(Cr)$ 在 12% ~ 17% 范围内，比铁素体钢略低，但是都属于高铬不锈钢。

（1）焊接特点　珠光体钢与铁素体型高铬钢组合的焊接性特点，主要取决于铁素体型高铬钢的焊接性要求。存在的主要问题是接头铁素体型高铬钢侧热影响区有较大的粗晶脆化倾向。含铬量越高，高温停留时间越长，接头的脆化倾向越大，冲击韧度越低。同样由于珠光体钢与铁素体型高铬钢热物理性能（线胀系数、导热性能）的差异，大大增加了裂纹发生倾向，图 2-17 是铁素体型高铬钢室温下含铬量与冲击韧度的关系。

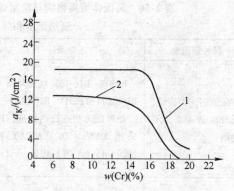

图 2-17　铁素体型高铬钢室温下
含铬量与冲击韧度的关系
1—$w(Cr)=0.08\%$ 的铁素体型高铬钢
2—$w(Cr)=0.2\%$ 的铁素体型高铬不锈钢

（2）焊接材料的选用及焊前预热焊后热处理　铁素体型高铬钢（铁素体型不锈钢）因为含铬量比（马氏体型不锈钢）马氏体型高铬钢高，因此马氏体高铬钢与珠光体钢组合接头的焊接，可以选用珠光体耐热钢的焊接材料，如 R202、R207、R307 焊条，但铁素体型高铬钢（与珠光体钢组合）则不可以，否则铁素体型高铬钢的过渡区难免产生冷裂纹，熔合线难免产生热裂纹。

因此，铁素体型高铬钢与珠光体钢组合焊时，建议选用奥氏体型高铬钢的焊接材料，如 A302、307 及 A507 焊条或 H06Cr23Ni13、H12Cr23Ni3 等焊丝。这类组合容易引起晶粒长大，故焊接时切勿过热，宜用较低的热输入、控制层间温度低于100℃。表2-58 是铁素体型高铬钢与某些珠光体钢组合焊接时所选用的焊条、预热温度及焊后热处理规范。

表 2-58　铁素体型高铬钢与某些珠光体钢组合焊接时所选用的焊条、
预热温度及焊后热处理规范

异种钢组合	焊条	预热温度/℃	焊后热处理规范	应用场合
低碳钢、中碳钢、低合金钢 + 铁素体型高铬钢	E309 - 16（A302）E309 - 15（A307）	不进行预热	不进行	既不耐晶间腐蚀，又不能承受冲击载荷，所以不能用于侵蚀性液体介质中
中碳钢、中碳锰钢、低合金钢 + 铁素体型高铬钢		250～350		不耐晶间腐蚀，所以不能用于侵蚀性液体介质中，且工作温度仅限于350℃以下
铬钼珠光体耐热钢 + 铁素体型高铬钢		可不预热，也可经受 150～200 预热		不耐晶间腐蚀，又不能用于侵蚀性的液体介质中
铬钼钒、铬钼钨珠光体耐热钢 + 铁素体型高铬钢		150～200		既不耐晶间腐蚀，又不能承受冲击载荷，所以不能用于侵蚀性的液体介质中，且工作温度仅限于500℃以下

当采用奥氏体型高铬钢焊条时（A302、A307、A507），根据应用场合可以预热或不预热，但焊后热处理是无须进行的，尤其在结构无法预热的条件下，采用奥氏体钢焊条是很方便的。无论预热与焊后热处理与否，都是为了防止铁素体钢侧热影响区因过热

而晶粒粗化，以及尽量减小脆性过渡区（层）的宽度。

（3）焊接工艺要点

1）珠光体钢与铁素体型高铬钢组合熔焊常用的焊接方法有焊条电弧焊、TIG 焊、MIG 焊，但切记焊前不需预热、焊后不回火。

2）焊接时采用小电流短弧焊、快速焊，当采用焊条电弧焊时，焊条不要摆动，尽量用较窄的焊道进行焊接。多层焊时，层间温度宜在低于 100℃ 后再焊下一道。

3）珠光体钢与高铬钢组合的焊接材料综合选用方法除了参考有关文献之外，在焊接材料选用方面其他能见到的资料，对高铬钢不分马氏体型钢与铁素体型钢的混装论述。

表 2-59 和表 2-60 为工程典型实例，两个资料选用表采用表 2-1（按金相组织）分类方式进行组合，来表达珠光体钢与高铬钢组合的熔焊焊接材料及预热与焊后热处理工艺。

表中 Ⅰ、Ⅱ、Ⅲ、Ⅳ、Ⅴ、Ⅵ类为不同的珠光体钢组合；Ⅶ类为马氏体型高铬不锈钢；Ⅷ为铁素体型耐酸钢、耐热高铬钢；Ⅸ为马氏体中、高铬合金热强钢。

表 2-59 及表 2-60 中，凡珠光体钢（Ⅰ～Ⅵ类）与Ⅷ类的组合，都属于珠光体钢与铁素体型高铬钢的组合，其特点是不预热、不回火，以及焊接材料为奥氏体型钢焊条（A 字母开头）或高铬镍奥氏体钢焊丝。这与表 2-58 表达的内容是一致的，除此之外，珠光体钢 Ⅰ～Ⅵ类与Ⅶ或Ⅸ类的组合全部是珠光体钢与马氏体型高铬钢的组合，其焊接材料的选用内容（珠光体耐热钢焊条或奥氏体型钢焊条，大多需要预热和热处理），与表 2-58 内容也是一致的。

表 2-61 是参考有关文献提供的 Q235 低碳钢与铁素体型高铬钢组合的不同焊接方法、焊接材料选用及热处理工艺，表 2-62 是 Q235 低碳钢与马氏体型高铬钢组合的不同焊接方法、焊接材料选用及热处理工艺。

3. 常用珠光体钢（Q235）与通用型铁素体不锈钢（12Cr17Mo）组合的焊接

Q235 钢与 12Cr17Mo（1Cr17Mo）钢的组合系珠光体钢与铁素体型高铬钢的典型应用组合，12Cr16Mo 是 1Cr17Mo 的改进型铁素体型不锈钢，主要用作汽车外装材料、建筑内饰材料、重油燃烧器部件、家庭用具、家电部件，是典型的通用型铁素体高铬不锈钢。这种组合的焊接在焊接结构无特殊要求条件下，最好避免采用 T 形接头，尽量采用对接接头。由于铁素体型不锈钢的液态金属流动性比奥氏体型不锈钢差，因此坡口间隙要求比奥氏体型不锈钢与 Q235 组合的间隙稍大，通常为 2.0～2.5mm，如图 2-18 所示的坡口形状与尺寸，旨在保持能够焊透。

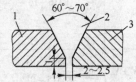

图 2-18　碳钢与铁素体型
不锈钢焊接接头的坡口尺寸
1—Q235A 钢　2—V 形坡口
3—12Cr17Mo 钢

焊接材料选用高铬钢焊条 G302 或 G307，后者抗裂性更好一些，焊接材料应按组合中焊接性较差的 12Cr17Mo 钢来选用。表 2-63 所示的焊接参数，可以获得良好的接头质量。焊接时应采取多层、短弧、小电流的焊接方法。

表 2-59　珠光体钢与高铬钢的焊接用的焊条

母材组合	焊条		焊前预热/℃	焊后热处理/℃	备　注
	型号	牌号			
Ⅰ + Ⅶ	E5503 - B1，E5515 - B1，E5515 - B2	R202，R207，R307	300 ~ 400	650 ~ 680	工作温度在 350℃ 以下，焊后必须立即回火
	E309 - 16 E309 - 15	A302 A307	150 ~ 200	不回火	焊后无法进行热处理时才采用
Ⅰ + Ⅷ	E309 - 16 E309 - 15	A302 A307	不预热		焊件不耐晶间腐蚀，不能受冲击载荷，不能用于侵蚀性液体介质
Ⅱ + Ⅶ	E5503 - B1，F5515 - B1，E5515 - B2	R202，R207，R307	300 ~ 400	650 ~ 680	工作温度在 350℃ 以下，焊后必须立即回火
	E309 - 16 E309 - 15	A302 A307	150 ~ 200	不回火	焊后无法进行热处理时才采用
Ⅱ + Ⅷ	E309 - 16 E309 - 15	A302 A307	不预热	—	焊件不耐晶间腐蚀，不能受冲击载荷，不能用于侵蚀性液体介质，焊后无法进行热处理时采用
Ⅲ + Ⅶ	E1 - 16 - 25Mo6N - 15	A507	150 ~ 200		焊后无法进行热处理时采用，工作温度在 350℃ 以下
Ⅲ + Ⅷ	E1 - 16 - 25Mo6N - 15	A507	不预热	—	焊缝不耐晶间腐蚀，不能在侵蚀性液体介质中使用，焊后无法进行热处理时采用
	E316 - 16	A202	不预热		焊件在侵蚀性液体介质中工作时，将 E316 - 16 焊条堆焊在 E1 - 16 - 25Mo6N - 15 焊缝表面，以便与侵蚀性液体接触时，保护 E1 - 16 - 25Mo6N - 15 的焊缝
Ⅳ + Ⅶ	E5503 - B1 E5515 - B1	R202 R207	300 ~ 400	620 ~ 660	工作温度在 350℃ 以下焊后必须立即回火
Ⅳ + Ⅷ	E309 - 16 E309 - 15	A302 A307	250 ~ 350	不回火	焊缝不耐晶间腐蚀，不能在侵蚀性液体介质中使用，工作温度不超过 350℃
Ⅴ + Ⅶ	E5515 - B2	R307	300 ~ 400	680 ~ 700	工作温度不超过 500℃，焊后立即回火
Ⅴ + Ⅷ	E309 - 16 E309 - 15	A302 A307	不预热或 150 ~ 200	不回火	焊件不耐晶间腐蚀，不能受冲击载荷，不能用于侵蚀性液体介质

（续）

母材组合	焊条		焊前预热 /℃	焊后热处理 /℃	备　注
	型号	牌号			
Ⅵ + Ⅶ	E5515 – B2 E5515 – B2 – V	R307 R317	300 ~ 400	720 ~ 750	工作温度不超过 540℃，内部焊缝用 E5512 – B2 焊接，而焊缝的表面层用 E5515 – B2 – V 覆盖，焊后必须立即回火
Ⅵ + Ⅷ	E309 – 16 E309 – 15	A302 A307	150 ~ 200	—	不回火
Ⅵ + Ⅸ	E2 – 11MoVNiW – 15	R817，R827	350 ~ 400	720 ~ 750	—

表 2-60　珠光体钢与高铬钢气体保护焊的焊接材料

母材组合	焊接方法	焊接材料		热处理工艺/℃	
		保护气体	焊丝	预热	回火
Ⅰ + Ⅶ Ⅱ + Ⅶ	TIG、MIG	Ar	H12Cr13，H06Cr13	200 ~ 300	650 ~ 680
			H06Cr23Ni13，H12Cr23Ni13	不预热	不回火
Ⅰ + Ⅷ	TIG、MIG	Ar	H12Cr17	200 ~ 300	650 ~ 680
			H06Cr23Ni13，H12Cr23Ni13	不预热	不回火
Ⅱ + Ⅷ	TIG、MIG	Ar	H06Cr23Ni13，H12Cr23Ni13	不预热	不回火
Ⅲ + Ⅷ	TIG、MIG	Ar	H06Cr19Ni12Mo2， H06Cr18Ni12Mo2	不预热	不回火
Ⅳ + Ⅶ	CO₂ 焊	CO₂	H06CrMnSiMo，GHS – CM	200 ~ 300	620 ~ 660
Ⅳ + Ⅷ Ⅴ + Ⅶ	TIG、MIG	Ar	H06Cr23Ni13，H12Cr23Ni13	不预热	不回火
Ⅴ + Ⅶ	CO₂ 保护焊	CO₂	GHS – CM，YR307 – 1	200 ~ 300	680 ~ 700
Ⅵ + Ⅶ	CO₂ 保护焊	CO₂ 或 CO₂ + Ar	GHS – CM，RY307 – 1， H06CrMnSiMoVA	350 ~ 400	720 ~ 750
Ⅵ + Ⅷ	TIG MIG	Ar	H06Cr23Ni13，H12Cr23Ni13	不预热	不回火

　　为了保证两种母材均匀加热，电弧可略偏向 Q235 钢一侧，并控制好层间温度低于 100℃，焊后缓冷，再进行 750 ~ 800℃回火处理，以消除焊接残余应力。

　　对于 Q235 钢与铁素体型不锈钢的组合，一般焊前不预热，以防止铁素体型不锈钢侧热影响区晶粒粗化而发脆。但对于高含铬量的铁素体型不锈钢的组合，则需要低温预热，一般在 100 ~ 150℃，这是为了减小和防止脆化过渡层的出现导致裂纹的可能性，因为细化晶粒的钛元素等的存在，所以母材热影响区粗晶脆化的可能性大大下降了。

表 2-61　Q235 低碳钢与铁素体型高铬钢组合的不同焊接方法、焊接材料、选用及热处理工艺

被焊钢号	焊接方法	焊接材料		预热温度 /℃	焊后热处理/℃
		型号[①]	牌号		
Q235 + 06Cr13	电弧焊	—	G207	不预热	650 ~ 680 回火
Q235 + 12Cr17d	电弧焊	—	G302	不预热	680 ~ 700 回火
Q235 + 12Cr17Ti	电弧焊	E309 – 16 E309 – 15	A302 A307	不预热	750 ~ 800 回火
Q235 + 06Cr13	埋弧焊	H12CrMoA + HJ431		不预热	650 ~ 700 回火
Q235 + 06Cr13	CO₂ 焊	H06CrNi2MoA H06CrMoVA		不预热	650 ~ 680 或 680 ~ 700 回火

表 2-62　Q235 低碳钢与马氏体型高铬钢组合的不同焊接方法、焊接材料选用及热处理工艺

钢材牌号	焊接方法	焊接材料		预热温度 /℃	焊后热处理
		型号[①]	牌号		
Q235 + 12Cr13	焊条电弧焊	E309 – 15	A307 A302	150 ~ 300	700 ~ 730℃ 回火
Q235 + 20Cr13		E309 – 16		150 ~ 300	700 ~ 730℃ 回火
		E316 – 16			
Q235 + 12Cr11MoV		E11MoVNi – 16 E11MoVNi – 15	J502，J507	300 ~ 400	冷至 100 ~ 150℃，升温至 700℃上回火
Q235 + 20Cr13	埋弧焊	H12MoCrA	焊剂：HJ431	150 ~ 300	650 ~ 700℃ 回火
Q235 + 30Cr13		H12MoCrA		150 ~ 300	冷至 100 ~ 150℃，升温至 680℃上回火
Q235 + 40Cr13		H12CrMoVA		150 ~ 350	650 ~ 680℃ 回火
Q235 + 12Cr11MoV	CO₂ 焊	H06CrNi2MoA		300 ~ 400	650 ~ 680℃ 回火
Q235 + 12Cr12WMoV		H06CrNi2MoA		300 ~ 400	冷至 100 ~ 150℃，升温至 700℃上回火

[①] 表内焊条型号摘自 GB/T 983—2012 标准型号。

表 2-63　Q235 低碳钢与 12Cr17Mo 钢组合焊条电弧焊的焊接参数

母材厚度 /mm	接头形式	坡口形式	焊接层数	焊条直径 /mm	焊接电流 /A	电弧电压 /V	焊接速度 /(mm/min)
4 + 4	对接	V 形	1	3	70 ~ 80	23 ~ 25	230 ~ 240
6 + 6			2	4	120 ~ 140	31 ~ 33	300

2.2.8　珠光体钢与马氏体型不锈钢、耐热钢组合的焊接应用实例

1. 水轮机转轮 A216 钢（上冠与下环）与 X5CrNi13 – 4（叶片）的焊接（A216 + X5CrNi13 – 4 组合的 MIG 焊）

（1）工况　某水轮发电机转轴的结构如图 2-19 所示，其上冠与下环为 A216 钢，

叶片材料为 X5CrNi13 – 4 钢，两种钢材的化学成分及力学性能见表 2-64。

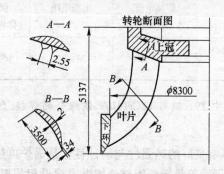

图 2-19　水轮发电机转轴结构

表 2-64　两种钢材的化学成分及力学性能

钢材牌号	化学成分（质量分数,%）										力学性能			
	C	Si	Mn	Ni	Cr	Mo	Cu	V	P	S	σ_b/MPa	σ_s/MPa	$\delta(\%)$	$\psi(\%)$
A216 钢	0.21	0.22	1.18	0.2	0.06	0.16	0.05	0.001	0.012	0.009	483	316	28.3	62.1
X5CrNi13 – 4 钢	0.07	0.7	0.6	4.2	12.3	0.54			0.034	0.001	853	724	19	62

注：表中钢材牌号均为国外钢的牌号，下同。

（2）焊接方案的选择。叶片厚达 34 ~ 225mm，TIG 焊与焊条电弧焊均不能满足要求，故选择 MIG 焊。鉴于两种钢材的化学成分与力学性能相差悬殊（马氏体型不锈钢与 C – Mn 钢间相焊），焊前应在 C – Mn 钢表面先堆焊过渡层，然后再与叶片相焊。

（3）焊接工艺要点

1）以 φ1.2mm H06Cr23Ni13（0Cr23Ni13）焊丝进行 3 层 MIG 焊，堆焊加工后堆焊层厚达 5mm，并经 100% 的 UT、PT 检测合格。

2）打底焊及填充焊。预热 80 ~ 100℃，层温 100℃，仍以 φ1.2mm 的 H06Cr23Ni13 焊丝打底，以 φ1.2mm 的 H022Cr18Ni14Mo3（00Cr18Ni14Mo3）焊丝填充焊。采用分段焊，焊至正面坡口一半深度时，开始背面焊接（焊前需清根及进行 PT 检测），最后焊接正面另一半坡口焊缝。焊道布置示意图见图 2-20，X5CrNi13 – 4/A216 钢 MIG 焊的焊接参数见表 2-65，焊后进行 100℃ × 4h 的后热。

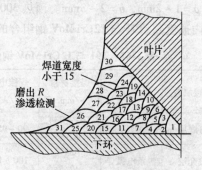

图 2-20　焊道布置示意图

表 2-65　X5CrNi13 – 4/A216 钢 MIG 焊的焊接参数

焊丝		焊接电流 /A	电弧电压 /V	保护气体 (体积分数,%)	气体流量 /(L/min)
打底焊	填充焊				
H06Cr23Ni13 φ1.2mm	H022Cr17Ni14Mo2 φ1.2mm	200 ~ 260	28 ~ 32	Ar95 + CO$_2$5	18

2. 125MW 发电机组中 T91 钢与 12Cr1MoV 钢组合的焊接（T91 + 12Cr1MoV 组合的 TIG 焊和焊条电弧焊）

（1）工况　T91 钢具有良好的热强性与耐蚀性，是锅炉再热器高温段的首选材料，12Cr1MoV 钢则作为再热器联箱管接头用材。按电力建设相关规程规定，应使用 TIG 焊及焊条电弧焊方法，推荐焊丝及焊条牌号分别为 TIG – R40 和 R407。母材化学成分和力学性能见表 2-66。

表 2-66　T91 钢与 12Cr1MoV 钢的化学成分与力学性能

钢材 牌号	化学成分（质量分数,%）									力学性能≥			
	C	Si	Mn	P	S	Cr	Mo	V	Nb	热处理 状态	σ_b /MPa	σ_s /MPa	δ_5 (%)	a_K /(J/cm^2)
A213 – T91	0.08 ~ 0.12	0.20 ~ 0.50	0.30 ~ 0.60	≤0.02	≤0.01	8.00 ~ 9.50	0.85 ~ 1.05	0.18 ~ 0.25	0.06 ~ 0.10	调质	586	414	30	—
12Cr1MoV	0.08 ~ 0.15	0.17 ~ 0.37	0.40 ~ 0.70	≤0.035	≤0.035	0.90 ~ 1.20	0.25 ~ 0.35	0.15 ~ 0.30		正火 + 回火	440	255	19	49 (20℃)

（2）焊接工艺评定　按低匹配原则，将按电力建设相关规程所推荐的焊接材料各降低一个级别，分别选用了 TIG – R34 焊丝和 R347 焊条作工艺评定，结果满意。

（3）焊接工艺要点　管子规格 φ2mm × 4.5mm，开单 V 形坡口，坡口角度为 70°± 5°，p = 1 ~ 2mm，b = 2 ~ 3mm。预热 300 ~ 350℃，层温 250 ~ 300℃，背面充 Ar 气保护（管内通氩），T91 与 12Cr1MoV 钢组合的 TIG 焊和焊条电弧焊的焊接参数见表 2-67。

表 2-67　T91 与 12Cr1MoV 钢组合的 TIG 焊和焊条电弧焊的焊接参数

焊接层数	焊接方法	焊接材料 /mm	焊接电流 /A	电弧电压/V	焊接速度 /(mm/min)	Ar 气流量 /(L/min)	电源极性
打底层	TIG	TIG – R34 φ2.5	90 ~ 95[①]	10 ~ 12[①]	55 ~ 70	8 ~ 10	直流正接
填充层	焊条电弧焊	R347 φ2.5	100 ~ 105	20 ~ 22	60 ~ 70	8 ~ 10	直流反接

① 原资料数据电弧电压为 20 ~ 22V，疑有误，因 TIG 焊在 90 ~ 95A 焊接电流下，不可能有 20 ~ 22V 电弧电压。一般应在 10 ~ 12V 之间，更合适——编者注。

（4）结果分析 小径管焊接，管内充 Ar 气是关键。而改用含钒焊丝则有利于改善焊缝组织和高温性能。以此工艺焊接的机组运行正常。

2.2.9 奥氏体型不锈钢与高铬钢组合的焊接

高铬钢按金相组织分为铁素体型高铬钢和马氏体型高铬钢两种。将表 2-1 中除珠光体钢之外的高铬钢及奥氏体型不锈钢Ⅶ～ⅩⅢ类截取见表 2-68。表中Ⅻ类高铬不锈钢属于马氏体型高铬钢；第Ⅸ类属于高铬马氏体型高合金耐热钢及热强钢；第Ⅷ类属于铁素体型高铬耐酸耐热钢。上述三类高铬钢的金相组织性能在新旧国家标准（GB/T 20878—2007、GB/T 1220—1992）中都有规范描述。因此，奥氏体型不锈钢与铁素体型高铬钢组合的焊接用焊条、预热温度和回火温度选择见表 2-69。

表 2-69 中凡母材组合中含有第Ⅷ类者，均属于奥氏体型不锈钢与铁素体型高铬钢（或称做铁素体型不锈钢）的焊接组合；此外，凡母材组合中含有第Ⅶ类和第Ⅸ类者，自然属于奥氏体型钢与马氏体型高铬钢焊接的组合。本书在参考有关资料中对照摘取时对其表的名称作了修改。表 2-70 是 TIG、MIG 焊的材料选用也作了如上处理。

表 2-68 常用于异种钢焊接结构的高铬钢及奥氏体型不锈钢种

组织类型	类别	牌 号
马氏体–铁素体型高铬钢	Ⅶ	高铬不锈钢：06Cr13、12Cr14、12Cr13、20Cr13、30Cr13
	Ⅷ	高铬耐酸、耐热钢：12Cr17d、12CrTi、14Cr17Ni2
	Ⅸ	高铬热强钢 12Cr5Mo、13Cr9Mo1NbV、13Cr11MoVNb、15Cr12WNiMoV[①]、X20CrMo12[②]
奥氏体型不锈钢及奥氏体–铁素体型高强度耐酸钢	Ⅹ	奥氏体型耐酸钢：06Cr18Ni12、06Cr18Ni10、12Cr18Ni9、06Cr18Ni11Nb、12Cr18Ni12Mo2Ti、12Cr18Ni12Mo3Ti
	Ⅺ	14Cr23Ni18、08Cr16Ni18、20Cr23Ni13、20CrNi14Si2、TP304[③]、P347H[③]、45Cr14Ni14W2Mo
	Ⅻ	无镍或少镍的铬锰氮奥氏体型不锈钢和无铬镍奥氏体型不锈钢：26Cr18Mn12Si2N、20Cr15Mn15Ni2N、22Cr20Mn10Ni2Si2N（2Cr20Mn9Ni2Si2N）、12Cr17Mn6Ni5N
	ⅩⅢ	奥氏体–铁素体型高强度耐酸钢：08Cr21Ni5Ti[①]、08Cr21Ni6MoTi[①]、15Cr22Ni5Ti[①]

① 为俄罗斯钢号。
② 为美国钢号。
③ 为德国钢号。

表 2-69 奥氏体型不锈钢与铁素体型高铬钢组合的焊接用焊条、预热温度和回火温度

母材组合	焊条 型号[①]	焊条 牌号	热处理工艺 预热温度/℃	热处理工艺 回火温度/℃	备 注
Ⅶ + Ⅹ	E309–16 E309–15	A302 A307	不预热或150～250℃预热	720～760	在无液态侵蚀介质中工作，焊缝不耐晶间腐蚀，在无硫气氛中工作温度可达650℃

（续）

母材组合	焊条		热处理工艺		备　注
	型号①	牌号	预热温度/℃	回火温度/℃	
Ⅶ + Ⅺ	E316 – 16 E318 – 15	A202 A217	150 ~ 250℃ 预热	不回火	侵蚀性介质中的工作温度 ≤350℃
	E318V – 15	A237	—	720 ~ 760	在无液态侵蚀介质中工作，焊缝不耐晶间腐蚀，在无硫气氛中工作温度可达650℃
Ⅶ + ⅩⅢ	E16 – 25MoN – 15	A507	不预热或 150 ~ 250℃ 预热	720 ~ 760	$w(Ni)$ 为35%而不含 Nb 的钢，不能在液态侵蚀性介质中工作，工作温度可达540℃
	E347 – 15	A137			$w(Ni) ≤16\%$ 的钢，可在液态侵蚀介质中工作，焊后焊缝不耐晶间腐蚀，温度可达570℃
Ⅷ + Ⅹ	—	A122		720 ~ 750	回火后快速冷却焊缝耐晶间腐蚀，但不耐冲击载荷
Ⅷ + Ⅺ	E316 – 16	A202			回火后快速冷却焊缝耐晶间腐蚀，但不耐冲击载荷
Ⅷ + Ⅻ	E309 – 16 E309 – 15	A302 A307	不预热	不回火	在无液态侵蚀介质中工作，焊缝不耐晶间腐蚀，在无硫气氛中工作温度可达1000℃
Ⅷ + ⅩⅢ	E16 – 25MoN – 15	A507		不回火	$w(Ni)$ 为35%而不含 Nb 的钢，不能在液态侵蚀性介质中工作，不耐冲击载荷
	E347 – 15	A137		不回火或 720 ~ 780	$w(Ni) <16\%$ 的钢，可在侵蚀性介质中工作，焊后焊缝耐晶间腐蚀，但不耐冲击载荷
Ⅸ + Ⅹ	E309 – 16 E309 – 15	A302 A307	150 ~ 250	750 ~ 780	不能在液态侵蚀性介质中工作，焊缝不耐晶间腐蚀，工作温度可达580℃
Ⅸ + Ⅺ	E316 – 16	A202		不回火	在液态侵蚀性介质中的工作温度可达360℃，焊态的焊缝耐晶间腐蚀
	E318 – 15	A217			
	E318V – 15	A237		720 ~ 760	
Ⅸ + Ⅻ	E309 – 16 E309 – 15	A302 A307		720 ~ 760	不能在液态侵蚀性介质中工作，不耐晶间腐蚀，在无硫气氛中工作温度可达650℃
Ⅸ + Ⅻ	E16 – 25MoN – 15	A507	150 ~ 250		$w(Ni) >35\%$ 而不含 Nb 的钢，不能在液态侵蚀性介质中工作，工作温度可达580℃
	E347 – 15	A137		750 ~ 800	$w(Ni) <16\%$ 的钢，可在侵蚀性介质中工作，焊态的焊缝耐晶间腐蚀

1. 奥氏体型不锈钢与铁素体型高铬钢组合的焊接

（1）焊接性　奥氏体型不锈钢同种金属焊接的主要问题是易出现热裂纹，晶间腐蚀及刀蚀、点蚀及接头脆化，但在选用合理的焊接材料及焊接工艺条件下，上述三个问题是比较容易解决。奥氏体不锈钢的塑韧性较好且不可淬硬，这是奥氏体型不锈钢最大的优点，不会出现冷裂纹，焊接性一般较好。

铁素体型高铬钢同种金属焊接的主要问题是接头热影响区的高温脆化或称做粗晶脆化及晶间腐蚀。高温脆化（粗晶脆化）因为发生在母材热影响区焊接热循环过程中的晶粒急剧长大，因此，不可能通过焊接材料选择来解决，只能采取焊接工艺措施来减弱粗晶区的宽度。

奥氏体型钢的脆化问题是发生在焊缝中，这是由于σ相（金属间化合物）的析出而引发的焊缝脆化，是可以通过焊接材料选择及工艺措施来解决的。奥氏体型不锈钢的热裂纹只发生在纯奥氏体型不锈钢焊缝。

奥氏体型不锈钢与铁素体型高铬钢组合的焊接性，主要取决于铁素体型高铬钢焊接性的要求。

（2）焊接材料的选用　奥氏体型不锈钢与铁素体型高铬钢组合的焊接材料选择，既可以选用高铬钢焊条，也可以选用奥氏体型不锈钢焊条或焊丝。无论选用哪种焊条或焊丝，焊缝金属都会得到相同的奥氏体＋铁素体型双相组织，抗热裂性良好，常温下塑性高，奥氏体型不锈钢与铁素体型高铬钢组合的气体保护焊用焊接材料、预热及焊后热处理工艺见表2-70。表2-71 奥氏体型不锈钢与铁素体型高铬耐酸耐热钢焊接时的工艺条件和焊接接头性能。表2-71 中采用了奥氏体型不锈钢焊条，表2-71 和表2-69 中的含有第Ⅷ类的组合（Ⅷ＋Ⅹ、Ⅷ＋Ⅺ、Ⅷ＋Ⅻ、Ⅷ＋ⅩⅢ）基本上是一致的。

表2-70　奥氏体型不锈钢与铁素体型高铬钢组合的气体保护焊用焊接材料、预热及焊后热处理工艺

母材组合	焊接方法	焊接材料		热处理工艺/℃	
		保护气体	焊丝	预热	回火
Ⅶ＋Ⅹ（Ⅺ）	TIG MIG	Ar	H0Cr23Ni13，H1Cr23Ni18	不预热或 150～200	720～760
Ⅶ＋Ⅻ（ⅩⅢ）			H06Cr17Ni14Mo2，H022Cr17Ni14Mo2 H0Cr20Ni10Nb，H022Cr17Ni14Mo2	不预热或 150～250	不回火或 720～760
Ⅶ＋ⅩⅣ			H0Cr21Ni10	200～250	750～800
Ⅷ＋Ⅹ（Ⅺ）			H0Cr20Ni10	不预热	720～750
Ⅷ＋Ⅻ（ⅩⅢ）			H06Cr17Ni14Mo2，H022Cr17Ni14Mo2 H06Cr23Ni13，H12Cr23Ni13 ERNiCrFe－5，ERNiCrMo－6	不预热	不回火
			H0Cr20Ni10Nb	不预热	不回火或 720～800
Ⅷ＋ⅩⅣ			H0Cr21Ni10	不预热	720～760
Ⅸ＋Ⅹ（Ⅺ）			H06Cr23Ni13，H12Cr23Ni13	150～200	750～800
Ⅸ＋Ⅻ（ⅩⅢ）			H06Cr17Ni14Mo2，H022Cr17Ni14Mo2	150～200	不回火或 720～760
			H06Cr23Ni13，H022Cr23Ni13	150～200	720～760
			H06Cr20Ni10Nb	50～200	750～800
			ERNiCrFe－5，ERNiCrMo－6	150～200	不回火
Ⅸ＋ⅩⅣ			H06Cr21Ni10	200～250	750～800

表 2-71 奥氏体型不锈钢与铁素体型高铬耐酸耐热钢焊接时的工艺条件和焊接接头性能

异种钢组合	焊条	预热温度/℃	焊后热处理温度/℃	接头性能
高铬耐酸耐热钢+奥氏体耐酸钢	A122（E0-18-8-16）	不预热	720~750	快冷可使焊缝耐晶间腐蚀，但不能承受冲击载荷
高铬耐酸耐热钢+奥氏体型高强耐酸钢	E316-16（A202） E318-15（A217）		不进行	快冷可使焊缝耐晶间腐蚀，但不能承受冲击
高铬耐酸耐热钢+奥氏体耐热钢	E309-16（A302） E309-15（A307）			接头可用于无液态侵蚀介质中、在无硫气氛中，工作温度在1000℃以下
高铬耐酸耐热钢+奥氏体热强钢	E347-15（A137）	不预热	可不进行，也可经720~800热处理	用于 $w(Ni) \leqslant 16\%$ 的钢，接头可在侵蚀性液体介质中工作
	E16-25MoN-15（A507）		不进行	用于 $w(Ni)$ 为35%且不含铌的钢，接头不能在侵蚀性液体介质中工作，且不耐冲击
高铬耐酸耐热钢+铁素体-奥氏体高强耐酸钢	A122（E0-18-8-16）		720~760	快冷可使焊缝耐晶间腐蚀，但不能承受冲击，接头可在300℃以下的侵蚀性液体介质中工作

（3）焊接工艺 焊条电弧焊时，应尽量采用小的焊接电流，快的焊接速度，焊道要窄，焊条不作横向摆动；多层焊时要严格控制层间温度，待前一焊道冷却后再焊下一道焊缝。这种工艺与铁素体型钢同种金属焊条电弧焊时相似，也是旨在减弱铁素体型高铬钢母材侧热影响区粗晶脆化的程度。

（4）焊后热处理 为消除焊接残余应力，焊后应高温回火，即加热到720~800℃，保温1.5~2h后空冷。

2. 奥氏体型不锈钢与马氏体型高铬钢组合的焊接

（1）焊接性 奥氏体型不锈钢与马氏体型高铬钢组合的焊接性特点与珠光体钢和马氏体型不锈钢组合的焊接性相似，由于马氏体型高铬钢中存在脆而硬的马氏体组织，因此焊后冷却时在马氏体型高铬钢一侧焊接接头有明显的淬硬倾向。当焊缝金属为奥氏体组织或以奥氏体为主的组织时，由于焊缝金属在化学成分、金相组织与热物理性能及其他力学性能方面与两侧的母材有很大差异，焊接残余应力的产生不可避免，可能在使用过程中引起焊接接头的应力腐蚀破坏或高温蠕变破坏。

（2）焊接材料的选择 在组合焊接中要照顾焊接性较差的马氏体型高铬钢一方，只能采用奥氏体不锈钢焊条，表2-72是奥氏体型不锈钢与马氏体型高铬钢组合焊接时的工艺条件和焊接接头应用场合，表2-73为奥氏体型不锈钢与马氏体型高铬热强钢组合焊接时的工艺条件和焊接接头应用场合。并注意与表2-70中除含Ⅷ类组合之外的Ⅶ、

IX类同 X、XI、XII、XIII 分别组合的对照。

表 2-72　奥氏体型不锈钢与马氏体型高铬钢组合焊接时的工艺条件和焊接接头应用场合

异种钢组合	焊条	预热温度 /℃	焊后热处理 温度/℃	接头应用场合
高铬不锈钢 + 奥氏体耐酸钢	E309 – 16（A302）、 E309 – 15（A307）	可不预热， 也可进行 150 ~ 250 预热	720 ~ 760	接头用于无液体侵蚀介质中，也可用于无硫气氛中，工作温度在 650℃以下
高铬不锈钢 + 奥氏体高强度耐酸钢	E316 – 16（A202） E318 – 15（A217）	150 ~ 250	不进行	接头用于侵蚀性气体介质中，工作温度在 350℃以下
	E318V – 15（A237）			接头可工作于无液态侵蚀性介质中和无硫气氛中，工作温度在 650℃以下
高铬不锈钢 + 奥氏体热强钢	E347 – 15（A137）	不预热或预热 150 ~ 250	720 ~ 760	对于 $w(Ni) < 16\%$ 的钢，可在侵蚀性液体介质中工作，工作温度在 570℃以下
	E16 – 25MoN – 15 （A507）			对于 $w(Ni)$ 为 35% 而不含铌的钢，不能在侵蚀性液体介质中工作，工作温度在 540℃以下
高铬不锈钢 + 铁素体 – 奥氏体高强度耐酸钢	A122（E0 – 18 – 8 – 16）	250 ~ 300	750 ~ 800	接头可用于侵蚀性液体介质中，工作温度可达 300℃，焊后热处理快冷，可耐晶间腐蚀

表 2-73　奥氏体型不锈钢与马氏体型高铬热强钢组合焊接时的工艺条件和焊接接头应用场合

异种钢组合	焊条	预热温度 /℃	焊后热处理 温度/℃	接头应用场合
高铬热强钢 + 奥氏体耐酸钢	E309 – 16（A302） E309 – 15（A307）	150 ~ 200	750 ~ 800	接头可在 580℃ 以下的侵蚀性液体介质中工作
高铬热强钢 + 奥氏体高强度耐酸钢	E316 – 16（A202） E318 – 15（A217）		不进行	接头可在 360℃ 以下的侵蚀性液体介质中工作
	E318V – 15（A237）			接头可在 360℃ 以下的侵蚀性液体介质中工作
高铬热强钢 + 奥氏体型耐热钢	E309 – 16（A302） E309 – 15（A301）		720 ~ 760	接头不能在侵蚀性液体介质中工作，在无硫气氛中、工作温度在 650℃以下
高铬热强钢 + 奥氏体热强钢	E347 – 15（A137）		750 ~ 800	用于 $w(Ni) < 16\%$ 的钢，接头可在侵蚀性液体介质中工作
	E16 – 25MoN – 15 （A507）		720 ~ 760	用于 $w(Ni) < 35\%$ 而不含铌的钢，接头可在侵蚀性液体介质中工作

（续）

异种钢组合	焊条	预热温度/℃	焊后热处理温度/℃	接头应用场合
高铬热强钢 + 铁素体 - 奥氏体高强度耐酸钢	A122 （E0 - 18 - 8 - 16）	250 ~ 300	750 ~ 800	快冷可使焊缝具有耐晶间腐蚀的能力，接头可在 300℃ 以下的侵蚀性液体介质中工作

（3）焊接工艺要点　在奥氏体型不锈钢与马氏体型高铬钢焊接前，首先对马氏体型高铬钢的待焊处进行焊前预热。在焊接时，宜采用较大的焊接电流和稍慢的焊接速度的焊接参数，这与奥氏体型不锈钢与铁素体型高铬钢焊接时采用的焊接参数略有不同。在焊接过程中，焊条可作横向摆动，适当加宽焊道。焊接材料可以选用奥氏体型不锈钢或马氏体型不锈钢，但焊后应进行缓冷，当焊件冷却到 150 ~ 200℃ 时，需要进行适当的高温回火。

第 3 章

钢与有色金属组合的焊接

　　钢（钢铁又称为黑色金属）与有色金属（又称为非铁金属）的焊接旨在节约有色金属，钢与有色金属组成的焊接结构中，钢与有色金属分别在不同的介质等条件下工作，则可以合理地利用材料从而降低焊接产品的成本。钢铁材料的优点是力学性能、焊接性及热稳定性好。有色金属（Al、Cu、Ni、Ti 等）的优势是具有良好的耐蚀性、低温强度好、较高的比强度和良好的导电性等。钢与有色金属组合焊接结构可以充分发挥两者的优势。钢与有色金属物理性能差异的比较见表 3-1。表中物理性能的差异会导致焊接过程难度的增加和显现出不同的焊接工艺特征。

表 3-1　钢与有色金属物理性能的差异比较

类别	名称	新牌号(旧牌号)	密度 γ (g/cm³)	熔点 $T_{熔}$ /℃	线胀系数 α /(×10⁻⁶/K)			热导率 λ /[W/(m·K)]			比热容 c /[J/(kg·K)]			电阻率 μ(20℃) /(×10⁻⁶ Ω·m)	弹性模量 E (20℃) /GPa
					20~100℃	20~200℃	20~300℃	20℃	100℃	300℃	100℃	200℃	300℃		
镍及镍合金	纯镍	N2	8.91	1455	16.7 (20~540℃)			82.9	—	—	461 (20℃)			0.0716	210~230
	镍铜合金（蒙乃尔合金）	NCu28-2.5-1.5	8.80	1350	14			—	25.12		532 (200~400℃)			0.482	182
	镍锰合金	NMn5	8.76	1412	13.7 (0~100℃)			48.15			—			0.195	210
镁合金	加工镁合金	MB2	1.78	—	26.0	27.0	27.9	96.3 (25℃)	100.48	108.86	1130	1170	1210	0.093	43
	铸造镁合金	ZM2	1.85	525~645	25.8	26.2	27.2	11 (50℃)	121.4	125.6 (200℃)	963			0.06	—
钢	低碳钢	20	7.82	—	11.16	12.12	12.78	51.08	50.24	48.15	469	481	536 (400℃)	0.120	202
	低合金钢	Q345 (16Mn)	7.85	—	8.31	10.99	12.31	53.17	51.08	43.96	481	523	557		210
	马氏体不锈钢	12Cr13	7.75	1483~1532	10.5	11.0	11.5	24.7	25.1	26.8	473	515	553	0.55	221
	奥氏体不锈钢	12Cr18Ni9	7.93	1398~1420	16.0	16.8	17.5	12.1	16.3	21 (500℃)	502 (20℃)			0.73	202

（续）

类别	名称	新牌号 (旧牌号)	密度 γ /(g/cm³)	熔点 $T_{熔}$ /℃	线胀系数 α /(×10⁻⁶/K)			热导率 λ /[W/(m·K)]			比热容 c /[J/(kg·K)]			电阻率 μ(20℃) /(×10⁻⁶ Ω·m)	弹性模量 E (20℃) /GPa
					20~100℃	20~200℃	20~300℃	20℃	100℃	300℃	100℃	200℃	300℃		
铜及铜合金	纯铜	T2	8.92	1084	16.6	—	—	398	—	—	385 (20℃)			0.0178	110① 120②
	黄铜	H62	8.43	906	—	—	20.6	108.9						0.071	100
	锡青铜	QSn6.5-0.1	8.80	996	17.2			59.5						0.128	124②
	白铜	B19	8.90	1192	16.0			38.5			377 (20℃)			0.287	140
铝及铝合金	工业纯铝	1035（L4） 8A06（L6）	2.71	657	24.0	24.7	25.6	226.1①(25℃) 217.7②(25℃)			946	962	999	0.0292 (0℃)	71① 71②
	防锈铝	3A21（LF21）	2.74	643~654	23.2	24.3	25.0	180① 155②(25℃)	188 155	184	1089	1172	1298	0.01	71
		5A02（LF2）	2.68	627~652	23.8	24.5	25.4	155 (25℃)	159	163	963	1005	1047	0.0476	70
钛及钛合金	工业纯钛	TA1~TA3	4.5	1640~1671	8.0	8.6	9.1	16.33	—		544	625	670	0.47	105
	β钛合金	TB2	4.81	—	8.53	9.34	9.52	12.14 (80℃)	12.56 (200℃)	12.98	540	553	569	1.55	—
	α+β钛合金	TC4	4.45	1538~1649	7.89	9.01	9.30	5.44	6.70	10.47	678	691	703	1.60	113

　　钢与有色金属的焊接是非同类（异类）异种金属组合的焊接。由于钢铁材料属于铁基金属，所有供应状态钢铁材料的品种（型号、牌号）都可视为合金元素与铁的连续固溶体（无限固溶体或有限固溶），即以铁为溶剂，以合金元素（包括碳元素）为溶质的连续固溶体。在讨论钢与有色金属熔焊的冶金焊接性（冶金相容性）时，都可以将钢铁材料视为铁，将铁和纯有色金属的相图作为工具来分析二者的熔焊焊接性，其次再分析二者力学性能及物理性能差异。

　　对于钢与有色金属组合的压焊工艺焊接性，则不用分析其冶金相容性（因为无冶金过程），首先是以热物理性能的差异分析，其次以有色金属退火状态力学性能与钢铁品种供应状态的力学性能（塑性、硬度等）的差异分析，来判断其焊接过程中会出现的焊接问题，并制定相应的焊接工艺。

　　在本书第2章中介绍了钢铁材料的诸多品种的化学成分、物理性能及力学性能，本章只介绍钢与有色金属组合中有色金属一方的诸多性能，与已经熟知的钢铁材料的性能共同来判断非同类异种金属材料组合的焊接性。钢与几种有色金属的组合及焊接特点见表 3-2。

表 3-2　钢与几种有色金属的组合及焊接特点

材料组合		焊接特点	焊接方法
钢＋铜及铜合金		1. 钢与 Cu 的熔点、热导率、线胀系数差异较大，对焊接不利 2. Fe 与 Cu 的原子半径、晶格类型及常数、原子外层电子数目等比较接近，Fe 与 Cu 液态无限互溶，固态有限互溶，钢与 Cu 的焊缝中不存在不熔合的间层，对二者的焊接有利 3. 焊接问题：易出现热裂纹，接头力学性能低	焊条电弧焊、埋弧焊、气焊、钎焊、真空扩散焊、爆炸焊
钢＋铝及铝合金		1. 钢与 Al 的物理化学性能差异很大，焊接困难 2. Fe 与 Al 能形成固溶体、金属间化合物、共晶体，脆性的金属间化合物对焊接不利，使接头塑性韧性下降，焊接性变差 3. 焊接问题：裂纹、夹渣、焊接变形大	氩弧焊（TIG）、摩擦焊、冷压焊、真空扩散焊、爆炸焊
钢＋镍及镍合金		1. 快速冷却时焊缝中出现马氏体，使接头塑性、韧性下降，易产生裂纹 2. 焊缝及热影响区中 Ni 与 S、P 等易形成低熔点共晶，导致产生液化裂纹 3. 焊接问题：裂纹、气孔	焊条电弧焊、气焊、熔化极气体保护焊、埋弧焊、等离子弧焊、电子束焊、扩散焊
钢＋钛及钛合金		1. 焊缝中易形成金属间化合物，使脆性增加，在焊接应力作用下极易开裂 2. 焊缝中易形成气孔 3. 焊缝及热影响区易产生脆化	焊条电弧焊、钎焊、埋弧焊、氩弧焊（TIG）、气体保护焊、电子束焊、等离子弧焊、真空扩散焊
钢＋难熔合金	钢＋钼（Mo）	焊接性很差，钼的氧化物沿晶界析出，氧化加剧、脆化、出现裂纹	真空扩散焊、钨极氩弧熔焊 – 钎焊
	钢＋铌（Nb）	铌的化学活性强，对杂质敏感，焊缝塑性低，异质焊缝易产生裂纹	氩弧焊、电子束焊、等离子弧焊、扩散焊
	钢＋钨（W）	焊接性极差，对杂质敏感，易冷脆，焊接应力极大，接头裂纹倾向大	真空电子束焊、真空扩散焊
	钢＋锆（Zr）	焊缝容易产生氢气孔，焊缝性能变脆，焊接接头易产生裂纹	钎焊、爆炸焊、真空扩散焊

3.1 钢与铝及铝合金组合的焊接

3.1.1 铝及铝合金同种金属的焊接性

1. 铝及铝合金的性能

铝及铝合金有以下几种分类方法：

（1）按成材方式分类　可分为变形铝及铝合金和铸造铝合金。

（2）按合金化系列　可分为1×××系（工业纯铝）、2×××系（铝-铜）、3×××系（铝-锰）、4×××系（铝-硅）、5×××系（铝-镁）、6×××系（铝-镁-硅）、7×××系（铝-锌-镁-铜）、8×××系（其他）等八类合金。

（3）按强化方式　可分为热处理不可强化铝及铝合金、热处理强化铝合金。前者仅可变形强化，后者既可热处理强化，亦可变形强化。

GB/T 3190—2008 及 GB/T 1173—1995 标准分别规定了变形铝合金的牌号、化学成分、力学性能和铸造铝合金牌号及化学成分。

表3-3是铝及铝合金的物理性能，共7个系列77个品牌。这里只是从新标准 GB/T 3190—2008 中摘取了一部分，其中纯铝是指合金化系列中的1×××字头的工业纯铝系列，共有20种不同成分的纯铝牌号。表中旧牌号按汉语拼音编写的牌号：L为工业纯铝，LY为硬铝合金，LF为防锈铝合金，LD为锻铝合金，LC为超硬铝合金，LG为高纯度铝。由于许多资料新旧标准应用混乱，故此对照标出便于确认；表3-4为常用变形铝合金的化学成分、力学性能及用途。

表3-3　铝及铝合金的物理性能

合金牌号		密度 ρ /(g/cm³)	比热容 c /[J/(kg·K)]	热导率 λ /[W/(m·K)]	线胀系数 α /(×10⁻⁶/K)	电阻率 μ /(×10⁻⁶Ω·m)
新牌号	旧牌号		100℃	25℃	20~100℃	20℃
纯铝		2.698	900	221.9	23.6	2.665
3A21	LF21	2.73	1009	180.0	23.2	3.45
5A03	LF3	2.67	880	146.5	23.6	4.96
5A06	LF6	2.64	921	117.2	23.7	6.73
2A12	LF12	2.78	921	117.2	22.7	5.79
2A16	LY16	2.84	880	138.2	22.6	6.10
6A02	LD2	2.70	795	175.8	23.5	3.70
2A14	LD10	2.80	836	159.1	22.5	4.30
7A04	LC4	2.85	—	159.1	23.1	4.20

表 3-4　常用变形铝合金的化学成分、力学性能及用途

类别	新牌号（旧牌号）	化学成分（质量分数，%）					半成品状态	力学性能			用　途
		Cu	Mg	Mn	Zn	其他		σ_b/MPa	δ（%）	HBW	
防锈铝合金	5A05（LF5）	4.8 ~ 5.5	0.3 ~ 0.6	—	—		0	280	20	70	焊接油箱、油管、焊条、铆钉，以及中载零件及制品
	5A12（LF11）	1.8 ~ 5.5	0.3 ~ 0.6	—		V: 0.02 ~ 0.15	0	280	20	70	
	3A21（LF21）			1.0 ~ 1.6	—	—	0	130	20	30	焊接油箱、油管、铆钉以及轻载零件及制品
硬铝合金	2A01（LY1）	2.2 ~ 3.0	0.2 ~ 0.5				线材T4	300	24	70	工作温度不超过 100℃ 的结构用中等强度铆钉
	2A11（LY11）	3.8 ~ 4.8	0.4 ~ 0.8	0.4 ~ 0.8	—	—	板材T4	420	18	100	中等温度的结构零件，如骨架、模锻的固定接头、支柱、螺旋桨叶片、局部镦粗的零件、螺栓和铆钉
	2A12（LY12）	3.8 ~ 4.9	1.2 ~ 1.8	0.3 ~ 0.9	—	—	板材T4	470	17	105	高强度的结构零件，如骨架、蒙皮、隔框、肋、梁、铆钉等 150℃ 以下工作的零件
超硬铝合金	7A04（LC4）	1.4 ~ 2.0	1.8 ~ 2.8	0.2 ~ 0.6	5.0 ~ 7.0	Cr: 0.10 ~ 0.25	T6	600	12	150	结构中主要受力件，如飞机大梁、桁架、加强框、蒙皮接头及起落架
	7A09（LC9）	1.2 ~ 2.0	2.0 ~ 3.0	0.15	5.1 ~ 6.1	Cr: 0.16 ~ 0.30	T6	680	7	190	
锻铝合金	2A50（LD5）	1.8 ~ 2.6	0.4 ~ 0.8	0.4 ~ 0.8		Si: 0.7 ~ 1.2	T6	420	13	105	形状复杂中等强度的锻件及模锻件
	2A70（LD7）	1.9 ~ 2.5	1.4 ~ 1.8			Ti: 0.02 ~ 0.10 Ni: 0.9 ~ 1.5 Fe: 0.9 ~ 1.5	T6	415	13	120	内燃机活塞和在高温下工作的复杂锻件，板材可作高温下工作的结构件
	2A14（LD10）	3.9 ~ 4.8	0.4 ~ 0.8	0.4 ~ 1.0		Si: 0.6 ~ 1.2	T6	480	19	135	承受重载荷的锻件和模锻件

2. 铝及铝合金同种金属的熔焊焊接性特点

了解铝及铝合金同种金属的焊接性，有助于对钢与铝及铝合金异种金属焊接性的分

析和判断。

由于铝及铝合金所具有的独特的物理、化学性能，在熔焊焊接时存在如下的难度以及特点：

(1) 强的氧化能力　铝和氧的亲和力很大，在空气中极易与氧结合形成致密结实、难熔的氧化膜（即 Al_2O_3 薄膜），厚度约 $0.1\mu m$，熔点高达 $2050℃$，远远超过铝合金的熔点。这层氧化膜可以防止硝酸及醋酸的腐蚀，但是如果和碱类以及含有氯离子的盐类溶液（如氯化钠）接触，这层氧化膜会被迅速破坏，从而引起铝的强烈腐蚀。纯铝的纯度越高，形成氧化膜的能力越强。铝镁合金则具有耐海水（氯盐溶液）腐蚀的能力。

Al_2O_3 的密度（$3.85g/cm^3$）比铝合金的密度（$2.6 \sim 2.8g/cm^3$）大。在焊接过程中，氧化膜会阻碍金属之间的良好结合，容易形成夹渣。而且氧化膜对水分有很强的吸附力，氧化膜中所含的结晶水和所吸附的水分在焊接电弧高温作用下分解并可能与金属反应产生氢，从而在焊缝中生成氢气孔，使接头强度降低。所以焊前必须严格地清理焊件及焊接材料表面的氧化物，并防止在焊接过程中再氧化，需对熔化金属和处于高温下的金属进行有效的保护，这是铝及铝合金同种材料焊接的一个重要特点。

(2) 较大的热导率和比热容　铝及铝合金的热导率和比热容都很大（见表3-1），约比钢大1倍多。在焊接过程中，大量的热能被迅速传导到基体金属内部，热输入将向母材迅速流失。因此，焊接铝及铝合金时比焊接钢要消耗更多的热量。必须采用能量集中、功率大的热源，必要时需采用预热等工艺措施。电阻焊时要采取特大功率的电源。

(3) 容易形成热裂纹　铝及铝合金的线胀系数比钢约大1倍，凝固时体积收缩率达 $6.5\% \sim 6.6\%$，比钢约大两倍。因此，某些铝合金焊接时，往往由于过大的收缩内应力而在脆性高温区间内产生热裂纹，这是铝合金尤其是高强铝合金焊接时常见的严重缺陷之一，常常采用调整焊接材料成分的方法来防止裂纹的产生，如用流动性较好的含硅焊丝 SAlSi – 1。另外，可采用有利于防止热裂纹产生的合理的焊接工艺措施。

(4) 容易形成气孔　氢是铝及铝合金熔焊时产生气孔的主要原因。铝及铝合金的液体熔池在高温下能溶入大量氢气，在焊后冷却凝固过程中，氢的溶解度急剧下降，氢气来不及析出而聚集在焊缝中形成气孔。在凝固时可以从 $0.69mL/100g$ 急剧下降到 $0.036mL/100g$，后者差不多是前者的 $1/20$。这就是氢容易使铝焊缝中产生气孔的重要原因之一。况且铝的导热性好，在同样的工艺条件下，铝熔池的冷却速度是高强钢的 $4 \sim 7$ 倍，不利于气泡的浮出，更易于气孔的形成。

(5) 焊接接头易发生软化　铝及铝合金的焊缝热影响区，无论是非热处理强化铝合金，还是热处理强化铝合金，都在不同程度上表现出强化效果的损失即软化，软化后的强度还不到其退火状态的 95%，只有供应状态的 $40\% \sim 50\%$。

(6) 无色泽变化　由于铝及铝合金对光、热反射能力较强，铝及铝合金从固态变为液态时，没有明显的颜色变化，加上铝在高温下强度和塑性很低。焊接时容易引起液态金属的塌陷或烧穿，因此在焊接过程中给操作者带来困难。

(7) 合金元素的蒸发和烧损　某些铝合金含有低熔点的合金元素，如 Mg、Zn 等，这些元素在高温下极易挥发、烧损，从而改变了焊缝金属的化学成分，导致焊接接头的性能降低。

　　虽然铝及铝合金在焊接过程中存在上述这些问题，但对其焊接性的评价还得作具体分析。实际上，工业纯铝、变形铝合金中的防锈铝（即镁铝合金、铝锰合金），以及一般的铸造铝合金，其焊接性是良好的。只要针对上述某些焊接特点采取一定的工艺措施，就能得到性能良好的焊接接头。热处理强化铝合金的焊接性就较差，特别是在熔焊时，焊接裂纹倾向大，焊接接头对应力腐蚀敏感且易发生软化。所以这种铝合金目前在熔焊结构中应用不广泛。

　　铝及铝合金同种材料的熔焊，常用 TIG 焊及 MIG 焊，因为有惰性气体保护及阴极雾化效应，可以击碎 Al_2O_3，使之逸出焊接区。也可以用等离子弧焊、激光焊、电子束焊等焊接法，压焊方法中电阻焊、摩擦焊（尤其搅拌摩擦焊）、扩散焊等都会有较好的效果，因为铝及铝合金的塑性好、硬度低。

3.1.2　钢与铝及铝合金异种金属的焊接性

1. 熔焊焊接性

　　钢与铝及铝合金组合的焊接性分析对象中，铝及铝合金以工业纯铝和变形铝合金中的防锈铝为对象；钢则以低碳钢、低合金钢及奥氏体不锈钢为对象。因为这种组合实际应用中最常见和实用。表 3-5 显示了工业纯铝与变形铝及铝合金的新旧中外牌号的对照，新标准指的是 GB/T 3190—2008。由于资料来源不同，许多参考资料新旧标准都在混用。

表 3-5　工业纯铝与变形铝及铝合金的新旧中外牌号对照

中国 GB/T 3190—2008		国际标准 ISO	原苏联 ГОСТ	美国 AA	日本 JIS	德国 DIN	英国 BS	法国 NF
新牌号	旧牌号							
1A99	LG5	—	AB000	1199	1N99	Al99.98R	S1	—
1A90	LG2	—	AB1	1090	1N90	Al99.9		—
1A85	LG1	Al99.8	AB2	1080	A1080	Al99.8	1A	
1070A	L1	Al99.7	A00	1070	A1070	Al99.7		1070A
1060	L2		A0	1060	A1060	—		
1050A	L3	Al99.5	A1	1050		Al99.5	1B	1050A
1100	L5-1	Al99.0	A2	1100	A1100	Al99.0	3L54	1100
1200	L5			1200	A1200	Al99	1C	1200
5A02	LF2	AlMg2.5	АМГ2	5052	A5052	AlMg2.5	N4	5052
5A03	LF3	AlMg3	АМГ3	5154	A5154	AlMg3	N5	—
5083	LF4	AlMg4.5Mn0.7	АМГ4	5083	A5083	AlMg4.5Mn	N8	5083
5056	LF5-1	AlMg5	—	5056	A5056	AlMg5	N6	
5A05	LF5	AlMg5Mn0.4	АМГ5	5456			N61	
3A21	LF21	AlMn1Cu	АМЦ	3003	A3003	AlMnCu	N3	3003
6A02	LD2	—	AB	6165	A6165			

（续）

中国 GB/T 3190—2008		国际标准	原苏联	美国	日本	德国	英国	法国
新牌号	旧牌号	ISO	ГSO	AA	JIS	DIN	BS	NF
2A70	LD7	AlCu2MgNi	AK4	2618	2N01	—	H16	2618A
2A99	LD9	—	AK2	2018	A2018	—	—	—
2A14	LD10	AlCu4SiMg	AK8	2014	A2014	AlCuSiMn	—	2014
4A11	LD11	—	AK9	4032	A4032	—	38S	4032
6061	LD30	AlMg1SiCu	АД33	6061	A6061	AlMg1SiCu	H20	6061
6063	LD31	AlMg0.7Si	АД31	6063	A6063	AlMgSi0.5	H19	—
2A01	LY1	AlCu2.5Mg	Д18	2217	A2217	AlCu2.5Mg0.5	3L86	—
2A11	LY11	AlCu4MgSi	Д1	2017	A2017	AlCuMg1	H15	2017A
2A12	LY12	AlCu4Mg1	Д16	2024	A2024	AlCuMg2	GB－24S	2024
7A03	LC3	AlZn7MgCu	B94	7141	—	—	—	—
7A09	LC9	AlZn5.5MgCu	—	7075	A7075	AlZnMgCu1.5	L95	7075
7A10	LC10	—	—	7079	7N11	AlZnMgCu0.5	—	—
4A04	LT1	AlSi5	AK	4013	A4043	AlSi5	N21	—
4A17	LT17	AlSi12	—	4047	A4047	AlSi12	N2	—
7A01	LB1	—	—	7072	A7072	AlZn1		

其次，钢与铝及铝合金组合不必考虑二者的力学性能差异，因为铝及铝合金无论热处理强度或冷作强化，熔焊过程中热影响区都会"软化"，供应状态的力学性能已被大幅度破坏。钢与铝及铝合金组合的熔焊焊接性有如下特点：

1）从铁－铝二元合金相图（见本书第 1 章图 1-10）上看，Fe 和 Al 能够形成有限固溶体，也能形成多种金属间脆性化合物，详见本书第 1 章 1.2 节中有关"钢与铝异种金属组合的典型 TIG 焊工艺方面内容"。

2）从钢与铝及铝合金的物理性能差异上看，因为二者的物理性能差距甚远，所以会给熔焊焊接过程带来极大的难度。这些难度也在本书第 1 章 1.2. 节中进行了描述。

3）从堆焊过渡层角度考虑，还找不到一种既能与钢一侧形成连续固溶体，又能和铝一侧形成连续固溶体的合适的金属，无法用 SMAW 焊接法堆焊过渡层，从常见金属化学性能及常见金属元素互相作用的特性中可知（见本书第 1 章表 1-4 及表 1-5），只有 Zn、Ag 可以作为中间过渡层（过渡层也称做隔离层）。Cu 和 Ni 有条件的也可以作为过渡层，因为 Ag、Zn 与 Fe 或 Al 不能生成中间化合物。

4）焊缝填充金属的选择。由于可以作为中间过渡金属的 Ag、Ni、Zn、Cu 与 Fe 相比都是低熔点的金属，因此填充金属的熔点与铝及铝合金相同或相近为宜。表 3-6 是常见金属元素的性质，包括物理性能及化学性能，要注意的是表 3-6 中金属名称是金属元素即单质金属，而不是表 3-1 所示的金属及其合金工程材料的物理性能；表 3-6 中化学性能是指常温下的化学性能，没有不同温度条件下的晶格类型的转变，因而在分析过渡层金属时更为实用。

表3-6　常见金属元素的物理、化学性能

金属名称	元素符号	原子序数	熔点/℃	沸点/℃	比热容/[J/(kg·K)](20℃)	密度/(g/cm³)	线胀系数(×10⁻⁶/K)/(20℃)	热导率[W/(m·K)](20℃)	电阻率/(×10⁻⁸ Ω·m)(20℃)	相对原子质量	原子半径/10⁻¹⁰ m	电负性	晶体结构(常温)	晶格常数/10⁻¹⁰ m	周期表中类别
银	Ag	47	960.8	2210	233.9	10.49	19.68	418.4①	1.59	107.87	1.444	1.9	面心立方	$a=4.086$	ⅠB
铝	Al	13	660	2450	899.6	2.70	23.60	222.0	2.6548	26.980	1.431	1.5	面心立方	$a=4.0490$	ⅢA
金	Au	79	1063	2970	130.5	19.32	14.20	297.0①	2.3500	196.97	1.442	2.4	面心立方	$a=4.0780$	ⅠB
铍	Be	4	1277	2770	1882.8	1.85	11.6	146.0	4.000	9.012	1.113	1.5	密排六方	$a=2.2858$ $c=3.5842$	ⅡA
铋	Bi	83	271.3	1560	123.0	9.80	13.30	8.0	106.80①	208.98	1.547	1.9	三方	$a=4.7457$ 轴角 57°14.2′1″	ⅤA
钴	Co	27	1495	2900	414.2	8.85	13.80	69.0	6.24	58.933	1.253	1.8	密排六方	$a=2.5071$ $c=4.0686$	Ⅷ
铬	Cr	24	1875	2665	460.2	7.19	6.20	67.0	12.9①	51.996	1.249	1.6	体心立方	$a=2.8840$	ⅥB
铜	Cu	29	1083	2595	384.9	8.96	16.50	394.0	1.673	63.546	1.278	1.9	面心立方	$a=3.6153$	ⅠB
铁	Fe	26	1537	3000	460.2	7.87	11.76	75.0	9.71	55.847	1.241	1.8	体心立方	$a=2.8660$	Ⅷ
锂	Li	3	180.5	1330	3305.0	0.534	56	71.0	8.55①	6.939	1.520	1.0	体心立方	$a=3.5089$	ⅠA
镁	Mg	12	650	1107	1025	1.74	27.10	145	4.45	24.312	1.600	1.2	密排六方	$a=3.2088$ $c=5.2095$	ⅡA
锰	Mn	25	1245	2150	481	7.43	22	—	185	54.938	1.240	1.5	复杂立方	$a=8.9120$	ⅦB
钼	Mo	42	2610	5560	276	10.22	4.9	154	5.2①	95.94	1.362	1.8	体心立方	$a=3.1468$	ⅥB
铌	Nb	41	2468	4927	271	8.57	7.31	52①	12.5①	92.906	1.429	1.6	体心立方	$a=3.3010$	ⅤB

（续）

金属名称	元素符号	原子序数	熔点/℃	沸点/℃	物理性能 比热容/[J/(kg·K)](20℃)	密度/(g/cm³)	线胀系数/(×10⁻⁶/K)/(20℃)	热导率/[W/(m·K)](20℃)	电阻率/(×10⁻⁸ Ω·m)(20℃)	相对原子质量	化学性能 原子半径/10⁻¹⁰ m	电负性	晶格结构(常温)	晶格常数/10⁻¹⁰ m	周期表中类别
镍	Ni	28	1453	2730	439	8.902	13.30	92	6.84	58.71	1.246	1.8	面心立方	$a=3.5238$	Ⅷ
铅	Pb	82	327.4	1725	129	11.36	29.30	35①	20.846	207.19	1.750	1.8	面心立方	$a=4.9489$	ⅣA
铂	Pt	78	1769	4530	131	21.45	8.90	69	10.6	195.09	1.388	2.2	面心立方	$a=3.9310$	Ⅷ
锑	Sb	51	630.5	1380	205①	6.62	8.5~10.8	18.8	39.0①	121.75	1.439	1.9	三方	—	ⅤA
锡	Sn	50	231.9	2270	226	7.2984	23	62.8①	11①	118.69	1.405	1.8	体心立方	—	ⅣA
钽	Ta	73	2996	5425	142	16.6	6.5	50	12.45(25℃)	180.948	1.430	1.5	体心正方	$a=3.3030$	ⅤB
钛	Ti	22	1668	3260	519	4.507	8.41	17.2	42.0	47.90	1.448	1.5	密排六方	$a=2.9500$ $c=4.6830$	ⅣB
钒	V	23	1900	3400	498	6.1	8.30	30.9(100℃)	24.8~26.0	50.942	1.321	1.6	体心立方	$a=3.0390$	ⅤB
钨	W	74	3410	5930	138	19.3	4.60	166①	5.65(27℃)	183.85	1.370	1.7	体心立方	$a=3.1580$	ⅥB
锌	Zn	30	419.5	906	383	7.133	39.7	113(25℃)	5.916	65.37	1.332	1.6	密排六方	$a=2.6650$ $c=4.9470$	ⅡB
锆	Zr	40	1852	3580	280	6.489	5.85	21.9	40	91.22	1.600	1.4	密排六方	$a=3.2312$ $c=5.1477$	ⅣB

① 表中数据为0℃时的数值。

5) 焊接方法的选择。TIG 焊、电子束焊、激光 - MIG 复合热源焊接方法是最常用的合理的工艺方法选择，都有良好的工艺焊接性。这些熔焊方法也是铝及铝合金同种金属焊接的熔焊常用方法，但不是所有常用熔焊方法都可以用于钢与铝及铝合金的异种金属组合的焊接，如激光焊。

2. 压焊焊接性

如果接头形式符合压焊方法的要求，钢与铝的组合，如果工艺参数调整得合适，与熔焊相比都具有良好的压焊焊接性，因为压焊即使加热也基本上低于熔点，所以不会出现金属间化合物。对电阻焊的点焊、缝焊要求搭接接头及厚度不要超过 4mm；电阻对焊（闪光对焊）要求被焊工件的截面为圆形或其他对称截面；摩擦焊（传统旋转摩擦焊）要求对接圆截面；搅拌摩擦焊要求平板对接长焊缝。扩散焊虽然需要中间过渡层，但会有良好的焊接性。

3.1.3　碳钢与铝及铝合金组合的 TIG 焊

低碳钢（Q235）与工业纯铝（1050A/L3）组合的 TIG 焊，在本书第 1 章 1.2 节的"钢与铝异种金属组合的典型 TIG 焊工艺"中已做了详细的分析及讨论。其工艺要点应注意事项如下：

（1）中间过渡层　钢件表面镀上锌层，采用电镀法或浸渍镀锌，最原始的方法是用电烙铁在钢表面钎焊上一层锌，锌层厚度为 30 ~ 40μm，越厚越好，有资料报道厚度可达 100μm。也可以镀银，但银较贵重，成本高，在能够满足一般要求条件下，采用镀锌法较适宜。如果是不锈钢与铝的焊接，镀银是值得的。

如果钢侧为奥氏体不锈钢，除可以镀银外，还可以镀铝。但低碳钢与低合金钢不宜镀铝，因为镀铝过程中产生金属间化合物时会排挤出碳，从而形成增碳层，会严重降低焊接接头的强度。

（2）填充金属　常用工业纯铝、防锈铝的选用参见表 3-7。当 Q235 低碳钢与工业纯铝 1070A、1060、1050A（L1、L2、L3）组合时，采用纯铝焊丝，焊丝等级可与基本工业纯铝相同或高一个等级，焊丝直径为 φ2 ~ φ3mm。当 Q235 碳钢与防锈铝 5A03、5A05、5A06（LF3、LF5、LF6）组合时，采用工业纯铝焊丝（如 SAl - 3），不允许采用铝镁合金焊丝（SAlMg - 1 ~ SAlMg - 5），因为 Mg 不溶于 Fe，而且 Mg 还会强烈地促进 Fe - Al 金属间化合物的增长，会使焊接接头强度降低。若采用含少量 Si 的纯铝焊丝，可以较稳定地形成优质焊接接头，其抗拉强度和疲劳强度都可以达到与母材相当的水平。其密封性和在海水中或空气中的耐蚀性也比较好。含少量 Si 的填充金属是 Ni - Zn - Si 系的铝合金（非标准焊丝），Ni 和 Zn 对于钢和铝及铝合金都有极好的互溶性，Si 是熔融铝焊缝极好的镇静剂元素。但是这种填充金属的基体（金属）仍然是 Al，该合金的熔点仍然在 660℃ 的数量级，与 Q235 低碳钢的熔点仍然相差 800 ~ 1000℃。所以，Q235 低碳钢仍然需要镀上较厚的镀层（40 ~ 100μm）才能有较好的焊接效果。除非在 Q235 碳的焊接区渗铝，注意这里说的是渗铝，而不是镀铝。镀铝具有钎接特征，渗铝是一种表面合金化工艺。渗铝的 Q235 低碳钢与防锈铝 5A06（LF6）的 TIG 焊，已经相当于同类异种金属的熔焊，具有良好的焊接性。

（3）焊接参数　TIG 焊的焊接电流可根据板厚在 100～200A 范围内选择，钨极直径为 $\phi2\sim\phi5mm$，钨极电弧垂直指向铝侧。焊丝贴在镀锌层，使熔化的铝金属液流向镀层使之熔化。熟练焊工在 TIG 焊时有很多技巧与经验进行调整电弧及填充金属（焊丝），电弧沿铝侧移动，焊丝沿钢侧移动。其原则是不要尽早使镀层燃烧失去作用，焊接速度越快越好，以不出现缺陷为限。一般情况下，铝侧为工业纯铝时，焊接接头强度可达到 80～100MPa。

3.1.4　不锈钢与铝及铝合金组合的 TIG 焊

钢与铝及铝合金组合的 TIG 焊，在钢侧电镀或浸渍单一的镀层作为中间过渡层，不足以消除铝与钢的金属间化合物，虽然焊接接头能够满足一般强度要求，但工艺要求严格，焊接接头的质量稳定性差。如果采用复合镀层，则可以减少金属间化合物（Fe－Al）的厚度，降低硬度，焊接接头强度提高。复合镀层指的是第一层先镀铜或镍，然后再镀锌，例如 Cu（4～6μm）＋Zn（30～40μm）或 Ni（5～6μm）＋Zn（30～40μm）。有资料认为，钢表面先镀铜或银再镀锌后作为复合镀层，这种 Ag＋Zn 或 Cu＋Zn 复合层可以提高焊接接头的强度。有资料也提出了 18－8 型不锈钢（12Cr18Ni9）与铝及铝合金 3A21（LF21）组合的 TIG 焊时，应先在不锈钢加上复合镀层 Ni＋Zn 或 Cu＋Zn 或 Ag＋Zn，然后进行 TIG 焊。焊丝牌号可以选择 SAl－3，也可以不用标准焊丝。图 3-1 是防锈铝 3A21

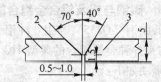

图 3-1　防锈铝管与不锈钢管对接
TIG 焊的接头形式示意图
1—12Cr18Ni9　2—Ag＋Zn 复合镀合层
3—铝合金 3A21（LF21）

（LF21）管与不锈钢管对接 TIG 焊的接头形式示意图。不锈钢管的坡口角度在钢侧为 70°，铝侧为 40°，钨极偏向铝侧。

采用工业纯铝焊丝 SAl－3（L4），$\phi2\sim\phi3mm$，分三层焊接，第一层不用填充金属焊丝，第二、三层采用焊丝填充。TIG 焊时工艺原则仍然是焊丝沿中间镀层运行，电弧沿铝件坡口运动。焊接过程中锌层先熔化（熔点 400℃左右）。因为锌密度小，浮在 Ag 上面，钢不熔化，液态铝在镀层下面与银接触形成连续固溶体。所以在钢侧相当于以 Ag－Zn 为钎料与铝钎焊到一起，铝侧则为熔焊。

常用工业纯铝、防锈铝焊丝选用参考表 3-7。

表 3-7　常用工业纯铝、防锈铝焊丝选用参考表

母材类别	母材牌号（旧牌号）	焊丝牌号、型号	相关说明
工业纯铝	1070A（L1）	1070A	1. TIG 焊或 MIG 焊均可用 Ar 或 Ar＋He 保护
	1060（L3）	1070A, SA1－2	2. 实践表明，大多数防锈铝都可以用非标准焊丝 5456（LF11）焊接，效果良好如 5A02、5A03、5083、5A05、3A21 等材料
	1050A（L2）	SA1－2	
	1035（L4）	SA1－3	
	1200（L5）		3. 用铝硅焊丝焊接 3A21，接头强度偏低
	8406（L6）		

（续）

母材类别	母材牌号（旧牌号）	焊丝牌号、型号	相关说明
防锈铝	LF2（5A02）	5A02、5A03 SA1Mg－1 ER5554	1. TIG 焊或 MIG 焊均可用 Ar 或 Ar＋He 保护 2. 实践表明，大多数防锈铝都可以用非标准焊丝 5456（LF11）焊接，效果良好如 5A02、5A03、5083、5A05、3A21 等材料 3. 用铝硅焊丝焊接 3A21，接头强度偏低
	LF3（5A03）	5A03、5A05 5083，SA1Mg－2 ER5456	
	5083（LF4）	5083，5A05 SA1Mg－3 ER5183	
	5A05（LF5）	5083、5A05 5B06（LF14） SA1Mg－3 SA1Mg－5 ER5183	
	5A06（LF6）	5A06 5B06（LF14）	
	3A21（LF21）	5456（LF11） 3A21 SA1Mn SA1Si－1	

3.1.5　渗铝钢管与铝及铝合金管组合的 TIG 焊

钢与铝及铝合金组合的 TIG 焊，常用 Zn、Ag＋Zn、Ni＋Zn、Cu＋Zn 等作为中间过渡层，可镀在钢侧焊接区。有资料认为不锈钢也可以用铝作为中间过渡层，镀在不锈钢上与铝及铝合金进行 TIG 焊。但碳钢及低合金钢则不建议镀铝，因为在碳钢或低合金钢上镀铝过程中，会在钢与铝之间形成中间化合物，使钢表面增碳，而影响焊接接头的力学性能。如果采用钢侧渗铝而不是镀铝，则虽然成本高了，但焊接工艺确简化了很多。渗铝钢（碳钢、低合金钢或不锈钢）与铝及铝合金组合的熔焊，可视为铝及铝合金同类、同种金属间的焊接。

图 3-2 是渗铝钢管与铝及铝合金管组合结构 TIG 焊焊接接头示意图。图中显示的是渗铝钢管与铝及铝合金管对接的某工程产品实例的 TIG 焊焊接工艺。

3.1.6　镀锌钢板与铝板组合的搭接 TIG 焊和激光－MIG 复合焊

1. 镀锌钢板与铝板组合的搭接 TIG 焊

镀锌钢板是带有镀锌层的低碳薄钢板（Q195），厚度一般在 0.5～2.0mm 之间，镀锌层厚度有两种：薄镀锌层小于或等于 $5\mu m$，厚镀锌层为 $15～25\mu m$。这里指的是热浸法厚度为 $15～25\mu m$ 的镀锌钢板。镀锌钢板本身是供货状态，由市场供应，由钢厂或由

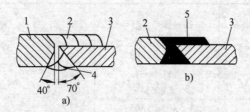

图 3-2　渗铝钢管与铝及铝合金管组合结构的 TIG 焊焊接接头示意图

a）坡口及焊接顺序　b）车削后的焊接接头

1—铝及铝合金管　2—外侧焊接顺序　3—渗铝钢管　4—内侧焊接顺序　5—焊缝

钢厂的下游企业进行热浸镀锌后成为成品，然后供应到市场。镀锌钢板的用途是防大气、水气及其他有害介质等对钢的锈蚀，薄铝板表层自然生成的又硬又致密的氧化膜（Al_2O_3）也起到了防大气、水气及其他有害介质（硝酸及醋酸等）对铝的锈蚀的

图 3-3　镀锌钢板与防锈铝板组合的搭接接头示意图

作用。铝及铝合金本身还有其他良好的导电、导热、耐腐蚀、低温强度及较高的比强度等物理性能。镀锌薄钢板与铝及铝合金薄板的连接也是部分以钢代替铝，符合经济原则，因为铝的市场价比低碳钢要高出 2 ~ 3 倍。图 3-3 是镀锌钢板与防锈铝板组合的搭接接头示意图。

镀锌钢板（Q195 + 25μm 的 Zn 层）与防锈铝 5A02（LF2）都不是贵重金属，所以焊接方法可以选择成本低的 TIG 焊。直流反接，铈钨极直径为 2 ~ 3mm，焊接电流在 30 ~ 50A 之间调整，焊接速度为 0.8 ~ 1m/min。焊接时不用填充金属，电弧在搭接边缘运动，由熔化的铝液流淌在钢板上，焊接结果是 Q195 低碳等钢板未熔化，母材（钢板和铝板）与焊缝间有一个薄锌层将二者连接，类似钎焊。

2. 镀锌钢板与铝板组合的搭接激光 – MIG 复合焊

有关参考资料记载了镀锌钢板与 5A02 防锈铝板（LF2）组合搭接接头的激光 – MIG 复合焊。其组合尺寸、材质与上述 TIG 焊相同，填充金属采用 AlSi5 焊丝。

焊前采用丙酮对镀锌钢板表面进行清洗，用砂纸对 5A02 防锈铝板表面进行打磨以去除氧化膜，随后用丙酮清洗，将表面处理干净的镀锌钢板与 5A02 防锈铝组合成搭接接头，如图 3-4 所示为激光 – 电弧复合热源焊接铝板/钢板接头。

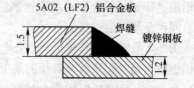

图 3-4　激光 – 电弧复合热源焊接铝板/钢板接头

焊接时，采用德国 Nd 的 YAG 激光器，最大额定功率为 2kW，激光头焦距为 200mm；采用奥地利福尼斯公司 TPS5000 型数字化 MIG 焊机，焊接过程采用脉冲 MIG 焊，熔滴过渡频率为 1 滴 1 脉冲。

采用激光 – MIG 复合热源进行焊接，焊接过程通过调节激光功率密度和送丝速度，可实现对焊接热源输入的精确控制，从而保证铝合金母材熔化而镀锌钢母材不发生变化。激光功率密度是通过固定激光光斑（光斑直径 $d = 6.8mm$）的大小改变激光功率实现的。

焊后进行金相分析，激光 – MIG 复合热源焊接得到的铝板/钢板接头具有良好的铺展性，连接界面有一薄金属中间层，靠近焊缝一侧的钢母材未见熔化，且热影响区组织明显地细化。

将激光 – MIG 复合热源焊接得到的铝板/钢板接头进行拉伸试验。拉伸应力 – 位移曲线如图 3-5 所示。

拉伸试验中最大载荷为 8.978kN，最大拉应力为 132.8MPa，接头强度为 5A02 防锈铝（LF2）母材的 65.3%，与 5A02 防锈铝电弧熔焊接头强度相当。并且拉伸试验的破坏位置发生在铝合金母材的焊接热影响区而非钎接界面。结果表明，利用激光 – MIG 复合热源焊接，可以获得组织性能良好的铝板/钢板接头，最高焊接速度可达 5m/min 以上。

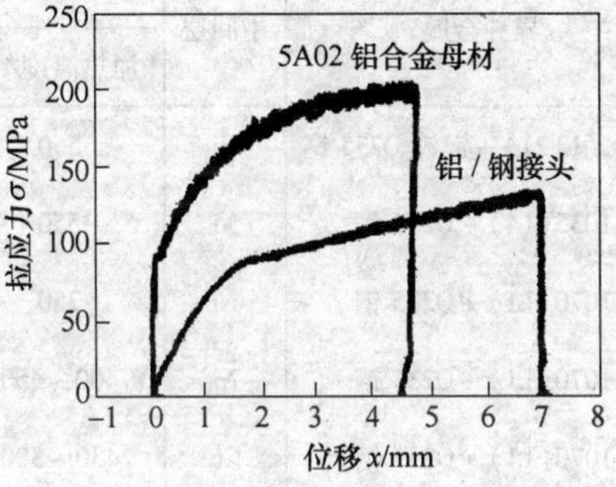

图 3-5　铝板/钢板接头拉伸应力 – 位移曲线

3.1.7　钢与铝及铝合金组合的扩散焊

低碳钢与铝及铝合金组合进行真空扩散焊时，在扩散焊界面附近容易形成 Fe – Al 金属间化合物，将会使接头强度下降。为了获得良好的扩散焊焊接头性能，可采用增加中间过渡层的方法以获得牢固的接头。中间过渡层可采用电镀等方法镀上一层很薄的金属，材料一般选用 Cu 和 Ni。这是因为 Cu 和 Ni 能形成无限固溶体，Ni 与 Fe、Ni 与 Al 均能形成连续固溶体。这样就能有效地防止界面处出现 Fe – Al 金属间化合物，显著地提高接头的性能。

低碳钢与防锈铝 3A21（LF21）进行真空扩散焊时，可在低碳钢的表面先镀一层 Cu，之后再镀一层 Ni。Cu、Ni 中间层可用电镀法获得，焊接时采用氩气保护。低碳钢与防锈铝扩散焊的焊接参数为：加热温度 550℃，保温时间 1 ~ 20min，焊接压力 13.7MPa，真空度 $1.33 \times 10^{-4}Pa$，采用这些焊接参数焊接后，可获得令人满意的焊接接头。

Q235 低碳钢与纯铝 1035（L4）扩散焊时，可在 Q235 低碳钢上镀上 Cu、Ni 复合镀层，采用如下焊接参数可获得良好的焊接接头：加热温度为 550℃，焊接压力 12.3MPa，焊接时间 2min，真空度 $1.33 \times 10^{-4}Pa$。

焊接直径为 25 ~ 32mm 的纯铝棒 1060（L2）与 12Cr18Ni9 不锈钢棒的扩散焊的焊接参数为：加热温度 500℃，保温时间 30min，焊接压力 7.4MPa，真空度 6.65×10^{-5} ~ $1.33 \times 10^{-4}Pa$，焊后接头抗拉强度 $\sigma_b \geq 88.2MPa$。

合金元素 Mg、Si 及 Cu 对 Al 与钢扩散焊接头的强度影响很大，Mg 会增加接头中形成金属间化合物的倾向，对焊接性不利。随着铝合金中 Mg 含量的增加，焊接接头的强度可明显地降低。当铝合金含有质量分数为 0.5% 的 Cu 和质量分数小于 3% 的 Si 时，对铝合金与 12Cr18Ni9 不锈钢之间的扩散焊非常有利。由于铝合金中 Si 的含量较高，能提高抗蠕变能力，所以扩散焊时必须延长保温时间，才能获得最大的接头强度。低碳钢、不锈钢与铝及铝合金扩散焊的焊接参数见表 3-8。不锈钢新旧牌号对照见 GB/T 3280—2007《不锈钢冷轧钢板》、GB/T 4237—2007《不锈钢热轧钢板》和 GB/T 4238—2007《耐热钢板》标准等。

表 3-8　低碳钢、不锈钢与铝及铝合金扩散焊的焊接参数

异种金属	中间层	焊接参数			
		加热温度/℃	保温时间/min	焊接压力/MPa	真空度/Pa
3A21(LF21) + 镀镍 Q235 钢	Ni	550	2	13.72	1.33×10^{-2}
1035(L4) + Q235 钢	Ni	550	2	12.25	1.33×10^{-2}
1070(L1) + Q235 钢	Ni	350	5	2.19 ~ 2.45	1.33×10^{-2}
1070(L1) + Q235 钢	Ni	400 ~ 450	10 ~ 15	4.9 ~ 9.8	1.33×10^{-2}
1070(L1) + Q235 钢	Cu	450 ~ 500	15 ~ 20	19.5 ~ 29.4	1.33×10^{-2}
1035(L4) + 12Cr18Ni9 (1Cr18Ni9)	—	500	30	37.95	6.66×10^{-4}
8A06(L6) + 12Cr18Ni9 (1Cr18Ni9)	—	500	30	38.22	6.66×10^{-4}
W18Cr4V + 45 钢	Ni	800	20	10	6.65×10^{-2}
06Cr18Ni11Ti(0Cr18Ni10Ti) + 12Cr13(1Cr13)	—	1050	20	10	$6.65 \times 10^{-3} \sim 1.33 \times 10^{-2}$

当铝合金中 $w(\text{Cu})$ 为 3% 时，可以提高接头的强度性能，这时在接头区域没有脆性相。12Cr18Ni9 不锈钢与 Al - Cu 系合金扩散焊时，焊接加热温度不应超过 525℃。对 12Cr18Ni9 不锈钢与 5A03（LF3）防锈铝扩散焊接头进行金相分析时发现，在扩散过渡区有两种显微硬度明显不同的相：比较硬的明亮相为金属间化合物（600HBW），相当于 Fe - Al 二元合金相图的中间部分，即 FeAl2 或 Fe2Al5。接头抗拉强度约为 70MPa。由电子探针分析表明，界面处发生了 Fe、Al、Ni、Cr 及 Mg 元素的扩散。

3.2　钢与铜及铜合金组合的焊接

钢铁与铜及铜合金的熔焊，也属于高熔点金属与低熔点金属之间的熔焊。因此，焊缝金属（填充材料）应当是与低熔点一侧的母材相近或相同。所以，在分析熔点

相差甚远的异种金属焊接时，必须了解低熔点一侧金属的同种金属熔焊焊接性及其对常用焊接方法的适应性。因为高熔点与低熔点异种金属熔焊时，往往采用适合低熔点一侧金属的同种金属焊接方法才能有较好的熔焊效果。低熔点金属的同种金属焊接过程中出现的问题与异种金属焊接出现的问题有一部分基本相同。钢与铜及铜合金的焊接时，必须充分了解两种金属的化学成分、物理性能与力学性能。在本书第 2 章异种钢铁材料的焊接中，对钢铁材料已经有了充分的了解，本节只介绍低熔点铜一侧的基本分类、性能。其中，力学性能必须注意焊接时的供应状态，因为有色金属压力加工（冷轧）板材加热后，会出现软化现象，冷态热态力学性能会有成倍的差别。最后，根据接头形状尺寸选择熔焊方法时，铁和有色金属铜的二元合金相图仍然是分析二者冶金相容性的首选工具。据此决定是否需要选择中间过渡层金属元素，然后制定熔焊工艺。

当接头形状尺寸适合压焊方法时，只考虑二者的物理性能差异及有色金属退火状态的力学性能，就可以判断其压焊焊接性及对压焊诸方法的适应性，此时铁与有色金属铜的二元合金相图已经失去了指导作用。

铜及铜合金的同种金属的熔焊焊接性较差，钢与铜及铜合金组合的异种金属熔焊焊接性却不一定差。因为铜合金的种类较多，有些铜合金的物理性能和低碳钢很接近，只有纯铜（紫铜）和黄铜与钢的差别较大。

3.2.1　铜及铜合金的性能

铜及铜合金以它独特而优越的综合性能，获得广泛的应用。在金属材料中，铜的产量仅次于钢铁。铜为面心立方结构，具有非常好的加工成形性。纯铜（紫铜）的导电及导热能力约是铝的 3 倍，其电导率和热导率略低于银，密度约为铝的 1.5 倍。所以，铜具有优良的导电性、导热性、耐蚀性、延展性及一定的强度等特性。对导电、导热要求较高时，往往选择铜材，使得它在电气、电子、化工、食品、动力、交通及航天、航空、兵器等工业中得到了广泛的应用。在铜中通常可以添加约 10 多种合金元素成为铜合金，以提高其耐蚀性、强度和改善机加工性能。加入的元素多数以形成固溶体为主，并在加热及冷却过程中不发生同素异构转变。

工业生产的铜及铜合金的种类繁多，目前大多数国家都是根据化学成分来进行分类的，而常用的铜及铜合金可从它的表面颜色看出其区别，如常用的纯铜（紫铜）、黄铜、青铜和白铜。但实质上是纯铜、铜－锌、铜－铝、铜－锡、铜－硅的合金和铜－镍合金等。

表 3-9 是常用铜合金（黄铜、青铜及白铜）的牌号、化学成分及应用范围。

根据构件的工作条件和加工要求的不同，铜及铜合金的种类繁多，通常可以分为四大类：纯铜（紫铜）、黄铜、青铜和白铜；表 3-10 罗列了纯铜主要物理性能及力学性能的数据。由表 3-10 可见，纯铜有很好的压力加工硬化性能，经过冷加工变形，强度可提高 1 倍，而塑性则降低好几倍。加工硬化后的纯铜，可通过退火恢复其塑性，退火温度为 550～600℃；常用铜合金的性能见表 3-11。

表3-9 常用铜合金的牌号、化学成分和应用范围

材料名称	牌号	化学成分（质量分数）（%）									应用范围
		Cu	Zn	Sn	Mn	Al	Si	Ni+Co	其他	杂质≤	
加工黄铜	H68	67.0~70.0	余量	—	—	—	—	—	—	0.3	弹壳、冷凝器等深冲件等
	H62	60.5~63.5	余量	—	—	—	—	—	—	0.5	散热器、垫圈、弹簧、船舶零件等
	H59	57.0~60.0	余量	—	—	—	—	—	—	0.9	机械及热轧零件
	HPb59-1	57.0~60.0	余量	—	—	—	—	—	Pb 0.8~1.9	0.75	热冲压销子、钉、管嘴
	HSn62-1	61.0~63.0	余量	0.7~1.1	—	—	—	—	—	0.3	船舶零件
	HMn58-2	57.0~60.0	余量	—	1.0~2.0	—	—	—	—	1.2	海轮和弱电流工业用零件
	HFe59-1-1	57.0~60.0	余量	0.3~0.7	0.5~0.8	0.1~0.4	—	—	Fe 0.6~1.2	1.25	摩擦与海军工作零件
	HSi80-3	79.0~81.0	余量	—	1.5~2.5	—	2.5~4	—	—	1.5	船舶零件、蒸气管
铸造黄铜	ZHAlFeMn66-6-3-2	64~68	余量	—	3~4	—	—	—	Fe2~4	2.1	重载螺母、大型复杂的重要零件、轴承
	ZHMnFe55-3-1	33~68	余量	—	1.5~2.5	—	—	—	Fe0.5~1.5	2.0	形状不复杂的重要零件、配件
	ZHSi80-3	79~81	余量	—	1.5~2.5	—	2.5~4.5	—	—	2.8	铸造配件、齿轮
	ZHMn58-2-2	57~60	余量	—	—	—	—	—	Pb1.5~2.5	2.5	轴承、衬套和其他耐磨零件
加工青铜	QSn6.5-0.4	余量	—	6.0~7.0	—	—	—	—	—	0.1	造纸工业用铜网、弹簧和耐蚀零件
	QAl9-2	余量	—	—	1.5~2.5	8.0~10.0	—	—	—	1.7	船舶和电气设备零件
	QBe0.6-2.5	余量	—	—	—	—	—	0.2~0.5	Be2.3~2.6	0.5	重要弹簧及其零件和高速、高压、高温工作的齿轮
铸造青铜	QSi3-1	余量	—	—	1.0~1.5	—	2.75~3.5	—	—	1.1	弹簧和耐蚀零件
	ZCuSn10Pb1	余量	—	9~11	—	—	—	—	P0.3~1.2	0.75	重要轴承、齿轮、套圈
	ZCuAl9Mn2	余量	—	8~10	1.5~2.5	8~10	—	—	—	2.8	海船制造业中铸造简单的大型铸件等
	ZCuAl10Fe3	余量	—	8~10	—	8~10	—	—	Fe2~4	2.7	大型重要零件
白铜	B19	余量	0.3	0.03	0.5	—	0.15	18~20	Fe0.5~1.0	1.8	用于任蒸汽、取淡水和海水中工作的精密仪表零件、金属网和耐化学腐蚀的化工机械零件以及医疗器具、钱币
	B30	余量	—	—	—	—	—	29~33	—	1.8	海水和船舶电气工业用的冷凝管

表 3-10　纯铜的力学及物理性能

性能指标	力学性能		物理性能							
	抗拉强度 σ_b/MPa	伸长率 δ(%)	密度 γ /(g/cm³)	熔点 $T_{熔}$/℃	弹性模量 E /MPa	热导率 λ /[W/(m·K)]	比热容 c /[J/(g·℃)]	电阻率 ρ/(×10⁻⁸ Ω·m)	线胀系数 /α(×10⁻⁶/K)	表面张力 /(×10⁻⁵ N/cm)
软态	196~235	50	8.94	1083	128700	391	0.384	1.68	16.8	1300
硬态	392~490	6								

表 3-11　常用铜合金的性能

材料名称	牌号	材料状态或铸模	力学性能			物理性能					
			σ_b /MPa	δ_5 (%)	硬度 HBW	密度 /(g/cm³)	线胀系数 α(20℃) /(×10⁻⁶ /K)	热导率 λ /[W/(m·K)]	电阻率 ρ (20℃) /(×10⁻⁸ Ω·m)	熔点 $T_{熔}$ /℃	线收缩率 (%)
黄铜	H68	软态	313.6	55	/	8.5	19.9	117.04	6.8	932	1.92
		硬态	646.8	3	150						
	H62	软态	323.4	49	56	8.43	20.6	108.68	7.1	905	1.77
		硬态	588	3	164						
	ZHSi80-3	砂模	245	10	100	8.3	17.0	41.8	—	900	1.7
		金属模	294	15	110						
	ZHAl 66-6-3-1	砂模	588	7		8.5	19.8	49.74	—	899	—
		金属模	637	7	160						
青铜	锡青铜 QSn6.5-0.4	砂模	343~441	60~70	70~90	8.8	19.1	50.16	17.6	995	1.45
		金属模	686~784	7.5~12	160~200						
	铝青铜 QAl9-2	软态	441	20~40	80~100	7.6	17.0	71.06	11	1060	1.7
		硬态	588~784	4~5	160~180						
	ZQAl9-2	软态	392	20	80	7.6	17~20.1	71.06	11	1060	1.7
		硬态	392	20	90~120						
	QAl9-4	砂模	490~588	40	110	7.5	16.2	58.52	12	1040	2.49
		金属模	784~980	5	160~200						
	ZQAl9-4	砂模	392	10	110	7.6	18.1	58.52	12.4	1040	2.49
		金属模	294~490	10~20	120~140						
	硅青铜 QSi3-1	软态	343~392	50~60	80	8.4	15.8	45.98	15	1025	1.6
		硬态	637~735	1~5	180						
白铜	B19	软态	400	35	70	8.9	16(20℃)	38.5	0.287	1149	—
		硬态	800	5①	120						
	B30	软态	392	23~28	60~70	8.9	16	37.20	42	1230	—
		硬态	468.4	4~9	100						

① 加工率为60%。

3.2.2　铜及铜合金的同种金属熔焊的焊接性特点

铜及铜合金按颜色不同分为纯铜（紫铜）也称为工业纯铜、黄铜、青铜和白铜等四种。它们的物理性能差别很大，在分析铜及铜合金的同种金属焊接性时，没有任何一种铜材具有四种铜及铜合金的共同特性而作为代表性的典型铜材。例如，铜与镍的合金白铜，其物理性能和低碳钢极为相似，因此有极好的熔焊焊接性，而纯铜则熔焊焊接性最差。所以，只能对四种铜材分别讨论其熔焊焊接性才有实际意义和使用价值。

1. 纯铜的熔焊焊接性特点

由于低碳钢的应用最广泛，熔焊焊接性也最好，而纯铜自身（同种材料）的熔焊焊接性也同样以低碳钢为标准进行比较，其实压焊也是如此。表 3-12 是纯铜（紫铜）与低碳钢（Fe）的物理性能比较。

表 3-12　纯铜与低碳钢（Fe）的物理性能比较

金属	热导率/[W/(m·K)]		线胀系数 （×10^{-6}/K） （200~100℃）	比热容 /［J/g·℃］ （20℃）	表面张力 /（×10^{-5}N/cm）	收缩率 （%）
	20℃	1000℃				
Cu	393.6	326.6	16.4	0.3489	1300（1200℃）	4.7
Fe	54.8	29.3	14.2	0.4602	1835（1550℃）	2.0

从表 3-12 可知，纯铜的热导率比低碳钢大 7~11 倍，液态表面张力比低碳钢小 1/3，流动性比低碳钢大 1.5 倍，线胀系数比低碳钢大 15%，收缩率比低碳钢大 1 倍以上。这些差别决定了纯铜熔焊时具有以下特征：

（1）焊前预热　纯铜的导热性强，所以热源提供给纯铜焊缝的热量很难积累，大部分被铜母材大面积传导而流失。因此，熔焊时必须预热，焊接过程中必须使焊件的预热温度控制在 400~500℃ 之间，对于大厚件，预热温度要达到 600~700℃ 之间，预热还可以消除热应力，而且纯铜要采用功率大的热源或热量集中能量密度高的熔焊方法进行焊接，如 TIG 焊、MIG 焊、埋弧焊（SAW）、等离子弧焊及电子束焊等方法。但是纯铜不能采用激光焊，因为铜对光的反射率极高，而且导热性也极强，使激光束无法加热纯铜。纯铜的焊条电弧焊适应性较差，埋弧焊因为电弧功率大，纯铜的埋弧焊焊接性比焊条电弧焊（SMAW）要好。

纯铜在预热过程中要防止焊件在高温下停留时间太长，以免发生过度氧化和晶粒严重长大现象。此外，预热温度要依据板厚和电弧功率的大小来确定其预热温度值，薄板可以不预热。

（2）焊缝背面垫板　纯铜的液态表面张力小，流动性大，所以纯铜焊接时应采用对接接头的熔焊，尤其采用 MIG 或 SAW 焊时，背面必须有铜垫板或成形装置，不允许采取悬空单面焊接，否则液态铜会流淌烧穿。

（3）焊接接头的性能降低　焊接接头的力学性能一般低于母材，除强度下降外，塑性和韧性也会显著地降低。熔焊过程的热循环经过 550~600℃ 的退火温度会使焊接接头近缝区"软化"，使近缝区的强度成倍降低，塑性数倍提高，见表 3-11 中的"硬态"与"软态"力学性能数据对比。"硬态"是指母材的轧制加工硬化供货状态;"软态"是指退火后的状态。如果采用高能密度焊接方法(如真空电子束焊),可以大大减小近缝区"软化区"的宽度,软化区的宽度可以降低到小于一个晶粒半径的尺寸。

(4)焊丝脱氧　纯铜中的杂质(Bi、Pb、P、S、O)是铜在冶炼过程中从铜矿石中带进去的,现代技术无法将这些杂质净化为零,降低每一个百分点,成本会极大提高。但从表 3-9 各种牌号纯铜的化学成分看,Bi(铋)、Pb、P、S 都不超标,即不超过它们在铜中极低的固溶的溶解度,因而纯铜铜材中不会生成和铜的低熔共晶物。只有 2 号、3 号及 4 号工业纯铜(T2、T3、T4)的含氧量略高,这些铜材中会有少量的氧化铜与铜的低熔共晶物(熔点为 1064℃的 $Cu_2O + Cu$)。少量的氧化亚铜和铜的低熔共晶物会降低铜板的强度和塑性,产生热裂纹倾向。因此,不同牌号纯铜的力学性能会略有区别。

熔焊时如果填充金属(焊丝,焊芯或其他焊接材料)中的杂质含量高于标准,则焊缝金属中会生成铜和这些杂质的低熔共晶物,低熔共晶物是指熔点只有 270℃的 $Cu + Bi$、熔点为 326℃的 $Cu + Pb$ 和 1064℃的 $Cu_2O + Cu$。这些低熔共晶物的出现会存在于晶粒的边界,不但降低了焊接接头的强度和塑性,也是产生热裂纹的根据。因此,纯铜熔焊时填充金属的选择特别重要,选用无氧铜 TUP 是最理想的,TUP 中的磷还有脱氧作用,但是 TUP 价格极高。一般不采用,表 3-13 是推荐的纯铜 TIG 焊、MIG 焊时选用的焊丝牌号。

表 3-13　纯铜 TIG 焊、MIG 焊时选用的焊丝牌号

母材类别	母材牌号	焊丝牌号 (相当统一牌号)	相关说明
纯铜	T1 T2 T3	HSCu(HS201) HSCuSi(HS211) QSn4 - 0.3	TIG 焊:$\varphi(Ar)70\% + \varphi(He)30\%$ 或 $\varphi(N_2)30\%$ 保护
	T4 TUP	HSCu HSCuSi	MIG 焊:Ar 或 Ar + He 保护

表 3-14 是国产纯铜焊接用的标准焊丝。可见 HS201 是最常用的含少量 Si、Mn、Sn 等脱氧剂的焊丝。

表 3-14　国产纯铜焊接用焊丝

牌号	名称	化学成分 (质量分数,%)	熔点/℃	焊缝 σ_b/MPa		主要用途
				合格标准	一般值	
HSCu	特制纯铜焊丝	Sn1 ~ 1.2 Si0.35 ~ 0.5 Mn0.35 ~ 0.5 P0.1;Cu 余量	1050	176.4	205.8 ~ 235.2	纯铜氩弧焊或气焊(和 CJ301 配用),埋弧焊(与焊剂 431 或 150 配用)
HS202	低磷铜焊丝	P0.2 ~ 0.4; Cu 余量	1060	176.4	196 ~ 225.4	纯铜气焊或碳弧焊

（5）气孔、热裂纹倾向

1）纯铜熔焊裂纹产生的原因有两个：其一是纯铜的线胀系数、收缩率比较大，焊接热影响区较宽，所以焊接接头受到拘束产生较大的拉应力。其二是焊接过程中焊缝中杂质与铜产生的低熔共晶物，如果母材和填充金属（焊丝、焊芯等）的杂质（Bi、Pb、P、S）不超标，那么造成热裂纹的最大原因是氧。氧不但在冶炼时以杂质的形式存于与铜内，在以后的轧制加工过程和焊接过程中，都会以氧化亚铜的形式溶入。图 3-6 显示了铜与氧的二元相图。

由图 3-6 可见，Cu_2O 可溶于液态的铜，而实际不溶丁固态的铜，所以生成熔点（1064℃）略低于铜（1083℃）的易熔共晶。当焊缝中 Cu_2O 的质量分数为 0.2% 以上（φ(O) 约为 0.02%）时，就会出现热裂纹。为增强对焊缝的脱氧能力，可通过焊丝中加入

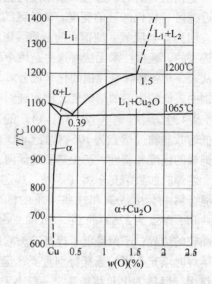

图 3-6　铜与氧二元相图
L—液相　α—α 相

Si、Mn、P 等合金元素，这是解决氧致热裂纹比较实用的方法。此外，采用真空电子束焊可不用填丝，由于焊缝冷却快，晶粒细可以完全避免接头的氧化，而且还可以真空除气。因此，纯铜的电子束焊会获得既无热裂纹也无气孔的力学性能与母材相等的优质接头。

2）纯铜熔焊时，气孔出现的倾向比低碳钢要严重得多。所形成的气孔几乎分布在焊缝的各个部位。尽管铜中的气孔主要也是由溶解的氢直接引起的扩散性气孔和氧化还原反应引起的反应性气孔，但铜自身性质使这种倾向大大加剧，成了铜熔焊中的主要问题之一。

气体在金属中的溶解规律都是一样的，液态金属中气体的溶解度很大，熔点时金属凝固，溶解度会突然降低，并随温度的下降，溶解度随着也下降。氢在铜中的溶解度也是如此。氢在铜的沸点、熔点及固态下的溶解度比在铝中大数十倍。

由于纯铜的表面张力及导热性好，因此铜的熔池凝固后，氢在固态铜中的过饱和度要远比氢在铝中的过饱和度大许多倍，比在低碳钢中大得多。而且铜熔池的凝固速度较快，当氢原子还来不及聚集成大气泡逸出熔池，而呈扩散性微气孔分布在焊缝中使接头塑性变坏、强度降低。此外，纯铜熔焊时还会发生氧致气孔，即前面所说的"氧化还原反应引起的反应性气孔"。熔池中的 Cu_2O 在焊缝凝固时不溶于铜而析出，与氢或 CO 反应生成的水蒸气和 CO_2 也不溶于铜而促使反应性气孔的形成。

$$Cu_2O + 2H \longrightarrow 2Cu + H_2O \uparrow$$

$$Cu_2O + CO \longrightarrow 2Cu + CO_2 \uparrow$$

铜的热导率比铁大 8 倍以上。焊缝的冷却速度比钢大得多，氢扩散逸出和 H_2O 的上浮条件更恶劣，则形成气孔的敏感性自然增大。

为了减少或消除铜焊缝中的气孔，采取的主要措施是减少氢和氧的来源，以及用预热来延长氧和氢在熔池存在的时间，以使气孔易于逸出。采用含铝、钛等强脱氧剂的焊丝（它们同时又是脱氮、脱氢的强烈元素）或在铜合金中加入 Al、Sn 等元素都会获得良好的效果，如图 3-7 所示。脱氧铜、铝青铜、锡青铜都具有较小的气孔敏感性的原因也在于此。

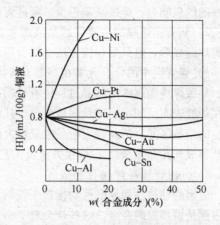

图 3-7　合金元素对氢溶解度的影响（1250℃）

2. 黄铜的熔焊焊接性特点

在分析纯铜熔焊焊接性特点的基础上，再对比分析黄铜的熔焊焊接性就容易多了。从表 3-11、表 3-12 中的纯铜、低碳钢及黄铜等三者的力学性能、物理性能比较中可以得知出黄铜的熔焊焊接性有以下特点：

1）黄铜的热导率只有纯铜的 1/3，所以熔焊时的预热温度可以降低些，或者熔焊热源功率较大时可以不用预热，如埋弧焊、MIG 焊或大电流 SMAW 焊等。黄铜分轧制（压力加工）黄铜、铸造黄铜。这里指的是压力加工黄铜，如 H68、H62、H59 等。铸造黄铜的导热性几乎和低碳钢处于同一数量级，自然焊接时不用预热，但铸造黄铜很少用于焊接结构。

2）黄铜的液 - 固相结晶区很小，熔焊过程不易发生偏析和低熔共晶，所以黄铜的熔焊不会产生热裂纹和气孔。

3）黄铜的线胀系数比纯铜大 25%，强度比纯铜大 1 倍多（无论是硬态还是软态），因此会形成较大的内应力。当内应力作用于某一薄表面时，容易出现冷裂纹而不是热裂纹。

4）黄铜熔焊焊缝的力学性能及耐腐蚀性都会低于母材，其原因是由于焊接过程锌的蒸发，锌的沸点只有 907℃，焊接过程中极易蒸发烧损。黄铜本身是铜 - 锌合金，因锌而强，锌的烧损自然使焊接接头的力学性能和耐腐蚀性下降，并且会使焊缝产生气孔。

5）焊接过程中会使焊接现场出现大量的白色烟雾状的氧化锌气体，有害焊工的健康，且会干扰焊工视线，增加了操作难度，必须强制通风。

总之，黄铜的熔焊焊接性等级属于良好，而纯铜较差。

3. 青铜的熔焊焊接性特点

青铜品种多，化学成分及物理性能差别较大，焊接性各不相同。

1）硅青铜的热导率只有纯铜的1/10，焊前不用预热，液态金属流动性好。硅具有良好的脱氧能力，焊接缺陷很少，则硅青铜是所有铜合金中熔焊焊接性最好的材料。

2）铝青铜熔焊的主要问题是液态表面（熔滴和熔池）形成的难熔 Al_2O_3 氧化膜，妨碍焊缝成形。但只要焊接方法选择合适，其熔焊焊接性也属于较好。

3）锡青铜中的合金元素在高温下氧化生成二氧化锡（SnO_2），并溶解于焊接熔池中，导致焊缝金属冷却结晶过程中有较明显的偏析现象。低熔点的偏析物受热熔化后，便在焊缝表面呈细小的球状锡珠析出，从而降低接头的浓度和耐腐蚀性能。锡又可扩大合金的结晶区间，结晶过程中易生成粗大的脆弱的树枝状晶粒间隙，使焊缝组织疏松，甚至形成气孔和热裂纹。焊接方法及工艺措施合理时，也有较好的熔焊焊接性。

4. 白铜的熔焊焊接性特点

白铜的导热性和导电性均接近于碳钢，所以焊接性比较好，焊前不需要预热。但由于白铜是铜和镍的合金，这些合金对于铅、磷和硫等杂质十分敏感，容易形成热裂纹。因此，焊接时要严格控制这些杂质的含量。

5. 铜及铜合金同种金属材料的焊接方法选择（见表3-15）

表3-15　铜及铜合金同种金属材料焊接时熔焊方法的选择

焊接方法 （热效率 η）	纯铜	黄铜	锡青铜	铝青铜	硅青铜	白铜	简要说明
钨极气体保护焊 （0.65～0.75）	好	较好	较好	较好	较好	好	用于薄板（小于12mm）；纯铜、黄铜、锡青铜、白铜采用直流正接，铝青铜用交流焊电源，硅青铜用交流或直流焊电源焊接
熔化极气体保护焊 （0.70～0.80）	好	较好	较好	好	好	好	板厚大于3mm可用，板厚大于15mm优点更显著，电源极性为直流反接
等离子弧焊 （0.80～0.90）	较好	较好	较好	较好	较好	好	板厚在3～6mm可不开坡口，一次焊成，最适合3～15mm中厚板的焊接
焊条电弧焊 （0.75～0.85）	差	差	尚可	较好	尚可	好	采用直流反接，操作技术要求高，适用板厚2～10mm的焊接
埋弧焊 （0.80～0.90）	较好	尚可	较好	较好	较好	—	采用直流反接，适用于6～30mm中厚板的焊接
气焊 （0.30～0.50）	尚可	较好	尚可	差	差	—	易变形，成形不好，用于厚度小于3mm的不重要结构中的焊接
碳弧焊 （0.50～0.60）	尚可	尚可	较好	较好	较好	—	采用直流正接，焊接电流大、电弧电压高，劳动条件差，目前已逐渐被淘汰，只用于厚度小于10mm铜件的焊接
电子束焊	好	—	好	好	好	—	黄铜不推荐采用电子束焊

3.2.3 钢与纯铜组合的熔焊焊接性分析

在了解了铜及铜合金的同种金属熔焊焊接性之后，不难分析钢与铜及铜合金组合的异种金属焊接性。何况在分析同种金属焊接性时，是以低碳钢的焊接性为标准进行的比较分析，所以表 3-2 中所列的钢与铜及铜合金的焊接性基本特点就容易理解了。表 3-2 中所列的钢与铜及铜合金的焊接性特点实际上是钢 + 纯铜的焊接性特点，而不应含钢与黄铜或钢与白铜或钢与青铜的焊接特点。因为两者的差别很大，例如，纯铜和黄铜、青铜及白钢的热导率分别相差 3 倍、7 倍及 10 倍，青钢的热导率几乎与低碳钢处于同一数量级，白铜的热导率比低碳钢还低。因此，钢与白铜、青铜组合的熔焊时，无需预热或可以低温预热。因此，在讨论钢与铜及铜合金异种金属焊接性时，也不能将纯铜（紫铜）作为铜及铜合金的共性代表板材，而只能分别讨论四种铜材（纯铜、黄铜、青铜、白铜），对钢组合的异种金属焊接性才有实际意义和使用价值。

1. 熔焊的冶金相容性

在 Fe – Cu 二元合金相图（见图 1-6）中可以看到以下特点：

1）在 Fe – Cu 液态时无限互溶，固态时有限固溶，没有金属间化合物产生。

2）结晶区间很大（300 ~ 400℃），在结晶区间形成铁在铜中的有限固溶体 ε 相。

3）对于固态时的双相组织，当 $w(Fe)$ 小于 10% 时，则合金组织为晶粒粗大的 α 相；当 $w(Fe)$ 在 10% ~ 43% 区间时，固相为 $\alpha + \varepsilon$ 双相组织。

2. 铁与铜的物理性能差异

1）铁与铜的物理性能差异很大，熔点相差 300 ~ 400℃，属于高熔点金属与低熔点金属组合的熔焊，为此可以设计焊缝的化学成分应与低熔点金属相近或相同。若采用高熔点金属作为填充材料，往往会产生各种冶金缺陷。

2）热导率相差近十多倍。如果纯铜的相对热导率为 100，则低碳钢为 12，奥氏体不锈钢为 5。熔焊时需要在铜一侧预热，并使热源（如电弧）偏向铜侧方能加热均匀，焊前预热，同时也是消除热应力的措施之一。

3）铜的线胀系数和收缩率比铁大 15% 和 1 倍以上，因热胀冷缩不同，焊缝结晶后会产生较大的热内应力，成为发生热裂纹的原因之一。

3. 主要焊接缺陷

铁与铜组合熔焊的焊接缺陷主要是裂纹和气孔。

（1）裂纹 裂纹有低熔共晶物和渗透裂纹两种。

1）低熔共晶物。焊缝产生低熔共晶物在较大的热应力条件下发生的热裂纹，低熔共晶物是指 $Cu + Cu_2O$（熔点为 1064℃，比 Cu 的熔点 1083℃ 略低），或钢和铜中杂质（Bi、Pb、S、P 等）超标产生的低熔共晶物 $Cu + Bi$（270℃）、$Cu + Pb$（326℃）、$Cu + CuS$（1067℃）等，在纯铜中杂质不超标的条件下，氧是产生热裂纹的主要原因。Cu_2O 溶于液态铜而不溶于固态铜。铜是次于铝而极易氧化的金属，在铜材加工，焊前预热及焊接过程中，都会产生铜的氧化膜附在固态铜和液态铜（熔滴及熔池）表面或溶于液态熔池中。氧的来源是空气和水汽的分解。

2）渗透裂纹。铁与铜组合熔焊易产生的第二种裂纹是所谓渗透裂纹，也属于液化裂纹或热裂纹的一种。渗透裂纹是在 Fe + Cu 焊缝近缝区钢一侧的边界上，在结晶区间（L + γ）温度条件下，表面张力极小的铜向钢的晶粒边界渗入，造成近缝区（半熔合区）的晶间或晶界偏析，在冷却后存在有较大的热应力条件下发生所谓渗透裂纹。

渗透裂纹和近缝区钢的组织状态有关，液态铜能浸润奥氏体，而不能浸润铁素体，所以如果是单相奥氏体（晶粒粗大），则容易产生渗透裂纹；如果是奥氏体 + 铁素体双相钢，就不容易产生渗透裂纹。图 3-8 是一条典型奥氏体不锈钢基体上的铜渗透裂纹外观。

（2）气孔　氢气孔是铁与铜组合熔焊时容易出现的焊接缺陷之一。如果焊缝金属是铜，则在液态熔池中氢会有极高的溶解度，焊缝凝固时氢在铜中的溶解度的突变，使得氢原子聚集逸出，来不及逸出便成为气孔，这是气孔产生的一般规律。但在焊缝为铜的条件下，氢气孔发生的敏感性更突出，因为氢在液态铜中的溶解度远远大于其他的液态金属，如铝或钢。此外，还有氧致气孔，如本章 3.2.2 节所说的"反应气孔"。

图 3-8　典型奥氏体不锈钢基体上的铜渗透裂纹外观
（放大 100 倍）

除渗透裂纹外，铁与铜组合异种金属熔焊产生的焊接缺陷与纯铜本身同种金属熔焊焊接缺陷产生的原因完全一样。但解决的办法则不一样。依靠选择合适的焊接方法及合理的工艺措施来获得合格的焊接接头。

3.2.4　钢与纯铜组合的熔焊焊接方法选择与工艺

钢与纯铜组合的异种金属熔焊是，依靠选择不同的熔焊方法，以及制定合理的熔焊工艺来获得合格的使用焊接性。

1. Q235 低碳钢与 T4 纯铜组合的焊条电弧焊

低碳钢（Q235）与纯铜（以 T4 为例）组合的焊条电弧焊，有以下几种情况：

（1）采用低碳钢焊条 J422（E4303）或 J507 外缠铜丝的焊接法　焊前，需在焊件表面焊接区进行清理，板厚小于等于 2mm 时，可以不用预热，大于 2mm 必须预热，可以用气体火焰在焊件两侧预热，预热温度为 400 ~ 500℃；板厚大于等于 4mm 时，在其两侧都要开 V 形坡口，坡口角度为 60°~ 70°，钝边为 1 ~ 2mm，不留间隙，焊缝背面要有带成形槽的铜垫板。电弧偏向铜侧，其焊接参数见表 3-16。

由表 3-16 可知焊条电弧焊的焊接电流较小，是公式 $I = (30 \sim 50)d$ 的下限（式中 d 是焊条直径，单位 mm；I 为焊接电流，单位为 A）。小电流、短弧和高焊接速度旨在抑制低熔共晶 CuO + Cu 导致的热裂纹。因为焊缝的填充金属是低碳钢，且药皮中有 Si 和 Mn 向焊缝的过渡。因此，发生渗透裂纹的可能性几乎没有。主要焊接缺陷是氢气孔和热裂纹。这种采用 J422 焊条焊接 Q235 + T4 组合的异种金属的方法，其优点是成本低、设备简单，缺点是对焊工的技术水平要求较高，焊工需要灵活地掌控焊条电弧的指向角度，既能保证焊件两侧加热均匀使之同时熔化，又能保证焊缝中的熔合比合理，以便能够获得 α + ε 双相组织的焊缝，减少热裂纹发生的可能性。否则焊接接头强度及塑性会降低很多。这种采用低碳钢焊条焊接 Q235 低碳钢与 T4 纯铜组合的方法，仅适合力学性能要求低的焊接结构中。

表 3-16　低碳钢与纯铜组合的焊条电弧焊对接焊的焊接参数

异种金属的组合	厚度/mm	接头形式	焊条牌号（型号）	焊条直径/mm	电弧电压/V	焊接电流/A
Q235 + T4	3 + 3	对接，开 I 形坡口	J422（E4303）	2.5	25 ~ 27	66 ~ 70
	4 + 4		J422（E4303）	3.2	27 ~ 29	70 ~ 80
	5 + 5	对接，开 V 形坡口	J422（E4303）	3.2	30 ~ 32	80 ~ 85
	12 + 1		J422（E4303）	3.2	32 ~ 34	80 ~ 85
	1 + 1	对接，开 I 形坡口	J422（E4303）	2.5	20 ~ 22	75 ~ 80
	2 + 2		J422（E4303）	3.2	23 ~ 25	75 ~ 80
	3 + 3		J422（E4303）	3.2	25 ~ 27	80 ~ 85

采用低碳焊条（J422）焊接 Q235 + T4 组合的异种金属组合，需要焊工有极高的技巧才能使铜的熔化量增大，能获得双相组织的焊缝金属。如果采用图 3-9b 所示的方法，将 $\phi1.25mm$ 的纯铜丝缠绕于 $\phi3.2mm$ 的低氢型焊条 J507 的药皮外，其缠绕密度应根据焊件厚度和坡口形式估算焊缝的含铜量，经过试验取出经验数据。根据有关参考文献所提供的数据，如某化工厂的电解槽阴极导电板的 Q235 与 T2 的组合，其接头形式尺寸如图 3-9a 所示。

J507 焊条纯铜丝缠绕间距 $S = 1 ~ 3mm$，如图 3-9b 所示。施焊时极容易调整焊缝铜的溶入量，使铁的质量分数在焊缝中的比例为10% ~ 43%，结果焊缝不会出现热裂纹，接头强度、导电性能都可满足设计要求。铜丝缠绕焊条法的焊接工艺要点如下：

铜侧预热 650 ~ 700℃，层温相同。铜丝缠绕 J507 焊条以大热输入焊接，直流反接，焊接电流为 140 ~ 150A（$\phi3.2mm$ 焊条）和 190 ~ 200A（$\phi4mm$ 焊条），焊接速度为 3 ~ 5.4m/h，

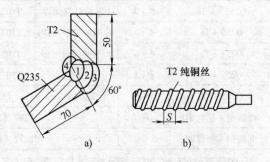

图 3-9　导电板接头形式与铜丝缠绕焊条
a）导电板接头形式　b）铜丝缠绕焊条示意图
S—间距

电弧偏向铜侧并在铜侧稍作停留。坡口间隙为 3mm，使用不锈钢垫板以使单面焊双面成形。为避免产生过大的焊接应力，要求在不外加拘束状态下焊接。导电板焊后所产生的绕曲变形，可在冷却后再进行矫正。如焊接 52 块导电板均未开裂，接头电阻、导电性和强度都达到了设计要求。

（2）采用 T107（ECu）铜焊条的焊条电弧焊　焊前，对焊件表面的清洗、坡口设

置、垫板和预热及电弧指向，与前面方法相同。Q235 + T4 组合采用纯铜焊条的焊条电弧焊的焊接参数见表 3-17。由表可知，与采用低碳钢焊条焊接相比，前者的焊接电流约大出近 1 倍，采用大热输入焊接。焊缝基本上是纯铜与铁的连续固溶体，不会产生金属间化合物。钢侧边界会发生铜的渗透，因此，铜焊条实现 Q235 + T4 组合的焊条电弧焊，也有产生热裂纹、渗透裂纹和氢气孔的可能。

需在低碳钢与纯铜两侧进行预热，用大电流施焊，可以延长焊缝液态金属停留时间，有利于气孔的逸出，但也增加了两种裂纹生成的敏感性。焊接区氧化增加，熔池中氧化亚铜（Cu_2O）溶解度增加，低熔共晶物 $Cu_2O + Cu$ 会增加（暂不考虑母材中杂质 Bi、Pb、P、S 等可能生成的低熔共晶物）。所以，大电流焊接时，氧致热裂纹发生倾向和氢气孔生成的敏感性是相矛盾的。解决的办法是调整焊接电弧的指向角度，使铁的质量分数在焊缝金属中的比例达到 10% ~ 40%，其结果焊缝冷却结晶后会出现 $\alpha + \varepsilon$ 双相组织，基本上可以避免热裂纹的产生。因此，铜焊条（T107）焊接 Q235 + T4 的组合接头，也需要焊工有较高的技术熟练水平，但毕竟比采用 J422 焊条实现铁在焊缝中的理想熔合比要容易得多。采用铜焊条施焊虽然比低碳钢焊条的焊接成本要高，但接头质量远远超过低碳钢焊条施焊的焊缝质量，焊接缺陷发生的可能性很小。

表 3-17   低碳钢与铜及铜合金焊条电弧焊的焊接参数

异种金属组合	厚度组合 /mm	接头形式	焊条		焊接电源和极性
			牌号（型号）	直径 /mm	
Q255[①] + T4	3 + 3	I 形坡口双面焊	T107（ECu）	3.2	130A，直流正极性
Q255 + T4	4 + 4	V 形坡口单面焊	T107（ECu）	4.0	180A，直流正极性
Q255 + T2	6 + 6	V 形坡口单面焊	T107（ECu）	4.0	120 ~ 160A，直流正极性
Q255 + T4	8 + 4	T 形接头	T107（ECu）	3.2	120 ~ 160A，直流正极性
Q255 + T4	10 + 3	T 形接头	QSi3 - 1	4.0	120 ~ 160A，直流正极性
低碳钢 + 硅青铜	—	—	T207（ECuSi - B）		直流正极性
低碳钢 + 铝青铜	—	—	T237（ECuAl - C）		直流正极性

① Q255 牌号在 GB/T 700—2006 标准中已取消，但工程上仍有使用。

（3）采用镍基焊条的焊条电弧焊   如采用牌号为 Ni112 的纯镍焊条进行焊条电弧焊，会有较好的效果，镍和母材两侧的铁和铜都可以形成无限连续固溶体，不用担心焊接热裂纹的发生。但是焊接成本会更高，故一般不采用。只有在小件、单件、与应急条件下使用才是合理的。

2. 12Cr18Ni9 不锈钢与纯铜（T2）组合的焊条电弧焊

12Cr18Ni9 不锈钢与 T2 纯铜组合的焊条电弧焊，可以采用不同的焊条在相同的条件下焊接，其结果比较见表 3-18。

表 3-18　12Cr18Ni9 不锈钢与 T2 纯铜组合用不同焊条焊接的焊条电弧焊结果比较

异种金属组合	12Cr18Ni9 + T2			
焊条烘干温度	100 ~ 200℃			
预热温度	铜侧 400 ~ 450℃，不锈钢侧 350 ~ 400℃			
焊接参数	直接反接，短弧焊，焊条直径 3.2mm，焊接电流 100 ~ 160A，焊接速度为 0.25 ~ 0.3cm/s，电弧电压 25 ~ 27V，电弧不摆动，短弧指向铜侧			
采用焊条	蒙乃尔焊条成分（质 量 分 数,%）（Ni70 + Cu30）	铜焊条（焊条型号）T107（ECu）	不锈钢焊条（焊条型号）（E209）	纯镍焊条（焊条型号）Ni12（ENi－O）
焊接结果	易出现少量低熔共晶导致的热裂纹	不锈钢侧易出现渗透裂纹，不易出现热裂纹	易出现低熔共晶导致的热裂纹	不易出现热裂纹及渗透裂纹，强度较高

由表 3-18 可知，采用纯镍焊条（ENi－O）焊接 12Cr18Ni9 + T2 纯铜组合的焊接接头效果最好。其他三种焊条适用于对焊接结构力学性能要求不高的场合，毕竟焊接成本较低。由于 Ni 和 Fe、Cu 都能生成无限固溶体，所以，由纯镍焊条焊接薄板 18－8 型不锈钢板 + T2 纯铜板组合是焊接接头质量较好的原因。

对于厚板（$\delta > 6mm$）的 12Cr18Ni9 + T2 组合，也可以开坡口直接采用纯镍焊条焊接，也可以用纯镍焊条在不锈钢坡口上堆焊过渡层之后，采用纯铜焊条（ECu）施焊，后者无论是焊接效果还是生产成本都比较理想，因为纯镍焊条比纯铜焊条（如 T107）或不锈钢焊条（如 E209）的成本高得多。

图 3-10 是一组焊接成功的 T2 纯铜铜管与 12Cr18Ni9 不锈钢法兰异种金属组合的焊接接头示意图。铜管导电，铜管内常压通水，对焊接接头只要求密封性好，导电性不受损失，没有力学性能要求。

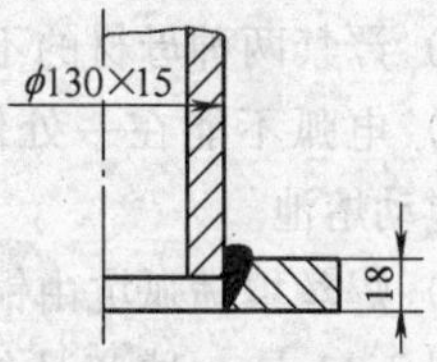

图 3-10　T2 纯铜管与 12Cr18Ni9 不锈钢法兰异种金属组合的焊接接头示意图

T2 铜管与不锈钢法兰组合的焊接工艺要点如下：

1）焊前准备。清洁焊接接头，法兰开半 V 形坡口，坡口角为 25°，用 ϕ4.0mm 纯镍焊条（ENi－1，即 Z308），小电流 120 ~ 150A 施焊，不摆动电弧，快速焊，在法兰坡口上堆焊过渡层，将坡口填平，装配。

2）堆焊金属过渡层，焊前应预热铜管到 450 ~ 480℃。

3）采用 ϕ5.0mm T107 纯铜焊条焊接铜管－法兰间的角焊缝，焊接电流为 180 ~ 240A，直流反接。焊接过程中以气体火焰进行跟随加热，加热范围距离接头 250mm 左右。快速焊，电弧不摆动，分段退焊法，焊缝逐层清理。焊接结果经检验未发现焊接缺陷，试压合格。

3. 12Cr18Ni9 不锈钢与 T2 纯铜组合的 TIG 焊

TIG 焊的特点，其一是保护效果好；其二是热量集中，热影响区小，接头变形小；

其三是热源与焊丝分别控制，能方便地调节热输入，能准确地判断及调整熔敷量。这三点是钢与纯铜的组合 TIG 焊时，避免焊接缺陷产生行之有效的熔焊方法。

18－8 型奥氏体不锈钢与纯铜组合熔焊，容易出现的焊接缺陷有热裂纹、渗透裂纹和氢气孔及氧致反应气孔。由于 12Cr18Ni9 不锈钢是奥氏体组织，半熔合区与液态铜接触极易产生铜向铁晶界渗透出现渗透裂纹，选择填充金属是能否避免产生渗透裂纹的关键，希望液态铜不要与不锈钢半熔化区直接接触，如在铁与铜之间采用过渡层的方法，不适宜采用铜基焊丝。应当采用与铁、铜都能形成无限连续固溶体的镍基焊丝作为过渡层，或直接作为填充金属；同时，希望填充金属（焊丝）中含有脱氧剂，以减少氧化亚铜的生成，避免成为低熔共晶物（$Cu_2O + Cu$）发生氧致热裂纹，填充金属中如果含有 Mn，则可置换钢中杂质 S 与 Fe 生成的低熔共晶物 FeS 中的铁，而生成 MnS 不溶于熔池，进入渣池，即所谓"脱硫"。

气体保护焊用纯镍及镍合金焊丝的熔敷金属化学成分见标准 GB/T 15620—2008。

奥氏体型不锈钢（1Cr18Ni9）与纯铜（T2）组合 TIG 焊工艺要点如下：

1）采用 ERNiCr－3 镍基焊丝（ϕ2.4mm）作为填充金属。采用 ERNiCr－3 焊丝有三个原因：一是镍与铜能够无限固溶，二是焊丝中 w(Mn) 为 2.5% ～3.5% 叮以有效地减轻 P、S 导致的热裂纹倾向，三是 ERNiCr－3 焊丝的导热性介于铜与不锈钢之间。

2）TIG 电弧必须偏离不锈钢，而指向铜侧，距离坡口中心约 5～8mm，以控制不锈钢的熔化量，焊丝在不锈钢侧熔池中，因为不锈钢的热导率只有纯铜的 1/30。

3）采用快速焊、不摆动电弧的焊接法。

4）厚度超过 3mm 时，不锈钢侧开半 V 形坡口，铜侧不开坡口，尽量减少不锈钢的熔化量。

5）严禁两种母材的不填丝自熔焊。

6）电弧不能在一处停留时间过长，并避免过分搅动熔池。

7）焊丝填满弧坑由铜侧引出。

图 3-11 是一种产品的散热片接头结构示意图，由厚度为 2mm 的纯铜板搭接在不锈钢（12Cr18Ni9）管上进行 TIG 焊。TIG 焊的焊接参数见表 3-19。

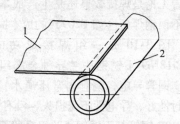

图 3-11　某产品散热片接头结构示意图
1—纯铜板厚 2.0mm
2—12Cr18Ni9 钢管，ϕ32mm×2.5mm

表 3-19　纯铜板与不锈钢管组合的 TIG 焊搭接的焊接参数

项目	参数	项目	参数
异种金属组合	12Cr18Ni9 + T2	焊接电流/A	130～150
焊接方法	手工 TIG 焊，Ar 气保护	电弧电压/V	13～14
填充焊丝	镍基焊丝，ERNiCr－3，ϕ2.4mm	氩气流量/（L/min）	10～12
钨极直径	ϕ1.6mm，直流正接	焊接速度/（m/h）	12

4. Q345（16Mn）低合金钢与纯铜组合的 TIG 焊

低合金钢和碳钢比较，低合金钢因为含碳量及含硫量较低，且含锰量较高，因此，以 Q345（16Mn）为代表的低合金钢自身同种金属熔焊，出现由低熔共晶导致的热裂纹的倾向较小。

Q345（16Mn）钢与 T2 纯铜组合的熔焊，主要问题应当是 Q345（16Mn）钢半熔合区铜的渗透而出现的渗透裂纹和氧致裂纹。TIG 焊虽然保护效果较好，但铜本身极易氧化（仅次于铝），在焊前预热 400 ~ 500℃ 条件下，焊接区仍会有氧化亚铜熔入熔池而可能生成 $Cu_2O + Cu$ 的低熔共晶物。在 Q345（16Mn）钢和 T2 纯铜组合的条件下，二者的热物理性能差异会出现较大的热应力，因此出现热裂纹和渗透裂纹都是要求从工艺方法和工艺措施上避免其发生。

TIG 焊时氢气孔出现的可能性极小，可以不考虑。TIG 焊热量集中，熔池停留时间短，晶粒小，对避免渗透裂纹的产生都比较有利；TIG 焊时可以分别控制焊丝和热源，根据熔池体积和熔合比容易调整的特点，在 Q345（16Mn）钢与 T2 纯铜组合时，完全可以采用不添加焊丝，而是利用焊件自熔化的方法来控制熔池中的含铁量，将铁的质量分数控制在 10% ~ 40% 范围内，使熔池冷凝后生成 $\alpha + \varepsilon$ 双相组织，其中 ε 相是铁在铜中的有限固溶体，出现双相组织时可以避免渗透裂纹的产生。

在讨论 18 – 8 型不锈钢与 T2 纯铜组合的 TIG 焊时，严禁两种母材不填丝自熔焊，那是因为不锈钢组织是单相奥氏体，对生成渗透裂纹特别敏感的缘故。而 Q345（16Mn）钢 + T2 纯铜自熔焊，可以方便地调整出双相组织阻止渗透裂纹的产生，但 12Cr18Ni9 不锈钢与 T2 纯铜组合的则不可能。图 3-12 是 16MnR 钢与 T2 纯铜管板组合的 TIG 焊自熔焊接头示意图。

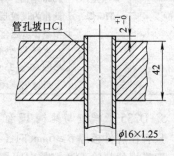

图 3-12 中管子的伸出长度在 2 ~ 3mm 之间，是经试验后确认的长度。此数值决定了焊缝中的铜、铁含量比例，其焊接参数见表 3-20。

图 3-12　16MnR 钢与 T2 纯铜管板
组合的 TIG 自熔焊接头
示意图

表 3-20　TIG 不填丝自熔焊的焊接参数

喷嘴直径/mm	焊接电流/A	电弧电压/V	氩气流量/(L/min)	电源极性
12	130 ~ 140	12 ~ 13	12 ~ 15	直流正接

图 3-13 是 16MnD 钢与 T2 纯铜管 – 管组合的对接 TIG 焊焊接接头示意图。这是某化工企业的一种低温压力容器管 – 管接头，规格为 $\phi22mm \times 2mm$。相关参考文献给出了 TIG 焊和气焊比较试验记录，见表 3-21。

16MnD 钢与 T2 纯铜管 – 管对接 TIG 焊的工艺要点及焊接参数如下：T2 纯铜管端焊前预热 350 ~ 400℃ 后，敷以 CJ301 气剂协助脱氧，交流 TIG 焊；焊接材料为 T2 窄条

（尺寸 2mm×3mm×300mm），焊接电流为 80 ~ 100A，氩气流量 10 ~ 12L/min，管内通 3 ~ 4L/min 氩气保护，电弧朝向熔点高的 16MnD 钢侧，钨极 φ2.4mm，喷嘴距离焊件 12mm，弧长 2 ~ 4mm。焊接完全成功，容器工作正常。

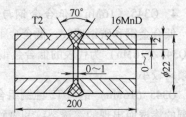

图 3-13 16MnD 钢与 T2 纯铜管 - 管组合的对接 TIG 焊焊接接头示意图

由以上两个焊接实例可以得出结论：低碳钢或低合金钢与纯铜的组合接头，具有极好的 TIG 焊工艺焊接性和灵活性。

表 3-21 16MnD 钢与 T2 纯铜组合的管 - 管接头焊接试验具体方案记录表

方案序号	焊接方法	填充金属	熔合情况	抗拉强度 σ_b/MPa	备注
1	气焊	母材 T2 窄条	较好	160	添加硼砂
2	手工 TIG 焊	纯铜焊丝 HS201	较好	150	
3		纯镍焊丝	一般	90	
4		16MnD 端先用纯镍焊丝堆焊 3 ~ 5mm 端面，焊好后车削坡口，并以此作为过渡层与 T2 管对接，用 T2 窄条作填充金属进行焊接	一般	130	直流正接
5		母材 T2 窄条	较好	180	
6		镍 60 铜 35 合金焊丝	一般	100	
7		母材 T2 窄条	较好	180	交流

5. Q235 低碳钢与纯铜 T2 组合的埋弧焊

只有在焊件板厚 $\delta \geqslant 6mm$ 时，以及长而规则的焊缝（直线或圆焊缝）才适用于埋弧焊。埋弧焊的热输入及熔敷率比焊条电弧焊大得多（大约是 4 ~ 5 倍）。埋弧焊的熔池体积大，液态金属停留时间长是其特征。Q235 珠光体碳钢与 T2 纯铜的组合对渗透裂纹的发生倾向较小，所以大热输入的埋弧焊可以不忌讳采用，而且对避免气孔产生有利。此外，在 Q235 低碳钢 + T2 纯铜埋弧焊时，还可以调整 Q235 的低碳钢熔化量，使焊缝金属生成 $\alpha + \varepsilon$ 双相组织，以此来避免渗透裂纹的产生。其调整方法如下：

1）选用纯铜焊丝（T2）。

2）使焊接电弧偏向铜侧几个毫米（经验数据），以及坡口不对称 V 形的角度"铁小铜大"，并尽量减小 Q235 低碳钢的熔化量。

3）Q235 低碳钢与 T2 纯铜组合的埋弧焊，使用高硅高锰焊剂（HJ431 或 HJ430），焊剂中脱氧剂 Mn、Si 的熔入对焊缝降低铁的低熔共晶是有利的。

4）在坡口中放置几根镍丝或铝丝作为填充金属，也是为了减少铁在焊缝中的比例，最好要求铁的质量分数在焊缝中占 10% 以上，不要超过 43%。镍与铁或铜都能生成无限连续固溶体，铝的加入是为了使焊缝强化力学性能，可以获得力学性能良好的 Cu - Al 青铜合金或 Cu - Ni - Fe 白铜合金焊缝，并可实现单面焊双面成形效果。

　　铁与铜的组合，因为不会出现金属间化合物，也是 Q235 低碳钢与 T2 纯铜可以采用大热输入埋弧焊的原因之一。而铁与铝则不允许采用埋弧焊。

　　本书 1.2 节及表 1-13 给出了 Q235 + T2 组合埋弧焊工艺及其焊接参数。

　　实际上最有效的埋弧焊工艺，应当是采用纯镍焊丝或镍铜焊丝进行埋弧焊，或者在 Q235 低碳钢侧钎接铜的过渡层，采用 T2 焊丝进行埋弧焊，虽然焊接成本会成倍地增加，但提高了焊接接头的质量。

　　6. 12Cr18Ni9 不锈钢与 T2 纯铜组合的埋弧焊

　　12Cr18Ni9 不锈钢 + T2 纯铜组合的埋弧焊工艺特点如下：

　　1）铜极易氧化，生成的氧化亚铜可溶于液态铜，但不溶于固态，因而会在焊缝中出现低熔共晶物 $Cu_2O + Cu$。虽然在埋弧焊条件下，保护效果较好，但高温（400 ~ 500℃）预热时会使铜的表面被氧化。由 Fe – Cu 二元合金相图可知，Fe – Cu 合金的结晶区间很大，约 300 ~ 400℃，也会助长低熔共晶物的生成。

　　2）纯铜的热导率比不锈钢大得多（398:12），但线胀系数非常接近，二者之比为 16.6:16。因此，焊缝两侧金属在热循环过程中几乎同步热胀冷缩，产生较小的热应力，有利于避免热裂纹的生成。

　　3）12Cr18Ni9 是奥氏体组织，半熔合区边界的铜极易渗入铁中，生成渗透裂纹，又助长了渗透裂纹的扩展。因此，尽量避免液态铜在熔池中与不锈钢半熔合区的接触，采用纯镍过渡层的办法是解决 12Cr18Ni9 不锈钢与 T2 纯铜组合发生渗透裂纹的重要措施。

　　纯镍堆焊过渡层时，可以堆焊在钢侧，也可以在铜侧或两侧同时堆焊隔过渡层。此时，焊缝填充金属可以是钢，也可以是铜，或者直接采用纯镍焊丝进行埋弧焊。

　　4）纯铜同种金属埋弧焊一般采用高硅高锰焊剂（HJ431），1Cr18Ni9 不锈钢 + T2 纯铜组合的埋弧焊也可以采用 HJ431 焊剂，焊剂向熔池过渡的 Mn、Si 可以抑制焊件材料中杂质 P、S 或 Bi、Pb 生成的低熔共晶物。

　　5）焊前应将焊件认真清理并烘干焊剂，则使氢气孔发生的可能性不大。在坡口中躺放纯镍丝或铝丝作为附加填充金属，采用 HJ431 或 HJ430 焊剂和纯铜焊丝进行埋弧焊，这是焊接成本最低的熔焊方法。添加填充金属，使焊缝金属出现白铜或铝青铜（双相 α + β 铝青铜）是解决 12Cr18Ni9 不锈钢 + T2 纯铜埋弧焊最好的方案之一。

　　本书第 1 章 1.2 节图 1-9 所示的啤酒糊化锅不锈钢与纯铜的埋弧焊坡口中不添加辅助镍丝或铝丝，应当是一个特殊结构特例。低碳钢外壳在焊接过程中的变化的拘束度，使焊缝的应力发生了复杂的重新分布，最终自行消除了拉应力，因而应当不会发生热裂纹。

　　7. Q235 低碳钢与 T2 纯铜组合的电子束焊

　　Q235 低碳钢与纯铜可直接进行电子束焊，电子束焊焊接热能密度大、熔化金属量少，热影响区窄、焊接接头质量高和生产率高。Q235 低碳钢与纯铜电子束焊时最好采用中间过渡层（Ni – Al 或 Ni – Cu 等），且 Ni – Cu 中间过渡层比 Ni – Al 中间层的焊接质量好。Q235 低碳钢与纯铜电子束焊的焊接参数见表 3-22。

表 3-22   Q235 低碳钢与纯铜电子束焊的焊接参数

异种金属组合	板厚/mm	电子束电流/A	焊接速度/(cm/s)	加速电压/V	中间层金属
Q235 + 纯铜	8 ~ 10	90 ~ 120	1.2 ~ 1.7	30 ~ 50	Ni – Al 或 Ni – Cu
	12 ~ 18	150 ~ 250	0.3 ~ 0.5	50 ~ 60	

3.2.5   钢与铜合金组合的熔焊焊接性及焊接工艺选择

1. 12Cr18Ni9 不锈钢与 H62 黄铜组合的 TIG 焊

钢与铜合金组合的焊接性比钢与纯铜组合焊接性有较大的优势。

以黄铜为例讨论铜合金与钢组合异种金属的焊接性特点：

1）黄铜热导率只有纯铜的 1/3，因此，钢 + 黄铜组合，黄铜侧的预热温度可以比纯铜低，根据黄铜厚度 $\delta \geqslant 3\text{mm}$ 时，可以使预热温度控制在 200 ~ 300℃ 之间。

2）黄铜是铜锌合金，常见黄铜为 $\alpha + \beta$ 双相组织，α 为锌在铜中的固溶体，β 为铜锌化合物 CuZn 为基体的固溶体，以及黄铜的表面张力比纯铜大得多，因此，钢 + 黄铜组合发生铜渗透裂纹的倾向几乎为零。

3）钢与黄铜组合，仍然属于高熔点与低熔点的组合焊接，因此，焊缝金属适宜采用与低熔点相同或相近的材料作为填充金属，以及适宜采用 TIG – 钎接焊接法。对于高熔点的钢是以黄铜为钎料、以 TIG 电弧为热源的钎接，对低熔点的黄铜是熔焊（TIG），TIG – 钎接焊接法的要点是开不对称或半 V 形坡口，电弧偏向低熔点侧，尽量减少钢的熔化量。

采用铝青铜焊丝作为填充金属，可以制约焊缝中氢气孔的产生，焊缝金属含有铝时，氢的溶解度会大大降低。同时，铝（还有钛等）也是很强的脱氧剂。

4）焊接工艺选择合适时，钢与黄铜组合焊接一般不会有气孔、裂纹等缺陷产生。表 3-23 是 12Cr18Ni9 不锈钢与 HSn – 62 黄铜组合的 TIG 焊的焊接参数，焊丝为 HSn62 – 1。

表 3-23   12Cr18Ni9 不锈钢与 HSn – 62 黄铜组合的 TIG 焊的焊接参数

焊件厚度 /mm	钨极直径 /mm	钨极伸长度 /mm	喷嘴直径 /mm	焊接电流 /A	氩气流量 /(L/min)
3 + 3	3	5 ~ 6	12	100 ~ 120	10
3 + 6	3	5 ~ 6	12	140 ~ 180	10
3 + 18	3	5 ~ 6	12	150 ~ 200	12

图 3-14 为板厚大于等于 3mm 时，TIG – 钎接焊接法的接头形式与电弧位置示意图，其钝边在 1 ~ 2mm 范围内，间隙在 0 ~ 0.2mm 之间，或不留间隙。

焊前需清理焊件表面，正反面涂上溶剂[w(H$_3$BO$_3$) 为 70%，w(Na$_2$B$_4$O$_2$) 为 21%，w(CaF$_2$) 为 9%]，烘干后施焊。焊丝选用含铝的铝青铜合金焊丝（HSCuAl），或含硅的硅青铜焊丝（HSCuSi）。所选用焊丝的化学成分见表 3-24。

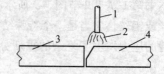

图 3-14   TIG – 钎接焊接法的接头形式与
电弧位置示意
1—钨极   2—电弧
3—高熔点金属（钢）
4—低熔点金属（黄铜）

表 3-24　铜及铜合金焊丝的化学成分、用途及标识（摘自 GB/T 9460—2008）

类别	牌号	代号	识别颜色	化学成分（质量分数,%）												杂质元素总和	相当统一牌号	主要用途
				Cu	Zn	Sn	Si	Mn	Ni	Fe	P	Pb	Al	Ti	S			
铜	HSCu	201	浅灰	≥98.0	≤1.0	≤0.5	≤0.5				≤0.15	≤0.02	≤0.01			≤0.50	HS201	用于耐海水磨蚀等钢件的堆焊
黄铜	HSCuZn-1	221	大红	57.0~61.0		0.5~1.5											HS220	用于轴承和耐腐蚀表面的堆焊
	HSCuZn-2	222	苹果绿	56.0~60.0		0.8~1.1	0.04~0.15	0.01~0.5		0.25~1.20							HS222	
	HSCuZn-3	223	紫蓝	56.0~62.0	余量	0.5~1.5	0.1~0.5	≤1.0②	≤1.5②	≤0.5②		≤0.05	≤0.01			≤0.50	HS221	
	HSCuZn-4	224	黑色	61.0~63.0		0.3~0.7											HS224	
白铜	HSCuZnNi	231	棕色	46.0~50.0	余量	—	≤0.25		9.0~11.0		≤0.25	≤0.05*	≤0.02*	0.20~0.50	≤0.01	≤0.50	—	用于钢件的堆焊
	HSCuNi	234	中黄	余量	*	*	≤0.15	≤1.0	29.0~32.0	≤0.40~0.75	≤0.02	≤0.02*					—	
青铜	HSCuSi	211	紫红		≤1.5	≤1.1	2.8~4.0	≤1.5	≤0.5				0.01					用于耐腐蚀表面的堆焊,不能用于轴承堆焊
	HSCuSn	212	粉红			6.0~9.0					0.10~0.35		0.01					用于轴承及耐腐蚀表面的堆焊
	HSCuAl	213	中蓝	余量	≤0.10		≤0.10	≤2.0				≤0.20	7.0~9.0		≤0.5		—	用于耐腐蚀表面的堆焊
	HSCuAlNi	214	中绿		≤0.10*		≤0.10	0.5~3.0	0.5~3.0	≤2.0			7.0~9.0				—	用于耐磨、耐腐蚀表面堆焊

2. 12Cr18Ni9 不锈钢与 H62 黄铜组合的焊条电弧焊

奥氏体型不锈钢（12Cr18Ni9）和黄铜（H62）组合的焊条电弧焊，是焊接成本较低的一种方法，而且接头质量基本上可以满足使用要求。

焊条不宜采用不锈钢，会产生渗透裂纹。高熔点金属与低熔点金属组合的焊缝填充金属不能采用高熔点金属，这是原则。最好采用纯镍焊条 Ni112 或铜镍焊条（ECuNi – A）。适宜用小直径、小电流、快速焊及不摆动的焊接工艺。表 3-25 是不锈钢与纯铜、黄铜及青铜等铜合金组合的焊条电弧焊（SMAW）焊接参数。

表 3-25　不锈钢与铜合金组合的焊条电弧焊的焊接参数

异种金属组合	板厚/mm	焊条直径/mm	焊接电流/A	焊接速度/(cm/s)	电弧电压/V	焊条牌号或型号
不锈钢 + 纯铜	3	3.2 或 4	100 ~ 160	0.25 ~ 0.3	25 ~ 27	Ni112
不锈钢 + 黄铜	3	3.2	75 ~ 80	0.35 ~ 0.38	24 ~ 25	ECuNi – 2
不锈钢 + 青铜	3	3.2 或 4	100 ~ 150	0.25 ~ 0.3	25 ~ 30	ECuAl – C 或 ECuSi – B

3. 低碳钢与白铜组合的 TIG 焊及焊条电弧焊

白铜是铜镍合金，从其二元合金相图显示了结晶区间很窄。由表 3-1 可知，其物理性能和低碳钢很接近，除线胀系数略大之外，其热导率比低碳钢还小。因此，熔焊时不用预热，白铜是钢与铜及铜合金组合中熔焊焊接性最好的金属材料，一般不会出现焊接缺陷，如果出现了热裂纹，那是原材料（钢或白铜板）本身杂质（P、S、Pb）太高，与焊接工艺几乎没有关系。钢 + 白铜组合对熔焊方法的工艺适应性是最好的。

低碳钢与白铜组合的 TIG 焊时，可以用白铜板切边作为填充金属，可用板厚为 3mm 的 B30 白铜板切成 2mm × 3mm 的板条，可当作 TIG 焊的焊丝使用。

低碳钢与白铜的组合采用焊条电弧焊时，适宜采用铜锡焊条 T227（也称做磷青铜焊条），直流反接，不预热焊接，其焊接参数见表 3-26。

表 3-26　低碳钢与白铜焊条电弧焊的焊接参数

异种金属组合	厚度/mm	接头形式	焊条（型号）	焊条直径/mm	焊接电流/A	电弧电压/V
低碳钢 + 白铜	3 + 3	对接	T227（ECuSn – B）	3.0	120	24
低碳钢 + 白铜	4 + 4		T227（ECuSn – B）	3.2	140	25
低碳钢 + 白铜	5 + 5		T227（ECuSn – B）	4.0	170	26
低碳钢 + 白铜	3.5 + 12	T 形	T227（ECuSn – B）	4.0	280	30
低碳钢 + 白铜	5 + 12		T227（ECuSn – B）	4.0	300	32
低碳钢 + 白铜	8 + 12		T227（ECuSn – B）	4.0	320	33

4. 低碳钢与铝青铜组合的 TIG 焊及焊条电弧焊

（1）低碳钢与铝青铜组合的 TIG 焊　铝青铜（QAl9 – 2）的热导率只有纯铜的 1/6，比低碳钢略高，结晶区间很窄。熔焊的问题是熔池液体表面容易形成高熔点的脆

性 Al_2O_3。因此，Q235 低碳钢 + QAl9 - 2 铝青铜组合或者 12Cr18Ni9 不锈钢 + QAl9 - 2 铝青铜组合采用 TIG 焊会有较好的焊接性。焊前不用预热。但仍属于高熔点与低熔点金属组合，TIG 焊焊接时仍需要按图 3-14 所示的要求处理坡口及电弧偏移。尽量减少钢的熔化量。

填充金属采用铝青铜切条，或 HSCuAl（或 HSCuNi）焊丝均可。焊丝化学成分见表 3-24 中的代号 213 及 234 焊丝。避免采用锡青铜焊丝，因为这种焊丝会明显地降低接头的力学性能。对于 Q235 低碳钢 + QAl9 - 2 铝青铜的组合 TIG 焊，板厚为 3mm + 3mm 的接头，其 TIG 焊的焊接参数为：焊接电流 100 ~ 120A，钨极直径 3mm，氩气流量 10 ~ 12L/min。

对于 12Cr18Ni9 不锈钢 + QAl9 - 2 铝青铜的组合 TIG 焊，建议采用纯镍焊丝 ERNi - 1 或铜镍焊丝 ERNiCu - 7，不宜采用纯铜焊丝，尤其不允许采用不锈钢焊丝，以防止铜渗透裂纹的产生。

（2）低碳钢与铝青铜组合的焊条电弧焊　Q235 + QAl9 - 2 组合接头，推荐采用 T237（ECuAl - C）焊条，直流正接，焊前不预热，板厚大于 3mm 时，在铜侧开半 V 形坡口，以减小钢的熔化量。

5. 低碳钢与硅青铜组合的 TIG 焊及焊条电弧焊

QSi3 - 1 硅青铜的热导率只有纯铜的 1/10，比低碳钢的热导率还略小，焊接时可不用预热。Q235 低碳钢 + QSi3 - 1 硅青铜组合的焊条电弧焊，可采用硅青铜焊条 T207（ECuSi - B），直流正接。

Q235 低碳钢 + QSi3 - 1 硅青铜组合的 TIG 焊，建议采用硅青铜切条或 HSCuSi 焊丝，其他焊接参数可参考钢与铝青铜的焊接。当厚度大于 3mm 或在 10 ~ 15mm 之间，则采用 MIG 焊会有高的生产率和较好的效果，仍可采用 HSCuSi 焊丝或 ERNiCu 焊丝。

3.3　钢与钛及钛合金组合的焊接

1. 钛及钛合金的特殊性能

钛及钛合金有别于其他有色金属的特殊性能有如下几点：

（1）比强度高　比强度是单位密度（σ_a）的强度（σ_b），即 σ_b/σ_a 的比值。钛（Ti）及钛合金的强度虽然与钢相近，但重量只有钢的 57%、铜的 50%。常用钛合金 TC4 的比强度为 21.7，而硬铝合金 LY12（2A12、AlCu4Mg）只有 16，比强度高的优势在于相同强度的条件下，结构可以轻量化。

（2）耐蚀性强　钛及钛合金在氧化性介质、中性介质及氯离子介质（海水）中的耐腐蚀性超过不锈钢，甚至有时超过常用 12Cr18Ni9 不锈钢的 10 倍以上。在还原性介质（稀盐酸或稀硫酸）中，经过氮化处理后的钛及钛合金耐蚀性比处理前可提高 100 倍。钛及钛合金耐蚀性强的原因是由于钛与氧的亲和力很大，甚至在室温下都能迅速生成稳定而致密的氧化膜，由于氧化膜的存在，使钛及钛合金具有良好的耐腐蚀性能。

（3）高温强度高　钛及钛合金在 500 ~ 600℃ 环境中长期工作不会丧失原有的力学

性能。而钢和铝则不能，在大气中高速飞行器（如飞机、导弹、火箭等）的表面温度升高到230℃（航速大于 3 马赫时）[⊖]，铝合金会丧失原有的力学性能，不锈钢的力学性能也会受到影响而不能应用，而钛合金仍可以继续使用。

（4）低温强度高　一般金属包括低合金低温用钢（如我国标准 GB3531—1996 中的 09MnTiCuREDR、09Mn2VDR、06AlNbCuN 等）都规定有最低使用温度，低于其极限温度会变脆，正常的力学性能会被破坏。其最低使用温度一般在 -100℃ 左右以上。美国的 ASTM - A645·72 低温用钢冲击试验温度也不过 -170℃。

而钛合金可在超低温 -269℃ 的条件下使用，仍然具有良好的塑性、足够的韧性、较高的热冲击强度、耐压和抗振等性能。适合作为航天器的液氧储箱及液氮储槽等低温结构的材料，低温用钢则不能。

（5）屈服强度和抗拉强度的比值 σ_s/σ_b 大，高于铝合金和不锈钢　钛及钛合金的弹性模量只有钢的 55%。用钛化钢制作弹簧时所需弹簧圈数少，同样大小的抗力弹簧、钛弹簧重量只有钢弹簧的 28%，且钛弹簧的振动频率高。适合用于赛车和普通汽车中。

（6）钛及钛合金在高温下对氧、氮、氢有极大的亲和力，极限溶解度很大　这些特性会给钛合金的焊接带来难度。这些难度是极易产生气孔和"脆化"。特别是氢在一定条件下溶入后，还会逆向放出，谓之"储氢作用"。例如 Ti - Mn 合金组成的 TiMn1.5 在常温下，可吸氧 20.09g/kg，一个大气压（101355Pa）可逆放氢，大约 16.52g/kg。

（7）特殊性能

1）某些钛合金（如 Ti - Ni）是具有记忆功能的记忆合金，低温下进行塑性变形，撤销外力后，加热到一定的温度，可以恢复原来的形状。

2）Nb - Ti 合金有超导能力，在 10K 温度时电流密度可达 $4 \sim 8 \times 10^4 A/cm^2$，几乎没有电阻。

3）钛合金具有良好的生物相容性，可以和人体肌肉结合。医学上作为人工关节及其他固定材料，包括钛合金人造假牙。

钛及钛合金的以上特点决定了它在工业生产中的地位，除了其特殊功能外，其余都是在焊接过程中所关注的。金属结构中以钛代钢，其高的比强度、耐腐蚀性及高温与低温强度都有极大的优势。

钛及钛合金的成本高，限制了其应用范围。钛及钛合金最大的应用局限性是成本很高，不仅钛及钛合金的熔点比钢高几百度，而且在高温下化学性质特别活泼。因此，钛及钛合金的冶炼要在惰性气体保护下进行，而不能用含氧材料。这些因素给钛及钛合金的冶炼设备、工艺增加了难度及成本。使钛及钛合金的市场价格远远高于钢铁材料或铝合金。只有在特殊的、重要的场合下才能被应用。在所有钛及钛合金中，应用量最大的是 TC4 钛合金（Ti - 6Al - 4V），其次是工业纯钛（TA1、TA2、TA3）及 TA7（Ti - 5Al - 2.5Sn），约在总量的 50 以上。

⊖　1 马赫 = 341m/s

2. 钛及钛合金的化学成分及一般力学性能

纯钛主要是工业纯钛，牌号为TA1、TA2及TA3。工业纯钛是一种银白色的轻金属，它有两种晶体结构，882℃以上为体心立方结构，称作β钛，低于此温度为密排六方结构，称为α钛。随着钛中合金元素及杂质的含量不同，同素结构转变的温度也不同。工业纯钛的塑性较好，但强度略低，在退火状态下纯钛的抗拉强度在350~700MPa之间，伸长率在20%~30%之间，因杂质含量不同而异。但仍然超过碳素钢，或者与之相等。Q195的抗拉强度只有315~390MPa，Q275为490~610MPa。而且工业纯钛有良好的低温性能。

影响工业纯钛强度的主要杂质是氧、氮和碳。三者能以间隙形式固溶于钛中，虽然能提高抗拉强度，但却使钛的塑性大大下降，尤其是氮。因此，三者不作为合金元素使用，而称作为杂质，并限制其含量。不同的工业纯钛（TA1、TA2及TA3）的差别也在于这三种间隙元素的含量不同。也可以将工业纯钛视为低合金元素的钛合金，所以其牌号和α钛合金完全一样。

钛合金按用途可分为结构钛合金、耐蚀钛合金、耐热钛合金和低温钛合金等四大类。钛合金按退火状态的平衡组织又可分为α钛合金、β钛合金及α+β钛合金三种，分别用TA、TB和TC表示。常用TA2、TA7、TC4、TC10，TB2分别是常用α钛合金、β钛合金及α+β钛合金的代表。加工钛及钛合金牌号和化学成分见标准GB/T 3620.1—2007。加工钛及钛合金的特性和应用实例，见表3-27。

表3-27 加工钛及钛合金的特性和应用实例

组别	牌号	主要特性	应用举例
碘法钛	TAD	这是以碘化物法所获得的高纯度钛，故称碘法钛，或称化学纯钛。但是，其中仍含有氧、氮、碳这类间隙杂质元素，它们对纯钛的力学性能影响很大。随着钛的纯度提高，钛的强度、硬度明显地下降，故其特点是化学稳定性好，但强度很低	由于高纯度钛的强度较低，用它作为结构材料应用意义不大，故在工业中很少使用。目前在工业中广泛使用的是工业纯钛和钛合金
工业纯钛	TA1 TA2 TA3	工业纯钛与化学纯钛不同之处是，它含有较多量的O、N、C及多种其他杂质元素（如Fe、Si等），它实质上是一种低合金含量的钛合金。与化学纯钛相比，由于含有较多的杂质元素后，其强度大大提高，它的力学性能和化学性能与不锈钢相似（但与钛合金比，强度仍然较低） 工业纯钛的特点是：强度不高，但塑性好，易于加工成形，冲压、焊接、切削加工性能良好；在大气、海水、湿氯气及氧化性、中性、弱还原性介质中具有良好的耐蚀性，抗氧化性优于大多数奥氏体不锈钢；但耐热性较差，使用温度不宜太高 工业纯钛按其杂质含量的不同，分为TA1、TA2和TA3三个牌号。这三种工业纯钛的间隙杂质元素是逐渐增加的，因此它的机械强度和硬度也随之逐级增加，但塑性、韧性相应下降 工业上常用的工业纯钛是TA2，其耐蚀性能和综合力学性能适中。对耐磨和强度要求较高时，可采用TA3。对要求较好的成形性能时可采用TA1	主要用作工作温度350℃以下，受力不大但要求高塑性的冲压件和耐蚀结构零件，例如，飞机的骨架、蒙皮、发动机附件；船舶用耐海水腐蚀的管道、阀门、泵及水翼、海水淡化系统零部件，化工上的热交换器、泵体、蒸馏塔、冷却器、搅拌器、三通、叶轮、紧固件、离子泵、压缩机气阀以及柴油发动机活塞、连杆、叶簧等 TA1、TA2在$w(Fe)$为0.095%、$\varphi(O_2)$为0.08%、$\varphi(H)$为0.0009%、$\varphi(N)$为0.0062%时，具有很好的低温韧性和高的低温强度，可用作-253℃以上的低温结构材料

（续）

组别	牌号	主要特性	应用举例
α 型钛合金	TA4	这类合金在室温和使用温度下呈 α 型单相状态，不能热处理强化（退火是唯一的热处理形式），主要依靠固溶强化。室温强度一般低于 β 型和 α + β 型钛合金（但高于工业纯钛），而在高温（500~600℃）下的强度和蠕变强度却是三类钛合金中最高的；且组织稳定，抗氧化性和焊接性能好，耐蚀性和切削加工性能也较好，但塑性低（热塑性仍然良好），室温冲压性能差。其中使用最广的是 TA7，它在退火状态下具有中等强度和足够的塑性，焊接性良好，可在 500℃ 以下使用；当其间隙杂质元素（O、H、N 等）含量极低时，在超低温时还具有良好的韧性和综合力学性能，是优良的超低温合金之一	抗拉强度比工业纯钛稍高，可做中等强度范围的结构材料。国内主要用作焊丝
	TA5 TA6		用于 400℃ 以下在腐蚀介质中工作的零件及焊接件，如飞机蒙皮、骨架零件、压气机壳体、叶片、船舶零件等
	TA7		500℃ 以下长期工作的结构件和各种模锻件，短时使用可到 900℃。亦可用作超低温（-253℃）部件（如超低温用的容器）
β 型钛合金	TB2	这类合金的主要合金元素是 Mo、Cr、V 等 β 稳定化元素，在正火或淬火时很容易将高温 β 相保留到室温，获得稳定的 β 单相组织，故称 β 型钛合金。 β 型钛合金可热处理强化，有较高的强度，焊接性能和压力加工性能良好；但性能不够稳定，熔炼工艺复杂，故应用不如 α 型、α + β 型钛合金广泛	在 350℃ 以下工作的零件，主要用于制造各种整体热处理（固溶、时效）的板材冲压件和焊接件，如压气机叶片、轮盘、轴类等重载荷旋转件，以及飞机的构件等
			TB2 合金一般在固溶处理状态下交货，在固溶、时效后使用
α + β 型钛合金	TC1 TC2	这类合金在室温呈 α + β 型两相组织，因而得名为 α + β 型钛合金。它具有良好的综合力学性能，大多可热处理强化（但如 TC1、TC2、TC7 不能热处理强化），锻造、冲压及焊接性能均较好，可切削加工；室温强度高，150~500℃ 以下且有较好的耐热性，有的（如 TC1、TC2、TC3、TC4）并有良好的低温韧性和良好的耐海水应力腐蚀及抗热盐应力腐蚀能力；缺点是组织不够稳定。 这类合金以 TC4 应用最为广泛，用量约占现有钛合金生产量的 50%。该合金不仅具有良好的室温、高温和低温力学性能，且在多种介质中具有优异的耐蚀性，同时可焊接、冷热成形，并可通过热处理强化，因而在宇航、船舰、兵器以及化工等工业部门均获得了广泛应用	400℃ 以下工作的冲压件、焊接件以及模锻件和弯曲加工的各种零件。这两种合金还可用作低温结构材料
	TC3 TC4		400℃ 以下长期工作的零件，结构用的锻件，各种容器、泵、低温部件，船舰耐压壳体、坦克履带等。强度比 TC1、TC2 高
	TC6		可在 450℃ 以下使用，主要用作飞机发动机的结构材料
	TC9		500℃ 以下长期工作的零件，主要用在飞机喷气发动机的压气机盘和叶片上
	TC10		450℃ 以下长期工作的零件，如飞机结构零件、起落支架、蜂窝联结件、导弹发动机外壳、武器结构件等

工业纯钛中加入合金元素可以提高其强度和改善其他性能。根据合金元素稳定 α 相或 β 相的作用，即对 α 相区和 β 相区与同素异构转变温度的作用，这些合金元素大体可分为三类，见表 3-28。

第一类为 α 稳定元素，钛金属的 α 相的晶体结构为密排六方结构。Al、O、N、C 为 α 相稳定元素，α 相稳定元素能提高 α 相的稳定性，扩大 α 相区的范围，提高同素异构转变温度。但真正有用的只有 Al 元素，它能以置换形式固溶于钛中，起到强化 α 钛的作用。一般 $w(Al)$ 不超过 6%，最大不超过 10%，否则易产生 Ti_3Al 化合物而变脆。氧、氮、碳虽然不属于 α 稳定元素，但却以间隙形式固溶于钛中，虽然能提高强度，但却使塑性显著地降低。所以不作为合金元素使用，只是将之视为杂质，限制其含量。

第二类 β 稳定元素，表 3-27 中的 β 稳定元素有两种，能够通过置换形式固溶于钛中的 β 稳定元素和通过间隙形式固溶于钛中的 β 稳定元素，后者只有 H 元素，虽然可以提高钛合金的强度，但却使塑性显著地降低，而视为杂质，应限制其含量。置换形式固溶的稳定元素中常用的有 V、Mo、Cr、Fe、Mn 等，这些元素的加入，不仅起到强化力学性能的作用，最重要的是能够将 β 相的稳定性扩大、扩大 β 相区范围、降低同素异构转变温度，可以将工业纯钛 882℃ 的转变温度（α→β）降低到室温以下，使退火状态平衡组织的晶体结构呈体心立方（β 相），而不是密排六方结构（α 相）。

第三类合金元素称做为中性元素，只有锡（Sn）、锆（Zr）、铪（Hf）等几种，对同素异构转变温度影响极小，在 α 钛及 β 钛中都有很大的溶解度，并对钛起到强化作用。

含有 α 稳定元素（Al）的钛合金称为 α 钛合金；含有 β 稳定元素的钛合金称为 β 钛合金；同时含有 α 稳定元素（Al）、β 稳定元素（Mo、V、Mn、Cr、Fe 等）的钛合金称为 α+β 钛合金。中性元素 Sn、Zr、Hf 等基本上含在 β 钛合金或 α+β 钛合金中。常用钛及钛合金板材横向室温力学性能见表 3-29。

表 3-28　钛合金中合金元素的分类

α 稳定元素	β 稳定元素	中性元素
Al	置换式 V、Cr、Co、Cu、Fe、 Mn、Ni、W、Mo、Pa、Ta	Sn、Zr、Hf
O N C	间隙式 H	

表 3-29　钛及钛合金板材横向室温力学性能（不小于）（摘自 GB/T 3620.1—2007）

合金牌号	名义成分	热处理状态	抗拉强度/MPa	伸长率（%）
TA1	工业纯钛	退火	370～530	30
TA2	工业纯钛	退火	440～620	20
TA3	工业纯钛	退火	540～720	20

（续）

合金牌号	名义成分	热处理状态	抗拉强度/MPa	伸长率（%）
TA6	Ti－5Al	退火	685	12
TA7	Ti－5Al－2.5Sn	退火	735～930	12
TA9	Ti－0.2Pd	退火	370～530	25
TB2	Ti－3Al－5Mo－5V－8Cr	淬火	≤980	20
		淬火、时效	1320	8
TC1	Ti－2Al－1.5Mn	退火	590～735	20
TC2	Ti－3Al－1.5Mn	退火	685	12
TC3	Ti－5Al－4V	退火	880	10
TC4	Ti－6Al－4V	退火	895	10

3.3.1 钛及钛合金同种金属的焊接性

钢与钛及钛合金组合的熔焊，一般采用间接焊接法。简接焊接法实质上是钢与钢、钛与钛的同种金属焊接。因此，分析钛及钛合金同种金属焊接性对钢与钛组合的异种金属焊接性的分析，是十分重要的。

1. 钛及钛合金的熔焊焊接性评价

在钢铁材料中，低碳钢被认为是熔焊焊接性最好的材料，因为低碳钢可以适应几乎所有的熔焊方法，包括传统熔焊与高能密度焊接方法。在分析其他钢铁材料的熔焊焊接性时，也常常以低碳钢为标准进行比较分析。

有色金属常以低碳钢的熔焊焊接性作为比较对象。此外，由于钛及钛合金的耐蚀性及比强度具有独特的优势，有时还与具有耐蚀性的不锈钢和铝合金的熔焊焊接性进行比较。与低碳钢的熔焊比较，钛及钛合金的熔焊焊接性的特点是对气孔和裂纹特别敏感，气孔和裂纹自然会降低接头强度（包括疲劳强度）和塑性。

（1）气孔 气孔产生原因是，气体在金属中的溶解度随着相变而发生突变。液相时气体的溶解度较高，固相时突变为很低，结晶时溶入液相的气体还来不及聚集逸出，便留在固相中形成宏观或微观气孔，这是所有金属熔焊时接头产生气孔的共同规律。对于钛及钛合金来说，液态时对气体的极限溶解度极高。氧在 α 钛中的溶解度可高达 14.5%（相对原子量），在 β 钛中为 1.8%（相对原子量），氮则分别为 7% 和 2%。氢一般为 10% 左右。氧、氮、氢都是空气的主要成分。室温状态钛及钛合金板材中只允许含氮、氢的体积分数在 0.01% 以下，氧的体积分数在 0.05% 以下，否则其强度及塑性会大幅度地下降，含氢量对工业纯钛焊缝金属力学性能的影响如图 3-15 所示。

钛及钛合金的焊接气孔形成原理既遵循金属与气体关系的一般规律，又有其特殊性。其特殊性在于钛是一种活性金属，其活性远远超过铝。钛在常温下能与氧生成致密的氧化膜，并保持极高的稳定性和耐蚀性，这一点与铝相似。不同的是钛在 540℃ 以上生成的氧化膜则不致密，高温下钛与氧、氮、氢反应速度较快，钛在 300℃ 以上快速吸收氢，600℃ 以上快速吸氧，700℃ 以上快速吸氮，大气在固态钛中随着温度的升高而大量快速溶入，被诸多文献称之为"吸"或"储"，这是钛及钛合金不同于任何其他金属的特殊性。气孔自然也是影响钛及钛合金焊缝金属力学性能下降的原因之一。

（2）脆化及裂纹　氧、氮、氢在钛及钛合金中的含量如超过有关国家标准规范的杂质含量最高值，则会大大影响钛及钛合金的力学性能，即强度、韧性和塑性。氧、氮以间隙式而不是置换式固溶于钛的晶格中，使钛晶格畸变扭曲，增加了滑移阻力，宏观表现为强度、硬度增加，韧性、塑性降低，金属接头变脆，即所谓"间隙元素沾污引起的脆化"。用沾污或污

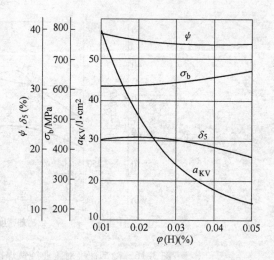

图 3-15　含氢量对工业纯钛焊缝金属力学性能的影响

染一词是因为将之视为有害杂质而无处不在、无孔不入、避而不及。在钛及钛合金的熔焊过程中，连焊缝背面和热影响区都得严格保护，屏蔽氧、氮、氢的溶入，甚至焊丝表面的油污，包括手指印等，都得清除干净，否则也会分解出氢、氮、氧而沾污钛金属，引起"脆化"。较为复杂的钛金属焊接结构在氩气拖罩、背面喷氩气或背面拖罩也不能避免这种污染时，不得不将整体焊接结构放入充氩气密闭箱中进行焊接，焊件的装配也得带上橡胶手套或一次性塑料手套。氩气得用一号纯氩，输气管也不得用橡胶管，因为会吸附其他气体（即空气），而必须采用环氧基或乙烯基塑料软管等。

间隙元素沾污引起的脆化，在热应力作用下，自然是热裂纹及气孔产生的根源。由于"间隙元素沾污"的敏感，即使在保护条件好的情况下（有氩气保护），也有经验资料指出：一般情况下金属中溶解的氢不是产生气孔的主要原因，而焊丝和坡口表面的清洁度则是影响气孔的主要因素。

钛及钛合金热物理性能与低碳钢有较大的差别，表现为熔点高、活性强、导热性能差。焊接熔池本身就是个小冶金炉，钛及钛合金冶炼过程的难度（设备、工艺、成本）在熔焊时体现得淋漓尽致。首先，需采用成本高的熔焊方法，如 TIG 焊、MIG 焊、等离子弧焊、电子束焊或激光焊。传统焊接方法如焊条电弧焊、埋弧焊、MAG 焊等根本不能考虑使用。而且钛及钛合金的焊前准备及保护措施如上所述，要求极为严格。

由于导热性差，焊接速度成为钛及钛合金熔焊时的一个极为关键的焊接参数，焊接速度对接头成形特别敏感。在一定的接头尺寸、形式条件下，焊接速度不允许超过极限值，但也不能太慢。焊接速度相当于熔焊时的冷却速度，冷却速度对工业纯钛焊接接头力学性能的影响如图 3-16 所示。

惰性气体的保护效果一般借助焊缝和热影响区的颜色来判断，银白色最好，灰色最差。工业纯钛焊缝表面颜色与接头冷弯角的关系见表 3-30，工业纯钛焊缝表面颜色与

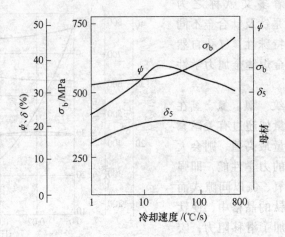

图 3-16　冷却速度对工业纯钛焊接接头力学性能的影响

硬度（HV）的关系见表 3-31。

表 3-30　工业纯钛焊缝表面颜色与接头冷弯角的关系

焊缝表面颜色	保护效果	污染程度	焊接质量	冷弯角/（°）
银白色	良好		良好	110
金黄色	尚好		合格	88
深黄色	尚好	小———→大	合格	70
浅蓝色	较差		不合格	66
深蓝色	差		不合格	20
暗灰色	极差		不合格	0

表 3-31　工业纯钛焊缝表面颜色与硬度（HV）的关系

焊缝表面颜色	维氏硬度（HV）								
	第1点	第2点	第3点	第4点	第5点	第6点	第7点	第8点	平均
银白色	111	105	109	117	110	107	103	159	110
金黄色	113	124	122	120	117	111	114	113	117
紫色	113	118	119	159	123	125	118	119	118
蓝色	118	125	118	120	120	117	121	122	121
灰白色	162	169	160	156	162	155	156	161	160

　　工业纯钛薄板在空气中加热到 650～1000℃，保存不同时间后对弯曲塑性的影响如图 3-17 所示。由图 3-17 可知，熔焊时不管是焊缝或热影响区的正面和反面，如果不能受到有效的保护，则很容易受到空气等杂质的污染，脆化程度更严重。

　　总之，钛及钛合金的熔焊焊接性与低碳钢相比属于较差的等级，所谓"差"是指必须采用特殊的焊接方法与设备以及采取特殊的工艺措施才能获得符合使用要求的焊接接头。但在钛及钛合金族群中，熔焊焊接性差别的程度又是极大的。有资料采用"相对焊接性"的概念来描述钛及其合金的熔焊焊接性的优劣程度。

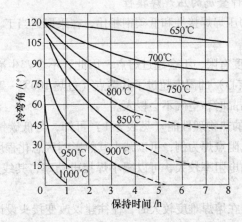

图 3-17　在空气中高温停留对工业纯钛弯曲塑性的影响

　　所谓钛及钛合金的相对焊接性，是指采用焊接接头的韧性、塑性与获得无缺陷的焊缝的难易程度来评价钛及钛合金熔焊焊接性的方法。而不是单一以焊接接头的强度指标来评价其焊接性，因为几乎所有退火状态的钛合金，其焊接接头强度系数都可以接近100%，难分优劣。表 3-32 是几种常用钛及钛合金的相对焊接性。

表 3-32　几种常用钛及钛合金的相对焊接性

合金	相对焊接性
工业纯钛	A
TA7	B
TA7（杂质含量很低）	A
Ti - 0.2Pd	A
TB2	B
TC1	B
TC3	B
TC4	B
TC4（杂质元素很低）	A
TC6	C
TC10	C

　　注：A—焊接性优良　B—焊接性尚可　C—焊接性较差，限于特种场合应用

　　定为 A 级和 B 级的钛及钛合金，可用于多数焊接结构，定为 C 级的钛及钛合金，可以采用退火处理来改善焊接接头的韧性、塑性。为了提高强度，对于 TC4 和 TC10 钛合金焊前要进行退火处理。表 3-32 可以大体判断出钛及钛合金族群中，各种常用钛合金熔焊焊接的相对难易程度。

　　钛及钛合金的异种金属熔焊焊接性的讨论（指的是钢铁金属与钛及钛合金的熔焊，以及其他有色金属与钛及钛合金的熔焊），必须对钛及钛合金自身同种金属焊接性的基本知识有所了解，上述书中所介绍的内容已经足够，但不能指导其同种金属焊接的应用。因为上述内容还缺乏具体熔焊工艺及其措施的讨论分析，这部分内容请参考相关手册。

2. 钛及钛合金同种金属的压焊焊接性

钛及钛合金自身的压焊焊接性和低碳钢相比，在采取适当工艺措施条件下，是极为良好的，其理由如下：

1）压焊时加热温度有限，不会超过熔点，因此，不会产生冶金缺陷。虽然电阻点焊时熔核（焊点熔化核心）的温度超过了其熔点（过热100℃~200℃），但是在塑性环的密封状态下熔化和结晶时，空气不会侵入。

2）由钛及钛合金的热物理性能（见表3-1）可知，与低碳钢相比，钛及钛合金的导热性较差，现仍以电阻点焊为例，可以减小其热影响区恶化程度，允许采用较高的焊接速度；钛及钛合金的电阻率较大，可以减小焊接电功率；其线胀系数小及热塑性好，可以减小电极压力。

因此，钛及钛合金在熔焊难度较大时，往往建议改变接头设计，可采用压焊方法焊接。但钛及钛合金压焊时，最好也采用氩气保护，或在真空室中进行焊接，无论是电阻焊还是摩擦焊（包括旋转摩擦焊和搅伴摩擦焊），都最好采用氩气保护，只有特殊情况下（如快速闪光对焊），可以不用氩气保护。扩散焊则要求在真空室中进行。

一般情况下，钛及钛合金的压焊较容易获得优质接头。扩散焊是压焊方法之一，钛及钛合金的扩散焊不需特殊的表面准备和特殊的控制，就可容易地进行焊接。其常用焊接参数为：加热温度855℃~957℃，保温时间1~4h，焊接压力2~5MPa，真空度小于1.33×10^{-2}Pa，应注意钛能够大量吸收O_2、N_2、H_2等气体。因此，不宜在O_2、N_2、H_2等气氛中进行扩散焊。

3.3.2 钢与钛及钛合金组合的熔焊焊接性分析

仍然以铁与钛二元合金相图作为分析钢与钛及钛合金组合熔焊焊接性的首选工具，来讨论异种金属的熔焊焊接性特点。图3-18显示了铁与钛二元合金相图。

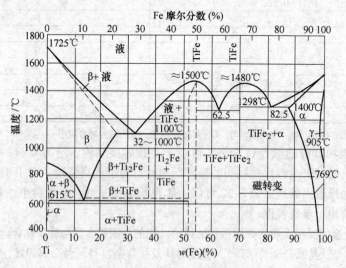

图3-18　铁与钛二元合金相图

钛只能与很少几种稀有金属如 Zr、Hf、Nb、Ta、V 等无限固溶，易于实现直接熔焊。而钛几乎与所有常用金属都会形成金属间化合物，而金属间化合物晶体存在共价键，且晶体结构复杂，对称性差，滑移系数小，位错运动困难。因此大多数金属间化合物具有脆性，从而引起焊缝脆化。由图 3-18 可知，铁在钛中的溶解度非常低，只有 0.1%（质量分数），若超过此极限会形成 TiFe 及 $TiFe_2$ 等金属间化合物，使焊缝严重脆化。所以不能够进行铁与钛的直接焊接，钛也不能与铜、铝、镍、钴等常用金属中的任何一种进行直接焊接，而常常需要采用间接焊接的方法，即采用过渡段进行焊接法，否则无法避免焊缝脆化。

如果可能改变接头的结构，建议采用压焊或钎焊方法进行钢与钛及钛合金组合的异种金属焊接，以避免脆化的产生。

根据钛及钛合金同种金属焊接性特点以及 Fe–Ti 二元合金相图判断，钢与钛的异种金属熔焊焊接特点如下：

1）由于铁在钛中的溶解度极低，不存在无限固溶区域，因此，焊缝产生金属间脆性化合物，不能直接进行熔焊，而必须采用间接焊接法，间接焊接法是一种加过渡层的、高成本的、工艺复杂的方法。

2）即使采用间接焊接法，在钛及钛合金一侧热影响区，由于加热而产生"间隙元素沾污脆化和大量气孔的产生"，必须采取严格的保护措施和焊前清理才能避免。再加上钛及钛合金的导热性差（热导率只有钢的1/4），容易发生变形，所以焊接方法选择时，不能采用传统的熔焊方法（如焊条电弧焊、埋弧焊、MAG 焊等），只能采用 TIG 焊、等离子弧焊或真空电子束焊等熔焊方法。焊缝热影响区的正面、背面都得进行氩气保护，如采取氩气拖罩等。对于结构复杂的，还常常采用整体结构在充满氩气的密封箱中或真空箱中进行电子束焊。

3）尽管钛及钛合金同种金属相对焊接性有 A、B、C 级的难易程度，但钢与钛及钛合金的异种金属熔焊，则属于焊接性较差（C 级）的组合，因为需要特殊的焊接设备和极其复杂的工艺措施。

3.3.3　钢与钛及钛合金组合的间接熔焊法

钛与钢直接熔焊时，液态下混合的铁与钛会因产生金属间化合物而严重脆化，因而无法进行直接焊接，而采用间接熔焊焊接法。间接熔焊焊接法是指加过渡段后，进行的同种材料的熔焊。

利用过渡段焊接钛与钢的复合件，如图 3-19 所示。

图 3-19 中零件 2 及零件 3 是两种过渡段，零件 2 是管材过渡段，零件 3 是板材过渡段。过渡段中夹有中间层，图中 C、D

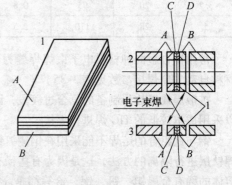

图 3-19　利用过渡段焊接钛与钢的复合件
1—多层轧制件　2—管材过渡段　3—板材过渡段
A—钛合金　B—钢　C—钒　D—铜

是中间层，中间层可以是钽－铜，构成钛－钽－铜－钢四层形式的过渡段中的夹层。过渡层也可以是只有一种钒构成钛－钒－钢三层形式的过渡段，或者只有蒙乃尔合金作为中间层构成钛－蒙乃尔－钢三层形式的过渡段。此外，也有采用钒－铜、钒、钒－铜－镍、铌－钽等多种方案，因钢与钛及钛合金成分不同而异。

过渡段是一种复合件，中间层是过渡段中的夹心。过渡段是在焊前进行预制，其预制方法常用的有两种：轧制和爆炸焊或扩散焊。图 3-19 中的零件 1 是一种多层轧制件，这种轧制件经机械加工（切割）才能构成所需尺寸的过渡段，如图 3-19 中的零件 2 和零件 3 所示。轧制是一种冷压焊，冷压焊、扩散焊和爆炸焊三者的特点是，焊接时可不用考虑被焊件的熔焊焊接性。

过渡段中的中间层钛侧的金属是能与钛形成固溶体的稀有金属，如钽（Ta）、钒（V）、铌（Nb），铪（Hf）等。中间层靠钢侧的是能与钢形成无限固溶或有限固溶的铜、钒和镍等，其中钒无论与钛或钢都能无限固溶，镍是焊接不锈钢时才使用的钢侧中间层。熔焊时中间层允许部分熔化，有时可以允许全部熔化，但不允许液态钢和液态钛接触。

间接焊焊接方法一般推荐采用电子束焊和 TIG 焊，热轧过渡段一般采用电子束焊，因为热轧制备的过渡段接头的母材金属（钢或钛）都比较薄（在焊接接头中宽度小），所以，采用可以获得焊缝宽度很小的电子束焊、等离子弧焊或激光焊等方法是合适的。电子束焊焊接时可以采用铌和青铜作为填充金属分别施焊钛侧和钢侧。常用钛材真空电子束焊的焊接参数见表 3-33。

表 3-33　常用钛材真空电子束焊的焊接参数

材料厚度 /mm	加速电压 /kV	焊接束流 /mA	焊接速度 /(m/min)	材料厚度 /mm	加速电压 /kV	焊接束流 /mA	焊接速度 /(m/min)
1.0	13	50	2.1	16	30	260	1.5
2.0	18.5	90	1.9	25	40	350	1.3
3.2	20	95	0.8	50	45	450	0.7
5	28	170	2.5				

常用钛合金同种材料电子束焊焊缝力学性能见表 3-34。常用钛及钛合金同种金属材料自动 TIG 焊接参数见表 3-35。

扩散焊或爆炸焊制备的复合过渡段，因为这种过渡段接头有较宽的母材金属层，可以采用成本较低的 TIG 焊进行焊接。

钢与钛组合的熔焊不能采用在钢侧镀铜再镀钽、或镀钒、或直接在钢上镀钛、或堆焊钛层进行隔离的方法，这是因为有些稀有金属与钛具有冶金互溶性，并能和钛形成固溶体的稀有金属钽、钒、铌、铪等都是高熔点、难熔金属，钽的熔点为 2996℃、铌的熔点为 2448℃、钒的熔点为 1990℃，都远远高于钛的熔点（1668℃）、钢的熔点（1450℃）、铜的熔点（1080℃），与钢、钛、铜没有可镀性。

表 3-34 钛合金电子束焊的焊缝力学性能

合金	厚度/mm	焊件种类	热处理	抗拉强度/MPa	屈服强度/MPa	伸长率(%)	断面收缩率(%)	断裂韧度/(MPa·m$^{1/2}$)
TC4	25.4	母材	轧制退火	1027	971	14	22	110
		焊缝	705℃，5h	1020	951	14	20	62.7
	50.8	母材	轧制退火	937	868	9	10	116.6
		焊缝	705℃，5h	916	868	10	18	91.3
TC10	6.4	母材	轧制退火	1109	1054	13	—	48.4
		焊缝	无	1206	1089	35		48.4
		焊缝	760℃，4h	1096	1013	12		62.7

表 3-35 常用钛及钛合金同种金属材料自动 TIG 焊的焊接参数

母材厚度/mm	焊丝直径/mm	钨极直径/mm	焊接电流/A	电弧电压/V	焊接速度/(m/min)	送丝速度/(m/min)	氩气流量/(L/min) 正面	背面	拖罩
0.5	—		25~40	8~10	0.20~0.50	—	8~12	2~4	10~15
0.8		1.5	45~55						
1.0			50~65						
1.5		2.0	90~120	10~12	0.15~0.40		10~15	3~6	12~18
1.0	1.0~1.6	1.5	70~80	10~14	0.20~0.45	0.25~0.50	8~12	2~4	10~15
1.2	1.6	1.5	80~100						
1.5	1.6	2.0	110~140						
2.0	1.6~2.0	2.5	150~190			0.25~0.60	10~15	3~6	12~18
2.5	1.6~2.0	3.0	180~250		0.15~0.40	0.30~0.75			

3.3.4 钢与钛及钛合金组合的间接熔焊工艺

由于间接焊采用了过渡段的方式，因此实际焊接时呈现的为钢和钛，分别是同种金属的焊接，即钢和钢、钛和钛的焊接。对应钢侧，一般是低碳钢或不锈钢，少数情况下也有其他合金钢。其熔焊焊接性都比较好，而且熔焊工艺较为成熟，对各种熔焊方法都有较好的适应性。因此，这里只讨论钛侧的熔焊工艺，因为钛及钛合金同种金属的熔焊焊接性比钢铁材料的复杂得多。

1. TIG 焊

间接焊接法中钛侧的 TIG 焊，可分为敞开式和箱内式两种焊接方式。它们各自分为手工 TIG 焊和自动 TIG 焊两种。

敞开式焊接就是手工 TIG 焊，依靠焊枪喷嘴、拖罩和背面保护装置等三个部件通以适当流量的氩气或氩和氦的混合气体，将焊接高温区与空气隔离，以避免间隙元素（空气中的 O、N、H）对接头高温区的沾污，防止焊接接头质量的恶化。

（1）喷嘴保护 由于钛及钛合金的导热性差、散热慢、高温停留时间长，加之钛的活性强，因此其喷嘴直径要比钢铁材料的焊接时大一些，一般取 16～18mm，喷嘴到焊件的距离应小一些。为提高保护效果和保证可见性及焊枪的可达性，建议采用双层气流保护的焊枪。

（2）拖罩保护　对于厚度大于 1mm 的焊件，应当正反面都采用拖罩保护加热区。拖罩尺寸为：宽 25～60mm，长 40～100mm（手工 TIG 焊）或 60～200mm（自动 TIG 焊），可根据焊件厚度而定。焊件越厚要求拖罩越长，拖罩与焊枪做成一体，环形焊件可以做成弧形拖罩。焊接拖罩结构示意如图 3-20 所示。

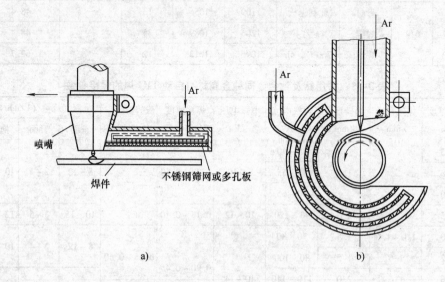

图 3-20　焊接拖罩结构示意图

a）直缝用拖罩　b）环缝用拖罩

图 3-20 中不锈钢筛网与多孔板起到气筛作用，使氩气变为纹流，两端距焊件 10～20mm，拖罩用水冷以防止过热。接头背面也必须有类似拖罩的保护装置。与正面拖罩一样，多孔板孔径为 1.0mm，孔距 8～10mm。钛及钛合金密度小，熔池背面张力大，焊漏（熔池塌陷）的可能性极小。为保证成形，背面采用纯铜带有凹槽的垫板，槽深为 2mm，宽 3～8mm，槽下有通气孔，并覆以拖罩（气罩）。

（3）箱内焊接　结构复杂的焊件由于难以实现良好的保护，宜在箱内焊接。箱体可以分为刚性和柔性两种。刚性焊接箱多用不锈钢制造，柔性焊接箱可用薄橡胶、透明塑料等制造。在刚性焊接箱先抽真空到 1.3～13Pa，然后充氩气或氩－氦的混合气即可进行焊接。焊枪结构简单，不需要保护罩，也不必另外通保护气；在柔性焊接箱可以采用抽真空的方法，也可以采用多次折叠充氩气的方法排除箱内空气。由于柔性焊接箱内的氩气纯度低，焊接时仍用一般焊枪，并通以氩气进行保护。

焊接坡口的设计要求如下：板厚 $\delta \leqslant 1.2$mm 时，可采用卷边方式；板厚 $\delta \leqslant 2.0$mm 时，可开 I 形坡口。间隙为 0～0.5mm，自动焊间隙要小些。在 2.5～6.0mm 可开单面

50°~90°的 V 形坡口，坡口间隙为 0~0.5mm。自动焊可不留间隙，钝边高度控制在 0.5~1.0mm 之间，自动焊时可加大到 1~2mm。板厚 6~38mm 可开双 V 形的坡口，角度、钝边与间隙的数据请参考 V 形坡口。

为减少焊接接头过热产生粗晶，提高接头塑性，减少焊接变形和降低装置精度要求，可以采用脉冲焊。脉冲频率一般为 2~5Hz。用此工艺，当板厚 0.5mm 时，变形可减少 30%，2.0mm 时，可减少 15%左右。

TIG 焊时引入超声波，可加剧熔池的振动和搅拌，促进晶核的形成，有效抑制树枝晶的长大，促进等轴化，从而提高焊接接头的力学性能。TC4 钛合金的 TIG 焊接接头力学性能见表 3-36。

表 3-36　TC4 钛合金 TIG 焊的焊接接头力学性能

焊接方法	σ_b/MPa	σ_s/MPa	δ（%）
常规 TIG 焊	956.6	921.1	3.33
加超声 TIG 焊	985.7	969.3	3.67

对于间接焊法中钢的一侧，除填充金属不同外，焊接工艺应与钛侧相同。因为过渡段接头不管是热轧还是焊接（扩散焊或钎焊、爆炸焊）制成，其宽度都比较小，钢侧焊接时钛侧都要受到其热过程的影响。

2. A-TIG 焊（活性剂 TIG 焊）

有资料显示钛及钛合金采用 A-TIG 焊时，与常规 TIG 焊比较，也有其明显的优点。如板厚为 10mm 的 BT14 钛合金采用 A-TIG 焊，在相同的焊接参数条件下（焊接电流为 120A、焊接速度 20m/h），熔深比 TIG 焊增加了 2.3 倍，熔宽则减少 50%，板厚为 2.5mm TC4 钛合金常规 TIG 焊与 A-TIG 焊的焊接参数比较见表 3-37。

表 3-37　2.5mm TC4 钛合金常规 TIG 焊与 A-TIG 焊的焊接参数比较

焊接方法	焊接电流/A	电弧电压/V	焊接速度/（m/h）	热输入/（J/mm）
TIG	175	11.2~11.3	12	593.9
A-TIG	95	8.9~9.0	15	203.6

填充焊丝为 ϕ1.2mm 的 TA2，在获得良好成形和焊透条件下，A-TIG 焊的热输入只有常规 TIG 焊的 34%。这对减少焊接变形和接头粗晶非常有利，焊接气孔也明显地减少，ϕ0.3mm 以下的气孔只有 1~2 个，而常规 TIG 焊为 15~30 个。表 3-38 是 TC4 钛合金的焊接接头力学性能比较，显示了 A-TIG 焊焊接 TC4 钛合金的优势。

表 3-38　TC4 钛合金的焊接接头力学性能比较

焊接方法	σ_b/MPa	$\sigma_{0.2}$/MPa	δ_5（%）	ψ（%）	断裂位置	弯曲角/（°）
TIG	1014.0	911.4	7.5	9.8	焊缝	30
A-TIG	1038.9	948.5	10.0	11.5	焊缝、母材	34

　　此外，由于 A-TIG 焊属于熔透成形，而不是等离子弧焊的小孔成形，所以焊缝成形特别是环缝收尾时的焊缝成形比等离子弧焊更易获得满意的效果。

　　但是由于钛及钛合金的活性强，钛金属对 A-TIG 焊的活性剂选择特别敏感和严格，不能采用氧化性的活化剂，只能采用某些特定的碱土金属的卤化物，如 $MgCl_2$、MgF、AlF_3 等多种卤化物的混合物，而且还需要在混合物中加入少量的 TiO_2 等氧化物来作为钛合金 A-TIG 焊的活性剂。因为 A-TIG 焊中，氟化物能够使电弧收缩，而氧化物能改变熔池流动方向，这是由于 A-TIG 焊的熔深增加和熔宽减小的两个原因。

　　并不是所有碱土金属卤化物都可以作为钛金属的 A-TIG 焊的活化剂，表 3-39 显示了不同碱土金属氟化物试验结果，只有氟化物（如 MgF_2）效果最好。氟化物对厚 2.5mm 钛合金熔透效果的影响见表 3-39。

表 3-39　氟化物对厚 2.5mm 钛合金熔透效果的影响

氟化物种类	熔透情况	正面焊缝宽度/mm	背面焊缝宽度/mm
—	未熔透	6.67	0
LiF	未熔透	5.85	0
BaF_2	未熔透	4.20	0
CaF_2	熔透	4.42	2.59
CeF_3	熔透	5.30	4.10
NaF	熔透	3.96	5.97
MgF_2	熔透	3.17	6.63

　　但单独使用氟化物时熔点太低，所以需采用几种氟化物的混合配方。混合配方中的少量 TiO_2 虽然属于氧化物，也确实使焊缝金属化学成分中的含氧量略微增加（见表 3-40）。但不妨碍最终结果，使焊接接头的力学性能令人满意。钛合金的 A-TIG 焊的保护措施应与常规 TIG 焊相同，同样应当采用大口径喷嘴、接头正面拖罩、焊缝背面铜垫板、拖罩装置，以及必要时的箱内焊接。

表 3-40　焊缝金属的化学成分

材料	化学成分（质量分数，%）						
	Al	V	C	H	O	N	Ti
TIG 焊缝	5.10	4.02	0.014	0.0043	0.12	0.0060	余量
A-TIG 焊缝	4.74	3.66	0.012	0.0049	0.13	0.0071	余量
母材	5.32	4.83	0.055	0.0010	0.0084	0.0048	余量

　　对于钢与钛及钛合金组合的间接焊接法中的钢侧，虽然是钢与钢的同种金属焊接，由于过渡段接头的横向尺寸较小，因此钢与钢的同种金属焊接时的热过程将会影响已焊完或未焊的钛侧同种金属的焊接，接头（热影响区及焊缝）的温度上升而引起间隙元素的污染，为此同样建议钢侧也采用与钛侧接头相同的焊接方法和保护措施。当然，钢侧可用与钛侧不相同的活化剂及填充金属，钢的同种金属焊接对各种熔焊方法的适应性比钛大得多。

3.3.5　钢与钛及钛合金组合的扩散焊

1. 扩散焊

扩散焊是压焊方法之一，即把两个接触的金属焊件，加热到低于固相线的温度 $T_\text{焊} = (0.7 \sim 0.8) T_\text{熔}$，并施加一定压力，此时焊件产生一定的显微变形，经过较长时间后便由于它们的原子互相扩散而得到牢固的连接。为了防止金属接触面在热循环中被氧化污染，扩散焊一般都在真空或惰性气体中进行。加热、加压产生必要的显微变形都是为了金属接触面原子相互扩散创造了条件，以利于原子的扩散。

扩散焊主要分为以下两类：

1）无中间层的扩散焊，金属的扩散连接是靠被焊金属接触面的原子扩散来完成，主要用于同种材料的焊接。对不产生脆性中间金属的异种材料也可用此法焊接，此法称为直接扩散焊。

2）有中间层的扩散焊，金属的扩散连接是靠中间层金属来完成的，可用于同种或异种金属的焊接，还可以进行金属与非金属的焊接，即间接扩散焊。

中间层可以是粉状或片状的，用真空喷涂或电镀的方法加在焊接面上。

2. 间接扩散焊

钢与钛及钛合金组合的异种金属扩散焊一般采用上述方法的第二种，即间接扩散焊。钢与钛及钛合金熔焊时具有冶金互不相容性，且直接焊接无论是熔焊或压焊都会在接头中产生金属间化合物。钢与钛及钛合金间接熔焊时采用带有中间层的过渡段实现同种金属的焊接，工艺极其复杂，质量也不易保证。当采用扩散焊时，虽然也需要采用中间层措施，尽管生产效率低，但能获得质量最优良的焊接接头。

钢与钛及钛合金扩散焊时采用中间扩散层或复合填充材料，其作用类似间接熔焊法的过渡段接头的作用。中间层材料一般是 V、Nb、Ta、Mo、Cu 等。复合层材料有 V + Cu、Cu + Ni、V + Cu + Ni 以及 Ta 和青铜等。这里中间层材料和复合层材料与间接熔焊法中过渡段接头的夹心中间层完全相同，只不过间接熔焊是靠热轧或爆炸焊制备中间段，而扩散焊则依靠电镀、等离子弧喷涂的方法直接将中间层涂覆在焊件表面。中间层厚度在几微米到几十微米之间，当厚度在 $30 \sim 100\mu m$ 之间时，可以采用真空轧制法，将中间层轧制成箔片，夹在钢与钛及钛合金金属之间。

纯铁与纯钛 TA7（Ti – 5Al – 2.5Sn）真空扩散焊的焊接参数见表 3-41。

表 3-41　纯铁与纯钛 TA7 真空扩散焊的焊接参数

中间扩散层材料	焊接参数				备注
	加热温度/℃	保温时间/min	压力/MPa	真空度/Pa	
Mo	800	10	10.39	1.33×10^{-5}	铁 – 钼熔合线开裂
Mo	1000	20	17.25	1.33×10^{-5}	铁 – 钼熔合线开裂
无	700	10	17.25	1.33×10^{-5}	接触面上硬度增高
无	1000	10	10.39	1.33×10^{-5}	纯铁侧硬度增高

不锈钢与纯钛 TA7 真空扩散焊的几种焊接参数见表 3-42。

表 3-42　不锈钢与纯钛 TA7 真空扩散焊的几种焊接参数

异种金属	中间扩散层材料	焊接参数				备注
		加热温度/℃	保温时间/min	压力/MPa	真空度/Pa	
06Cr18Ni11Ti + TA7	—	900	15	0.98	1.33×10^{-3}	$\sigma_b = 274 \sim 323 \mathrm{MPa}$
06Cr18Ni11Ti + TA7	V	900	15	0.98	1.33×10^{-3}	$\sigma_b = 274 \sim 323 \mathrm{MPa}$
06Cr18Ni11Ti + TA7	V + Cu	900	15	0.98	1.33×10^{-3}	有金属间化合物
06Cr18Ni11Ti + TA7	V + Cu + Ni	1000	10 ~ 15	4.9	1.33×10^{-3}	有金属间化合物
06Cr18Ni11Ti + TA7	Cu + Ni	1000	10 ~ 15	4.9	1.33×10^{-3}	有金属间化合物

3. 钢与钛及钛合金组合的直接扩散焊焊接法

钢与钛及钛合金组合的也可以采用直接扩散焊焊接法，直接扩散焊常在真空热压保护炉内进行，要严格控制金属间化合物的厚度，使之不超过 $1 \sim 2 \mu m$，表 3-43 给出了钛与铁及不锈钢组合进行扩散焊时的焊接参数及接头力学性能。

表 3-43　钛与铁及不锈钢组合进行扩散焊时的焊接参数及接头力学性能

焊接	焊接参数			接头力学性能	
	温度/℃	压力/MPa	时间/min	抗拉强度/MPa	伸长率（%）
TA2 + Fe	750	19.6	15	225	15
TC2 + 12Cr18Ni9	850	9.8	15	412	25

从表 3-43 中可知，接头强度远远低于母材金属本身的强度。提高接头强度的方法只有加入中间层采用间接扩散焊焊接法。在接头强度要求不高时，直接扩散焊可以大大简化焊接工艺。

图 3-21 是钛合金板与不锈钢网直接扩散焊的装卡示意图。

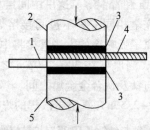

图 3-21　钛合金板与不锈钢网直接扩散焊的装卡示意图
1—上压头　2—陶瓷垫片　3—不锈钢网　4—下压头　5—钛合金板

3.4　钢与镍及镍合金组合的焊接

3.4.1　镍及镍基合金简介

1. 工业纯镍

作为金属结构材料的纯镍，称为工业纯镍或商用纯镍、加工镍等。

国产工业纯镍牌号为 N2（99.98%）、N4（99.9%）、N6（99.5%）、N8（99.0%）、括号中的数据表示纯度实际为其质量分数，其中用途最广的是 N6。N6 对应的美国牌号为 200、201、205。近十年的国内文献资料大部分借用了美国牌号 200 及 201，称为镍 200、镍 201 等。镍 200 与镍 201 的区别在于镍 201 的含碳量更低。工业纯镍的化学成分见国家标准 GB/T 5235—2007《加工镍及镍合金化学成分和产品形状》。

国产工业纯镍 N6（对应美国镍 200）的物理及力学性能见表 3-44 及表 3-45。

表 3-44　工业纯镍 N6（200）的物理性能

原子序数	相对原子质量	原子半径/nm	晶体结构	晶格常数(20℃)/nm	熔点/℃	沸点/℃	密度（25℃)/(g/cm³)
28	58.69	0.1246	面心立方	0.35167	1453	2915	8.902

熔化潜热/(kJ/kg)	热导率(20℃)/[W/(m·K)]	电阻率(0~25℃)/(μΩ·cm)	饱和磁化(20℃)/T	线胀系数(273~373K)/[μm/(m·K)]
243	59.43	6.84	0.616	13.3

表 3-45　工业纯镍 N6（200）的力学性能

抗拉强度/MPa	屈服强度/MPa	伸长率（%）	硬度（退货态）HV	弹性模量/GPa	切变模量/GPa	泊松比(25℃)
317	59	30	64	207	76	0.31

工业纯镍 N6 力学性能良好，尤其塑性及韧性优良。镍 200 及镍 201 有良好的热加工性能，最适宜的热加工温度为 870~1230℃；同时具有良好的室温延展性，易于冷加工成形。

工业纯镍（200、201）有一定的耐蚀性，能适应多种腐蚀性环境。但耐高温性能较差，只能在 315℃以下使用，高于此温度，力学性能会变坏。工业纯镍属于镍基耐蚀合金的一种，工业纯镍和镍基耐蚀合金的耐蚀性见表 3-46。

表 3-46　工业纯镍和镍基耐蚀合金的耐蚀性

合金	硫酸	盐酸	氢氟酸	磷酸	硝酸	有机酸	碱	盐	海水	氯化物应力腐蚀
镍 200	A	A	G.E	A	NR	G.E	G.E	G.E	G.E	G.E
蒙乃尔 400	G.E	A	G.E	G.E	NR	G.E	G.E	G.E	G.E	G.E
蒙乃尔 R405	G.E	A	G.E	G.E	NR	G.E	G.E	G.E	G.E	G.E
蒙乃尔 R500	G.E	A	G.E	G.E	NR	G.E	G.E	G.E	G.E	G.E
因康镍 600	A	NR	A	A	A	G.E	G.E	G.E	A	G.E
因康镍 601	A	NR	A	A	A	G.E	G.E	G.E	G.E	G.E
因康镍 625	A	A	A	A	NR	G.E	G.E	G.E	G.E	G.E
因康镍 718	A	A	A	A	NR	G.E	G.E	G.E	G.E	G.E
因康洛依 800	A	NR	X	A	A	G.E	A	A	A	G.E
因康洛依 802	A	NR	X	A	A	G.E	A	A	A	G.E
因康洛依 825	G.E	G.E	G.E	G.E	G.E	G.E	G.E	G.E	G.E	G.E

注：A—可接受　G.E—良好至优良　NR—不推荐使用　X—试验。

由表3-46可知，工业纯镍在氢氟酸、有机酸、碱、盐及海水中有良好的耐蚀性，并能抗氯化物应力腐蚀，但不适应硝酸，对硫酸、盐酸、磷酸也有一定的耐蚀性。工业纯镍和镍基耐蚀合金的耐高温性能见表3-47。

表 3-47　工业纯镍和镍基耐蚀合金的耐高温性能（500℃）

合金	氧化	渗碳	高温强度
镍 200	NR	NR	NR
蒙乃尔 400	NR	NR	NR
蒙乃尔 R405	NR	NR	NR
蒙乃尔 R500	NR	NR	NR
因康镍 600	G. E	G. E	G. E
因康镍 601	G. E	G. E	G. E
因康镍 625	G. E	G. E	G. E
因康镍 718	G. E	G. E	G. E
因康镍 X - 750	G. E	G. E	G. E
因康洛依 800	G. E	G. E	G. E
因康洛依 802	G. E	G. E	G. E
因康洛依 825	G. E	G. E	A

由表3-47可知，镍200不允许在500℃以上条件下工作，不具备高温性能。镍200、镍201主要应用于处理还原性卤族气体、碱溶液、非氧性盐类、有机酸等设备和部件，使用时工作温度最好低于315℃。

显然，工业纯镍虽然耐蚀，但不耐高温，即不具备热强性。

镍是镍基高温合金、镍基耐蚀合金及奥氏体不锈钢的主要合金成分，镍及镍合金的焊接指的是镍及镍基合金的焊接。所谓镍基合金是指合金中镍的质量分数 $[w(\mathrm{Ni})]$（含量）在50%以上，作为固溶体溶剂的镍是该合金的主要成分，不是泛泛的含镍合金。虽然镍是铬镍奥氏体不锈钢的主要合金成分，但奥氏体不锈钢属于铁基含镍的合金。本书的镍基合金是指镍基高温合金及镍基耐蚀合金。也不讨论含镍的记忆合金、耐磨合金和永磁合金等。

2. 镍基高温合金

高温合金是在高温下具有较高的力学性能、抗氧化和耐腐蚀的合金。它可以在 600 ~ 1100℃的氧化和燃气腐蚀条件下承受复杂应力，并长期可靠地工作。高温合金牌号的前缀字母为 GH，是高温（G）合金（H）的拼音声母。航空发动机（特别是燃气涡轮发动机）的发展是促进高温合金迅速发展的主要因素。

高温合金按基体可分为镍基、铁基和钴基三大类，其中以镍基高温合金应用最广。钴基高温合金虽然具有良好的综合性能，但受到资源的限制，其发展应用受到一定的影响。铁基高温合金虽然成本较低，但与镍基高温合金相比，其热强性、抗氧化性、耐蚀性等方面还是略逊一筹，只能在 500 ~ 700℃ 的范围内应用于航空工业中。镍基高温合金是指镍的质量分数大于 50% 的高温合金，以镍、铬固溶体为基体，添加多种合金元素，如 W、Al、Ti、Co、Ta 及微量 B、Ce、Zr 等，对镍铬固溶体进行不同方式的强化，以获得高温服役的适应性。所以高温合金如果不特指铁基或钴基，一般都是指镍基高温合金，因为镍基高温合金的应用最广。

3. 镍基耐蚀合金

镍基耐蚀合金是能够在 200 ~ 1100℃ 范围内具备耐各种腐蚀介质的侵蚀，同时具有良好的高温和低温力学性能的合金，这种合金中镍的质量分数为 50% 以上，镍是镍、铬的固溶体的溶剂金属元素。

镍基耐蚀合金与镍基高温合金相比，前者耐高温的范围较宽，后者镍基高温合金耐高温为 600 ~ 1100℃，耐蚀合金高温性能的下限值只有 200℃，200℃ 已经不算高温了。镍基耐蚀合金追求的是在较大的温度范围内的耐蚀性，而镍基高温合金追求的是高温（600 ~ 1100℃）条件下有较高的力学性能（主要是强度及塑性）。二者相同的都是以镍、铬固溶体（镍占 50% 以上）为基体，添加其他不同的元素，来固溶强化及时效强化其高温力学性能。

镍基耐蚀合金的耐蚀性可见表 3-46，其耐高温性能见表 3-47。

3.4.2　镍基高温合金的性能

镍基高温合金根据对镍 - 铬固溶体固溶强化方式的不同可分为以下几种：

（1）固溶强化型镍基高温合金　这类合金是指在镍基高温合金的固溶体中（镍的质量分数大于 50%，铬的质量分数为 20% 左右），通常加入 Cr、W、Co、Mo、Al 等元素进行固溶强化。这类镍基高温合金一般具有优良的抗氧化及耐蚀性，塑性较高，易于焊接。但热强性相对较低，多用于制造在 600 ~ 800℃ 之间工作的构件，此时有较好的熔焊焊接性。

（2）时效强化型镍基高温合金　Al 和 Ti 是实现时效强化的主要元素。在固溶合金的基础上通过添加较多的 Al、Ti、Nb、Ta 等元素，与镍形成共格稳定、成分复杂的金属间化合物及碳化物，使这类时效强化型镍基高温合金具有优良的综合性能。

但时效强化型镍基高温合金的熔焊焊接性较差。

（3）铸造镍基高温合金　铸造合金是时效强化变形合金通过不断完善铸造技术而发展起来的。由于使用性能的要求，铸造合金中常常加入更多的 Al、Ti、B 等元素，导致其焊接性变坏，采用一般的熔焊难度很大，故推荐采用真空钎焊、扩散焊及电子束焊等工艺。

其他还有通过净化晶界及晶界强化的方法，来提高镍基高温合金的高温强度，以及加入某些氧化物进行弥散强化的镍基高温合金，这类合金的熔焊焊接性极差，也只能采用钎焊或扩散焊的连接方法。

常用镍基高温合金的化学成分见表 3-48，常用镍基高温合金的物理性能见表 3-49。常用镍基板材高温合金的力学性能见表 3-50。

表3-48 常用镍基高温合金的化学成分（质量分数，%）（摘自 GB/T 14992—2005）

序号	合金牌号	C	Cr	Ni	W	Mo	Al	Ti	Nb	Co	Fe	B	Si	Mn	S	P	其他元素
1	GH3030	≤0.12	19.0~22.0	余量	—	—	≤0.15	0.15~0.35	—	—	—	—	≤0.80	≤0.70	≤0.010	≤0.030	Cu ≤0.20
2	GH3039	≤0.08	19.0~22.0	余量	—	1.80~2.30	0.35~0.75	0.35~0.75	0.90~1.30	—	—	—	≤0.80	≤0.40	≤0.012	≤0.020	—
3	GH3044	≤0.10	23.5~26.0	余量	13.0~16.0	≤1.50	≤0.50	0.30~0.70	—	—	≤4.00	—	≤0.80	≤0.50	≤0.013	≤0.013	Cu ≤0.20
4	GH3128	≤0.05	19.0~22.0	余量	7.5~9.0	7.5~9.0	0.40~0.80	0.40~0.80	—	—	—	≤0.005	≤0.80	≤0.50	≤0.013	≤0.013	Ce ≤0.05, Zr ≤0.006
5	GH22	0.05~0.15	20.5~23.0	余量	0.20~1.00	8.0~10.0	≤0.50	≤0.15	—	0.50~2.50	17.0~22.0	≤0.010	≤1.00	≤1.00	≤0.020	≤0.025	Cu ≤0.50
6	GH625	≤0.10	20.0~23.0	余量	—	8.0~10.0	≤0.40	≤0.40	—	—	≤5.00	—	≤0.50	≤0.50	≤0.015	≤0.05	—
7	GH170	≤0.06	18.0~22.0	余量	17.0~19.0	—	≤0.50	≤0.40	—	15.0~22.0	—	≤0.005	≤0.80	≤0.50	≤0.013	≤0.013	La 0.10
8	GH163	0.04~0.08	19.0~21.0	余量	—	5.60~6.10	0.30~0.60	1.90~2.40	—	19.0~21.0	≤0.70	≤0.005	≤0.40	≤0.40	≤0.015	≤0.007	Cu ≤0.20
9	GH4169	≤0.08	17.0~21.0	余量	—	2.80~3.30	0.20~0.60	0.65~1.15	4.75~5.50	—	—	≤0.006	≤0.35	≤0.35	≤0.015	≤0.015	—
10	GH99	≤0.08	17.0~20.0	余量	5.00~7.00	3.50~4.50	1.70~2.40	1.00~1.50	—	5.00~8.00	≤2.00	≤0.005	≤0.50	≤0.50	≤0.015	≤0.015	Mg ≤0.01, Ce ≤0.02
11	GH141	0.06~0.12	18.0~20.0	余量	—	9.0~10.5	1.40~1.80	3.00~3.50	—	10.0~12.0	≤5.00	0.003~0.004	≤0.50	≤0.50	≤0.015	≤0.015	—
12	GH4033	0.03~0.08	19.0~22.0	余量	—	—	0.60~1.00	2.40~2.80	—	—	≤4.0	≤0.010	≤0.65	≤0.35	≤0.07	≤0.015	Ce ≤0.010
13	GH4037	0.03~0.10	13.0~16.0	余量	5.00~7.00	2.00~4.00	1.70~2.30	1.80~2.30	—	—	≤5.0	≤0.020	≤0.40	≤0.50	≤0.010	≤0.015	Ce ≤0.02, V 0.10~0.5

注：表中序号1~7为固溶强化型镍基高温合金，序号8~13为时效强化型硬化合金。

表 3-49　常用镍基高温合金的物理性能

合金牌号	熔化温度/℃	热导率/[W/(m·K)] (℃)					线胀系数 $/(\times 10^{-6}/\text{K}^{-1})$ (℃⁻¹)					密度 (g/cm³)	电阻率 $/(\times 10^{-6}\,\Omega\cdot\text{m})$ (℃)				弹性模量① ED/GPa (℃)				基体
		100	400	600	800	900	20~100	20~400	20~600	20~800	20~1000		20	600	800	900	20	600	800	1000	
GH3030	1374~1420	15.1	19.3	22.2	25.1	26.4	12.8	15.0	16.1	17.5	—	8.4	1.10	—	—	—	—	—	—	—	镍基
GH3039	—	13.8	18.8	21.8	25.1	26.8	11.5	13.5	14.3	15.3	16.4	8.3	1.18	—	—	—	211	169	155	—	镍基
GH3044	1352~1375	11.7	15.9	18.4	21.8	24.7	12.25	13.1	13.5	14.9	16.28	8.89	1.37	—	—	1.39	208	187	162	144	镍基
GH3128	1340~1390	11.3	15.5	18.6	21.4	23.0	11.2	12.8	13.7	15.2	16.3	8.81	—	—	—	—	206	174	158	—	镍基
GH22	1288~1374	8.7	14.0	17.4	21.4	24.1	12.7	15.5	17.4	19.1	—	8.23	—	—	—	—	195	166	158	—	镍基
CH625	1290~1350	11.4	15.2	18.4	21.5	24.6	12.8	13.6	14.5	15.4	—	8.44	1.28	1.38	1.36	1.36	253	214	198	—	镍基
GH170	1395~1425	13.4	16.3	18.0	20.5	—	11.7	12.9	13.8	15.4	16.5	9.34	1.19	1.273	1.273	1.272	248	196	150	143	镍基
GH163	1320~1375	12.6	19.3	23.4	27.7	30.1	11.6	13.4	14.6	16.2	18.0	8.35	1.21	1.41	1.41	1.38	205	169	—	—	镍基
GH4169	1260~1320	14.6	18.8	21.8	24.3	—	13.2	14.0	15.0	17.0	18.7	8.24	—	—	—	—	223	194	178	146	镍基
GH99	1345~1390	10.5	15.9	19.9	23.5	27.2	12.0	13.0	14.2	15.1	17.4	8.47	1.37	1.46	1.42	1.39	221	188	175	—	镍基
GH141	1316~1371	8.4	15.1	19.5	23.4	—	10.5	12.8	13.5	15.0	—	8.27	—	—	—	—	200	166	148	129	镍基
GH1015	—	11.7	17.2	20.8	25.0	26.8	14.4	15.4	16.1	16.7	17.2	8.32	—	—	—	—	203	164	147	128	铁基
GH1016	—	12.2	15.9	18.6	21.9	23.3	14.3	15.4	15.9	16.6	16.8	8.31	—	—	—	—	199	150	150	—	铁基
GH1035	—	12.5	17.6	20.1	24.7	27.2	13.7	16.6	18.3	20.0	—	8.17	1.07	—	—	—	192	159	143	—	铁基
GH1140	—	15.2	19.3	22.1	25.0	26.3	12.7	14.6	15.4	16.3	17.5	8.09	—	—	—	—	220	174	176	166	铁基
GH1131	—	10.46	16.32	19.3	22.6	24.7	14.7	14.8	16.2	17.3	18.1	8.33	—	—	—	—	198	157	139	—	铁基
GH2132	1362~1424	14.2	18.8	22.2	25.5	27.6	15.4	16.8	18.1	19.6	—	7.93	0.91	1.16	1.21	1.23	195	162	149	—	铁基
GH2302	1375	10.5	14.6	17.6	22.2	24.7	15.8	15.2	16.3	16.3	—	8.09	—	—	—	—	186	147	136	—	铁基
GH2018	—	10.5	16.3	19.7	23.0	25.1	14.6	15.0	15.6	16.2	—	8.16	—	—	—	—	204	171	157	135	铁基
GH150	1320~1365	11.3	16.2	18.9	23.6	—	12.5	13.9	14.8	15.8	17.8	8.26	1.21	1.34	1.36	1.37	227	187	166	158	钴基
GH188	1300~1360	11.7	18.9	23.1	26.2	—	11.4	14.2	17.0	16.8	—	9.13	—	—	—	—	—	—	—	—	钴基
GH605	1329~1410	—	—	—	—	—	—	—	—	—	—	—	—	—	—	—	—	—	—	—	钴基

① ED 为动态弹性模量，下同。

表 3-50　镍基板材高温合金的力学性能

序号	合金牌号	数据[①]特征	热处理状态	试验温度/℃	力学性能			持久性能		
					σ_b	$\sigma_{0.2}$	δ_5	$\delta/$	$t^{②}$	δ_5
					MPa		（%）	MPa	/h	（%）
1	GH3030	A	供态[③]	20	686	—	30	—	—	—
				700	294	—	—	103	100	
								86	200	
		B	980～1020℃，空冷	20	736	—	39	—	—	—
				700	400	—	36	—	—	—
				800	196	—	65	—	—	—
2	GH3039	A	供态	20	735	—	40	—	—	—
				800	245	—	40	78	100	
		B	1060℃，空冷	20	725	—	40	—	—	—
				700	440	—	42	—	—	—
				800	245	—	58	—	—	—
				900	147	—	62	—	—	—
3	GH3044	A	供态	20	735	—	40	51	100	
				900	196	—	40	42	200	
		B	1200℃，空冷	20	785	314	—	—	—	—
				600	608	—	—	—	—	—
				700	520	226	—	—	—	—
				800	390	206	—	108	100	
				900	226	118	—	51	100	
				1000	137	64	—	24	100	
				1100	83					
4	GH3128	A	供态	20	735		40	—	—	—
				950	176		40	42	100	
5	GH22	A	供态	20	725	304	35	—	—	—
				815	342		62	110	24	8
6	GH625	A	930～1040℃空冷	20	700	320	35	—	—	—
				815	—	—	—	114	23	15
		B	1100℃，空冷	20	883	390	65	—	—	—
				600	770	302	71	—	—	—
				700	662	301	94	—	—	—
				800	400	288	98	—	—	—
				900	222	166	104	—	—	—

（续）

序号	合金牌号	数据①特征	热处理状态	试验温度/℃	力学性能			持久性能		
					σ_b	$\sigma_{0.2}$	σ_5	$\delta/$	t②	δ_5
					MPa		(%)	MPa	/h	(%)
7	GH170	A	1190～1240℃，空冷	20	735	—	40	—	—	—
				1000	137	—	40	39	100	—
8	GH163	A	1150±10℃，水冷	20	540	—	9	—	—	—
				780	465	—	5			
		B	1150℃，水冷+800℃，8h 空冷	20	1049	608	40	—	—	—
				700	814	451	41	420	100	
								360	500	
				780	618	441	39	—	—	—
				850	412	353		210	100	—
							56	155	500	—
9	GH4169	B	960℃，1h，水冷+720℃，8h，冷至620℃，8h，空冷	20	1270	1030	12	—	—	—
				650	1005	865	12	690	25	4
10	GH99	A	1140℃，空冷	20	1128	—	30	—	—	—
				900	374	—	15	118	23	6
		B	1140℃，空冷+900℃，4h，空冷	20	1046	604	50			
				600	930	514	52			
				700	832	588	19			
				800	635	575	13			
				900	478	361	40	118	100	
				950	260	221	65			
11	GH141	A	1065℃，4h，空冷+760℃，16h，空冷	20	1175	880	12	—	—	—
				800	735	635	15	—	—	—
		B	1180℃，30min，空冷+900℃，4h，空冷	20	1040	—	15	—	—	—
				700	965	—	17	—	—	—
				800	770	—	18	360	100	—
				900	496	—	19	215	100	—
				1000	180	—	39	40	100	—
12	GH4033	A	1080℃，8h，空冷+700℃，16h，空冷	700	686		15	432	60	—
13	GH4037	A	1180℃，2h，空冷+1050℃，4h，空冷+800℃，16h，空冷	800	667		5	245	100	—

① 表中 A 为相应合金技术条件规定的力学性能数据，是下限值；B 为相应合金试验数据。

② t 为断裂时间。

③ 供态一般为固溶处理+平整。

3.4.3 镍基耐蚀合金的性能

耐蚀合金的金属学特征如下：

1) Ni 是合金中含量最多的基本元素，Ni 的质量分数在 30% ~ 50% 之间，如果 Ni 的质量分数不小于 50%，则称为镍基耐蚀合金；如果 Ni 的质量分数大于 30%，Ni + Fe 的质量分数大于 60%，则称为铁镍基耐蚀合金。在门德列夫周期表中 Fe、Ni、Co 同属一个族系元素，其化学性能极为接近。所以铁镍基耐蚀合金的焊接性与镍基耐蚀合金也非常接近，而且其熔焊焊接的填充金属都是镍基合金材料。

2) 无论是镍基还是铁镍基耐蚀合金其固态组织都是奥氏体。都是以 Ni 为溶剂的固溶体。一些耐蚀性较好的金属元素，在 Ni 的固溶度都比较大。Cu 在 Ni 中可能无限互溶，Cr、Mo、W 元素在 Ni 中的固溶度分别可达 35%、20%、28%，这些合金既能保持 Ni 的优越性，还兼有合金化元素的优良性能。

3) 铁镍基耐蚀合金中的 Fe，其作用有两个，其一是降低成本，其二是 Fe 可以增加 C 在 Ni 中的溶解度，改善晶间腐蚀的敏感性以及减少有害相的析出等。

4) 无论铁镍基耐蚀合金还是镍基耐蚀合金，根据合金的主要强化特征都可以分为固溶强化型和时效强化型两种合金。

耐蚀合金的基本成形方式有两种：铸造成型和力学变形。我们只关心与焊接有关的变形耐蚀合金。

国产变形耐蚀合金的牌号及化学成分，由国家标准 GB/T 15007—2008《耐蚀合金牌号》进行了规范，表 3-51 所显示的标准中本应有 36 种牌号，因本书篇幅限制，只列出了编号 1 ~ 18 的部分牌号（读者欲看全貌请查国标 GB/T 15007—2008），序号 1 ~ 10 全部是铁镍基耐蚀合金，序号 11 ~ 36 属于镍基耐蚀合金，NS 符号后第一位数字为 1 和 2 者分别是铁镍基耐蚀合金固溶强化型和时效强化型，数字 3 和 4 则分别是镍基耐蚀合金的固溶强化型和时效强化型。符号 NS 后的第 2 位数字中的 1、2、3、4、5、6 分别对应的合金系为 Ni - Cr、Mi - Mo、Ni - Cr - Mo、Ni - Cr - Mo - Co、Ni - Cr - Mo - N 及 Ni - Cr - Mo - Cu - N 系列合金。NS 后面第 3、4 位数字为不同牌号的顺序号。

有铁基高温合金，没有铁基耐蚀合金，实际上奥氏体型不锈钢应当是铁基耐蚀合金，但不锈钢问世较早，早已归属钢铁材料，而非有色金属，且耐高温有限。

由于国内镍基耐蚀合金发展起步较晚，虽然有几套相关标准更替，但和国际接轨仍然有实际困难。由于近几十年来金属材料的进口与技术引进，以及国外资本的投入，国内诸多公开发表的文献资料采用了美国标准和牌号也是无奈之举，虽然乱象，但也应该是一种技术进步。而且国内许多手册及大典类出版物都已收录。

表 3-52 是美国镍合金牌号及化学成分。

国外（以美国为代表）镍基耐蚀合金也是以合金系为基础进行分类的，如 200 和 300 系列为纯镍（又称 Permanickel，坡曼镍；Darmanickel，达曼镍；Nicke，镍），400 和 500 系列为 Ni - Cu 系合金（又称 Monel，蒙乃尔），600 和 700 系列为 Ni - Cr - Fe 系合金（又称 Inconel，因康镍），800 系列为 Ni - Cr 系铁镍基合金（又称 Incology，因康洛依），序号 B - X 的 Ni - Mo 以及 Ni - Cr - Mo 系合金（包括 B、C、C4、C22、C276、

表3-51　变形耐蚀合金牌号及化学成分（摘自GB/T 15007—2008）

序号	统一数字代号	新牌号	旧牌号	化学成分（质量分数，%）																
				C	N	Cr	Ni	Fe	Mo	W	Cu	Al	Ti	Nb	V	Co	Si	Mn	P	S
1	H01101	NS1101	NS111	≤0.10	—	19.0~23.0	30.0~35.0	余量	—	—	≤0.75	0.15~0.60	0.15~0.60	—	—	—	≤1.00	≤1.50	≤0.030	≤0.015
2	H01102	NS1102	NS112	0.05~0.10	—	19.0~23.0	30.0~35.0	余量	—	—	≤0.75	0.15~0.60	0.15~0.60	—	—	—	≤1.00	≤1.50	≤0.030	≤0.015
3	H01103	NS1103	NS113	≤0.030	—	24.0~26.5	34.0~37.0	余量	—	—	—	0.15~0.45	0.15~0.60	—	—	—	0.30~0.70	0.5~1.50	≤0.030	≤0.030
4	H01301	NS1301	NS131	≤0.05	—	19.0~21.0	42.0~44.0	余量	12.5~13.5	—	—	—	—	—	—	—	≤0.70	≤1.00	≤0.030	≤0.030
5	H01401	NS1401	NS141	≤0.030	—	25.0~27.0	34.0~37.0	余量	2.0~3.0	—	3.0~4.0	—	0.40~0.90	—	—	—	≤0.70	≤1.00	≤0.030	≤0.030
6	H01402	NS1402	NS142	≤0.05	—	19.0~23.5	38.0~46.0	余量	2.5~3.5	—	1.5~3.0	≤0.20	0.60~1.20	—	—	—	≤0.50	≤1.00	≤0.030	≤0.030
7	H01403	NS1403	NS143	≤0.07	—	19.0~21.0	32.0~38.0	余量	2.0~3.0	—	3.0~4.0	—	—	8×C~1.00	—	—	≤1.00	≤2.00	≤0.030	≤0.030
8	H01501	NS1501	—	≤0.030	0.17~0.24	22.0~24.0	34.0~36.0	余量	7.0~8.0	—	—	—	—	—	—	—	≤1.00	≤1.00	≤0.030	≤0.010
9	H01601	NS1601	—	≤0.015	0.15~0.25	26.0~28.0	30.0~32.0	余量	6.0~7.0	—	0.5~1.5	—	—	—	—	—	≤0.30	≤2.00	≤0.020	≤0.010

（续）

序号	统一数字代号	新牌号	旧牌号	化学成分（质量分数，%）																	
				C	N	Cr	Ni	Fe	Mo	W	Cu	Al	Ti	Nb	V	Co	Si	Mn	P	S
10	H01602	NS1602	—	≤0.015	0.35~0.60	31.0~35.0	余量	30.0~33.0	0.50~2.0	—	0.30~1.20	—	—	—	—	—	≤0.50	≤2.00	≤0.020	≤0.010
11	H03101	NS3101	NS311	≤0.06	—	28.0~31.0	余量	≤1.0	—	—	—	≤0.30	—	—	—	—	≤0.50	≤1.20	≤0.020	≤0.020
12	H03102	NS3102	NS312	≤0.15	—	14.0~17.0	余量	6.0~10.0	—	—	≤0.50	—	—	—	—	—	≤0.50	≤1.00	≤0.030	≤0.015
13	H03103	NS3103	NS313	≤0.10	—	21.0~25.0	余量	10.0~15.0	—	—	≤1.00	1.00~1.70	—	—	—	—	≤0.50	≤1.00	≤0.030	≤0.015
14	N03104	NS3104	NS314	≤0.030	—	35.0~38.0	余量	≤1.0	—	—	≤0.50	0.20~0.50	—	—	—	—	≤0.50	≤1.00	≤0.030	≤0.020
15	H03105	NS3105	NS315	≤0.05	—	27.0~31.0	余量	7.0~11.0	—	—	—	—	—	—	—	—	≤0.50	≤0.50	≤0.030	≤0.015
16	H03201	NS3201	NS321	≤0.05	—	≤1.00	余量	4.0~6.0	26.0~30.0	—	—	—	—	—	0.20~0.40	≤2.5	≤1.00	≤1.00	≤0.030	≤0.030
17	H03202	HS3202	NS322	≤0.020	—	≤1.00	余量	≤2.0	26.0~30.0	—	—	—	—	—	—	≤1.0	≤0.10	≤1.00	≤0.040	≤0.030
18	H03203	NS3203	—	≤0.010	—	1.0~3.0	≥65.0	1.0~3.0	27.0~32.0	≤3.0	≤0.20	≤0.5	≤0.20	≤0.20	≤0.20	≤3.00	≤0.10	≤3.00	≤0.030	≤0.010

N、S、W 等又称 Hastelloy，哈斯特洛依）等，美国镍基耐蚀合金的牌号凡第一位数字是偶数的（如 200、400、600、800）均不能沉淀硬化，即不能单纯用热处理方法使强度增加。反之，第一位数字是奇数的（如 300、K–500 和 X–750）则可以进行沉淀硬化。

国内外耐蚀合金对照参见表 3-53。

表 3-52　美国镍基合金牌号及化学成分

合金①	UNS编号②	化学成分（质量分数,%）														
		Ni③	C	Cr	Mo	Fe	Co	Cu	Al	Ti	Nb④	Mn	Si	W	B	其他
纯镍																
200	N02200	99.5	0.08	—	—	0.2	—	0.1	—	—	—	0.2	0.2	—	—	—
201	N02201	99.5	0.01	—	—	0.2	—	0.1	—	—	—	0.2	0.2	—	—	—
205	N02205	99.5	0.08	—	—	0.1	—	0.08	—	0.03	—	0.2	0.08	—	—	Mg0.05
固溶合金																
400	N04400	66.5	0.2	—	—	1.2	—	31.5	—	—	—	1	0.2	—	—	—
404	N04404	54.5	0.08	—	—	0.2	—	44	0.03	—	—	0.05	0.05	—	—	—
R–405	N04405	66.5	0.2	—	—	1.2	—	31.5	—	—	—	0.1	0.02	—	—	—
X	N06002	47	0.10	22	9	18	1.5	—	—	—	—	1	1	0.6	—	—
NICR 80	N06003	76	0.1	20	—	1	—	—	—	—	—	2	1	—	—	—
NICR 60	N06004	57	0.1	16	—	余量	—	—	—	—	—	1	1	—	—	—
G	N06007	44	0.1	22	6.5	20	2.5	2	—	—	2	1.5	1	1	—	—
IN 102	N06102	68	0.06	15	3	7	—	—	0.4	0.6	3	—	—	3	0.005	Zr0.03 Mg0.02
RA 333	N06333	45	0.05	25	3	18	3	—	—	—	—	1.5	1.2	3	—	—
600	N06600	76	0.08	15.5	—	8	—	0.2	—	—	—	0.5	0.2	—	—	—
601	N06601	60.5	0.05	23	—	14	—	—	1.4	—	—	0.5	0.2	—	—	—
617	N06617	52	0.07	22	9	1.5	12.5	—	1.2	0.3	—	0.5	0.5	—	—	—
622	N06622	59	0.005	20.5	14.2	2.3	—	—	—	—	—	—	—	3.2	—	—
625	N06625	61	0.05	21.5	9	2.5	—	—	0.2	0.2	3.6	0.2	0.2	—	—	—
686	N06686	58	0.005	20.5	16.3	1.5	—	—	—	—	—	—	—	3.8	—	—
690	N06690	60	0.02	30	—	9	—	—	—	—	—	0.5⑤	0.5⑤	—	—	—
725	N07725	73	0.02	15.5	—	2.5	—	—	0.7	2.5	1.0	—	—	—	—	—
825	N08825	42	0.03	21.5	3	30	—	2.25	0.1	0.9	—	0.5	0.25	—	—	—
B	N10001	61	0.05	1	28	5	2.5	—	—	—	—	1	1	—	—	—
N	N10003	70	0.06	7	16.5	5	—	—	—	—	—	0.8	0.5	—	—	—

（续）

合金①	UNS 编号②	化学成分（质量分数，%）													
		Ni③	C	Cr	Mo	Fe	Co	Cu	Al	Ti	Nb④	Mn	Si	W	B	其他
固溶合金																
W	N10004	60	0.12	5	24.5	5.5	2.5	—	—	—	—	1	1	—	—	—
C-276	N10276	57	0.01⑤	15.5	16	6	2.5⑤	—	—	—	0.7⑤	1⑤	0.08⑤	4	—	V0.35⑤
C-22	N06022	56	0.010⑤	22	13	3	2.5⑤	—	—	—	0.5⑤	0.08⑤	3	—	V0.35⑤
B-2	N10665	69	0.01⑤	1⑤	28	2⑤	1⑤	—	—	—	—	1⑤	0.1⑤	—	—	—
C-4	N06455	65	0.01⑤	16	15.5	3⑤	2⑤	—	—	—	—	1⑤	0.08⑤	—	—	—
G-3	N06985	44	0.015⑤	22	7	19.5	5⑤	2.5	—	—	0.5⑤	1⑤	1⑤	1.5⑤	—	—
G-30	N06030	43	0.03⑤	30	5.5	15	5⑤	2	—	—	1.5⑤	0.5⑤	1⑤	2.5	—	—
S	N06635	67	0.02⑤	16	15	3⑤	2⑤	—	0.25	—	—	0.5	0.4	1⑤	0.015⑤	La0.02
230	N06230	57	0.10	22	2	3⑤	5⑤	—	0.3	—	—	0.5	0.4	14	0.015⑤	La0.02
沉淀合金																
301	N03301	96.5	0.15	—	—	0.3	—	0.13	4.4	0.6	—	0.25	0.5	—	—	—
K-500	N05500	66.5	0.10	—	—	1	—	29.5	2.7	0.6	—	0.08	0.2	—	—	—
Waspaloy	N07001	58	0.08	19.5	4	—	13.5	—	1.3	3	—	—	—	—	0.006	Zr0.06
R-41	N07041	55	0.10	19	10	1	10	—	1.5	3	—	0.05	0.1	—	0.005	—
80A	N07080	76	0.06	19.5	—	—	—	—	1.6	2.4	—	0.3	0.3	—	0.006	Zr0.06
90	N07090	59	0.07	19.5	—	—	16.5	—	1.5	2.5	—	0.3	0.3	—	0.003	Zr0.06
M252	N07252	55	0.15	20	10	—	10	—	1	2.6	—	0.5	0.5	—	0.005	—
U-500	N07500	54	0.08	18	4	—	18.5	—	2.9	2.9	—	0.5	0.5	—	0.006	Zr0.05
713C⑥	N07713	74	0.12	12.5	4	—	—	—	6	0.8	2	—	—	—	0.012	Zr0.10
718	N07718	52.5	0.04	19	3	18.5	—	—	0.5	0.9	5.1	0.2	0.2	—	—	—
X-750	N07750	73	0.04	15.5	—	7	—	—	0.7	2.5	1	0.5	0.2	—	—	—
706	N09706	41.5	0.03	16	—	40	—	—	0.2	1.8	2.9	0.2	0.2	—	—	—
901	N09901	42.5	0.05	12.5	—	36	6	—	0.2	2.8	—	0.1	0.1	—	0.015	—
C902	N09902	42.2	0.03	5.3	—	48.5	—	—	0.6	2.6	—	0.4	0.5	—	—	—

① 上述表中使用名称的一部分或登记注册名。

② UNS 为美国统一数字编码系统的英文缩写。

③ 如果没有规定 Co 含量，则含有少量的 Co。

④ 含有 Ta（Nb+Ta）。

⑤ 最大值。

⑥ 铸造合金。

表 3-53　国内外耐蚀合金牌号对照（摘自 GB/T 15007—2008）

本标准中 合金牌号	国内使用过的 合金牌号	美国 ASTM	德国 DIN	英国 BS	日本 JIS
NS1101	0Cr20Ni32AlTi	N08800 （Incoloy 800）	—	NA15 Ni – Fe – Cr	NCF 800 （NCF 2B）
NS1102	1Cr20Ni32AlTi	N08810 （Incoloy 800H）	—	—	—
NS1103	00Cr25Ni35AlTi	—	—	—	—
NS1301	0Cr20Ni43Mo13	—	—	—	—
NS1302	—	N08354	—	—	—
NS1401	00Cr25Ni35Mo3Cu4Ti				
NS1402	0Cr21Ni42Mo3Cu2Ti	N08825 （Incoloy 825）	NiCr21Mo Z. 4858	NA16 Ni – Fe – Cr – Mo	NCF 825
NS1403	0Cr20Ni35Mo3Cu4Nb	N08020 （Alloy 20cb3）	—	—	—
NS1404	—	N08031 Alloy 31	1.4562 X1NiCrMoCu32 – 28 – 7 Nicrofer 3127hMo	—	—
NS1405	—	R20033 Alloy 33	1.4591 X1CrNiMoCuN33 – 32 – 1 Nicrofer 3033	—	—
NS3101	0Cr30Ni70	—	—	—	—
NS3102	1Cr15Ni75Fe8	N06600 （Inconel 600）	NiCr15Fe Z. 4816	NA14 Ni – Cr – Fe	NCF 600 （NCF 1B）
NS3103	1Cr23Ni60Fe13Al	—	NiCr23Fe Z. 4851	—	NCF 601
NS3104	00Cr36Ni65Al	—	—	—	—
NS3105	0Cr30Ni60Fe10	N06690 （Inconel 690）	—	—	—
NS3201	0Ni65Mo28Fe5V	N08800 （Hastelloy B）	—	—	—
NS3202	00Ni70Mo28	N10665 （Hastelloy B – 2）	NiMo28 Z. 4617 Nimofer 6928	—	—
NS3203	—	N10675 （Hastelloy B – 3）	2.4600	—	—
NS3204	—	N10629 （Hastelloy B – 4）	Nimofer 6929 2.4600	—	—

（续）

本标准中 合金牌号	国内使用过的 合金牌号	美国 ASTM	德国 DIN	英国 BS	日本 JIS
NS3301	00Cr16Ni75Mo2Ti	—	—	—	—
NS3302	00Cr18Ni60Mo17	—	—	—	—
NS3303	0Cr15Ni60Mo16W5Fe5	（Hastelloy C）	—	—	—
NS3304	00Cr15Ni60Mo16W5Fe5	N10276 （Inconel 276）	NiMo16Cr15W Z. 4819	—	—
NS3305	00Cr16Ni65Mo16Ti	N06455 （Hastelloy C－4）	NiMo16Cr16Ti Z. 4610	—	—
NS3306	0Cr20Ni65Mo10Nb4	N06625 （Inconel 625）	NiCr22Mo9Nb Z. 4856	NA21 Ni－Cr－ Mo－Nb	—
NS3307	0Cr20Ni60Mo16	—	—	—	—
NSS3308	—	N06022 （Hastelloy C－22） （Inconel 622）	2. 4602 NiCr21Mo14W Nicrofer 5621 hMoW	—	—
NS3309	—	N06686 （Inconel 686）	2. 4606	—	—
NS3310	—	N06950 （Hastelloy G－50）	—	—	—
NS3311	—	N06059	Nicrofer5923hMo alloy 59 2. 4605	—	—
NS3310	—	N06950 （Hastelloy G－50）	—	—	—
NS3401	0Cr20Ni70Mo3Cu2Ti	—	—	—	—
NS3402	—	N06007 （Hastelloy G）	Nicrofer 4520hMo 2. 4618	—	—
NS3403	—	N06985 （Hastelloy G－3）	Nicrofer 4023hMo 2. 4619	—	—
NS3404	—	N06030 （Hastelloy G－30）	2. 4603	—	—
NS3405	—	N06200 （Hastelloy C－2000）	2. 4675	—	—
NS4101	0Cr20Ni65Ti2AlNbFe7	—	—	—	—

耐蚀合金的主要特性和用途参见表 3-54。

表 3-54　耐蚀合金的主要特性和用途（摘自 GB/T 15007—2008）

合金牌号	主要特性	用途举例
NS1101	抗氧化性介质腐蚀，高温上抗渗碳性良好	热交换器及蒸汽发生器管、合成纤维的加热管
NS1102	抗氧化性介质腐蚀，抗高温渗碳，热强度高	合成纤维工程中的加热管、炉管及耐热构件等
NS1103	耐高温高压水的应力腐蚀及苛性介质应力腐蚀	核电站的蒸汽发生器管
NS1301	在含卤素离子氧化 - 还原复合介质中耐点腐蚀	湿法冶金、制盐、造纸及合成纤维工业的含氯离子环境
NS1302	抗氯离子点腐蚀	烟气脱硫装置，制盐设备，海水淡化装置
NS1401	耐氧化 - 还原介质腐蚀及氯化物介质的应力腐蚀	硫酸及含有多种金属离子和卤族离子的硫酸装置
NS1402	耐氧化物应力腐蚀及氧化 - 还原性复合介质腐蚀	热交换器及冷凝器、含多种离子的硫酸环境
NS1403	耐氧化 - 还原性复合介质腐蚀	硫酸环境及含有卤族离子及金属离子的硫酸溶液中应用，如湿法冶金及硫酸工业装置
NS1404	抗氯化物、磷酸、硫酸腐蚀	烟气脱硫系统、造纸工业、磷酸生产、有机酸和酯合成
NS1405	耐强氧化性酸、氯化物、氢氟酸腐蚀	硫酸设备、硝酸 - 氢氟酸酸洗设备、热交换器
NS3101	抗强氧化性及含氟离子高温硝酸腐蚀，无磁	高温硝酸环境及强腐蚀条件下的无磁构件
NS3102	耐高温氧化物介质腐蚀	热处理及化学加工工业装置
NS3103	抗强氧化性介质腐蚀，高温强度高	强腐蚀性核工程废物烧结处理炉
NS3104	耐强氧化性介质及高温硝酸、氢氟酸混合介质腐蚀	核工业中靶件及元件的溶解器
NS3105	抗氯化物及高温高压水应力腐蚀，耐强氧化性介质及 HNO_3 - HF 混合腐蚀	核电站热交换器、蒸发器管、核工程化工后处理耐蚀构件
NS3201	耐强还原性介质腐蚀	热浓盐酸及氯化氢气体装置及部件
NS3202	耐强还原性介质腐蚀，改善抗晶间腐蚀性	盐酸及中等浓度硫酸环境（特别是高温下）的装置
NS3203	耐强还原性介质腐蚀	盐酸及中等浓度硫酸环境（特别是高温下）的装置
NS3204	耐强还原性介质腐蚀	盐酸及中等浓度硫酸环境（特别是高温下）的装置

（续）

合金牌号	主要特性	用途举例
NS3301	耐高温氟化氢、氯化氢气体及氟气腐蚀	化工、核能及有色冶金中高温氟化氢炉管及容器
NS3302	耐含氯离子的氧化－还原介质腐蚀，耐点腐蚀	湿氯、亚硫酸、次氯酸、硫酸、盐酸及氯化物溶液装置
NS3303	耐卤族及其化合物腐蚀	强腐蚀性氧化－还原复合介质及高温海水中应用装置
NS3304	耐氧化性氯化物水溶液及湿氯、次氯酸盐腐蚀	强腐蚀性氧化－还原复合介质及高温海水中的焊接构件
NS3305	耐含氯离子的氧化－还原复合腐蚀，组织热稳定性好	湿氯、次氯酸、硫酸、盐酸、混合酸、氯化物装置，焊后直接应用
NS3306	耐氧化－还原复合介质、耐海水腐蚀，且热强度高	化学加工工业中苛刻腐蚀环境或海洋环境
NS3307	焊接材料，焊接覆盖面大，耐苛刻环境腐蚀	多种高铬钼镍基合金的焊接及与不锈钢的焊接
NS3308	耐含氯离子的氧化性溶液腐蚀	醋酸、磷酸制造、核燃料回放、热交换器，堆焊阀门
NS3309	耐含高氯化物的混合酸腐蚀	化工设备、环保设备、造纸工业
NS3310	耐酸性气体腐蚀，抗硫化物应力腐蚀	含有二氧化碳、氯离子和高硫化氢的酸性气体环境中的管件
NS3311	耐硝酸、磷酸、硫酸和盐酸腐蚀，抗氯离子应力腐蚀	含氯化物的有机化工工业、造纸工业、脱硫装置
NS3401	耐含氟、氯离子的酸性介质的冲刷冷凝腐蚀	化工及湿法冶金凝器和炉管、容器
NS3402	耐热硫酸和磷酸的腐蚀	用于含有硫酸和磷酸的化工设备
NS3403	优异的耐热硫酸和磷酸的腐蚀	用于含有硫酸和磷酸的化工设备
NS3404	耐强氧化性的复杂介质和磷酸腐蚀	用于磷酸、硫酸、硝酸及核燃料制造、后处理等设备中
NS3405	耐氧化性、还原性的硫酸、盐酸、氢氟酸的腐蚀	化工设备中的反应器、热交换器、阀门、泵等
NS4101	抗强氧化性介质腐蚀，可沉淀硬化，耐腐蚀冲击	硝酸等氧化性酸中工作的球阀及承载构件

3.4.4　镍基高温合金的焊接性评价

1. 概述

镍基合金（镍基高温合金及镍基耐蚀合金）的焊接性是指在某一工艺条件下，对合金产生的裂纹、气孔的敏感性，接头的连续性、接头组织的均匀性、接头力学性能的等强度和工艺措施的复杂性的综合评价。

在分析镍基高温合金及镍基耐蚀合金的焊接性时，需注意分别与耐热钢、不锈钢（耐酸型不锈钢）的焊接性进行比较，有很多相同之处。同时，还应注意耐热钢、不锈钢与镍基高温合金、镍基耐蚀合金在化学成分、强化处理、性能及应用场合的亲缘关系，既有共同点，又有各自的优势。本来这四种金属及合金是为追求相同的目标而开发的，本应属于同一个族系，都具有相应的抗氧化及耐蚀性与高温服役能力，更容易比较分析，但在分类学上的歧义，结果变成了各自独立的系统和篇章，割断了其技术理论渊源，只能尊重技术市场的现实。

2. 熔焊的焊接性

镍基高温合金熔焊的主要问题是对热裂纹的敏感性，镍基高温合金不存在气孔问题。熔焊时裂纹倾向的大小决定了熔焊的难易程度。如果将难易程度分为 A、B、C 三个等级，则镍基高温合金中固溶强化合金属于 A 级、时效强化合金属于 B 级、铸造合金最难焊，属于 C 级。在镍基、铁基和钴基高温合金中，镍基高温合金属于 A 级、铁基高温合金属于 B 级、钴基高温合金属于 C 级。影响高温合金熔焊焊接性的因素，归纳有如下几点：

（1）合金因素的影响　高温合金中除 S、P 外，Al、Ti、Si、B 等元素对其焊接性能有较大的影响。这些元素含量高时会使合金的焊接裂纹敏感性增大。其中 Al 和 Ti 含量的影响较大，故按 Al、Ti 总含量的不同，可将高温合金焊接难易程度分为 A—易焊、B—可焊、C—难焊三类，如图 3-22 所示。

（2）焊前合金状态的影响　高温合金的焊前状态对其焊接裂纹敏感性有较大的影响。焊前经固溶处理的裂纹敏感性较小，经冷轧、平整或时效处理的裂纹敏感性明显增大。故各类高温合金一般都要求在固溶或退火状态下进行焊接。

（3）焊前表面清理　对于高温合金焊前彻底清理待焊表面是尤为重要的。S、P 及Pb、Sn、Sb 等低熔点元素会促使焊缝形成热裂纹。甚至油、漆、纤维或铅笔痕迹等都会污染焊缝和热影响区。微量的铜溶入钴基合金焊缝亦将导致产生热裂纹，所以在钴基合金熔焊时，如果需要用垫板，推荐采用不锈钢或镀铬的铜垫板。

（4）焊后热处理　对于重要构件，焊后需进行消除应力处理。其目的是消除焊接残余应力，改善接头的组织和性能。一般可采用固溶或中温消除应力处理。应力是变形和产生延迟裂纹的动力源。

3. 焊接方法的选择

（1）电弧焊　高温合金中镍基固溶强化合金对各种电弧焊的焊接方法适应性很强，如焊条电弧焊、TIG 焊、MIG 焊及埋弧焊都可以采用。

（2）各种高温合金可以采用的电弧焊方法　见表 3-55。

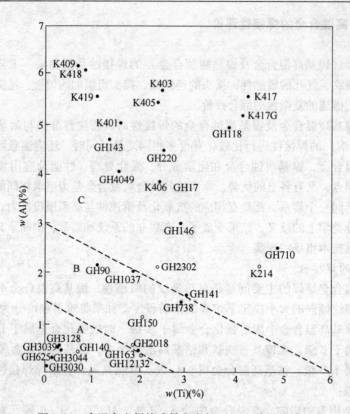

图 3-22　高温合金焊接难易程度与 Al、Ti 总量的关系

A—易焊　B—可焊　C—难焊

表 3-55　高温合金可采用的电弧焊方法

序号	合金牌号	焊接方法			
		焊条电弧焊	TIG 焊	MIG 焊	埋弧焊
	镍基固溶强化合金				
1	GH3030	△①	△	△	△
2	GH3039	△	△	△	△
3	GH3044	△	△	△	△
4	GH3128		△	△	△
5	GH22（GH536）	△	△	△	△
6	GH625	△	△	△	△
7	GH170		△	△	
	镍基时效硬化合金				
8	GH163		△		
9	GH4169		△		

（续）

序号	合金牌号	焊接方法			
		焊条电弧焊	TIG 焊	MIG 焊	埋弧焊
10	GH99		△		
11	GH141		△		
	铁基固溶强化合金				
12	GH1015		△	△	
13	GH1016		△	△	
14	GH1035	△	△		△
15	GH1140		△	△	
16	GH1131		△	△	
	铁基时效硬化合金				
17	GH2132	△	△	△	
18	GH105		△		
19	GH2302		△		
20	GH2018		△		
21	GH150		△		
	钴基合金				
22	GH188		△	△	
23	GH605	△	△	△	

① 上表中△表示高温合金可采用的焊接方法。

　　由于 TIG 焊及 MIG 焊技术的进一步发展与提高成熟，曾在早期，高温合金采用过的高温合金焊条电弧焊及埋弧焊，因为其自身的缺点而很少被采用了。由于焊条电弧焊自身保护效果不好，与埋弧焊一样，焊接过程中强化元素会被烧损以及焊缝金属增碳、增硅和耐蚀性的下降等原因，使得合金中铝及钛元素含量增加，则合金的裂纹敏感性显著增加，其焊接性变差。此外对裂纹倾向敏感的时效强化型镍基高温合金和铁基时效强化型高温合金，都不能采用焊条电弧焊和埋弧焊。

　　另外，MIG 焊虽然保护效果好，但电弧功率较大，热输入高，且不可控制，对于塑性较差的时效强化型高温合金（无论镍基还是铁基）都会产生热应力而导致裂纹。所以只有固溶强化型高温合金可以用 MIG 焊，也只能采用在一定范围内可调节热输入的脉冲 MIG 焊接法。

　　显然只有 TIG 焊对所有高温合金（固溶强化型、时效强化型）都有最好的适应性，当然铸造高温合金除外。TIG 焊电源系恒流特性，在焊接电流不变的条件下，电弧功率随机可调，且填充金属与电弧没有电的联系，焊缝成分也可以在焊接过程中随机可调。TIG 焊是有名的高质量、低热输入、低效率焊接法。TIG 焊接电流在 5～10A 范围内时，电弧能稳定地燃烧，而 MIG 焊焊接电流却必须大于焊丝直径的 50～200 倍。

高温合金的焊件普遍采用 TIG 和 MIG 焊，在航空、航天、能源、化工等工业部门生产中，是成熟工艺。固溶强化型镍基高温合金 TIG 焊具有良好的焊接性，在焊接操作时，只要采取较小的热输入和稳定的电弧，则可避免结晶裂纹，获得良好质量的焊接接头，无需采取其他工艺措施。

时效强化型高温合金 TIG 焊时，因焊接性差，有一定难度。要求这种合金在固溶状态下焊接，焊接时采用合理的接头设计和焊接顺序，使结构有小的拘束度；可采用抗裂性好的焊丝，用小的焊接电流，以改善熔池的结晶状态，避免形成热裂纹。

高温合金的特性造成了 TIG 焊熔池的熔深较小，不足碳钢的一半，为奥氏体型不锈钢熔深的 2/3 左右，因此在接头设计时，应加大坡口，减小钝边高度和适当加大根部间隙，焊接过程中注意未焊透和根部缺陷；或者采用活性剂（A–TIG 焊），以增加熔深，改善焊缝成形，并提高生产效率。

图 3-23 为高温合金对接焊时的接头坡口形式，图中激冷块和垫板采用纯铜制成，只有钴基合金焊接时要求在纯铜垫板上进行镀铬。垫板成形槽内应有分布均匀的通入保护气体的小孔，以保证背面保护良好。

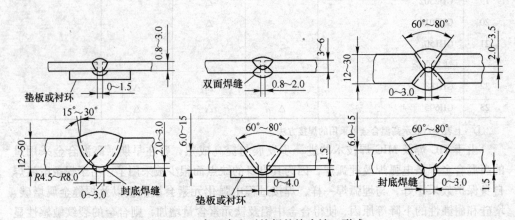

图 3-23　高温合金对接焊的接头坡口形式

高温合金 TIG 焊时熔池流动性较差，熔深较小，接头设计时要求加大坡口角度，钝边高度减小，根部间隙加大。图 3-23 中可见根部间隙可达 3～4mm，这是其他金属材料 TIG 焊时所没有的。当然，增大了填充金属量。

TIG 焊的填充金属在特殊情况下可以用母材的板料切条，一般采用焊丝。焊接用高温合金焊丝牌号及成分见国家标准 GB/T 14992—2005。

表 3-56 是相同与不相同牌号异种高温合金组合的 TIG 焊用焊丝（含与不锈钢组合异种金属焊接用焊丝）。

表 3-56　相同与不相同牌号异种高温合金组合 TIG 焊用的焊丝（含与不锈钢组合异种金属焊接用焊丝）

序号①	合金牌号	GH3030 (1)	GH3039 (2)	GH3044 (3)	GH3128 (4)	GH625 (5)	GH22(GH536) (6)	GH163 (7)	GH4169 (8)	GH99 (9)	GH1015 (10)	GH1016 (11)	GH1140 (12)	GH1035 (13)	GH2132 (14)	GH2302 (15)	GH2018 (16)	GH150 (17)	GH188 (18)	GH605 (19)
(1)	GH3030	1②	—	—	—	—	—	—	—	—	—	—	—	—	—	—	—	—	—	—
(2)	GH3039	1 2	2	—	—	—	—	—	—	—	—	—	—	—	—	—	—	—	—	—
(3)	GH3044	1 3	2 3	3	—	—	—	—	—	—	—	—	—	—	—	—	—	—	—	—
(4)	GH3128	1 4	2 4	3 4	4	—	—	—	—	—	—	—	—	—	—	—	—	—	—	—
(5)	GH625	1 5	2 5	3 5	4 5	5	—	—	—	—	—	—	—	—	—	—	—	—	—	—
(6)	GH22(GH536)	1 6	2 6	3 6	6	5 6	6	—	—	—	—	—	—	—	—	—	—	—	—	—
(7)	GH163	1 7	—	—	—	5 7	6 7	7	—	—	—	—	—	—	—	—	—	—	—	—
(8)	GH4169	1 8	—	—	—	5 8 20	6 8 20	7 8 20	8	—	—	—	—	—	—	—	—	—	—	—
(9)	GH99	1 9 23	2 9 23	3 9 23	—	—	—	—	—	9 23	—	—	—	—	—	—	—	—	—	—
(10)	GH15	1 10	2 10	3 10	—	—	6 10	—	—	9 10 23	10	—	—	—	—	—	—	—	—	—
(11)	GH16	1 11	2 11	3 11	—	—	6 11	—	—	9 11 23	10 11	11	—	—	—	—	—	—	—	—
(12)	GH1140	1 12	2 12	3 12	4 12	—	6 12	—	—	9 12 6	—	11 12	12	—	—	—	—	—	—	—
(13)	GH1035	1 13	2 13	3 13	—	—	—	—	—	—	10 11	11	12 13	13	—	—	—	—	—	—
(14)	GH2132	1 14	2 14	3 14	—	5 14 20	6 14	7 14 20	8 14 21	—	—	—	12 14 20	13	14	—	—	—	—	—
(15)	GH2302	1 15	2 15	3 15	—	—	6 15	—	—	9 6	—	—	12	13	14	15	—	—	—	—

（续）

序号①	合金牌号	GH3030 (1)	GH3039 (2)	GH3044 (3)	GH3128 (4)	GH625 (5)	GH22(GH536) (6)	GH163 (7)	GH4169 (8)	GH99 (9)	GH1015 (10)	GH1C16 (11)	GH1140 (12)	GH1035 (13)	GH2132 (14)	GH2302 (15)	GH2018 (16)	GH150 (17)	GH188 (18)	GH605 (19)
(16)	GH2018	1/21	—	3/16	—	16 · 5/21	—	—	—	—	—	—	—	—	—	—	16	—	—	—
(17)	GH150	1 17/2 23	17/23	17/3 23	—	—	—	—	—	9/17 23	—	—	12 17/23	—	—	—	—	17 23	—	—
(18)	GH188	1 18/21	—	—	—	18/5 21	18/6 21	18/7 21	8 18/21	—	—	—	—	—	14 18/21	—	—	—	18	—
(19)	GH605	19/21	—	—	—	19/5 21	19/6 21	19/7 21	8 19/21	—	—	—	—	—	24/6	—	—	—	18 19/21	19
(20)	12C18N9	1/24	1 2/24 3	24/3	4/24 6	24/6 24	6 24	—	—	6/20 23	24/6 20	24 11/6 11	24 12/6 12	24 13/6 13	24/6	—	—	—	—	—
(21)	12Cr13（20Cr13）	1/6	2/6	3/6	—	—	—	—	—	6/23	6/20 10	6/11	6/12	6/13	6	—	—	—	—	—
(22)	14Cr17Ni2	1/6	2/6	3/6	—	—	—	—	—	—	—	—	—	—	—	—	—	—	—	—

① 表中序号 (1)~(9) 为镍基合金，其中 (1)~(6) 为固溶强化型合金，余为沉淀强化合金；(10)~(17) 为铁基合金，其中 (10)~(13) 为固溶强化型合金，余为沉淀强化合金；(18)、(19) 为钴基合金。

② 表中 1~24 分别为不同牌号焊丝的代号，每一数字所代表的焊丝牌号如下：

1—HGH3030	5—GH625	9—GH99	13—HGH1035
2—HGH3039	6—GH22（GH536）	10—GH1015	14—HGH2132
3—HGH3044	7—GH163	11—GH1016	15—GH2302
4—HGH3128	8—HGH4169	12—HGH1140	16—GH2018

17—GH150	21—HSG-1③
18—GH188	22—HSG-5③
19—GH605	23—ЭΠ533③
20—HGH3113②	24—H12Cr18Ni9（H06Cr20Ni10Ti）

③ 21~23 号焊丝均为镍基合金，其主要成分质量分数，% 如下：

20—HGH3113（Ni-15Cr-3W-15Mn HastelloyC，ЭΠ367）
21—HSG-1（Ni-5Cr-24Mo Hastelloy W，ЭΠ595）
22—HSG-5（Ni-20Cr-8Mo Hastelloy X）
23—ЭΠ533（Ni-20Cr-8W-8Mo-3Ti-Al）

固溶强化型高温合金与铝、钛含量较低的时效强化型高温合金焊接时，可选用与母材化学成分相同或相近的焊丝，以获得与母材性能相近的接头。焊接铝、钛含量较高的时效强化型高温合金或拘束度较大的焊件时，为防止产生裂纹，推荐选用抗裂性好的 Ni-Cr-Mo 系的合金焊丝，如 HGH3113、SG-1 和 HGH3536 等。这类焊缝金属不能经热处理进行强化，接头强度低于母材。若选用焊接铝钛的 Ni-Cr-Mo 系 HGH3533 合金焊丝（Ni-20Cr-8Mo-8W-3Ti-Al），则会使接头具有一定的抗裂性和较高的力学性能，可通过时效处理提高接头的性能。钴基高温合金可采用与母材成分相同的或 Ni-Cr-Mo 系合金的焊丝。手工 TIG 焊时，可以采用母材合金板材的切条作为填充金属。

不同牌号高温合金组合焊时，焊丝的选用原则是：在满足接头性能要求的情况下，首先选用组合焊接合金中焊接性好、成本低的焊丝，抗裂性还不能满足要求时，则可选用 Ni-Cr-Mo 系合金的焊丝。

（3）高能束焊　等离子弧焊、电子束焊以及激光焊都属于高能束焊焊接方法，只不过三者分别以离子束流、电子束流及光子束流为其热源。这三者高能束焊共同的特点是热输入精确可控、热影响区窄小，在低热输入条件下可得到深宽比较大的焊缝，电子束焊和激光焊比等离子弧焊更为典型。

电子束焊和激光焊可以成功地焊接固溶强化型高温合金，也可以焊接电弧焊难以焊接的时效强化型高温合金。接头强度系数相对比较高，可达 90% 以上，甚至达到 100%。

（4）压焊　电阻焊是压焊的重要分支，无论是工作量、重要性还是实用性，电阻焊都是仅次于熔焊的第二重要焊接工艺方法。电阻焊包括点焊、缝焊、凸焊及闪光对焊等。采用这些焊接方法焊接镍、镍基高温合金（包括铁基、钴基高温合金）一般均无问题。点焊、缝焊常以高温合金制作薄壁构件，如航空发动机的燃烧室和可调喷口等。高温合金的电阻率大，热强度高，焊接时所需的焊接电流小，电极压力大，可以进行高速焊或快速焊，这些要点与不锈钢的点焊完全一样。高温合金（镍基及铁基）无论固溶强化型还是时效强化型，都具有较好的点焊焊接性。只要采用控制焊接参数精度高、可提供较大电极压力的气压式固定点焊机，无需采用特殊措施，即可获得良好的焊接接头质量，但铸造高温合金不能采用点焊的方法。

摩擦焊可以焊接各种高温合金，包括粉末高温合金和 OD5 合金等，并易于实现异现金属的焊接，如 GH141 和 K409 合金分别与超高强度钢等材料进行摩擦焊。摩擦焊的焊接接头强度系数远比电阻焊高，一般在 90% 以上，多数可达到 100%。

扩散焊几乎可以焊接各类高温合金，如机械合金化型高温合金，含铝、钛的铸造高温合金等。

3.4.5　镍基耐蚀合金的焊接性评价

1. 概述

与低碳钢、不锈钢相比，镍基耐蚀合金也有奥氏体型不锈钢焊接时所发生相类似的问题，即有电弧焊时的热裂纹倾向、气孔和晶间腐蚀倾向等。奥氏体型不锈钢实际上是铁基耐蚀合金。由于二者同是单相奥氏体组织，冷却结晶过程很快，因此会产生相同的焊接缺陷，其产生原因大体相同。

可以采用焊接镍铬奥氏体型不锈钢的各种电弧焊方法焊接镍基耐蚀合金。适用于某些镍基耐蚀合金的电弧焊方法见表3-57。

表 3-57 适用于某些镍基耐蚀合金的电弧焊方法

合金牌号	UNS 编号	焊条电弧焊	TIG 焊，等离子弧焊	MIG 焊	埋弧焊
纯镍					
200	N02200	△	△	△	△
201	N02201	△	△	△	△
固溶合金（细晶粒）					
400	N04400	△	△	△	△
404	N04404	△	△	△	△
R – 405	N04405	△	△	△	—
X	N06002	△	△	△	—
NICR 80	N06003	△	△	—	—
NICR 60	N06004	△	△	—	—
G	N06007	△	△	△	—
RA333	N06333	—	△	—	—
600	N06600	△	△	△	△
601	N06601	△	△	△	△
625	N06625	△	△	△	△
20cb3	N08020	△	△	△	△
800	N08800	△	△	△	△
825	N08825	△	△	△	—
B	N10001	△	△	△	—
C	N10002	△	△	△	—
N	N10003	△	△	—	—
沉淀硬化合金					
K – 500	N05500	—	△	—	—
Waspaloy	N07001		△	—	—
R – 41	N07041		△	—	—
80A	N07080		△	—	—
90	N07090		△	—	—
M252	N07252		△	—	—
U – 500	N07500		△	—	—
718	N07718		△	—	—

（续）

合金牌号	UNS 编号	焊条电弧焊	TIG 焊, 等离子弧焊	MIG 焊	埋弧焊
沉淀硬化合金					
X－750	N07750	—	△	—	—
706	N09706	—	△	—	—
901	N09901	—	△	—	—

注: 1. UNS 为美国统一数字编码系统的英文缩写。

2. △表示推荐使用。

3. 晶粒尺寸不大于 ASTM 标准 5 级为细晶粒。

由表 3-57 可知, 对于时效强化（沉淀硬化）型耐蚀合金不适合采用焊条电弧焊、MIG 焊和埋弧焊。其道理与时效强化型镍基高温合金相同, 不适合采用上述这三种方法的原因是一样的。其理由之一是时效强化也主要依靠 Ti、Al 等元素来实现。若采用渣系中具有金属氧化物及保护效果并不理想的焊条电弧焊、埋弧焊方法, 则会使钛、铝等极易氧化的元素烧损, 使焊接接头的高温性能和耐蚀性下降; 其二是镍基耐蚀合金与镍基高温合金一样, 具有低熔透性的特点, 熔池液态金属流动性差, 熔深小, 不像钢焊缝金属那样容易润湿展开, 即使增大焊接电流也不能改善焊缝金属的流动性, 反而会产生有害作用, 这也是镍基耐蚀合金的固有特性。如果焊接电流超过推荐范围, 会使熔池过热, 增大热裂纹的敏感性, 同时也会使焊缝中的脱氧剂蒸发, 产生气孔。时效强化型镍基耐蚀合金特别适用于小的热输入焊接方法, 而 MIG 焊及埋弧焊热输入太大, 且不可控。因此, 只有 TIG 焊可以适应时效强化型耐蚀合金的熔焊。可以与镍基高温合金可采用的电弧焊方法（见表 3-55）进行比较, 几乎相同。不同之处在于固溶强化型高温合金不推荐采用焊条电弧焊及埋弧焊, 而固溶强化型镍基耐蚀合金却推荐采用焊条电弧焊与埋弧焊, 且是常用方法。其理由是 Ti 和 Al 元素在固溶强化型耐蚀合金中含量少（属于冶炼杂质）, 并不重要。更重要的是耐蚀合金有专用焊条、专用埋弧焊焊剂, 而镍基高温合金却没有。

2. 镍基耐蚀合金焊条电弧焊的专用焊条

焊条电弧焊仅适用于工业纯镍和固溶强化型镍基耐蚀合金（含铁镍基耐蚀合金）的焊接。镍及镍基合金焊条的型号、熔敷金属化学成分已由现行国家标准 GB/T 13814—2008《镍及镍合金焊条》进行了规范。国产镍及镍合金焊条共有 7 类 47 个型号, 分别对应不同的合金系列。表 3-58 是国内外焊条型号对照表。由表可知, 国家标准 GB/T 13814—2008 等效采用了国际标准 ISO14172—2003, 包括型号编制方法和化学成分。表 3-59 是焊条选择应用的简要说明。由表可知焊条型号完整的表示方法由 3 部分组成: ENi 表示是镍及镍合金焊条, 之后的 4 位数字是熔敷金属合金系统一代号及序号, 括号中是熔敷金属主要化学成分符号。实际应用时是把 4 位数字作为焊条型号的数字化简易表达方式。同时又是耐蚀合金型号及耐蚀合金焊丝型号的数字化统一代号。

要注意的是, 这 47 种焊条中, 大部分都可以适用于异种金属组合接头的焊接, 包括复合钢的焊接。

镍基耐蚀合金焊条电弧焊工艺要点如下：

1）一般情况下，选择焊条时，焊条的熔敷金属化学成分应与母材类似，都含有抗裂性能及控制气孔的元素，从表3-59焊条简要说明中，可以查到焊条熔敷金属的主要化学成分。

2）由于耐蚀合金特别要求防止过热导致晶粒长大，并增加热裂纹倾向，因此焊接电流尽量小，一般不超过焊条直径的30倍。

3）短弧、不摆动。因熔池流动性差，为防止咬边的产生，可以小摆动电弧，其摆动幅度不得超过焊条直径的2倍，且摆动回程时略停一下。

4）一般不预热，也不推荐焊后热处理，特殊情况下为防止使用中发生晶间腐蚀，可以进行热处理。

5）焊前工件表面清理除污，对耐蚀合金的焊接防止低熔共晶产生，是极为重要的。铝、硫、磷及某些低熔点元素如锌（Zn）、锡（Sn）、铋（Bi）、锑（Sb）和砷（As）等都存在于正常制造工艺过程中所用的一些材料中，例如油脂、漆、标记用的蜡笔、墨水、成形润滑剂、切削冷却液等。

6）耐蚀合金要求低热输入焊接，液态熔池流动性差及低熔透的特点要求接头坡口特点为：角度要大、钝边要小。如图3-24所示为焊件厚度小于2.4mm、不用开坡口，超过2.4mm要开坡口（V或U形等），且用TIG焊打底。

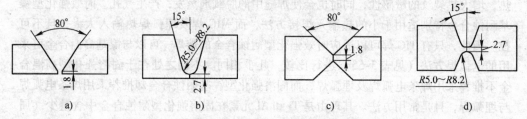

图3-24　焊条电弧焊、TIG焊镍合金典型接头形式
a）V形坡口　b）带钝边U形坡口　c）双V形坡口　d）双U形坡口

焊条电弧焊仅适用于工业纯镍和固溶强化镍基耐蚀合金。表3-58是国内外镍及镍合金焊条型号的对照表，表3-59是镍及镍合金焊条简要说明。

表3-58　国内外镍及镍合金焊条型号的对照表（摘自 GB/T 13814—2008）

焊条型号	AWS A5.11：2005	ISO 14172：2003	GB/T 13814—2008
镍			
ENi2061	ENi – 1	ENi2061	ENi – 1
ENi2061A			ENi – 0
镍铜			
ENi4060	ENiCu – 7	ENi4060	ENiCu – 7
ENi4061		ENi4061	

（续）

焊条型号	AWS A5.11：2005	ISO 14172：2003	GB/T 13814—2008
镍铬			
ENi6082		ENi6082	
ENi6231	ENiCrWMo－1	ENi6231	
镍铬铁			
ENi6025	ENiCrFe－12	ENi6025	
ENi6062	ENiCrFe－1	ENi6062	ENiCrFe－1
ENi6093	ENiCrFe－4	ENi6093	ENiCrFe－4
ENi6094	ENiCrFe－9	ENi6094	
ENi6095	ENiCrFe－10	ENi6095	
ENi6133	ENiCrFe－2	ENi6133	ENiCrFe－2
ENi6152	ENiCrFe－7	ENi6152	
ENi6182	ENiCrFe－3	ENi6182	ENiCrFe－3
ENi6333		ENi6333	
ENi6701		ENi6701	
ENi6702		ENi6702	
ENi6704		ENi6704	
ENi8025		ENi8025	
ENi8165		ENi8165	
镍钼			
ENi1001	ENiMo－1	ENi1001	ENiMo－1
ENi1004	ENiMo－3	ENi1004	ENiMo－3
ENi1008	ENiMo－8	ENi1008	
ENi1009	ENiMo－9	ENi1009	
ENi1062		ENi1062	
ENi1066	ENiMo－7	ENi1066	ENiMo－7
ENi1067	ENiMo－10	ENi1067	
ENi1069	ENiMo－11	ENi1069	
镍铬钼			
ENi6002	ENiCrMo－2	ENi6002	ENiCrMo－2
ENi6012		ENi6012	
ENi6022	ENiCrMo－10	ENi6022	
ENi6024		ENi6024	
ENi6030	ENiCrMo－11	ENi6030	

（续）

焊条型号	AWS A5.11：2005	ISO 14172：2003	GB/T 13814—2008
镍铬钼			
ENi6059	ENiCrMo – 13	ENi6059	
ENi6200	ENiCrMo – 17	ENi6200	
ENi6205		ENi6205	
ENi6275	ENiCrMo – 5	ENi6275	ENiCrMo – 5
ENi6276	ENiCrMo – 4	ENi6276	ENiCrMo – 4
ENi6452		ENi6452	
ENi6455	ENiCrMo – 7	ENi6455	ENiCrMo – 7
ENi6620	ENiCrMo – 6	ENi6620	ENiCrMo – 6
ENi6625	ENiCrMo – 3	ENi6625	ENiCrMo – 3
ENi6627	ENiCrMo – 12	ENi6627	
ENi6650	ENiCrMo – 18	ENi6650	
ENi6686	ENiCrMo – 14	ENi6686	
ENi6985	ENiCrMo – 9	ENi6985	ENiCrMo – 9
镍铬钴钼			
ENi6117	ENiCrCoMo – 1	ENi6117	

表 3-59　镍及镍合金焊条简要说明（摘自 GB/T 13814—2008）

1. 镍类焊条

ENi2061（NiTi3）、ENi2061A（NiNbTi）焊条

该种焊条用于焊接纯镍（UNS N02200 或 N02201）锻造及铸铁构件，用于复合镍钢的焊接和钢表面堆焊以及异种金属的焊接

2. 镍铜焊条

ENi4060（NiCu30Mn3Ti）、ENi4061（NiCu27Mn3NbTi）焊条

该分类焊条用于焊接镍铜等合金（UNS N04400）的焊接，用于镍铜复合钢焊接和钢表面的堆焊，ENi4060 焊条主要用于含铌耐腐蚀环境的焊接

3. 镍铬类焊条

（1）ENi6082（NiCr20Mn3Nb）焊条

该种焊条用于镍铬合金（UNS N06075，N07080）和镍铬铁合金（UNS N06600，N06601）的焊接，焊缝金属不同于含铬高的其他合金。这种焊条也用于复合钢和异种金属的焊接。也可用于低温条件下的镍钢焊接

（2）ENi6231（NiCr22W14Mo）焊条

该种焊条用于 UNS N06230 镍铬钨钼合金的焊接

4. 镍铬铁类焊条

（1）ENi6025（NiCr25Fe10AlY）焊条

这种焊条用于同类镍基合金的焊接，如 UNS N06025 和 UNS N06603 合金。焊缝金属具有抗氧化、抗渗碳、抗硫化的特点，也可用于1200℃高温条件下的焊接

（续）

（2）ENi6062（NiCr15Fe8Nb）焊条

该种焊条用于镍铬铁合金（UNS N06600，UNS N06601）的焊接，用于镍铬铁复合合金焊接以及钢的堆焊。具有良好的异种金属焊接性能。这种焊条也可以在工作温度 980℃ 时应用，但温度高于 820℃ 时，抗氧化性和强度下降

（3）ENi6093（NiCr15Fe8NbMo）、ENi6094（NiCr14Fe4NbMo）、ENi6095（NiCr15Fe8NbMoW）焊条

这些焊条用于 9Ni（UNS K81340）钢的焊接，焊缝强度比 ENi6133 焊条的高

（4）ENi6133（NiCr16Fe12NbMo）焊条

该种焊条用于镍铁铬合金（UNS N08800）和镍铬铁合金（UNS N06600）的焊接，特别适用于异种金属的焊接。这种焊条也可以在工作温度 980℃ 时应用，但温度高于 820℃ 时，抗氧化性和强度下降

（5）ENi6152（NiCr30Fe9Nb）焊条

该种焊条熔敷金属含铬量比本标准规定的其他镍铬铁焊条的高。用于高铬镍基合金，如 UNS N06690 的焊接。也可以用于低合金耐腐蚀层和不锈钢以及异种金属的焊接

（6）ENi6182（NiCr15Fe6Mn）焊条

该种焊条用于镍铬铁合金（UNS N06600）的焊接，用于镍铬铁复合合金焊接，以及钢的堆焊。也可以用于钢与镍基合金的焊接。在最近的应用中，工作温度提高到 480℃，另外根据上述的类别条件下，可以在高温时使用该焊条，其抗热裂性能优于本组的其他焊缝金属

（7）ENi6333（NiCr25Fe16CoNbW）焊条

该种焊条用于同类镍基合金（特别是 UNS N06333）的焊接。焊缝金属具有抗氧化、抗渗碳、抗硫化的特别，用于 1000℃ 高温条件下的焊接

（8）ENi6701（NiCr36Fe7Nb）、ENi6702（NiCr28Fe6W）焊条

这两种焊条用于同类铸造镍基合金的焊接。焊缝金属具有抗氧化的特点，用于 1200℃ 高温条件下的焊接

（9）ENi6704（NiCr25Fe10Al3YC）焊条

该种焊条用于同类镍基合金如 UNS N06025 和 UNS N06603 的焊接。焊缝金属具有抗氧化、抗渗碳、抗硫化的特点，用于 1200℃ 高温条件下的焊接

（10）ENi8025（NiCr29Fe30Mo）、ENi8165（NiCr25Fe30Mo）焊条

这两种焊条用于铜合金、奥氏体型不锈钢铬镍钼合金（UNS N08904）和镍铬钼合金（UNS N08825）的焊接。也可以在钢上堆焊，提供镍铬铁合金层

5. 镍钼类焊条

（1）ENi1001（NiMo28Fe5）焊条

该种焊条用于同类镍钼合金的焊接，特别是 UNS N10001，用于镍钼复合合金的焊接，以及镍钼合金与钢和其他镍基合金的焊接

（2）ENi1004（NiMo25Cr5Fe5）焊条

该种焊条用于异种镍基、钴基和铁基合金的焊接

（3）ENi1008（NiMo19WCu）、ENi1009（NiMo20WCu）焊条

这两种焊条用于 9Ni（UNS K81340）钢焊接，焊缝强度比 ENi6133 焊条的高

（4）ENi1062（NiMo24Cr8Fe6）焊条

该种焊条用于镍钼合金的焊接，特别是 UNS N10629，用于镍钼复合合金的焊接，以及镍钼合金与钢和其他镍基合金的焊接

（5）ENi1066（NiMo28）焊条

该种焊条用于镍钼合金的焊接，特别是 UNS N10665，用于镍钼复合合金的焊接，以及镍钼合金与钢和其他镍基合金的焊接

（6）ENi1067（NiMo30Cr）焊条

该种焊条用于镍钼合金的焊接，特别是 UNS N10665 和 UNS N10675，以及镍钼合金与钢和其他镍基合金的焊接

（7）ENi1069（NiMo28Fe4Cr）焊条

该种焊条用于镍基、钴基和铁基合金与异种金属结合的焊接

6. 镍铬钼类焊条

（1）ENi6002（NiCr22Fe18Mo）焊条

该种焊条用于镍铬钼合金的焊接，特别是 UNS N06002，用于镍铬钼复合合金的焊接，以及镍铬钼合金与钢和其他镍基合金的焊接

（2）ENi6012（NiCr22Mo9）焊条

该种焊条用于 6 - Mo 型高奥氏体型不锈钢的焊接。焊缝金属具有优良的抗氯化物介质点蚀和晶间腐蚀能力。铌含量低时可改善可焊性

（3）ENi6022（NiCr21Mo13W3）焊条

该种焊条用于低碳镍铬钼合金的焊接，尤其是 UNS N06022 合金。用于低碳镍铬钼复合合金的焊接，以及低碳镍铬钼合金与钢和其他镍基合金的焊接

（4）ENi6024（NiCr26Mo14）焊条

该种焊条用于奥氏体 - 铁素体双向型不锈钢的焊接，焊缝金属具有较高的强度和耐蚀性能，所以特别适用于双向不锈钢的焊接，如 UNS S32750

（5）ENi6030（NiCr29Mo5Fe15W2）焊条

该种焊条用于低碳镍铬钼合金的焊接，特别是 UNS N06059 合金，用于低碳镍铬钼复合合金的焊接，以及低碳镍铬钼合金与钢和其他镍基合金的焊接

（6）ENi6059（NiCr23Mo16）焊条

该种焊条用于低碳镍铬钼合金的焊接，尤其是适用于 UNS N06059 合金和镍铬钼奥氏体不锈钢的焊接，用于低碳镍铬钼复合合金的焊接，以及低碳镍铬钼合金与钢和其他镍基合金的焊接

（7）ENi6200（NiCr23Mo16Cu2）、ENi6205（NiCr25Mo16）焊条

这两种焊条用于 UNS N06200 类镍铬钼铜合金的焊接

（8）ENi6275（NiCr15Mo16Fe5W3）焊条

该种焊条用于镍铬钼合金的焊接，特别是 UNS N10002 等类合金与钢的焊接，以及镍铬钼合金复合钢的表面堆焊

（9）ENi6276（NiCr15Mo15Fe6W4）焊条

该种焊条用于镍铬钼合金的焊接，特别是 UNS N10276 合金，用于低碳镍铬钼复合合金的焊接，以及低碳镍铬钼合金与钢和其他镍基合金的焊接

（10）ENi6452（NiCr19Mo15）、ENi6455（NiCr16Mo15Ti）焊条

这两种焊条用于低碳镍铬钼合金的焊接，特别是 UNS N06455 合金，用于低碳镍铬钼复合合金的焊接，以及低碳镍铬钼合金与钢和其他镍基合金的焊接

（11）ENi6620（NiCr14Mo7Fe）焊条

这种焊条用于 9Ni（UNS K81340）钢的焊接，焊缝金属具有与钢相同的线胀系数。交流焊接时，短弧操作

（12）ENi6625（NiCr22Mo9Nb）焊条

该种焊条用于镍铬钼合金的焊接，特别是 UNS N06625 类合金与其他钢种以及镍铬钼合金复合钢的焊接和堆焊，也用于低温条件下的 9Ni 钢焊接。焊缝金属与 UNS N06625 合金比较，具有耐腐蚀性能，焊缝金属可以在 540℃条件下使用

（13）ENi6627（NiCr21MoFeNb）焊条

该种焊条用于铬镍钼奥氏体型不锈钢、双相不锈钢、镍铬钼合金及其他钢材。焊缝金属可通过降低不利于耐蚀的母材熔合比来平衡成分

（14）ENi6650（NiCr20Fe14Mo11WN）焊条

该种焊条用于低碳镍铬钼合金和海洋及化学工业使用的铬镍钼奥氏体型不锈钢的焊接，如 UNS N08926 合金。也用于异种金属和复合钢，如低碳镍铬钼合金与碳钢或镍基合金的焊接。也可焊接 9Ni 钢

（15）ENi6686（NiCr21Mo16W4）焊条

该种焊条用于低碳镍铬钼合金的焊接，特别是 UNS N06686 合金，也用于低碳镍铬钼复合钢的焊接，以及低碳镍铬钼合金与碳钢或镍基合金的焊接

（16）ENi6985（NiCr22Mo7Fe19）焊条

该种焊条用于低碳镍铬钼合金的焊接，特别是 UNS N06985 合金，也可用于低碳镍铬钼复合钢的焊接，以及低碳镍铬钼合金与碳钢或镍基合金的焊接

（续）

7. 镍铬钴钼类焊条

ENi6117（NiCr22Co12Mo）焊条

该种焊条用于镍铬钴钼合金的焊接，特别是 UNS N06617 合金与其他钢种的焊接和堆焊。也可以用于 1150℃条件下要求具有高温强度和抗氧化性能的不同的高温合金，如 UNS N08800，UNS N08811。也可以焊接铸造的高镍合金

3. 镍基耐蚀合金的 TIG 焊及其焊丝

TIG 焊低的热输入及焊缝化学成分极容易控制的特点，一直与等离子弧焊一样成为镍基耐蚀合金常用的弧焊方法，不仅可以焊接固溶强化型镍基耐蚀合金，也适用于焊接时效强化型镍基合金。特别适合焊接薄板、小截面、接头不能进行背面焊的封底焊和焊后不允许有残留熔渣的结构件。GB/T 15620—2008《镍及镍合金焊丝》标准，提供了国产焊丝的化学成分。

镍基合金焊丝不仅适用于 TIG 焊，也适用于 MIG 焊、等离子弧焊和埋弧焊。焊丝的化学成分大多数与母材相当，为了控制热裂纹和气孔以及补偿某些元素的烧损，在焊丝中常常添加 Ti、Mn、Nb 等合金元素。焊丝的主要成分常常比母材高，这样就降低了在低耐蚀材料上堆焊及异种金属焊接时稀释率的影响。由于焊丝需要添加改善抗裂性和控制气孔的元素，焊缝金属中至少应含有质量分数为 50% 的填充金属，这些元素才能起到有效的作用。

镍及镍合金焊丝的型号和化学成分已由现行 GB/T 15620—2008《镍及镍合金焊丝》标准所规范，表 3-60 是该标准的国内外镍及镍合金焊丝型号的对照表，这个表对读者很重要，原因在于：

1）现行标准和旧标准（GB/T 15620—1995）的型号比较，其型号增加了 36 个共含 52 种焊丝型号，并用数字代码表示。

2）焊丝分类型号划分采用了国际标准 ISO - 18274—2003 的方法。化学成分也符合 ISO - 18274—2003 的要求，表 3-60 中将型号中的 S 字母去掉就变成了 ISO - 18274—2004 国际标准，实际上国标等效采用了国际标准。

表 3-60　国内外镍及镍合金焊丝型号的对照表（摘自 GB/T 15620—2008）

类别	焊丝型号	化学成分代号	AWS A5.14：2005	GB/T 15620—1995
镍	SNi2061	NiTi3	ERNi - 1	ERNi - 1
镍铜	SNi4060	NiCu30Mn3Ti	ERNiCu - 7	ERNiCu - 7
	SNi4061	NiCu30Mn3Nb		
	SNi5504	NiCu25Al3Ti	ERNiCu - 8	
镍铬	SNi6072	NiCr44Ti	ERNiCr - 4	
	SNi6076	NiCr20	ERNiCr - 6	
	SNi6082	NiCr20Mn3Nb	ERNiCr - 3	ERNiCr - 3

（续）

类别	焊丝型号	化学成分代号	AWS A5.14：2005	GB/T 15620—1995
镍铬铁	SNi6002	NiCr21Fe18Mo9	ERNiCrMo – 2	ERNiCrMo – 2
	SNi6025	NiCr25Fe10AlY		
	SNi6030	NiCr30Fe15Mo5W	ERNiCrMo – 11	
	SNi6052	NiCr30Fe9	ERNiCrFe – 7	
	SNi6062	NiCr15Fe8Nb	ERNiCrFe – 5	ERNiCrFe – 5
	SNi6176	NiCr16Fe6		
	SNi6601	NiCr23Fe15Al	ERNiCrFe – 11	
	SNi6701	NiCr36Fe7Nb		
	SNi6704	NiCr25FeAl3YC		
	SNi6975	NiCr25Fe13Mo6	ERNiCrMo – 8	ERNiCrMo – 8
	SNi6985	NiCr22Fe20Mo7Cu2	ERNiCrMo – 9	ERNiCrMo – 9
	SNi7069	NiCr15Fe7Nb	ERNiCrFe – 8	
	SNi7092	NiCr15Ti3Mn	ERNiCrFe – 6	ERNiCrFe – 6
	SNi7718	NiFe19Cr19Nb5Mo3	ERNiFeCr – 2	ERNiFeCr – 2
	SNi8025	NiFe30Cr29Mo		
	SNi8065	NiFe30Cr21Mo3	ERNiFeCr – 1	ERNiFeCr – 1
	SNi8125	NiFe26Cr25Mo		
镍钼	SNi1001	NiMo28Fe	ERNiMo – 1	ERNiMo – 1
	SNi1003	NiMo17Cr7	ERNiMo – 2	ERNiMo – 2
	SNi1004	NiMo25Cr5Fe5	ERNiMo – 3	ERNiMo – 3
	SNi1008	NiMo19WCr	ERNiMo – 8	
	SNi1009	NiMo20WCu	ERNiMo – 0	
	SNi1062	NiMo24Cr8Fe6		
	SNi1066	NiMo28	ERNiMo – 7	ERNiMo – 7
	SNi1067	NiMo30Cr	ERNiMo – 10	
	SNi1069	NiMo28Fe4Cr		
镍铬钼	SNi6012	NiCr22Mo9		
	SNi6022	NiCr21Mo13Fe4W3	ERNiCrMo – 10	
	SNi6057	NiCr30Mo11	ERNiCrMo – 16	
	SNi6058	NiCr25Mo16		
	SNi6059	NiCr23Mo16	ERNiCrMo – 13	
	SNi6200	NiCr23Mo16Cu2	ERNiCrMo – 17	
	SNi6276	NiCr15Mo16Fe6W4	ERNiCrMo – 4	ERNiCrMo – 4

（续）

类别	焊丝型号	化学成分代号	AWS A5.14：2005	GB/T 15620—1995
镍铬钼	SNi6452	NiCr20Mo15		
	SNi6455	NiCr16Mo16Ti	ERNiCrMo – 7	ERNiCrMo – 7
	SNi6625	NiCr22Mo9Nb	ERNiCrMo – 3	ERNiCrMo – 3
	SNi6650	NiCr20Fe14Mo11WN	ERNiCrMo – 18	
	SNi6660	NiCr22Mo10W3		
	SNi6686	NiCr21Mo16W4	ERNiCrMo – 14	
	SNi7725	NiCr21Mo8Nb3Ti	ERNiCrMo – 15	
镍铬钴	SNi6160	NiCr28Co30Si3		
	SNi6617	NiCr22Co12Mo9	ERNiCrCoMo – 1	
	SNi7090	NiCr20Co18Ti3		
	SNi7263	NiCr20Co20Mo6Ti2		
镍铬钨	SNi6231	NiCr22W14Mo2	ERNiCrWMo – 1	

3）此外镍及镍合金中的变形耐蚀合金能够很方便的拉拔成焊丝作为填充金属，所以变型耐蚀合金的型号中 NS 字母之前加 H 字母成为了 HNSXXXX，即可以表示与该变形耐蚀合金相同成分的焊丝。

4）标准中有 Ni2061、Ni2631 等 20 种焊丝其用途和相同数字代号的镍及镍合金焊条（GB/T 13814—2008）的应用场合完全相同。主要镍及镍合金焊丝的简要说明和用途见表 3-61。

表 3-61　主要镍及镍合金焊丝的简要说明和用途（摘自 GB/T 15620—2008）

1. 镍焊丝
SNi2061（SNiTi3）焊丝用于工业纯镍的锻件和铸件焊接，如 UNS N02200 或 UNS N02201，也可用于焊接镍板复合钢和钢表面堆焊以及异种金属焊接
2. 镍铜焊丝
1）SNi4060（SNiCu30Mn3Ti）、SNi4061（SNiCn30Mn3Nb）焊丝用于镍铜合金的焊接，如 UNS N04400，也可用于复合钢、镍铜复合面的焊接以及钢表面堆焊
2）SNi5504（NiCu25Al3Ti）焊丝用于时效强化铜镍合金（UNS N05500）的焊接。采用钨极氩弧焊、气体保护焊、埋弧焊和等离子弧焊时，焊缝金属采用时效强化处理
3. 镍铬焊丝
1）SNi6072（NiCr44Ti）焊丝用于 Cr50Ni50 镍铬合金的熔化极气体保护焊和钨极惰性气体保护焊，在镍铁铬钢管上堆焊镍铬合金以及铸件补焊。焊缝金属具有耐高温腐蚀、空气中含硫和矾的烟尘腐蚀的能力
2）SNi6076（NiCr20）焊丝用于镍铬铁合金的焊接，如 UNS N06600 和 UNS N06075 的焊接、镍铬铁复合钢接头的复合面焊接、钢表面堆焊以及钢与镍基合金的连接。可以采用钨极惰性气体保护焊、金属熔化极气体保护焊、埋弧焊和等离子弧焊等焊接方法
3）SNi6082（NiCr20Mn3Nb）焊丝用于镍铬合金（如 UNS N06075、N07080）、镍铬铁合金（如 UNS N06600、N06601）、镍铁铬合金（如 UNS N08800、N08801）的焊接。也可用于镀层与异种金属接头的焊接和低温条件下镍钢的焊接

（续）

4. 镍铬铁焊丝

1）SNi6002（NiCr21Fe18Mo9）焊丝用于低碳镍铬钼合金，特别是 UNS N06602 合金的焊接，也用于低碳镍铬钼合金复合钢板复合面的焊接、低碳镍铬钼合金与钢材以及其他镍基合金的焊接

2）SNi6025（NiCr25Fe10AlY）焊丝用于 UNS N06025 与 UNS N06603 成分相似的镍基合金的焊接。焊缝金属具有抗氧化、硫化和防渗碳的性能，使用温度高达 1200℃

3）SNi6030（NiCr30Fe15Mo5W）焊丝用于镍铬钼合金（如 UNS N06030）与钢以及和其他镍基合金的焊接，也用于镍铬钼复合钢板的焊接。采用钨极惰性气体保护焊、金属熔化极气体保护焊和等离子弧焊等焊接方法

4）SNi6052（NiCr30Fe9）焊丝用于高铬镍基合金（如 UNS N06690）的焊接。也可以用于低合金和不锈钢以及异种金属的耐腐蚀层的堆焊

5）SNi6062（NiCr15Fe8Nb）焊丝用于镍铁铬合金（如 UNS N08800）、镍铬铁（UNS N06600）的焊接以及特殊用途的异种金属焊接。工作温度高达 980℃，但温度超过 820℃时，降低焊缝金属的抗氧化能力和强度

6）SNi6176（NiCr16Fe6）焊丝用于镍铬铁合金（如 UNS N06600、UNS N06601）焊接、镍铬铁复合钢板的复合层堆焊和钢板表面堆焊。具有良好的异种金属焊接性能。工作温度高达 980℃，但温度超过 820℃时，降低焊缝金属的抗氧化能力和强度

7）SNi6601（NiCr23Fe15Al）焊丝用于镍铬铁铝合金（如 UNS N06601）的焊接，以及与其他高温成分合金的焊接。采用钨极惰性气体保护焊。焊缝金属可在超过 1150℃温度条件下工作

8）SNi6701（NiCr36Fe7Nb）焊丝用于镍铬铁合金及与高温合金的焊接，焊缝工作温度高达 1200℃

9）SNiNi6704（NiCr25FeAl3YC）焊丝用于相似成分的镍基合金（如 UNS N06025、UNS N06603）的焊接。焊缝金属具有抗氧化，防渗碳和硫化的性能。焊缝工作温度高达 1200℃

10）SNi6975（NiCr25Fe13Mo6）焊丝用于镍铬钼合金（如 UNS N06975）、镍铬钼合金与钢材、镍铬钼复合钢以及其他镍基合金的焊接。采用钨极惰性气体保护焊、金属熔化极气体保护焊和等离子弧焊等焊接方法

11）SNi6985（NiCr22Fe20Mo7Cu2）焊丝用于镍铬铁复合钢焊接及与镍基合金的焊接。采用钨极惰性气体保护焊、金属熔化极气体保护焊和等离子弧焊等焊接方法。焊缝金属采用时效强化处理

12）SNi7069（NiCr15Fe7Nb）焊丝用于镍铬铁（如 UNS N06600）合金的焊接。采用钨极惰性气体保护焊、金属熔化极气体保护焊和等离子弧焊等焊接方法。由于焊丝中 Nb 含量高，使大截面母材出现较高的应力，从而减小裂倾倾向

13）SNi7092（NiCr15Ti3Mn）焊丝用于镍铬铁复合钢焊接及与镍基合金的焊接。采用钨极惰性气体保护焊、金属熔化极气体保护焊和等离子弧焊等焊接方法。焊缝金属采用时效强化处理

14）SNi7718（NiFe19Cr19Nb5Mo3）焊丝用于镍铬铌钼（如 UNS N07718）合金的焊接。采用钨极惰性气体保护焊、金属熔化极气体保护焊和等离子弧焊等焊接方法。焊缝金属采用时效强化处理

15）SNi8025（NiFe30Cr29Mo）焊丝用于含铬量高的 Ni8125 或 Ni8065 合金的焊接。也可用于铬镍钼铜合金（如 UNS N08904）和镍铁铬钼合金（如 UNS N08825）的焊接。也可用于钢表面堆焊

16）SNi8065（NiFe30Cr21Mo3）、SNi8125（NiFe26Cr25Mo）焊丝用于铬镍钼铜合金（如 UNS N08904）、镍铬钼合金（如 UNS N08825）的焊接。也可用于钢材表面堆焊和过渡层的堆焊

5. 镍钼焊丝

1）SNi1001（NiMo28Fe）焊丝用于镍钼合金（如 UNS N10001）的焊接

2）SNi1003（NiMo17Cr7）焊丝用于镍钼合金（如 UNS N10003）、镍钼合金与钢以及其他镍基合金的焊接。采用钨极惰性气体保护焊和金属熔化极气体保护电弧焊等焊接方法

3）SNi1004（NiMo25Cr5Fe5）焊丝用于镍基、钴基和铁基合金的异种金属的焊接

4）SNi1008（NiMo19WCr）、SNi1009（NiMo20WCu）焊丝用于 9Ni 镍钢（如 UNS K81340）的焊接采用钨极惰性气体保护焊、金属熔化极气体保护电弧焊和埋弧焊等焊接方法

（续）

5）SNi1062（NiMo24Cr8Fe6）焊丝用于镍钼合金，特别是 UNS N10629 合金的焊接，也用于带有镍钼合金复合面的钢板、镍钼合金与钢和其他镍基合金的焊接

6）SNi1066（NiMo28）焊丝用于镍钼合金，特别是 UNS N10665 合金的焊接，也用于带有镍钼合金复合面的钢板、镍钼合金与钢和其他镍基合金的焊接

7）SNi1067（NiMo30Cr）焊丝用于镍钼合金（如 UNS N10675）的焊接，也用于带有镍钼合金复合面钢板、镍钼合金与钢和其他镍基合金的焊接。采用钨极惰性气体保护焊、金属熔化极气体保护焊和等离子弧焊等焊接方法

8）SNi1069（NiMo28Fe4Cr）焊丝用于镍基、钴基和铁基合金的异种金属的焊接

6. 镍铬钼焊丝

1）SNi6012（NiCr22Mo9）焊丝用于 6 – Mo 型高合金奥氏体型不锈钢的焊接。焊件在含氯化物的条件下，具有良好的抗点蚀和缝蚀性能。Nb 含量较低时，可提高焊接性

2）SNi6022（NiCr22Mo13Fe4W3）焊丝用于低碳镍铬钼，特别是 UNS N06002 合金的焊接。也可用于铬镍钼奥氏体型不锈钢、低碳镍铬钼合金复合面的焊接。也可用于低碳镍铬钼合金与钢及其他镍基合金的焊接和钢材表面堆焊

3）SNi6057（NiCr30Mo11）焊丝的名义成分（质量分数）为：Ni：60%；Cr：30%；Mo：10%。用于耐腐蚀面的堆焊，堆焊金属具有良好的耐缝蚀性能。采用钨极惰性气体保护焊、金属熔化极气体保护焊和等离子弧焊等焊接方法

4）SNi6058（NiCr25Mo16）、SNi6059（NiCr23Mo16）焊丝用于低碳镍铬钼，特别是 UNS N06059 合金的焊接。也可用于铬镍钼奥氏体型不锈钢、低碳镍铬钼合金复合面的焊接，也可用于低碳镍铬钼合金与钢及其他镍基合金的焊接

5）SNi6200（NiCr23Mo16Cu2）焊丝用于镍铬钼合金（如 UNS N06200）的焊接，也用于与钢、其他镍基合金和复合钢的焊接

6）SNi6276（NiCr15Mo16Fe6W4）焊丝用于镍铬钼合金（如 UNS N10276）的焊接，也用于低碳镍铬钼合金复合钢面、低碳镍铬钼合金与钢以及其他镍基合金的焊接

7）SNi6452（NiCr20Mo15）、SNi6455（NiCr16Mo16Ti）焊丝用于低碳镍铬钼合金，特别是 UNS N06455 的焊接，也用于低碳镍铬钼合金复合钢面、低碳镍铬钼合金与钢以及其他镍基合金的焊接

8）SNi6625（NiCr22Mo9Nb）焊丝用于镍铬钼合金，特别是 UNS N06625 的焊接，也用于与钢的焊接和堆焊镍铬钼合金表面。焊缝金属的耐腐蚀性能与 N06625 相当

9）SNi6650（NiCr20Fe14Mo11WN）焊丝用于海洋和化工用的低碳镍铬钼合金和镍铬钼不锈钢的焊接，如 UNS N08926。也用于复合钢和异种金属，如低碳镍铬钼与碳钢或者镍基合金的焊接。也可用于 9Ni 钢的焊接

10）SNi6660（NiCr22Mo10W3）焊丝用于超级双向不锈钢、超级奥氏体型钢、9Ni 钢的钨极惰性气体保护焊、金属熔化极气体保护焊。与 Ni6625 相比，焊缝金属具有良好的耐腐蚀性能，不产生热裂纹，具有良好的低温韧性

11）SNi6686（NiCr21Mo16W4）焊丝用于低碳镍铬钼合金（特别是 UNS N06686）和镍铬钼不锈钢的焊接。也用于低碳镍铬钼复合钢面、低碳镍铬钼与钢以及其他镍基合金的焊接和钢材表面镍铬钼钨层的堆焊

12）SNi7725（NiCr21Mo8Nb3Ti）焊丝用于高强度耐腐蚀镍合金，特别是 UNS N07725 和 UNS N09925 的焊接，也用于与钢的焊接和高强度镍铬钼合金表面堆焊。强度达到最大值时，焊后需要进行沉淀淬火，可进行各种热处理

（续）

7. 镍铬钴焊丝

1）SNi6160（NiCr28Co30Si3）焊丝用于镍钴铬硅合金（UNS N02160）的焊接。采用钨极惰性气体保护焊、金属熔化极气体保护焊和等离子弧等焊接方法。该焊丝对铁敏感性强，焊缝金属在还原和氧化环境下，具有抗硫化、耐氟化物腐蚀的性能，工作温度高达1200℃

2）SNi6617（NiCr22Co12Mo9）焊丝用于低碳镍钴铬钼合金（UNS N06617）的焊接和钢表面堆焊也可用于异种高温合金（1150℃左右时具有高温强度和抗氧化性能）和铸造高镍合金的焊接

3）SNi7090（NiCr20Co18Ti3）焊丝用于镍钴铬合金（UNS N07090）的焊接。采用钨极惰性气体保护焊。焊缝金属进行时效强化处理

4）SNi7263（NiCr20Co20Mo6Ti2）焊丝用于镍铬钴钼合金（UNS N07263）以及与其他合金的焊接。采用钨极惰性气体保护焊。焊缝金属进行时效强化处理

8. 镍铬钨焊丝

SNi6231（NiCr22W14Mo2）焊丝用于镍铬钴钼合金（UNS N06617）的焊接。采用钨极惰性气体保护焊、金属熔化极气体保护焊和等离子弧等焊接方法

3.4.6 钢与镍基高温合金组合的焊接

1. 概述

镍与铁在周期表中同属Ⅷ族，这是具有铁磁性的元素，序号也相邻，其结晶性能、晶格类型、原子半径、外层电子数目均相近，自然冶金相溶性较好，是一种少有的液态、固态都能互为溶剂、无限互溶的连续固溶体。因此，其熔焊焊接性良好，常用焊接方法不需要用特殊的工艺措施都能获得满意的接头质量。但是，这是指纯铁和纯镍的焊接。实际上工业纯铁几乎不能作为金属结构材料，而工业纯镍则可以。但工业纯镍耐高温性极差，只能在300℃以下工作，所以工业纯镍被视为低合金镍基材料被划规为镍基耐蚀合金大类，不属于镍基高温合金。

这里所介绍的镍基高温合金指的是镍的质量分数在50%以上的镍－铬固溶体，加上W、Mo、Al、Ti及Nb和Co等高温强化元素构成的镍合金。钢与高温合金组合异种金属焊接的另一方也不是工业纯铁，也不是低合金钢，而是奥氏体不锈钢。这是某些制造业中焊接结构的特殊应用和需求所决定的，既节省材料又降低了制造成本。奥氏体不锈钢实际上是一种铁基耐蚀、耐高温合金，与镍基高温合金相比，市场价只有高温合金的50%左右，而力学性能在室温条件下差不多。因此，本书本节讲述的"钢与镍基高温合金组合的异种金属焊接"就变成了"不锈钢与镍基高温合金组合的异种金属焊接"。

虽然铁和镍物理、化学性能相近，又有无限固溶的冶金互容性，但各自加上不同的合金元素，则变成不锈钢和高温合金后，其物理性能又不相同，其组合后的熔焊焊接性就不是太好，略为复杂，但仍然属于没有特殊困难的异种金属焊接。

奥氏体型不锈钢同种金属焊接有优良的焊接方法适应性，几乎所有的熔焊方法都可以用于焊接不锈钢，其中焊条电弧焊、TIG焊、MIG焊、埋弧焊等是较为经济的常用熔焊方法。同时，奥氏体不锈钢也具有良好的压焊焊接性。如点焊、缝焊、闪光对焊、摩

擦焊等可以很好地适应；镍基高温合金同种金属焊接的对高能束（等离子弧焊、电子束焊和激光焊等）及压焊的焊接适应性同样良好，但弧焊方法的适应性较差。其原因之一是镍基高温合金热强性高、塑性差以及熔透性差，相同焊接条件下高温合金的熔池液态金属流动性差，熔深只有不锈钢的 1/2。即使采用大电流高热输入，也不能增加熔深，只能使接头过热、晶粒粗大、导致热裂纹发生。因此，镍基高温合金从防止热裂纹产生的措施应是采用低热输入、小电流的焊接热源，减小过热区高温停留时间，避免晶粒长大导致热裂纹的产生。

焊条电弧焊、MIG 焊及埋弧焊均因为电弧功率太大，而且热输入不可控，所以镍基高温合金的焊接很难采用。原因之二是高温合金的基体镍是活泼性较强的金属，焊条电弧焊因保护效果不好，焊缝易出现气孔，原则上不采用。埋弧焊与焊条电弧焊一样，又因为熔渣中的金属氧化物会烧损镍基高温合金中的关键强化元素 Al 和 Ti，而导致接头高温性能降低，所以不推荐采用。镍基高温合金只有 TIG 焊有较好的熔焊适应性。在能够查到的技术文献中，不锈钢与镍基高温合金异种金属弧焊方法大多数是 TIG 焊接法，TIG 焊对接头的两侧（不锈钢和高温合金）都有较好的适应性。

按镍基高温合金的高温强化方式，可分为三类：其一是依靠大直径原子的 W、Mo、和 Nb 等元素，在镍铬固溶体中通过置换固溶使溶剂金属镍的晶格畸变，增加晶粒滑移阻力，提高其强度。同时，W、Mo、Nb 元素等又是高熔点（三者熔点都在 200℃ 以上），即为难熔金属元素，增强了其高温力学性能的稳定性，因此，这类高温合金称作固溶强化型高温合金。其二是在固溶强化型高温合金的基础上，掺入 Al 和 Ti 元素，在合金中析出金属间化合物和碳化物，构成第二相来提高合金的强度，这是第二种镍基高温合金，称作为时效强化型镍基高温合金。因此，时效强化型高温合金的高温力学性能比单纯固溶强化型的高温合金高出 3~5 倍，但塑性降低了，熔焊焊接性变差了。其三是加入铸造流动性的合金元素 Si、B 等构成的 K 字头铸造高温合金，几乎没有熔焊焊接性，只能采用扩散焊和钎焊进行焊接。

不锈钢与固溶强化型镍基高温合金组合的熔焊焊接性较好，可以采用 TIG 焊和 MIG 焊，不用采取特殊的工艺措施也可以获得满意的接头；不锈钢与时效强化型镍基高温合金组合的熔焊焊接性较差，电弧焊方法中只能采用 TIG 焊，不能采用 MIG 焊、焊条电弧焊和埋弧焊，但有较好的压焊焊接性。

不锈钢与镍基高温合金组合的异种金属焊接，是铁基合金（不锈钢）与镍基合金的焊接，后者的熔焊焊接性较差，对弧焊方法选择性较强。这种组合的异种金属焊接性，不会比焊接性好的一侧（不锈钢）的同种金属的焊接性更好。只能更差。组合接头中焊接过程容易出现的焊接缺陷往往是组合中焊接性差的一侧（高温合金）引起的。

2. 不锈钢与镍基高温合金组合的 TIG 焊

表 3-62 是不锈钢与高温合金组合的手工 TIG 焊的焊接参数。不锈钢与高温合金的组合都对 TIG 焊有较好的适应性，对于镍基高温合金 TIG 焊是唯一能够全部适应的电弧焊接方法。对于 TIG 焊填充金属（焊丝）的选择，要首先考虑焊接性能较差的一方能够适应的焊丝。

表 3-62 不锈钢与镍基高温合金组合的手工 TIG 焊的焊接参数

材料	厚度/mm	焊丝		焊前状态	接头形式	焊接参数			
		牌号	直径/mm			电弧电压/V	焊接电流/A	氩气流量/(L/min)	钨极直径/mm
12Cr18Ni9 + GH3030	2.0+1.5	HGH3030 或 H12Cr18Ni9	2.0	12Cr18Ni9 水淬 GH3030 或 GH1035 固溶化、机械抛光	搭接	11~15	60~90	5~8	2.0
	2.5+2.0						70~100		
	2.0+1.2						50~75		
12Cr18Ni9 + GH1035	1.5+1.5	H12Cr18Ni9	1.6				50~75		
GH2132 + 马氏休不锈钢	1.2+1.2	HGH3044 或 HGH3113 或 HGH2132	1.6	990℃空冷	对接	11~12	55~65	6~8	1.6
GH2132 + 12Cr18Ni9			1.5			8~10	65~85	4~5	

12Cr18Ni9 + GH3030 组合接头和两种焊丝（HGH3030 或 H12Cr18Ni9）都比较合适，HGH3030 同母材中 GH3030 化学成分相近，且 GH3030 属于固溶强化型镍基合金，含 Al + Ti 较低，熔焊焊接性较好，裂纹倾向小，所以也可以选用不锈钢焊丝 H12Cr18Ni9。12Cr18Ni9Ti + GH1035 组合中，GH1035 同样属于 Al + Ti 含量低、裂纹倾向小的高温合金，同样可以采用不锈钢焊丝 H12Cr18Ni9；GH2132 属于含 Al + Ti 较高的时效强化型合金，裂纹倾向大，采用 Ni – Cr – W 系的镍基固溶强化焊丝 HGH3044 或抗裂性较好的 Ni – Cr – Mo 系 HGH2132，或者采用含 Al + Ti 量较小的固溶强化型抗裂性好的 Hi – Cr – Mo 系焊丝 HGH3113。

这以上几种选择都是合理的。除表 3-58 中的 GH3030 外，其他高温合金都是铁基高温合金，GH1035 及 GH1140 系固溶强化型铁基高温合金；GH2132 系时效强化型铁基高温合金。铁基高温合金 $w(Fe) \geqslant 50\%$，$w(Ni) \geqslant 30\%$，应当称之为铁镍基高温合金，与铁镍基耐蚀合金的称谓应当一致。镍基高温合金中的 $w(Fe)$ 却只有 1% ~ 20%，镍基高温合金中的镍被性能相近、价格便宜的 Fe 元素来代替，成了高温性能略差、焊接性相近的铁镍基高温合金。铁镍基高温合金同种金属的 TIG 焊大部分仍然采用镍基高温焊丝。

无论是固溶强化型还是时效强化型镍基高温合金（包括铁镍基高温合金），与不锈钢组合的 TIG 焊并无困难，焊接效果都不错。关键是焊接材料（填充金属焊丝等）的配合。图 3-25 是带有异种金属 TIG 焊接头的改制容器示意图。

图 3-25 中改制容器桶体的材料为 GH3044（固溶强化型镍基高温合金），壁厚为

1.0mm，外径 ϕ650mm，桶体高 980mm，上锥形帽由奥氏体不锈钢制成，壁厚相同，连接的环缝是异种金属连接。圆筒体是一批淘汰的飞机发电机外壳，改制成为酸性（硝酸等）溶液储罐。

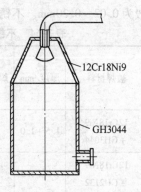

　　改制容器的焊接工艺采取高纯度氩气保护 TIG 焊，填充金属用 GH3044 合金母材切条（1mm×2mm），开 I 形坡口，留 1mm 间隙，背面加铜垫以利于散热，并实现单面焊双面成形。焊前做好清理工作，其焊接参数见表 3-63。焊接效果良好，改制容器正常工作运行数年未出现开裂泄漏。当然此实例并不典型，高温合金按耐蚀合金在常温下使用，但焊接工艺比较合理。角焊缝焊接时，焊接电流为表 3-63 中焊接电流的 1.5 倍。

图 3-25　改制容器示意图

表 3-63　改制容器焊接的最佳焊接参数

焊接电流 I/A	焊接速度 v/(m/h)	焊嘴直径 d/mm	氩气流量 Q/(L/min)	钨极直径 d_1/mm	焊丝规格/mm
20~30	9~12	8~10	10~12	2	1×2

　　不锈钢与镍基高温合金进行 TIG 焊时，可以采用不锈钢焊丝，手工 TIG 焊时，也可以采用母材合金板的切条作为填充金属。在碳钢与镍基高温合金组合焊接时，应限制钢件的熔化量以免过多地将有害杂质带入焊缝。为了防止镍基高温合金一侧热影响区的组织粗大和碳钢一侧出现魏氏组织，应尽量采用低热输入的焊接参数。铁镍焊缝中镍的含量（质量分数）应控制在 30% 以上，否则在焊缝快速冷却时易产生马氏体组织，导致接头韧性及塑性下降。

　　3. 不锈钢与镍基高温合金组合的电阻焊

　　不锈钢与镍基高温合金组合的电阻焊主要是点焊和缝焊，镍基高温合金的物理特性与碳钢相比有较大的差异，与奥氏体不锈钢也不同，其导电性和导热性差，线胀系数大、强度和硬度高、高温变形抗力大。因此钢与镍基高温合金进行点焊和缝焊时，采用小电流、中等长的焊接时间、大焊接压力就可获得优质的接头。不锈钢与镍基高温合金组合点焊的焊接参数及力学性能见表 3-64。但不锈钢与镍及镍基合金进行爆炸焊的焊接参数基本与铜–钢爆炸焊的焊接参数接近。

　　4. 不锈钢与镍基高温合金组合的钎焊

　　镍基高温合金常常用真空钎焊或气体保护钎焊进行钎接。由于高温合金中的 Cr、Al、Ti 等活性元素容易在合金表面形成稳定的氧化膜，氧化膜的存在影响钎料的润湿和填缝能力，故焊接前必须严格清理待焊表面。不锈钢与镍基高温合金组合的钎焊时，要求钎焊温度尽量与镍基高温合金固溶处理温度一致，过高会造成晶粒长大，影响合金性能，过低则达不到固溶处理的效果。不锈钢与镍基高温合金钎焊时常用的钎料是镍基钎料、钴基钎料、银基钎料和锰基钎料。钎焊接头的形式一般采用搭接接头，接头间隙一般为 0.02 ~ 0.20mm。不锈钢与镍基高温合金组合的钎焊时钎料的选用见表 3-65。

表 3-64　不锈钢与镍基高温合金组合点焊的焊接参数及力学性能

| 被焊材料 | 厚度/mm | 焊前状态 | 电极直径/mm | 焊接参数 | | | 熔核直径/mm | 抗剪力（kN/点） |
				焊接电流/A	通电时间/s	压力/MPa		
12Cr18Ni9 + GH3044	1.5 + 1.0	固溶	5.0	5800 ~ 6200	0.34 ~ 0.38	5300 ~ 6500	3.5 ~ 4.0	—
12Cr18Ni9 + GH2132	1.5 + 1.5	固溶或时效	5.5 ~ 6.0	8500 ~ 8800	0.30 ~ 0.40	5500 ~ 6500	5.0 ~ 5.5	9.72
12Cr17Ni2 + GH2132	2.0 + 2.0	时效	5.5 ~ 6.0	一次 9500 二次 5000	一次 0.36 二次 1.6	7800 ~ 8500	5.0 ~ 5.5	—
12Cr18Ni9 + GH1140	1 + 0.8	固溶	5.0	6100 ~ 6500	0.22	4000 ~ 5000	4.5	—
	1 + 1		5.0	6100 ~ 6500	0.26	4500 ~ 5500	4.5	—
	1 + 1.5		5.0 ~ 6.0	6200 ~ 6500	0.26 ~ 0.3	4500 ~ 5500	4.5	—
	1.5 + 1.5		6.0 ~ 7.0	8200 ~ 8400	0.38 ~ 0.44	5200 ~ 6200	6.0 ~ 7.0	11.45
	1 + 2		5.0 ~ 6.0	6500 ~ 6800	0.26 ~ 0.30	5500 ~ 5800	5.5	—
	1 + 4		10.0 ~ 12.0	6400 ~ 6800	0.30 ~ 0.34	6000 ~ 6500	5.5	—

表 3-65　不锈钢与镍基高温合金组合的钎焊时钎料的选用

类别	钎料型号	类似牌号	熔化温度/℃	钎焊温度/℃	钎焊方法
镍基钎料	BNi75CrSiB	BNi – 1a	975 ~ 1075	1075 ~ 1205	真空钎焊或气体保护钎焊
	BNi82CrSiB	BNi – 2	970 ~ 1000	1010 ~ 1175	
	BNi92SiB	BNi – 3	980 ~ 1040	1010 ~ 1175	
	BNi71CrSi	BNi – 5	1089 ~ 1135	1150 ~ 1205	
	BNi89P	BNi – 6	875	925 ~ 1025	
	BNi76CrP	BNi – 7	890	925 ~ 1040	
钴基钎料	BCo50CrNiW	BCo – 1	1105 ~ 1150	1175 ~ 1250	
	BCo47CrWNi	300	1040 ~ 1120	1175 ~ 1230	
银基钎料	BAg71CuNiLi	—	780 ~ 800	880 ~ 940	
	BAg56CuMnNi	—		870 ~ 910	
锰基钎料	BMn50NiCuCo	—	1020 ~ 1030	1080	
	BMn64NiCrB	—	966 ~ 1024	1040 ~ 1060	

5. 不锈钢与铸造镍基高温合金组合的真空扩散焊

由于铸造镍基高温合金具有较高的高温强度，不锈钢与铸造镍基高温合金扩散焊接时应选择较高的温度。扩散焊温度对接头的微观塑性变形、蠕变、扩散行为有很大的影响，但温度不能过高，否则在不锈钢的接头处将会产生较大的塑性变形，而且铸造镍基高温合金上也极易产生裂纹，造成接头性能的下降。加大焊接压力主要是改变被焊金属的界面接触情况，消除界面孔洞，以形成牢固的接合。为了降低压力和获得较高的接头性能，可以用 Ni 箔做中间层，镍与钢和高温合金两种母材的固溶性均很好，而且 Ni 固溶体具有较高的高温性能。中间层存在一个最佳厚度值，若中间层过薄，则不能产生适当的塑性变形，结合面达不到紧密接触，也无法缓和由于母材热胀系数的差异及焊接过程中的相变产生的热应力和残余应力。中间层过厚，两侧基体扩散不充分，接头区域存在较大的化学成分不均匀性，中间层的性能主要表现为 Ni 的性质，使接头区域形成一个薄弱层，降低了接头的性能。不锈钢与铸造镍基高温合金组合扩散焊的焊接参数及力学性能见表 3-66。镍中间层厚度对接头性能的影响如图 3-26 所示。

表 3-66　不锈钢与铸造镍基高温合金组合扩散焊的焊接参数及力学性能

被焊材料 （旧牌号）	Ni 中间 层厚度 /μm	焊接参数			真空度 /Pa	抗拉强度 /MPa
		焊接温度 /℃	保温时间 /min	焊接压力 /MPa		
22Cr12NiWMoV + K5 （2Cr12NiMoWV）	20	1200	30	20	1.333×10^{-2}	920
13Cr11Ni2W2MoV + K24 （1Cr11Ni2W2MoV）	20	1150	30	10	1.333×10^{-2}	850

3.4.7　钢与镍基耐蚀合金组合的焊接

钢与镍基耐蚀合金组合的异种金属焊接，常常是以下几种组合：

1）低碳钢与工业纯镍。

2）奥氏体型不锈钢与工业纯镍。

3）低碳钢与镍基耐蚀合金。

4）奥氏体型不锈钢与镍基耐蚀合金。

低碳钢可以是 Q235（GB/T 700—2000 中的普通碳素结构钢），也可以是 20 钢（优质碳素结构钢），但都属于低碳结构钢，即低碳钢。工业纯镍可以是 N6，属

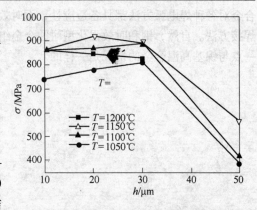

图 3-26　镍中间层厚度对接头性能的影响

于加工镍，即工业纯锻造镍，也可以是 Ni200、Ni201（美国使用牌号，UNS 编号分别为 N02200 及 N02201），国家镍基耐蚀合金新标准（GB/T 15007—2008）中却未列入工业纯镍，但五金镍材市场却到处推出 N2、N4、N6 等，按 1985 年旧标准编号的工业纯

镍广告。美国则视工业纯镍为低合金元素的耐蚀合金。因此至今的文献资料中对工业纯镍仍然大部分采用美国牌号 Ni200、Ni201 或 N6 等。无论 N6 还是 200 或 201，其镍的质量分数都在 99.5% 以上，化学成分、物理性能及力学性能略有差别，但对碱性海水和几种酸的耐蚀性的质量分数以及对几种焊接方法的适应性却是相同的。

工业纯镍 200 或 201 或 N6，力学性能良好，尤其塑性和韧性优良。在镍基耐蚀合金族群中，其焊接性等诸多金属行为相当于低碳钢，自然与真正低碳钢组合接头的焊接性应是良好的，可以适应几乎所有焊接方法（如熔焊、压焊及钎焊）。低碳钢也可视为铁的质量分数在 99% 以上的工业纯铁。

固溶强化型镍基耐蚀合金的电弧焊，有专用镍基耐蚀合金焊条（GB/T 13814—1992 和 ISO 14172：2003），有专用焊丝（GB/T 15620—2008 及 ISO 18274：2004），有专用埋弧焊焊剂（ISO 14174：2004），因此镍基耐蚀合金对电弧焊方法适应性极强。而镍基高温合金却没有专用焊条及专用焊剂，不能进行焊条电弧焊及埋弧焊。所以作为镍基合金，大多数镍基耐蚀合金的焊接性优于镍基高温合金，钢与镍基合金组合电弧焊也应如此。

镍基耐蚀合金中工业纯镍与镍-铜合金（Ni-Cu 系合金，即蒙乃尔合金），焊接性相似，和任何钢（如 Q235、20、12Cr18Ni9 等）的组合焊接性良好。其他镍基耐蚀合金的焊接性和铁基耐蚀合金（奥氏体不锈钢可视为铁基耐蚀合金）都是奥氏体组织，固态没有相变，与钢组合的异种金属焊接性也没有难度。关键是焊前焊件清理和选择合适的焊接材料（如焊丝、焊条、焊剂和保护气体等），以及采用较小的热输入。

镍基耐蚀合金大多数是固溶强化型，只有少数属于时效强化（沉淀强化）型，牌号的第一个数字是奇数，如工业纯镍 300、301、镍铜系蒙乃尔 K502、K500、镍-铬-铁的因康涅 718、X-750、镍-铬-钼的哈斯特洛伊 N 等属于时效强化型。固溶强化型合金对各种焊电弧方法都具备适应性，而时效强化型耐蚀合金只能采用小热输入的 TIG 焊接方法。自然，钢和时效强化型耐蚀合金组合的异种金属焊接也只能采用 TIG 焊，这一点与镍基高温合金的情况是一样的。

第 4 章 ▶▶▶▶▶

异种有色金属组合的焊接

4.1 铜与铝组合的焊接

4.1.1 概述

在本书第 3 章中分析了常用有色金属（铜、铝、钛、镍）及其合金的性质、分类和用途及其自身同种金属的焊接性后，再讨论异种有色金属组合的焊接就容易多了。表 4-1 是常用有色金属铜、铝、钛、镍及铁等金属元素的物理性能及化学性能，表中列入铁元素只是为了作个参考。

表 4-1 常用有色金属铜、铝、钛、镍及铁等金属的物理性能及化学性能

名称	符号	原子序数	熔点/℃	沸点/℃	比热容/$[J/(kg \cdot K)]$ (20℃)	密度/(g/cm^3) (20℃)	线胀系数/$(\times 10^{-6}/K)$ (20℃)	热导率/$[W/(m \cdot K)]$ (20℃)	电阻率/$(\alpha \times 10^{-8}\Omega \cdot m)$ (20℃)
镍	Ni	28	1453	2730	439	8.902	13.30	92	6.84
钛	Ti	22	1668	3260	519	4.507	8.41	17.2	42.0
铝	Al	13	660	2450	899.6	2.70	23.60	222.0	2.6548
铜	Cu	29	1083	2595	384.9	8.96	16.50	394.0	1.673
铁	Fe	26	1537	3000	460.2	7.87	11.76	75.0	9.71

由表 4-1 可知，铜、铝的物理性能与铁相比，其最大的特点和优势是导热性和导电性极好。因此，铜、铝最大的用途是作为导电材料和散热材料。与焊接有关的是作为导电材料的铜和铝，金属材料的导电性和导热性是相互关联的，导电性好的金属其导电性也必然好。

纯铜（紫铜）与纯铝的导电性及导热性最好，铜、铝中分别加入了不同的合金元素，则成为铜合金（黄铜、青铜、白铜）、铝合金（铝－铜合金、铝－锰合金、铝－硅合金）之后，其导电性和导热性逐渐变差，甚至不如低碳钢（如白铜等）。当然这些合金可获得其他优异的力学性能或耐蚀性。因此作为导电、散热材料，纯铜和纯铝是首选的最佳金属材料。银的导电、导热性比铜、铝更好，但银的资源有限，价格比较昂贵，而且力学性能较差（强度低），不可能作为工程结构材料来使用。

所以本节中只介绍铜与铝组合的焊接，只限于工业纯铜（紫铜）与工业纯铝组合的焊接，即两种导电金属材料的焊接。

铜与铝都是制作导电的材料，因为铝的密度仅为铜的1/3，价格也便宜很多，而且资源丰富，所以从降低成本、减轻重量及合理利用资源等方面考虑需要以铝代铜。但铝的导电性比铜差，电阻率比铜大60%左右，而且抗拉强度 σ_b 很低，仅为 $80 \sim 100MPa$，而铜的抗拉强度 σ_b 在 $392 \sim 492MPa$ 之间，因此以铝代铜又有一定制约条件。在实际生产中，为了充分发挥铝和铜各自的优点，谋求最好的技术经济性，常常是铝、铜共用，制成铝、铜复合结构，这就经常遇到需要将铝和铜牢固地连接起来的问题。铝的表面极易氧化，所形成的氧化膜也十分牢固，且电阻率非常大，可见铝与铜之间采用机械连接是不可靠的，所以在生产中广泛应用焊接方法来实现其连接，以提高铜与铝焊接接头的综合性能。

4.1.2 铜与铝组合的焊接性分析

铜与铝组合的熔焊焊接性极差（C级），但压焊焊接性很好（A级）。

1. 熔焊焊接性

铜与铝金属元素的性质可见表4-1，它们在物理、化学性能等方面存在较大差异，特别是熔点相差424℃，线胀系数相差40%以上，热导率也相差70%以上。它们与氧的亲和力都很大，特别是铝，无论固态或液态都极易氧化，所形成的致密结实的 Al_2O_3 膜熔点高达2050℃；而铜与氧以及 Pb、Bi、S 等杂质很容易形成多种低熔共晶物。另外从图4-1所示的铜与铝二元合金相图可知，铜与铝液态时相互无限互溶，固态时有限互溶，能形成多种以金属间化合物为基的固溶体相，其中包括有 Al_2Cu_3、AlCu 和 Al_2Cu 等。

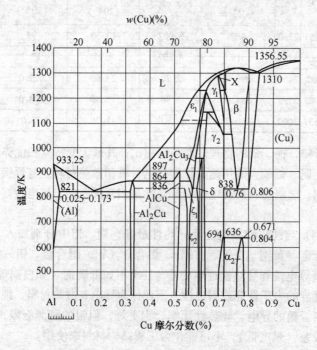

图 4-1　铜与铝二元合金相图

只有当铜 – 铝合金中铜的质量分数 $[w(Cu)]$ 在 12% ~ 13% 以下时，才具有最佳综合性能。所以熔焊时首先考虑铜与铝在熔点等物理性能上的差异，以此选择焊接方法和焊接工艺，采取防止氧化的保护措施，并设法控制焊缝金属铜 – 铝合金中铜的含量在上述最佳范围之内，或者采用铝基合金，并尽量缩短铜与液态铝相接触的时间，以防止形成金属间化合物，影响接头的强度和塑性。

2. 压焊焊接性

铜与铝都具有很好的塑性，铜的压缩率达 80% ~ 90%，铝的也有 60% ~ 80%，因此采用压焊方法可以得到质量优异的铜 – 铝焊接接头。与熔焊方法的焊接工艺复杂、焊接质量不太理想相比，压焊是目前铜与铝的异种有色金属焊接的主要焊接方法。采用压焊制成的铜 – 铝过渡接头还可以避开铜与铝熔焊时的难点，而将异种金属的焊接转变成了铜与铜、铝与铝之间的同种金属焊接。

4.1.3　铜与铝组合的熔焊方法选择及焊接工艺

1. 铜与铝组合熔焊的难点

铜与铝组合熔焊的难点是由于铜与铝的物理性能差异，因此无论采用何种熔焊方法，如果不采取特殊的工艺措施都会出现以下焊接问题和缺陷：

（1）金属间化合物的形成　由于铜与铝的冶金互容性极差，所以任何熔焊方法都无法避免焊缝中产生 Cu – Al 金属间化合物的发生。几乎所有金属间化合物都具有脆性，它们在晶界上形成固溶体和脆性共晶体，使焊接接头的强度及塑性降低。由图 4-1 可知，只有在焊缝金属中铜的质量分数小于 12% 时，金属间化合物数量最少，焊缝的综合性能相对最好。

（2）低熔共晶及氧化　工业纯铜（紫铜）的化学成分中含有冶炼带来的杂质如 Pb、Bi 和 S 等，因此熔焊时在接头铜母材一侧加热熔化，自然很容易产生多种低熔共晶物，也包含铜焊接时保护不好被氧化产生的 $Cu + Cu_2O$ 低熔共晶。这些低熔共晶是产生热裂纹的原因之一，铝被氧化产生的 Al_2O_3 更是使焊缝难以熔合的难点之一，铜及铝都是活泼性极强的金属。

（3）气孔　由于铜与铝两种金属的热导率都比较大，且在所有的常用钢铁材料和有色金属中其导热性也都是最好的，因此焊缝金属结晶快，高温时冶金反应产生的气体和大气溶入的空气（H_2）还来不及聚集逸出，就成为气孔留在焊缝中。这一点要求熔焊方法既要保护好，又要加大热输入，降低冷却速度，当然焊前对焊件表面的清理也是很重要的。

（4）应力裂纹　由于铜与铝的线胀系数差别较大，铜的线胀系数比铝大，接近 50%，因此焊缝中存在较大的残余应力，残余应力是产生裂纹的外因，当接头中有薄弱面（低熔共晶、脆性金属间化合物等）时，则可能产生裂纹。

（5）熔点相差 423℃　熔焊热源功率不是足够大时，焊缝金属容易发生分层，无法熔合成为共同晶粒。

2. 铜与铝组合的 TIG 焊

由于铜与铝组合熔焊时存在以上问题，因此选择熔焊方法进行焊接难度特别大，没有任何一种熔焊方法若不采取特殊工艺措施就能够满足铜与铝组合接头焊接的工艺适应性。

虽然铜与铝自身同种金属的焊接对熔焊方法适应性良好、焊接工艺及技术都很成熟（见本书第 3 章），但其组合的异种金属焊接的焊接性变得极差。铜与铝组合异种金属熔焊时对熔焊方法的要求如下：

1）熔焊热源功率要足够大。

2）对焊接区保护足够好。

3）保证焊缝金属中铜的质量分数控制在 12% 以下。

4）采用有中间过渡层的间接焊接法。

上述要求中，其中最后一项要求是最重要的。对于铜与铝组合的异种金属焊接，比较成熟的常用焊接方法是 TIG 焊、埋弧焊和电子束焊。焊条电弧焊不可取，原因十分明确：电弧功率不够大、受药皮脱落的限制以及没有适合的焊芯材料及药皮渣系。铜与铝组合的 TIG 焊的焊接参数见表 4-2。

对于铜与铝组合的熔焊，TIG 焊是最合理选择的焊接方法之一。TIG 焊的特点之一是电弧和填充焊丝没有电的联系，手工填丝，焊缝化学成分调整比较容易；特点之二是保护效果比较好；之三是电弧功率调节方便，TIG 焊的电源是恒流源，电流恒定，电弧电压的大小与焊接电流无关，也可以采用大电流焊接。铜与铝组合接头对接焊时，为了减少焊缝中铜的含量，在铜侧开单 V 形坡口，坡口角度为 $45° \sim 70°$，钝边间隙无特殊要求，铝侧不开坡口，用铝硅合金焊丝作填充金属，焊丝型号为 SAlSi – 1 或 SAlSi – 2，也可以采用纯铝焊丝 SAl – 2 或 SAl – 3，其化学成分见 GB/T 10858—2008 标准。焊前在铜母材侧坡口表面镀一层 $0.6 \sim 0.8mm$ 的银钎料或镀一层厚度为 $60\mu m$ 的锌，钨极电弧中心要偏离坡口中心一定距离，要指向铝母材的一侧，尽量减少焊缝金属中的含铜量，铜的质量分数至少控制在 10% 以下。焊接速度控制在 $0.17cm/s$ 左右，其余焊接参数参见表 4-2。

表 4-2　铜与铝组合 TIG 焊的焊接参数

被焊金属	焊丝	焊丝直径/mm	焊接电流/A	钨极直径/mm	氩气流量/（L/min）
Cu + Al	SAlSi – 1	3	260 ~ 270	5	8 ~ 10
	SAlSi – 1	3	190 ~ 210	4	7 ~ 8
	SAl – 2	4	290 ~ 310	6	6 ~ 7

铜与铝组合 TIG 焊的焊接工艺要点是，在铜母材侧开单 V 形或 K 形坡口，并在坡口表面上焊前镀银或镀锌，钨极电弧应偏离坡口中心指向铝母材侧，尽量减少铜的熔化量，采用铝焊丝作为填充金属，要求有经验的熟练焊工进行操作，如此，焊接接头质量才可以满足使用要求。

3. 铜与铝组合的埋弧焊

埋弧焊对铜与铝组合焊接的优势是具有足够大的热输入，保护效果好，虽然不如 TIG 焊，但比焊条电弧焊好。焊接采用铝焊剂，其成分（质量分数）为：NaCl 为 20%、

KCl 为 50%、冰晶石为 30%。铜与铝组合埋弧焊的焊接接头形式如图 4-2 所示。焊件厚度为 δ，电弧与铜母材坡口上缘的偏离值 l 为 (0.5 ~ 0.6)δ。

铜母材侧开 U 形坡口，铝母材侧不开坡口。在 U 形坡口中预置直径为 3mm 的铝焊丝。当焊接板材厚度为 10mm 时，采用直径 2.5mm 的纯铝焊

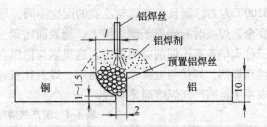

图 4-2　铜与铝组合埋弧焊的焊接接头形式示意图

丝，焊接电流为 400 ~ 420A，电弧电压 38 ~ 40V，送丝速度 92mm/s，焊接速度为 6mm/s。采用上述工艺，焊后焊接接头金属中铜的质量分数只有 8% ~ 10%，可以获得满意的焊接接头，铜与铝埋弧焊的焊接参数见表 4-3。

表 4-3　铜与铝埋弧焊的焊接参数

板厚/mm	焊接电流 /A	焊丝直径 /mm	电弧电压 /V	焊接速度 /(cm/s)	焊丝偏离 /mm	焊剂层/mm		层数
						宽	高	
8	360 ~ 380	2.5	35 ~ 38	0.68	4 ~ 5	32	12	1
10	380 ~ 400	2.5	38 ~ 40	0.60	5 ~ 6	38	12	1
12	390 ~ 410	2.6	39 ~ 42	0.60	6 ~ 7	40	12	1
20	520 ~ 550	3.2	40 ~ 44	0.2 ~ 0.3	8 ~ 12	46	14	3

铜与铝组合的埋弧焊焊接工艺的要点与 TIG 焊有相似之处，即接头铜母材单侧开半 U 形坡口，电弧偏离坡口中心指向铜母材侧，而不是 TIG 焊指向铝母材侧。因为半 U 形坡口中预置了满满的 φ3mm 的工业纯铝焊丝，代替镀银或镀锌，也是为了使焊缝金属中尽量减少铜的含量，则效果更好。因为埋弧焊焊接的都是厚的焊件，而 TIG 焊大部分是用于薄的焊件。铜母材侧开半 U 形坡口，装满纯铝焊丝，是采用埋弧焊方法的工艺特点，这个特点与在坡口表面上镀过渡层的间接焊接法比较，效果可能更好，但只能在埋弧焊方法中应用。

4. 铜与铝组合的气焊

(1) 气焊　气焊指的是气体火焰焊接法，常用气体火焰是氧乙炔焰，目前又有 C₃ 火焰气焊。在近代熔焊焊接方法中，气焊是历史最悠久的，尽管后来逐渐被电弧焊所代替，但由于它在操作和热循环方面的特点，目前依然在修配行业和薄壁构件的焊接上有一定的应用。一些低熔点金属如铅、锌、锡等由于不能承受电弧的高温，也非气焊莫属。

气焊（氧乙炔焰）的热源是气体火焰，其特点如下：一是独立热源，像打火机的火焰一样，是独立存在，不依靠被焊工件，不像电弧焊的电弧发生在电极（焊条、焊丝、钨极等）端部与被焊工件之间。因此气焊加热焊件过程中，可以随时撤离来调整熔池的温度。二是不但火焰功率可调整（依靠焊炬的焊嘴尺寸），还可以调整火焰的性质，即还原焰、中性焰及氧化焰。三种火焰的温度不同，分别为 2700℃、3000℃ 和

3300℃左右，而且由于氧与乙炔的配比不同，导致燃烧程度不同，还原焰中碳的燃烧不完全，焊接时有碳原子到焊件上，使表面增碳。氧化焰是过度燃烧易使焊件表面氧化。三种火焰各有不同的应用场合。这里铜与铝组合接头采用中性焰，气焊的焊接材料有焊丝和焊剂，焊丝与电弧焊焊丝通用，焊剂比较特殊，称为气焊熔剂，代号为CJ×××，表4-4是国产气焊熔剂简明表。

表4-4　国产气焊熔剂简明表

熔剂牌号	熔剂名称	化学成分（质量分数,%）	特点	应用范围
CJ101	不锈钢及耐热钢气焊熔剂	瓷土粉：30，大理石：28 钛白粉：20，低碳：Mn－Fe10 Si－Fe6，Ti－Fe6	有润湿作用，防止氧化，易脱渣	不锈钢及耐热钢气焊用助焊剂
CJ301	铜气焊熔剂	H_3BO_3：76～79 $Na_2B_4O_7$：16.5～18.5 $AlPO_4 \approx 4.5$	熔点约650℃，能溶解氧化铜和氧化亚铜，并防止氧化	纯铜和黄铜气焊用助熔剂
CJ401	铝气焊熔剂	KCl：49.5～52 NaCl：27～30 LiCl：3.5～15 NaF：7.5～9	熔点约560℃，能有效破坏氧化膜，极易吸潮	作助焊剂，并起精炼作用，也可作气焊铝青铜熔剂

选择CJ401铝气焊熔剂，应采用射吸式H01—2型焊炬。气焊时焊件厚度与焊丝直径的对照见表4-5。目前，气源是瓶装供应，乙炔气瓶和氧气瓶并在一起，由各自的软管接到焊炬的两个管接头上。气瓶有不同规格，轻便型的可以背在身上手持焊炬（也称焊枪）进行焊接，大规格的气瓶放在地上工作。气焊时焊嘴倾角与焊件厚度（毫米）的关系如图4-3所示。

表4-5　气焊时焊件厚度与焊丝直径的对照表　　　　（单位：mm）

焊件厚度	1.0～2.0	2.0～3.0	3.0～5.0	5.0～10.0	10～15
焊丝直径	1.0～2.0	2.0～3.0	3.0～4.0	3.0～5.0	4.0～6.0

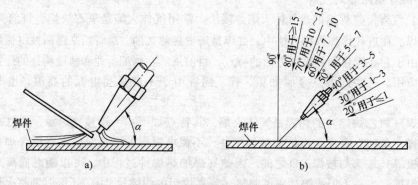

图4-3　焊嘴倾角与焊件厚度（毫米）的关系

a）焊嘴倾角示意图　b）焊嘴倾角与焊件厚度关系

α—焊嘴倾角

（2）电缆线铜与铝接头的气焊焊接实例　电缆线有铜线和铝线两类，此两类接头的连接方式有绞接、压接、与焊接三种方式，显然无论从接触电阻、连接紧密度与强度而言，焊接都是最佳选择。由于铝–铜之间的性能差异，焊接有一定难度。经比较，应选择气焊。关键是铜母线焊前需搪锡，焊接时要施加铝气焊熔剂，不加填充金属，在操作正确的情况下可获得优质接头。其焊接工艺要点如下：

1）每台电动机的 6 根铜出线电缆按长度要求统一下料，将电缆剥去 10 ~ 20mm，绝缘后搪锡，锡要搪得厚些。

2）将铝线焊接端的漆膜刮干净（长度为 30 ~ 50mm）。

3）将铝气焊熔剂加水调成糊状。

4）铝线直径在 1.88mm 以下不超过两根者，宜将刮干净的铝线绕在搪锡的铜电缆芯上，绕 5 ~ 8 圈（见图 4-4a）将端头剪成与电缆芯齐平，拧好的线头应垂直向上，并涂上熔剂。焊接时合理的火焰方向见图 4-4b，加热时间不宜过长，当熔化的铝液开始扩散，即表示焊好。

5）两根以上的多股圆铝线，宜采用对接焊。将刮干净的铝线拧成一股并剪整齐，拧好的线头仍垂直向上，以利于焊接。然后

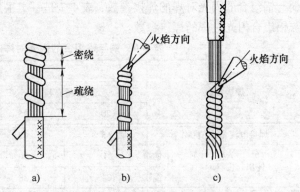

图 4-4　铜与铝电缆线的气焊
a）绕线方法　b）加热两股以下铝线的火焰方向
c）加热多股铝线的火焰方向

涂上熔剂，铜电缆对准铝线端头（见图 4-4c）加热铝线，但在铝线尚未熔化之前，先使电缆上的焊锡熔化，这样当铝线一旦熔化，两者便可焊成一体。如果在铝线熔化后才去熔化电缆上的焊锡，则会使铝线熔化过多而造成接头粗大。

6）火焰的调整。在小截面单根铝线对接焊时，宜在氧化区进行，如果在还原区进行，则铝线熔化非常快，很难掌握。焊接截面为 2.5 ~ 4mm 铝线时，宜在还原区中部进行，还原区火焰长度应调整在 8 ~ 12mm；焊接截面大于 8mm 的铝线时，宜在靠近焰芯区进行，还原区火焰长度应调整在 6 ~ 10mm 范围内。

（3）结果分析　焊接实质是锡与铝的熔焊，因此不能将铜电缆熔化。焊后必须用湿布擦拭焊接处，去除残余熔剂，并检查有无脱焊、裂纹等缺陷。这种气焊方法具有焊接速度快、焊接接头质量稳定、导电性能优良和设备简单等优点。

4.1.4　铜与铝组合的压焊方法选择及焊接工艺

铜与铝组合压焊仍然是作为导电材料的纯铜与工业纯铝连接的最佳选择，其接头形式大部分是棒料对接及矩形断面板条（偏铜线和偏铝线）的对接。采用的压焊方法主要是电阻焊的闪光对焊、摩擦焊、平板搭接扩散焊等。

1. 铜与铝组合的闪光对焊

闪光对焊是电阻焊方法之一，电阻焊关心的不是被焊材料的冶金相容性，而是被焊金属材料的塑性、电阻率及导热性能，因为这几个性能涉及焊接电流、压力（顶锻力）、焊接时间及伸出长度等焊接参数的大小。

铜与铝的导热性、导电性及高温塑性在常用金属材料，特别是在常用有色金属中是最好的。因此需要较大的焊接电流（比钢大1倍）、高的送进速度（比焊接钢时高4倍）、快速顶锻（100~300m/s）、极短的带电顶锻时间（0.02~0.04s）、较长的伸出长度（铝的伸出长度更大于铜）和总留量（烧化留量及顶锻留量）。只有如此才能将金属间脆性化合物和氧化物挤出成为飞边，以获得力学性能良好的焊接接头。表4-6是一组铜与铝组合的闪光对焊的焊接参数，表4-7是一组采用特定的LQ—200型对焊机进行铜与铝组合闪光对焊的焊接参数。

表4-6 铜与铝组合的闪光对焊的焊接参数

焊接参数		焊接断面/mm			
		棒材直径		带材	
		20	25	40×50	50×10
焊接电流量大值/kA		63	63	58	63
伸出长度/mm	铝	3	4	3	4
	铜	34	38	50	36
烧化留量/mm		17	20	18	20
闪光时间/s		1.5	1.9	1.6	1.9
闪光平均速度/(mm/s)		11.3	10.5	11.3	10.5
顶锻留量/mm		13	13	6	8
顶锻速度/(mm/s)		100~120	100~120	100~120	100~20
顶锻压力/MPa		190	270	225	268

表4-7 采用特定的LQ—200型对焊机进行铜与铝组合闪光对焊的焊接参数

焊件尺寸/mm	电源电压/V	二次级数	伸出长度/mm		夹具压力/MPa	顶锻压力/MPa	烧化时间/s	有电顶锻时间/s	凸轮角度/(°)
			Cu	Al					
6×60	380	8	29	17	0.44	0.29	4.1	1/50	270
8×80	380	11	30	16	0.39	0.29	4.0	1/50	270
10×80	380	12	25	20	0.54	0.39	4.1	1/50	270
10×100	380	14	25	20	0.59	0.54	4.1	1/50~2/50	270
10×150	380	15	25	20	0.59	0.54	4.2	1/50~2/50	270
10×120	380~400	14	31	18	0.64	0.59	4.2	2/50~3/50	270
6×24	380~400	4	14	16	0.29	0.29	4.2	1/50	—
6×50	380~400	8	25	17	0.44	0.39	4.2	1/50	270

表4-7中，对焊机型号中数字 200 是该焊机能够提供的额定焊接功率，即为 200kVA。表中二次级数是该焊机按制造标准调节焊接电流的级数，其级数定性地标志了焊接电流的大小级别，未标出焊接电流的大小。两组焊接参数仅供参考，因为条件、环境等影响，不能作为标准参数，实践时要进行多次调整才能确定所需的实际数据。

2. 铜与铝组合的低温摩擦焊

凡是可以锻造的金属材料都可以进行摩擦焊，摩擦焊是一种固态焊接方法，结合面不发生熔化，仍为锻造组织，不产生与熔化、凝固相关的焊接缺陷。铜、铝棒料的摩擦焊采用连续驱动方式的低温摩擦焊。因为如果接触面温度超过铜-铝的共晶点温度 548℃，则会发生铜-铝的扩散结合，生成铜-铝的脆性层，接头易发生脆断。采用低温摩擦焊是指转速（200～1000r/min）、控制结合面温度在 460～480℃ 之间，就不会产生脆性层，又能保证足够的塑性变形能力。表4-8 是不同直径铜-铝棒料低温摩擦焊焊接参数。

表 4-8　不同直径铜-铝棒料低温摩擦焊的焊接参数

典型产品直径 /mm	转速 /(r/min)	摩擦压力 /MPa	摩擦时间 /s	顶锻压力 /MPa	出模量[1]/mm	
					铜件	铝件
6	1030	140	6	600	10	1
10	540	170	6	450	13	2
6	320	200	6	400	18	2
20	270	240	6	400	20	2
26	208	280	6	400	22	2
30	180	300	5	400	24	2
36	170	330	5	400	26	2
40	160	350	5	400	28	3

① 铜、铝在模子口处的伸出量。

3. 铜与铝组合的冷压焊

作为导电、散热材料，纯铜和工业纯铝的冷压焊是非常重要的常用焊接方式，在本书第 1 章的 1.8 节中已对铜-铝棒材、板材和线材的冷压焊工艺进行了详细地介绍，结论是铜-铝冷压焊的焊接接头强度不低于母材，焊接接头的导电性介于铜-铝之间。

4. 铜与铝组合的电容储能焊

电容储能焊是电阻焊的一种特殊形式，属于固相焊接。铜与铝组合的电容储能焊的焊接参数包括焊接电流、焊接时间、顶锻压力和伸出长度等。小截面铜与铝导线电容储能焊的焊接参数见表4-9。这种焊接方法的焊接参数可调范围很窄，焊接过程中必须严格控制焊接参数。

表 4-9　小截面铜与铝导线电容储能焊的焊接参数

直径/mm		电容量/μF	焊接电压/V	伸出长度/mm		顶锻压力 /MPa	夹紧力 /MPa	变压器比值
Al	Cu			Al	Cu			
1.81	1.56	8000	190～210	2.5	2	607.6	2646	60:1
2.44	1.88	8000	300～320	3.2	2.4	911.4	3136	90:1
3.05	2.50	10000	370～390	4	3	1254.4	3430	60:1

5. 铜与铝组合的扩散焊

铜与铝组合的扩散焊时，影响焊接接头质量和焊接过程稳定性的主要因素有焊接温度、焊接压力、保温时间、真空度和焊前焊件的表面准备等。在铜与铝组合的扩散焊中，当焊接接头处生成的金属间化合物层厚度小于 $1\mu m$ 时，焊后的焊接接头具有很好的导热和导电性能。当厚度为 $0.2\sim0.5mm$ 的铜与铝焊接时，所采用的焊接参数如下：真空度 $0.0133\sim0.133Pa$、焊接温度 $480\sim500℃$、焊接压力 $4.9\sim9.8MPa$、焊接时间 $10min$，无须添加中间过渡层。

6. 铜与铝组合的钎焊

由于钎焊方法操作方便、生产效率高和焊接变形小，因此铜与铝可以采用钎焊方法进行连接，以获得质量稳定可靠的焊接接头。为防止接头氧化，通常在惰性气氛中进行，可采用电阻或火焰加热方式。铜与铝组合钎焊用钎料和钎剂的成分及熔点分别见表4-10 和表4-11。

表4-10　铜与铝组合钎焊的钎料成分及熔点

钎料化学成分（质量分数，%）						钎料熔点/℃
Zn	Al	Cu	Sn	Pb	Cd	
94	5	—	—	—	1	325
92	4.5	3.2	—	—	—	380
99	—	—	—	1	—	417
10	—	—	90	—	—	270～290
20	—	—	80	—	—	270～290

表4-11　铜与铝钎焊的钎剂成分及熔点

钎剂化学成分（质量分数，%）						钎剂熔点/℃
NaCl	SnCl	NaF	$ZnCl_2$	NH_4Cl	NH_4Br	
—	—	2	88	10	—	200～220
10	—	—	65	25	—	220～230

4.1.5　铜与铝组合的压焊应用实例

1. 电力金具铜与铝过渡母线伸缩节的闪光对焊

伸缩节是输、变电线路中的主要电力金具，MSS（125mm×10mm）型铜与铝过渡母线伸缩节的结构及尺寸，如图4-5所示。

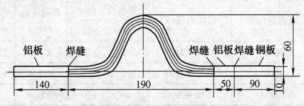

图4-5　铜与铝过渡母线伸缩节的结构及尺寸

采用 TIG 焊焊接厚 0.5mm 铝箔组成的箔层封头，MIG 焊焊接箔层与铝板，闪光对焊焊接铜板与铝板。箔层封头 TIG 焊时，选用 S301 焊丝，其直径为 3mm（也可用废铝绞线），焊接电流为 260～280A，焊接速度 170mm/min，焊前焊件的预热温度不低于 200℃，焊接时在起弧和收弧处适当填丝，以保证端角饱满，其余位置可不填丝。箔层与铝板的 MIG 焊选用 $\phi1.6$mm 的 S302 焊丝，MIG 焊与闪光对焊的焊接参数见表 4-12。

表 4-12　MIG 焊与闪光对焊的焊接参数

焊接方法	焊接电流/A	电弧电压/V	焊接速度/(mm/min)	气体流量/(L/min)	烧化速度/(mm/min)	烧化留量/mm	顶锻速度/(mm/min)	顶锻留量/mm	顶锻压力/MPa	闪光时间/s
MIG 焊	280～300	26～28	600～650	22～26	—	—	—	—	—	—
闪光对焊	—	—	—	—	1.2～2.4	19 Cu4 + Al15	130	4.5 Cu1.5 + Al3.0	365	4

横截面为 10mm × 100mm 的铜板与铝板闪光对焊时，要求较大的焊接功率。焊接时采用高速烧化、高速顶锻及较大的顶锻留量，最大限度地挤出接合面的金属间化合物。铝的熔点比铜低，烧化速度快，因此铝板的伸出长度也要比铜板长，其合理的焊接参数参见表 4-12。焊后对全部焊缝进行力学性能试验和电阻温升试验，结果完全符合铜－铝过渡母线伸缩节的国际要求，产品合格率在 97% 以上。

2. 铝－铜与铝－钛管组合的冷挤压焊

铝－铜与铝－钛过渡管可以用正向冷挤压焊的方法制造，图 4-6 为铝－铜与铝－钛管冷挤压焊过程的示意图。两种金属的管子都装入模具孔中，较硬管装在靠近模具锥孔的一端，冲头将两种管子同时从锥孔处挤出。管内装有心轴，金属不可能向管内流动，由于两种金属变形是不一样的，两管间的界面会由于巨大的正压力使扩张加大并形成焊缝。较小的管子也可以用棒材冷挤压焊后再钻孔制成。

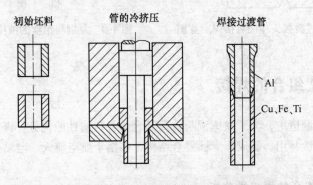

图 4-6　铝－铜与铝－钛管冷挤压焊过程的示意图

3. 铜与铝过渡接头的爆炸焊

电冰箱用的铜与铝过渡接头采用搭接爆炸焊的方法，铜管尺寸为（$\phi8 \times 1$）mm，铝管尺寸为（$\phi8 \times 1.5$）mm，按图4-7所示的方式装配，经爆炸焊后，焊接接头的耐压强度可达 1.2×10^4kPa。接长后进行温度为 50～196℃之间的热循环及高温加热（250～400℃），焊接接头仍能保持完好。

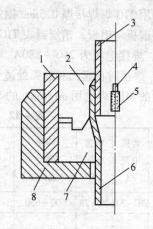

图4-7　铜与铝过渡接头爆炸
焊装配示意图
1—外套　2—上模芯　3—铝管　4—雷管
5—炸药　6—铜管　7—下模芯　8—支座

4. 铜与铝过渡接头的冷压对焊

电冰箱压缩机铝管与铜管的过渡接头，可用冷压对接焊的方法制造，其对接焊示意图见图4-8。两管内装有心轴，端面对接，这样可以防止金属向管内孔方向流动。最后铝端用TIG焊与蒸发器铝管焊接，铜端则用钎焊与铜管系统相连。这样的铜管焊接接头即使在长期振动试验之后，仍可以通过氦检漏的要求。

5. 复铜与铝丝的液压静力挤压制造法

表面复铜的铝丝不仅能用轧制冷拔的方法制造，而且也能用液压静力挤压的方法制造。图4-9是这一方法示意图。由铝芯与铜管组成的复合料胚周围用油作为加压介质。当活塞向前移动时油即形成液压静力。压力达到一定数值时料胚被迫从模具孔中挤出而形成复铜－铝丝。此法可用于制造非圆形截面的异形截面铜－铝复合导电零件。

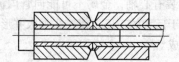

图4-8　铜与铝过渡接头冷压对接焊示意图

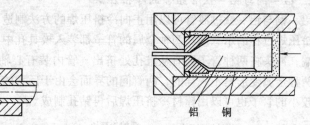

铝　铜

图4-9　复铜与铝丝的液压静力挤压示意图

4.2　铜与钛组合的焊接

在结构设计制造中，为了发挥铜与钛及其合金各自的性能优势，谋求最好的技术经济性，常常铜、钛共用，制成铜－钛复合结构，多用于航空航天、电站及船舶制造等领域的某些结构件。

4.2.1　铜与钛组合的焊接性分析

1. 熔焊焊接性

铜与钛组合的焊接是铜及铜合金与钛及钛合金组合接头的焊接，如 T2 + TB1、T2 + T13Al7Nb、QCr0.5 + TC2、T2 + TA2、T2 + TAl 等组合接头，不完全是工业纯铜与工业纯钛的焊接。

从表4-1中可查到铜、钛等金属元素的物理、化学性能比较，其中铜的物理性能只是工业纯铜（T1～T4）对钛及钛合金的比较才有意义。因为纯铜在合金化以后其物理性能变化较大，从本书第3章内容中可知，纯（紫）铜的最大优点是极好的导热性（热导率）及导电性（电阻率），随着合金元素的不同，按黄铜、青铜、白铜的顺序，导热、导电性的优势逐渐减弱，黄铜的导热、导电性只有纯铜的1/3，比工业纯铝还低。青铜和白铜的导热、导电性还低于Q235钢。所以说铜有良好的导热、导电性，仅仅指的是工业纯铜（紫铜），黄铜还勉强，而不是青铜和白铜。

纯铜的化学性能决定了其合金化程度比较高，铜合金中铜的质量分数（w）（含量）控制在50%～80%之间；钛特殊的密排六方晶体结构决定了其合金化程度较低，每种合金元素的质量分数都不超过10%，钛合金中钛的（质量分数）大部分在90%以上。因此表4-1中钛金属元素的物理、化学性能基本上可视为工业纯钛及所有钛合金的物理、化学性能。当然钛合金因合金元素不同，有不同的力学性能和其他特殊的耐蚀性等。

虽然青铜和白铜的导热、导电性比Q235低碳钢还低，但仍然高于钛及所有品种的钛合金。金属材料导热性的好坏涉及熔焊时焊接区热量积累能力和焊前预热温度高低或不用预热，以及对热源功率或能量密度的要求；导电性差别涉及电阻焊要求的焊接电流大小，焊机输出功率能否适应。图4-10是铜与钛二元合金相图，此图和表4-1是判断铜与钛组合熔焊焊接性的原始依据。从中可知，铜与钛的物理性能差别很大，与本书第3章3.3节钢与钛组合的情况相似，所以铁与钛组合熔焊焊接方法选择及工艺措施，对于铜与钛组合的熔焊极有启示和参考意义。

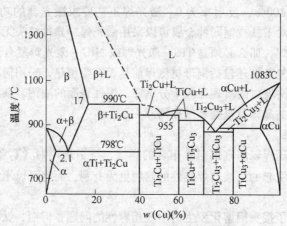

图 4-10　铜与钛二元合金相图

从图4-10可知，铜与钛的冶金相容性极差，这一点也和钢与钛组合的铁－钛二元合金相图类似。所以铜与钛组合的熔焊也不能采用直接焊接法，而采用间接熔焊法或加中间过渡层的熔焊法。无论是加中间过渡段（如同 Fe + Ti 组合一样），还是加中间过渡层，都是一种高成本的、工艺复杂的熔焊方法。铜与钛组合熔焊的特点如下：

1）铜与钛的互溶性有限，在焊接高温下能形成多种金属间化合物和多种低熔共晶体，形成的金属间化合物是指 Ti_2Cu、$TiCu$、Ti_3Cu_4、Ti_2Cu_3、$TiCu_5$ 和 $TiCu_4$ 等，低熔点共晶体是指 $Ti + Ti_2Cu$（熔点 1003℃）、$Ti_2Cu + TiCu$（熔点 960℃）、$TiCu_2 + TiCu_3$（熔点 860℃）。上述脆性相的形成会使接头的力学性能及耐蚀性显著地降低，低熔点共晶的形成会成为产生热裂纹的根源。

2）铜与钛的线胀系数差别较大，铜的线胀系数约为钛的 2 倍，焊接加热过程中产生的内应力成为焊接接头产生裂纹的力学因素。焊接接头薄弱面上产生裂纹。焊接接头中的薄弱面除上述脆性金属间化合物及共晶体外，焊接接头铜侧由于杂质的侵入而产生低熔点共晶（如 $Cu + Bi$ 的熔点只有 270℃）；在钛母材侧因吸收氢气而形成片状氢化物 TiH_2 导致发生"氢脆"。

3）气孔生成的可能性极大，由于铜与钛在高温时对氢气的溶解度都很大，除产生"氢脆"外，凝固结晶时由于溶解度急速降低，还来不及逸出的氢气原子就会聚集成为氢气孔。

综上所述，气孔、裂纹及接头力学性能的降低是铜与钛组合熔焊时的三个主要障碍。

4）铜、钛物理性能的差别使熔焊工艺变得复杂。铜、钛熔点相差 600℃，熔焊时热源在接头坡口中心向钛侧偏斜是极为重要的；导热性（热导率）相差 20 多倍，铜侧散热极快妨碍了热量的积累，所以熔焊方法的选择要求保护效果好、能量密度高的热源，如 TIG 焊、电子束焊、等离子弧焊等。不允许采用焊条电弧焊和埋弧焊，也不能采用激光焊，因为有色金属（Cu、Al、Ti、Ni 等）固态时对激光的反射率高达 90% 以上，液态时吸收率可达 100%，反射率为 0。激光焊工艺要求激光器的功率焊接开始很大，熔化后急速下降，对于钛或铜同种金属可以采用激光焊，异种接头无法调整与适应；如果一定要采用激光焊，那么必须是 TIG - 激光焊或 MIG - 激光焊复合工艺；此外，铜与钛组合熔焊工艺的复杂性还包括铜母材侧焊前是否需要预热，采用何种熔焊方法可以不用预热；焊前对接头坡口的清理处理十分重要，焊件表面的油污、杂质的残留往往是焊接接头产生低熔点共晶体及氢脆和气孔的源头。

2. 压焊焊接性

与熔焊相比，压焊较适宜铜与钛组合的焊接，特别是纯铜（T_2 等）和钝钛的冷压焊，对避免因加热引起的一系列焊接性的问题更为有利，而且可以不加中间过渡层直接进行焊接。

虽然压焊避免了接头因熔化发生的冶金相容性的问题，但铜、钛导热性及导电性的极大差别，促使压焊工艺变得复杂化。铜与钛组合中，铜母材的一侧如果是纯铜，则其组合的电阻焊或摩擦焊因为铜的极高热导率和极小的电阻率而需要极大的焊接电流，或极高的摩擦焊转速和摩擦压力，上述这些因素使得压焊技术难以实现。极快的热传导无法积累热量，还不能在线预热，所以铜与钛组合中只有铜合金（青铜、白铜和某些黄铜）可以和钛及钛合金构成能够电阻焊或摩擦焊的异种金属组合。这种组合相当于钢与钛的异种金属焊接。

扩散焊是压焊中低生产率、高焊接质量，要求搭接接头形式的万能压焊方法。纯铜和钛及钛合金的组合，可以很好地适应扩散焊，无论何种压焊方法，由于钛及钛合金对大气吸收的敏感性，必须采用严格的氩气保护或在真空中施焊，且焊前对焊件的清理也要求极高。

4.2.2　铜与钛组合的焊接方法选择及焊接工艺

1. QCr0.5 铜合金与 TC2 钛合金组合的 TIG 焊

QCr0.5 是铬青铜，它是铜和铬的固溶体，虽然该固溶体的溶剂是铜元素，但铜高度合金化以后其物理性能发生了与纯铜的很大差异，其热导率、电阻率及线胀系数等与低碳钢处于同一数量级，已经失去了工业纯铜的高热导性的特点。其同种金属熔焊焊接性较好，除了焊条电弧焊之外，对其他熔焊方法有较好的适应性；TC2（Ti4Al4.5Mn）属于 α+β 型双相组织钛合金，自身熔焊焊接性也属于良好，但不能热处理强化，只能在 400℃ 以下工作。

QCr0.5 与 TC2 组合的熔焊选择 TIG 焊，为使 α+β 相转变温度降低，获得与铜组织相近的单相 β 相钛合金，常采用加入含有 Mo、Nb 和 Ta 的钛合金中间过渡层，其成分为 $Ti + w$（Nb）30% 或 $Ti + w$（Al）3% + w（Mo）6.5% ~ 7.5% + w（Cr）9% ~ 11%。此时，获得的钛与纯铜的焊接接头的抗拉强度 σ_b 可达 216 ~ 221MPa，冷弯角为 140° ~ 180°。

QCr0.5 铜合金与 TC2 钛合金 TIG 焊接时，若选用铈钨电极、铌过渡层和纯度为 99.8%（体积分数）的氩气，可以获得优良的焊接接头，其焊接参数见表 4-13。

表 4-13　QCr0.5 铜合金与 TC2 钛合金 TIG 焊的焊接参数

母材金属厚度 /mm	焊接电流 /A	电弧电压 /V	焊丝直径 /mm	电极直径 /mm	氩气流量 /(L/min)
2 + 2	250	10	1.2	3	
3 + 3	260	10	1.2	3	
5 + 5	300	12	2.0	3	15 ~ 20
6 + 6	320	12	2.0	4	
5 + 8	350	13	2.5	4	
8 + 8	400	14	2.5	4	

注：焊丝牌号为 QCr0.5，电极为铈钨极。

2. T2 与 TA2 组合及 Ti3A 与 Ti3Al37Nb 组合的 TIG 焊

T2 与 TA2 组合及 T2 与 Ti3Al37Nb 组合的 TIG 焊，T2、TA2 分别是工业纯铜与工业纯钛，Ti3Al37Nb 是含铌的 α 型钛铝合金，其中的铝是 α 相稳元素。

厚度为 2 ~ 5mm 的 TA2 和 Ti3Al37Nb 两种钛合金与 T2 铜组合 TIG 焊的焊接参数及焊接接头性能见表 4-14。由于这类异种金属焊后的焊接接头被加热到高于 400 ~ 500℃ 使用时，焊接接头中会形成连续的金属间化合物层，这些金属间的化合物层明显地降低了焊接接头性能，因此该种接头不宜在高温加热场合下使用。

表 4-14 两种钛合金与 T2 铜组合 TIG 焊的焊接参数及焊接接头性能

| 被焊材料 | 厚度 /mm | 焊接电流 /A | 电弧电压 /V | 焊丝 | | 电弧偏离 /mm | 接头平均强度 /MPa | 弯曲角度 /(°) |
				牌号	直径/mm			
TB1 + T2	3	250	10	QCr0.8	1.2	2.5	192	—
	5	400	12	QCr0.8	2	4.5	191	—
							191①	90①
Ti3Al37Nb + T2	2	260	10	T4	1.2	3.0	125	90
	5	400	12	T4	2	4.0	234	120
							220	90①

① 试样经 800℃保温 5min。

TIG 焊时的中间过渡层材料是，采用在 TA2 纯钛及钛合金 Ti3Al37Nb 一侧的坡口面上，用等离子弧喷镀法喷镀一层 0.15～0.25mm 的铜镀层。

3. 铜与钛组合的扩散焊

采用扩散焊时，仍需要加中间过渡层材料，如 Mo 或 Nb 等，以防止产生金属间化合物和低熔点共晶体，以提高焊接接头的强度，表 4-15 给出了铜与钛组合扩散焊的焊接参数及焊接接头性能。

表 4-15 铜与钛组合扩散焊的焊接参数及焊接接头性能

| 中间层材料 | 焊接参数 | | | 抗拉强度/MPa | 加热方式 |
	焊接温度/℃	焊接时间/min	焊接压力/MPa		
不加中间过渡层	800	30	4.9	63	高频感应
	800	300	3.4	144～157	电炉
钼（喷镀）	950	30	4.9	78.4～113	高频感应
	980	300	3.4	186～216	电炉
铌（喷镀）	950	30	4.9	71～103	高频感应
	980	300	3.4	186～216	电炉
铌（0.1mm 箔片）	950	30	4.9	91	高频感应
	980	300	3.4	216～267	电炉

由表 4-15 可知，不加中间过渡层的焊接接头强度较低，采用电炉加热、焊接时间较长的扩散焊接头强度明显高于高频感应加热、焊接时间较短的扩散焊接头强度。焊前清理的工作很重要。图 4-11 为板厚 5mm 的 T2 纯铜与板厚 8mm 的 TA2 工业纯钛组合，采用真空扩散焊的焊接结构示意图。

焊前纯铜母材金属用三氯乙烯清洗干净，然后在体积分数为 10% 的硫酸溶液中浸蚀 1min，再用蒸

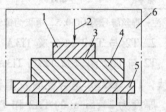

图 4-11 铜与钛组合的真空
扩散焊的焊接结构示意图
1—T2 纯铜 2—焊接压力 3—扩散层
4—TA2 钛合金 5—座板 6—真空室

馏水洗涤，随后进行退火处理，退火温度为 820~830℃，时间为 10min。钛合金母材用三氯乙烯清洗干净后，在体积分数为 2% 的 HF 和体积分数为 50% 的 HNO_3 水溶液中，用振动方法浸蚀 4min，去除氧化膜，用水和酒精清洗干净后，立即按工艺要求组装后放入真空炉内进行焊接。其焊接参数为：焊接温度 810℃、焊接时间 10min、焊接压力 5~10MPa、真空度 $1.3332 \times 10^{-8} ~ 1.3332 \times 10^{-9}$ MPa。按照焊接技术条件，也可以在铜与钛合金的组合接头之间加入铌作为中间过渡层材料。

4. 铜与钛组合的 TIG - 钎焊

TIG - 钎焊的 TIG 电弧只是钎焊的加热热源，焊件本身不熔化，钎料是铜与钛组合焊接的最好的中间过渡层，但这种组合实质上是钎接，所以接头强度不高，接头形式特殊，必须满足钎焊工艺的要求。

有关文献介绍了铜与钛组合的 TIG - 钎焊工艺，摘录如下，仅供参考。

(1) 工况　某些特殊容器的材质为 TA1。直径为 50mm，壁厚 2mm，接管材质为纯铜，规格为 $\phi 8mm \times 2mm$，要求铜与钛之间组合的焊接连接。

(2) 焊接方法的选择　铜与钛之间的物理性能相差较大，两者的互溶性又很小，却易形成脆性金属间化合物和低熔点共晶体，采用熔焊并不理想。为此选择母材不熔化的钎焊方法，以 TIG 焊的保护手段和电弧热作为热源来熔化钎料，形成焊接接头。

(3) 焊接工艺

1) 接头形式。采用插入式补强接头，以增大钎接面积，接头间隙为 0.05~0.15mm。焊前采用丙酮清洗。

2) 钎料。$\phi 2mm$ 的 BAg65CuZn (HL306) 钎料，与钛、铜均能良好润湿，熔点也不高。

3) 焊接参数。焊接电流 50A（起始电流为 5A）、钨极直径 2.5mm、喷嘴直径 $\phi 10mm$、氩气流量 10~15L/min、直流反接施焊。

4) 操作要点。填充钎料角度要低，始终使钎料处于 Ar 气流保护之下，且其端部始终在"阴极雾化"区内。Ar 气的保护作用一直延续到焊缝冷却待到常温为止。

(4) 结果分析　这种 TIG 钎焊方法的优点在于 TIG 焊热量集中，用 Ar 保护代替钎剂，不存在钎剂残留的腐蚀性问题，Ar 气流对近缝区的冷却作用，使热影响区变窄。尤其是直流正接的阴极雾化作用，可击碎表面氧化膜，形成良好结合。接头焊接后工作正常。

5. 铜与钛组合的热压焊（钛 - 铜复合板的热轧法制造工艺）

钛 - 铜复合板的热轧法制造工艺，实质上是异种金属（Cu + Ti）组合的热压焊接法。即使是压焊，只要加热不到熔化温度，就会发生铜 - 铝之间组合的低熔点共晶体。因此，必须加入中间过渡层。扩散焊是如此，热压焊也是如此，爆炸焊也同样。

钛 - 铜复合板用热轧法或爆炸焊接法制造，中间最好加入厚 0.10~0.15mm 的铌作为中间层，以防止前述因加热所引起的问题发生。另外，为防止氧化，加热及轧制都必须在真空中进行。

铜与钛组合的爆炸焊，为保证焊接接头具有稳定而良好的力学性能，也必须加热铌中间层，中间层厚度随母材金属厚度而改变，一般在 0.3 ~ 1.0mm 范围内。

4.3 铝与钛组合的焊接

4.3.1 铝与钛组合的焊接性分析

钛及钛合金是在韧性较好的条件下，为比强度最高的一种金属材料，甚至超过某些合金钢，如 40CrMnSiMoVA；铝及铝合金的比强度仅次于钛，而且导热、导电性很好，仅次于铜，这些金属材料都属于轻金属。铝－钛组合结构在很多工业领域具有其特殊的优势和最合理的技术经济性。

1. 铝与钛组合的熔焊焊接性

铝与钛组合的熔焊焊接性特别不好，由铝与钛组合的熔焊试验表明，一旦钛及钛合金熔化，就不可避免地会产生钛－铝金属间化合物，使焊缝脆化。钛在铝中的溶解度极小，以及钛与铝之间形成化合物的速度很快，因此脆化十分严重，使焊接接头无法使用。熔焊时为减少焊缝中脆性相的数量，就必须限制固态钛与液态铝之间的接触时间。

从表 4-1 铝、铜和钛等金属元素的性能比较可知，铝与钛的物理性能有极大的差别，包括熔点（相差 1080℃）、导热性能等，以及钛、铝都是活泼性金属，极易被氧化形成高熔点、致密的脆性氧化膜，还有钛的高温吸氢（200℃）、吸氧（600℃）、及吸氮（700℃）作用等。更重要的是钛与铝的冶金不溶性，图 4-12 所示的钛与铝二元合金相图显示了在液态钛与铝无限互溶。在固态，特别室温下，钛在铝中的溶解度十分微小，仅为 0.07%，而分别在 1460℃和 1340℃形成 TiAl 型和 $TiAl_3$ 型金属间化合物。

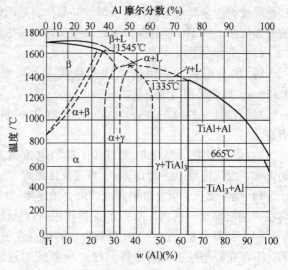

图 4-12 钛与铝二元合金相图

钛的熔点为 1677℃，焊接时只要钛一熔化，就很难避免产生金属间化合物而导致焊缝的脆化。因此焊接性很差，这是钛与铝组合焊接遇到的最大难点，实践证明，液态铝熔池在 700 ~ 800℃下保温 15s 尚未发现金属间化合物，但延长保温时间或熔池温度高于 900℃时，就会形成 $TiAl_3$ 相。

由此可见，铝与钛组合焊接的难度要超过铜与钛的组合，故不可能直接进行熔焊，由于铝的熔点只有 660℃，很难找到如此低熔点的中间过渡层金属元素。TIG－钎焊可能是唯一可以采用的熔焊方法。

2. 铝与钛组合的压焊焊接性

由于铝与钛在热物理性能之间的极大差异，即指的是导热性、导电性及熔点之间，以及钛及钛合金只要加热就会吸氢产生氢脆，且存在 660℃铝熔化时就会将固态 Ti 溶入形成脆性金属间化合物，所以压焊方法中只有冷压焊适合铝与钛组合的焊接，其他方法如电阻焊、摩擦焊、扩散焊等方法都不能直接进行铝与钛接头的压焊，除非采取特殊复杂高成本的工艺措施，如在钛母材侧进行渗铝的扩散焊。

4.3.2　铝与钛组合的焊接方法选择及焊接工艺

1. 1035（L4）板与 + TA2 钛板组合的 TIG 焊实例

电解槽阳极是由厚 8mm 的工业纯铝 1035 板（L4）和厚 2mm 的工业纯钛板 TA2 所焊成。铝板于焊前应先在 60~80℃的苛性钠溶液（150~180g/L）中腐蚀 0.5~2.0min，再在流动水中冲洗，然后在 20℃的质量分数为 30% 的 HNO_3 溶液中浸泡 0.5~10min；钛板在焊前应进行刮削或在 HCl（250mg/L）和 NaF（40~50g/L）溶液中进行腐蚀清洗。其焊接方法为手工 TIG 焊，用铝丝作为填充材料躺在焊接处的钛板一侧，牌号为 2A50（LD4）直径 3mm。接头形式为搭接时，焊接电流为 190~200A，正面氩气流量为 10L/min，背面流量为 15L/min；接头形式为角接时，焊接电流为 270~290A，正面氩气流量为 10L/min，背面流量为 12L/min，1035（L4）工业纯铝板与 TA2 工业纯钛板组合 TIG 焊的焊接参数见表 4-16。

表 4-16　1035（L4）工业纯铝板与 TA2 工业纯钛板组合 TIG 焊的焊接参数

接头形式	板厚/mm		焊接电流/A	氩气流量/（L/min）	
	Al	Ti		焊枪	背面保护
角接	8	2	270~290	10	12
搭接	8	2	190~200	10	15
对接	8~10	8~10	240~285	10	8

焊接过程应尽可能地进行快速连续焊，以防止钛板熔化。实际上铝板与钛板组合的手工 TIG 焊，只能使铝板熔化，熔化的铝板附在被加热的钛金属板上，在钛板上成为钎焊焊缝，铝板本身作为钎料。因此，操作很难掌控。一般将这种方法称为 TIG 焊或 TIG – 钎焊，但都不能改变其焊接的实质。有些参考文献称之为 TIG – 钎焊法，这是一种既无专用钎剂也无专用钎料的特定的 TIG – 钎焊方法。

2. Al + Ti 组合搭接接头的 TIG – 钎焊

为了不使接合面的钛熔化，且保持铝的温度不高于 800~850℃，可采用熔焊 – 钎焊法来焊接钛与铝。即如图 4-13 所示，采用 TIG 焊方法加热钛母材，并使之仅部分发生熔化而不熔透，且其热量却能将背面搭接的铝板熔化。在氩气保护下，液态铝在清洁的钛板背面形成填充金属，即钎焊焊缝。这种方法要求严格的焊接工艺以保证熔池温度不超过 850℃，这就使得工艺变得很复杂，实现的难度很大。为此，改进的熔焊 – 钎焊法则预先在钛母材的焊接坡口上覆盖铝过渡层，覆盖的方法可用堆焊或将钛母材焊接坡口浸入熔融的工业纯铝中进行渗铝处理等。

3. 铝与钛组合的扩散焊

为了消除铝与钛金属表面上的油脂和氧化膜，焊前先用 HF 去除氧化膜，然后用丙酮进行清洗，使钛与铝表面紧密地接触。钛与铝的组合可直接进行真空扩散焊，但焊接接头的塑性和强度会很低。因此，可采用三种不同的工艺进行铝与钛组合的真空扩散焊：在钛表面镀铝进行扩散焊；先在钛表面渗铝，然后与铝进行扩散焊；可在铝与钛之间夹铝箔作为中间过渡层进行扩散焊。

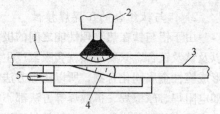

图 4-13　钛与铝的熔焊 – 钎焊法示意图
1—钛板　2—TIG 焊枪　3—铝板
4—钎焊焊缝　5—惰性气体

在钛金属表面先镀铝，再进行铝与钛组合的真空扩散焊时，应加入中间过渡层（一般采用 1035 纯铝）铝与钛组合的真空扩散焊的焊接参数为：焊接温度 520～550℃，保温时间 30min，焊接压力 7～12MPa，真空度 5×10^{-4}Pa。采用在钛表面镀铝的（TA7）纯钛与 5A03（LF3）防锈铝组合扩散焊的焊接参数见表 4-17。夹铝工艺中采用的铝箔的厚度为 0.4mm。1035（L4）纯铝与（TA2）工业纯钛组合真空扩散焊的焊接参数见表 4-18。

表 4-17　TA7 纯钛与 5A03（LF3）防锈铝组合扩散焊的焊接参数及接头性能

镀铝工艺参数		中间过渡层		扩散焊焊接参数		抗拉强度	断裂部位
温度/℃	时间/s	厚度/mm	材料	焊接温度/℃	保温时间/s	σ_b/MPa	
780～820	35～70	—	—	520～540	30	202～224（214）	镀层上 5A03（LF3）上
—	—	0.4	1035（L4）	520～550	60	182～191（185）	1035（L4）中间过渡层上
—	—	0.2	1035（L4）	520～550	60	216～233（225）	1035（L4）中间过渡层上 5A03（LF3）上

注：1. 抗拉强度括号内数值为平均值。
　　2. 括号内材料内牌号为纯铝的旧牌号，下同。

表 4-18　1035（L4）纯铝与（TA2）工业纯钛组合真空扩散焊的焊接参数

被焊材料	焊接参数				工艺措施	接头结合状况
	焊接温度 /℃	保温时间 /min	焊接压力 /MPa	真空度 / $\times 10^{-5}$Pa		
	540	60	5.55	1.86～2.52	未加中间过渡层	未结合
	568	60	4.5	1.46～3.46	夹铝箔及钛表面渗铝	未结合
TA2 + 1035（L4）	630	60	8	3.59～4.66	夹铝箔及钛表面渗铝	夹铝工艺未结合渗铝工艺结合良好
	640	90	20	1.12～2.66	夹铝箔及钛表面渗铝	夹铝、渗铝工艺接头结合良好

　　铝与钛组合真空扩散焊的焊接参数为：焊接温度 630℃，保温时间 60min，焊接压力 8MPa 时，采用渗铝工艺的接头产生了相当程度的扩散结合。在两个界面处存在着大范围的结合痕迹，界面发生了一定程度的扩散结合，但是结合情况还比较差。采用夹铝工艺扩散焊的试样仍旧没有发生大面积的显著扩散结合。当焊接温度为 640℃，保温时间 90min，焊接压力 20MPa 时，采用渗铝和夹铝箔工艺扩散焊的两组试样均产生了较好的扩散结合。

　　钛表面渗铝后的 Ti/Al 扩散焊界面随着 Ti、Al 原子的相互渗入，钛表面渗铝层的相结构发生了变化，生成了 Ti/Al 固溶体和 Ti–Al 金属间化合物。渗铝层中虽然还有形如链粒状的共晶组织，但由于 Ti 原子的渗入，相结构与 Al 基体或 Ti 基体不同。钛母材侧过渡区、渗铝结合面和铝母材侧过渡区共同组成了 Ti/Al 扩散焊接头的扩散过渡区。扩散过渡区中从钛母材侧到铝母材侧 Ti 含量的浓度逐渐降低，形成的产物也不同。扩散过渡区中铝的质量分数为 36% 时，形成 γ 相的 TiAl 型金属间化合物；铝的质量分数为 60% ~ 64% 时，生成 TiAl$_3$ 型金属间化合物。钛母材侧过渡区是白亮的 TiAl$_3$、TiAl 金属间化合物和 Ti 溶入铝中形成的 α – Al（Ti）固溶体，这是在渗铝和扩散焊时 Ti、Al 原子相互扩散的结果。α – Al（Ti）固溶体是呈等轴分布的 α 相。TiAl$_3$ 和 TiAl 脆硬金属间化合物的出现使扩散焊过渡区的显微硬度提高。

　　4. 铝与钛组合的冷压焊

　　铝与钛组合也可以采用冷压焊进行焊接，在焊接温度为 450 ~ 500℃，保温时间 5h 时，铝与钛的接合面上不会产生金属间化合物。焊接接头的质量比熔焊方法好，且能获得很高的焊接接头强度，冷压焊铝 – 钛焊接接头的抗拉强度 σ_{b} 可达 298 ~ 304MPa。

　　铝管与钛管组合的冷压焊结构示意图如图 4-14 所示，将管口预先加工成凹槽和凸台，当钢制压环沿轴向压力使钢环 4 和 5 进入预定位置时，铝管受到挤压而与钛管的凹槽贴紧形成接头。冷压焊工艺方法适合于内径 10 ~ 100mm，壁厚 1 ~ 4mm 的铝管与钛管接头。其接头焊后必须从 100℃ 以 200 ~ 450℃/min 的速度在液氮中冷却，其接头经 1000 次的热循环仍能保持密封性。

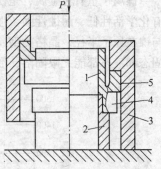

图 4-14　铝管与钛管组合的
冷压焊结构示意图
1—铝管　2—钛管
3—钢制压环　4、5—钢环

　　铝与钛过渡管可以用正向冷挤压焊的方法制造，图 4-15 所示为铝与钛过渡管采用冷挤压焊的过程示意图。将铝 – 钛两种金属管都装入模具孔中，较硬的管装在靠近模具锥孔一端，冲头将两种管子同时从锥孔挤出。管内装有心轴，金属不可能向管内流动，由于两种金属变形是不一样的，两管间的界面会由于巨大的正压力而扩张加大并形成焊缝。较小的管子可以用棒料冷挤压焊后再钻孔制成。

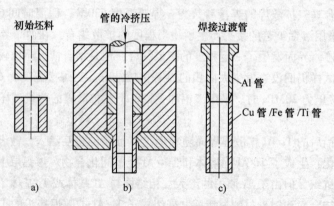

图 4-15　铝与钛过渡管采用冷挤压焊过程示意图

a）初始坯料　b）管的冷挤压　c）焊接过渡管

4.4　铜与镍组合的焊接

4.4.1　铜与镍组合的焊接性分析

铜与镍的组合无论熔焊、压焊或钎焊，都有较好的焊接性，其理由是铜和镍在液态、固态都能够无限互溶。虽然其物理性能和力学性能有较大的差异，只要采取相应的焊接工艺措施后，仍可以获得良好的接头质量。

1.　铜与镍组合的熔焊焊接性

镍属于重有色金属，是铁磁性材料，为面心立方晶体，无同素异构转变。镍金属具有化学活性低、耐蚀性强、强度高、韧性好和加工性能优异等特点。由表 4-1 可知，铜与镍在原子半径、晶格类型、密度及比热容等方面很接近。从图 4-16 可见，铜与镍在固态和液态都能无限固溶，形成一系列连续固溶体，不会形成金属间化合物。

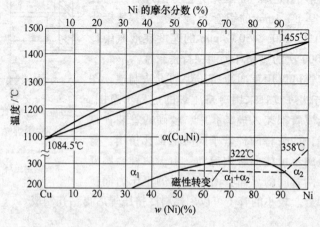

图 4-16　铜与镍二元合金相图

铜与镍的上述一些特点及其相接近的某些物理性能，这些因素显然对它们的焊接有利。不过铜与镍在化学成分、熔点、导热性能、线胀系数及电阻率等方面却有较大差异，这仍会给焊接带来很大问题。焊接时，铜母材一侧易与杂质生成低熔点共晶体，镍母材一侧也容易形成（Ni + S）、（Ni + P）、（Ni + Pb）、（Ni + As）等低熔点共晶体，这些常常成为接头脆化开裂的原因。氧、氢在镍中的溶解度液态时很大，冷却时变小，也可能导致焊缝气孔。

为减少上述焊接性问题的发生，必须采用高纯度惰性气体或真空来保护焊接区。同时对两种母材金属的化学成分要严格，限制 S、P、As、Pb、Bi 等杂质；选用高纯度填充材料，纯镍或纯铜，并采用铝、钛脱氧剂加强对焊接熔池的脱氧和脱气；以及采用小的焊接热输入等措施。熔焊、压焊和钎焊方法均可用于铜与镍的焊接，常用的熔焊方法有惰性气体保护焊、真空电子束焊、等离子弧焊和气焊等。但应注意铜与镍的组合不能采用激光焊。因为无法控制不同反射率的适应性。

2. 铜与镍组合的压焊焊接性

由表 4-1 可以查到，工业纯铜的热导率比镍大 4 倍，电阻率小 4 倍左右，尽管二者的塑性差别不太大，但是压焊方法中的电阻焊、摩擦焊方法对铜与镍的组合没有适应性，理由是铜母材侧的热量很难积累与镍达到平衡。

冷压焊及扩散焊能够很好地适应铜与镍组合的焊接。纯铜合金化之后，物理性能会发生很大的变化，因此镍黄铜、锌白铜和工业纯镍的组合却能够适应电阻焊方法，某些牌号镍合金和相应的铜合金组合也具有电阻焊的适应性。

4.4.2　铜与镍组合的焊接方法选择及焊接工艺

1. 铜与镍组合的 TIG 焊

TIG 焊是铜与镍组合接头常用的熔焊方法之一，其要点之一是采用小的焊接电流与低的热输入。焊件厚度小时可以不用填充金属，厚度大于 5mm 时采用工业纯镍焊丝，使焊缝为镍基，焊缝组织为铜溶入镍中形成的固溶体，组织均匀，并且焊接接头具有较高的韧性、塑性和抗拉强度。表 4-19 是铜与镍及镍合金手工 TIG 焊的焊接参数及接头力学性能。

表 4-19　铜与镍及镍合金手工 TIG 焊的焊接参数及接头力学性能

异种金属组合	厚度/mm	焊接电流/A	电弧电压/V	焊接速度/(m/h)	氩气流量/(L/h)	焊缝抗拉强度/MPa	弯曲角/(°)
铜 + 镍	1 + 1	60 ~ 80	12 ~ 16	35 ~ 38	300 ~ 900	196	180
铜 + 镍	2 + 2	80 ~ 100	16 ~ 18	30 ~ 34	300 ~ 900	196	180
铜 + 镍	5 + 5	150 ~ 160	20 ~ 22	25 ~ 26	300 ~ 900	228	180
铜 + 镍	8 + 8	180 ~ 200	22 ~ 24	20 ~ 25	300 ~ 900	225	180
铬青铜 + 镍合金	1.35 + 1.20	150 ~ 160	16 ~ 18	30 ~ 32	300 ~ 900	245	180

注：喷嘴直径为 6 ~ 12mm；焊接电流为直流正接或交流。

2. 铜与镍组合的 MIG 焊

熔化极氩弧焊（MIG 焊）时，可选用铜基或镍基焊丝，焊丝在焊前要在 100 ~

200℃下烘干，其直径尺寸要与焊接电流相对应，焊丝直径与焊接电流的选用见表4-20。焊接时，必须加强保护，正面焊缝和背面焊缝都要切实保护，并要求保护罩紧贴焊件。保护罩要高，内部加铜网，以保住保护气体均匀有层流。

表4-20 焊丝直径与焊接电流的选用

填充材料	焊丝直径/mm	焊接电流/A	电源极性
铜丝或镍丝	2.0	60～80	直流正接或交流
铜丝或镍丝	3.0	80～100	直流正接或交流
铜丝或镍丝	3.2	100～120	直流正接或交流
铜丝或镍丝	4.0	120～160	直流正接或交流
铜丝或镍丝	5.0	160～200	直流正接或交流

3. 铜与镍组合的扩散焊

扩散焊是铜与镍组合最常用的压焊方法，表4-21是铜与镍或镍合金真空扩散焊的焊接参数。

表4-21 铜与镍或镍合金真空扩散焊的焊接参数

金属名称	接头形式	焊接温度 /℃	焊接时间 /min	焊接压力 /MPa	真空度 /Pa
铜＋镍		400	20	9.80	0.933
铜＋镍	对接接头	900	25	13.70	6.66×10^{-3}
铜＋镍合金		900	20	11.76	1.333×10^{-3}
铜＋镍合金		900	15	11.76	1.333×10^{-3}

第 5 章 ▶▶▶▶▶

复合钢的焊接

5.1 复合钢的性能、分类

5.1.1 概述

复合钢是以不锈钢、镍基合金、铜基合金或钛合金等高性能合金为覆层，以低碳钢或低合金钢等珠光体钢为基层进行复合轧制、焊接（如爆炸焊或钎焊）或其他方法（如电镀、热喷涂等）而制成的双金属板。复合钢板的基层主要满足结构强度和刚度的要求，覆层满足耐蚀、耐磨损等特殊性能的要求。通常覆层只占复合钢总厚度的 10%～20%，因此复合钢可以节约大量不锈钢或钛、镍等贵金属，具有很高的技术经济价值。

复合钢是复合材料的一种，其特点是无论基层还是覆层都是金属，而不是合成有机材料或其他非金属材料，并且复合钢的基层一定是钢铁材料。

复合钢的焊接是异种金属组合焊接的一种特殊形式，不是接头两侧为异种金属，而是接头本身是异种金属层的双金属板构成。复合钢的焊接是基层的同种金属焊接，覆层的同种金属焊接。为此焊接材料、焊接工艺等应分别按基层、覆层来选择，并应注意焊接顺序，基层和覆层界面附近的焊接才属于异种金属焊接，大多数情况下要焊接过渡层，关键是过渡层焊接材料的选择。焊接顺序是先焊基层，再焊过渡层，最后焊覆层。接头的坡口要求比较特殊，旨在减小或避免覆层金属被稀释。

复合钢根据覆层金属的不同，可分为铜复合钢、不锈复合钢、钛复合钢及镀锌钢、镀铝钢和渗铝钢等。

复合钢的性能指标与一般单一金属材料有所不同，界面结合率及界面抗剪强度是复合钢最主要的质量技术指标。界面结合率一般用每张复合板总面积或每单位面积的不贴合面积所占的百分比来表示。影响贴合质量的还有界面分离强度、单个不贴合区的最大长度、单个不贴合区的最大面积和个数等。由于复合板的制造方法（热轧、钎焊或爆炸焊等）不同，界面结合率不尽相同，因此都需要有相应标准来规范。表 5-1 是各国复合板标准对贴合质量的要求，从表 5-1 中也可知道复合板基层及覆层组合的种类。

表 5-1　各国复合板标准对贴合质量的要求

复合板	国家	级别	最小抗剪强度/MPa	最小分离强度/MPa	不贴合面积所占最大比例（%）每1m²	不贴合面积所占最大比例（%）每张板	最大不贴合长度/mm	最大单个不贴合面积/cm²
不锈钢/钢	中国	1	147		2	—	—	4×4①
		2	147	—	3			6×6
		3	147		4			8×8
	美国		140	—		—		—
	日本	1（F）	200			1.5	50	20
		2（F）	200	—		5	75	45
镍及镍合金/钢	美国		140	—		—		—
	日本	1（F）	196			1.5	50	20
		2（F）	196			5	75	45
钛及钛合金/钢	中国	0	196		0			
		1	138		2		75	45
		2	138		5			60
	日本	1（F）	137		2			45
		2（F）	137		5		75	60
钛合金/不锈钢	中国	0	197		0			
		1	138	274	2	—	75	45
		2	138		5			60
铜及铜合金/钢	中国	0	100		2			4×4①
		1	100	—	3			6×6
		2	100		4			8×8
	日本	1（F）	98			1.5	50	20
		2（F）	98			5	75	45
不锈钢/碳钢有色金属/碳钢	德国		140（$\sigma_b \geq 280$ 时）$\sigma_b/2$（$\sigma_b < 280$ 时）	—	—		—	—
不锈钢/碳钢有色金属/碳钢镍合金/碳钢	俄国	0	147	—	1.0	0.3	30（$\delta \leq 60\%$）50（$\delta \leq 60\%$）	20
		1	147	—	2.0	0.5	50	50
		2	147	—	3.0	1.0	100	100
		3	147	—	5.0	2.0	200	250
	0.1		147	双方协商				

① 最多3个。

　　复合钢的力学性能（抗拉强度、弯曲性能、冲击性能等）要求不低于基层金属，耐蚀性等要求不低于覆层金属。

　　复合钢一般是采用热轧或冷轧方法制造，只有小面积的板料双金属才采用爆炸焊法，钎焊虽然质量高，但只能制造薄的复合钢。有资料报道爆炸－轧制复合法可以综合二者的优点，制造出多种尺寸、厚薄及异型复合材料。因为不管何种方法制造（钎焊除外），复合钢界面两侧都会发生塑性变形和加工硬化，甚至出现铸造组织（爆炸焊）等缺陷，使复合钢板的力学性能降低，因此必须经相应的热处理后才能使用。表 5-2 是国际上对复合钢商业供货状态的热处理要求。

表 5-2　国际上对复合钢热处理的状态的要求

国家	复层材料	基层	规定的交货热处理状态
中国	不锈钢 钛及钛合金 铜及铜合金 钛及钛合金	低碳钢或低合金钢 低碳钢或低合金钢 低碳钢或低合金钢 不锈钢	热轧或热处理 消除应力热处理 热轧状态 爆炸状态（或协商的热处理状态）
美国	铬不锈钢 铬镍不锈钢 镍及镍合金 铬镍不锈钢	低碳钢或低合金钢 低碳钢或低合金钢 低碳钢或低合金钢 空冷硬化的低合金钢	正火、回火、正火＋回火 固溶空冷 轧后状态 固溶空冷＋回火
日本	不锈钢 镍及镍合金 铜及铜合金 钛及钛合金	低碳钢或低合金钢 低碳钢或低合金钢 低碳钢或低合金钢 低碳钢或低合金钢	协商的热处理状态 协商的热处理状态 协商的热处理状态 协商的热处理状态
德国	不锈钢或有色金属	低碳钢或低合金钢	协商的热处理状态

5.1.2　各种复合钢的性能和应用范围

1. 铜复合钢

常见铜复合钢板的应用范围见表 5-3。

表 5-3　常见铜复合钢板的应用范围

复合钢		用途
基层材料	覆层材料	
耐腐蚀钢或碳钢	黄铜	净化用冷凝器、石油化学工业用冷凝器、石油精炼用高温冷凝器、高温反应气体冷却器、苯冷凝器和烃冷凝器
低碳钢	铜镍合金	氨冷却器、氨冷凝器、氨制冷机、海水冷却器、CO 制取及输送设备

2. 不锈钢复合钢

表 5-4 是不锈钢复合钢板的种类和力学性能，表 5-5 是常见不锈钢复合钢板的应用

范围。

表 5-4　不锈钢复合钢板的种类和力学性能

复合钢（基层＋覆层）	规格/mm			σ_b /MPa	σ_s /MPa	δ_5 （%）	τ_b /MPa
	总厚度	宽度	长度				
Q235＋06Cr19Ni10	6，8，10，12，14，15，16，18	1000	≥2000	—	—	—	—
Q235＋06Cr18Ni12Mo2Ti				≥370	≥240	≥22	≥150
Q235＋06Cr13				≥370	≥240	≥22	≥150
Q245（20g）＋06Cr19Ni10							
Q245（20g）＋06Cr17Ni12Mo2Ti				≥410	≥250	≥25	≥150
Q245（20g）＋06Cr13				≥410	≥250	≥25	≥150
12CrMo＋06Cr13				≥410	≥270	≥20	≥150
Q235＋12Cr18Ni9				≥410	—	≥20	≥150
Q235＋06Cr17Ni12Mo2Ti	6，8，10，12，14，15，16，18，20，22，24，25，28，30	1400～1800	4000～8000	不低于基层钢的力学性能			≥150
Q235＋12Cr17Ni12Mo2Ti							
20g＋06Cr19Ni10							
Q345（16Mn）＋06Cr19Ni10							
Q345（16Mn）＋06Cr17Ni12Mo2Ti							
Q345（16Mn）＋06Cr13							

表 5-5　常见不锈钢复合钢板的应用范围

复合钢		用　　途
基层材料	覆层材料	
Q245R、Q345A、Q345B、Q345C、Q235A、Q235B、Q235C、Q345（16Mn）、16MnR	06Cr19Ni10	用于一般化工设备，适于制造输酸管道、容器等
	06Cr19Ni10	
	06Cr19Ni10N	N 的加入进一步改善耐点蚀、缝隙腐蚀和晶间腐蚀性能
	06Cr19Ni10	与 06Cr19Ni9（304）性能相近，用途相仿
	12Cr18Ni9	适用于食品、化工、医药、核工业，适于制造耐酸容器、管道、换热器和耐酸设备，在有氯化物的条件下不宜选用
	06Cr18Ni10Ti	
Q245R、Q345A、Q345B、Q345C、Q235A、Q235B、Q235C、Q345（16Mn）、16MnR	06Cr17Ni12Mo2	适用于制造化工、化肥、石油化工、印染、核工业设备、容器、管道、热交换器等
	06Cr17Ni12Mo2Ti	
	06Cr17Ni12Mo2	主要用在化工、化肥制造装置、合成塔、反应器
	06Cr17Ni12Mo2	多用于化工、石油、纺织、造纸的设备、管道、容器等
	06Cr17Ni12Mo2Ti	
	22Cr19Ni5Mo3Si2N	耐氯化物应力腐蚀性能良好，用于水利、炼油、化工、化肥、造纸、石油等工业，特别适用于制造热交换器、冷凝器等
	06Cr13	主要用于制造耐受水蒸气、碳酸氢铵母液、高温含硫石油腐蚀的部件和设备

3. 钛复合钢

表 5-6 是钛－钢复合板的分类，表 5-7 是钛－钢复合板的力学和工艺性能，表 5-8 是钛－不锈钢复合板的分类，表 5-9 是钛－不锈钢复合板的力学和工艺性能。

表 5-6　钛－钢复合板的分类

种类		代号	用途分类
爆炸钛－钢复合板	0 类	B0	0 类：用于过渡接头、法兰等高结合强度且不允许不结合区存在的复合板
	1 类	B1	1 类：将钛材作为强度设计或特殊用途的复合板，如管板等
	2 类	B2	
爆炸－轧制钛－钢复合板	1 类	BR1	2 类：将钛材作为耐蚀设计，而不考虑强度的复合板，如筒体等
	2 类	BR2	

注：爆炸钛－钢复合板以"爆"字汉语拼音第一个字母 B 表示，爆炸－轧制钛－钢复合板以 BR 表示，下同。

表 5-7　钛－钢复合板的力学和工艺性能

拉伸试验		抗剪强度 τ_b/MPa		弯曲试验	
抗拉强度 σ_b/MPa	伸长率 δ（%）	0 类复合板	其他类复合板	弯曲角 α/(°)	弯曲直径 d/mm
>σ_b	大于基层或复合材料标准中较低一方的规定值	≥196	≥138	内弯 180°，外弯由复合材料标准确定	内弯时按基层标准，不够 2 倍时取 2 倍，外弯时为复合板厚度的 3 倍

表 5-8　钛－不锈钢复合板的分类

种类		代号	用途分类
爆炸钛－不锈钢复合板	0 类	B0	用于过渡接头、法兰等高结合强度且不允许不结合区存在的某些特殊用途
	1 类	B1	钛材参与强度设计的复合板，或复合板需进行严格加工的结构件，如管板等
	2 类	B2	将钛材作为耐蚀设计，不参与强度设计的复合板，如筒体等

注：爆炸钛－钢复合板以"爆"字汉语拼音第一个字母 B 表示。

表 5-9　钛－不锈钢复合板的力学和工艺性能

拉伸试验		剪切试验	分离试验	弯曲试验	
抗拉强度 σ_b/MPa	伸长率 δ（%）	抗剪强度 τ_b/MPa	分离强度 σ_t/MPa	弯曲角 α/(°)	弯曲直径 d/mm
>σ_b	大于基层或复合材料标准中较低一方的规定值	0 类≥197 1 类≥138 2 类≥138	≥274 — —	内弯 180°，外弯由复合材料标准确定	内弯时按基层标准，不够 2 倍时取 2 倍，外弯时为复合板厚度的 3 倍

4. 镀铝钢和渗铝钢

（1）镀铝钢　将钢件浸入到铝液中，通过润湿、浸流、溶解及化学反应等作用在钢表面镀上厚度为 $10 \sim 15\mu m$ 的纯铝或铝合金层，以提高钢的抗氧化性能和耐蚀性，同时对 SO_2、H_2S 及大气介质具有良好的耐蚀能力，表 5-10 给出了典型镀铝钢的化学成分及性能。

表 5-10　典型镀铝钢的化学成分及性能

主要化学成分（质量分数，%）					σ_b/MPa	σ_s/MPa	δ_5（%）	ψ（%）	冷弯
C	Si	Mn	S	P					
0.06 ~ 0.08	0.35 ~ 0.50	0.27 ~ 0.34	≤0.015	≤0.02	430 ~ 440	348 ~ 368	34 ~ 37	52	180°完好

（2）渗铝钢　渗铝钢是碳钢或低合金钢经过渗铝处理，在钢材表面渗入 $0.2 \sim 0.5mm$ 形成铁铝合金层的新型复合钢铁材料。渗铝钢具有优异的抗高温氧化性和耐蚀性，与未渗铝的同类钢材相比，渗铝钢的抗氧化临界温度大约提高200℃，在高温 H_2S 介质中的耐蚀性可提高数十倍以上。这种钢已广泛用于电站锅炉、石油化工设备和汽车工业等生产部门，使用这种渗铝钢可大大地降低成本，而且能延长设备的使用寿命。

渗铝钢与镀铝钢是两种不同的材料。渗铝钢是钢板经热浸（或用铝铁粉质量分数为 0.5% ~1% 的氯化铵催渗剂处理）之后，再在 800 ~ 900℃下进行一定时间的扩散，使铝通过扩散而渗入钢的表面约 0.2 ~ 0.25mm 的深度，而在其表面上有致密的 Al_2O_3 和铁铝合金层。这种钢的塑性明显地下降，脆性增大，成形加工较困难。表 5-11 给出了两种渗铝钢管渗铝处理前后的典型性能。而镀铝钢经热浸加工之后，不进行进一步的扩散处理，其扩散层非常浅，以保持镀铝钢的塑性。

表 5-11　两种渗铝钢管渗铝处理前后的典型性能

母材	状态	σ_b/MPa	σ_s/MPa	δ_5（%）	ψ（%）	A_{kv}/J
20 碳素钢管 （$\phi6 \times 114$）	渗铝前	400	250	20	36	—
	渗铝后	435，444，431 （436.7）	230，244，233 （237）	20，19，20 （20.2）	38，39，47 （41）	—
Cr5Mo 钢管 （$\phi10 \times 114$）	渗铝前	550	—	17	40	—
	渗铝后	535，560，570 （555）	—	19，20，22 （20.3）	55，54，50 （53）	—
20G 钢板	渗铝后	480 ~ 505	330 ~ 336	25 ~ 38	60 ~ 62.7	112 ~ 119
10# 钢管	渗铝后	400 ~ 450	260 ~ 298	25 ~ 39	—	108 ~ 113

注：上表中括号内的力学性能数据为其平均数。

5. 镀锌钢

通过电镀、热浸镀锌或热喷涂等方法在低碳钢表面上涂覆一层约 $20\mu m$ 的锌层，用来提高钢的耐蚀性。镀锌钢主要以薄板、中板为主，大厚度镀锌板则较少见。另外，镀锌钢管及型材也较常用。表 5-12 给出了常用低碳钢镀锌薄板的化学成分和力学性能。

表 5-12　常用低碳钢镀锌薄板的化学成分和力学性能

钢板	板厚/mm	主要化学成分（质量分数，%）					力学性能			
		C	Si	Mn	P	S	σ_b/MPa	σ_s/MPa	δ_5（%）	ψ（%）
低碳钢镀锌薄板	1.2	0.04	0.05	0.29	0.015	0.019	380.24	332.32	39.1	44.18
	3.2	0.38	0.01	0.39	0.031	0.016	335.74	294	40.6	56.3

5.2　复合钢的焊接

5.2.1　不锈钢复合钢板的焊接

不锈钢复合钢板是指覆层为奥氏体型不锈钢或铁素体 – 马氏体型不锈钢，基层为珠光体低碳钢或低合金钢的双金属钢板。其种类、规格及力学性能由表 5-4 可见一斑。不锈钢复合钢板是由两种化学成分、力学性能等差别很大的金属复合而成，因此复合钢板的焊接属于异种钢的焊接。

1. 不锈钢复合钢的焊接性特点

覆层为奥氏体型不锈钢，基层为珠光体钢的复合钢，其焊接性主要取决于奥氏体型不锈钢的物理性能、化学成分、接头形式及填充金属的种类。主要焊接特点是：

1）不仅基层和覆层母材本身在成分、性能等方面有较大的差异，而且基层和覆层的焊接材料也同样存在较大的差异，因此稀释强烈，使得焊缝中奥氏体形成元素减少，含碳量增多，增大了结晶裂纹倾向。

2）焊接熔合区则可能出现马氏休组织而导致硬度和脆性增加。

3）同时由于基层与覆层的含铬量差别较大，促使碳向覆层迁移扩散，而在其交界的焊缝金属区域形成增碳层和脱碳层，加剧熔合区的脆化或另一侧热影响区的软化。

覆层为铁素体 – 马氏体型不锈钢、基层为珠光体钢的复合钢的焊接特点，除了与上述相同的稀释等问题外，焊接接头容易产生冷裂纹，而且冷裂纹的潜伏期与填充金属及焊接工艺有关，因此必须注意的是焊接检验不能焊后立即进行。焊条经严格烘干及严格遵守操作规程是防止产生延迟裂纹的基本方法。

2. Q235 与 12Cr18Ni9 复合钢板的焊接实例

实际生产中，奥氏体型不锈钢的覆层与珠光体低碳钢或低合金钢组合制成的复合钢焊接应用，比铁素体 – 马氏体型不锈钢作为覆层的复合钢应用场合要多。Q235 低碳钢作为基层，18 – 8 型奥氏体不锈钢是一个多钢号的族群，其焊接性相同，这里以最常用的 12Cr18Ni9 不锈钢为例，介绍其作为覆层的不锈钢复合钢板的焊条电弧焊，接头形式与坡口尺寸如图 5-1 所示。

采用焊条电弧焊时，先用 J422 或 J427 普通结构钢焊条从基层（Q235 低碳钢）侧进行打底焊，并逐层焊满基层焊缝，从覆层（不锈钢）一侧清焊根，一般槽深为 5～6mm，经 X 射线检测合格后，再从覆层一侧焊接过渡层。选用 A302 奥氏体不锈钢焊条

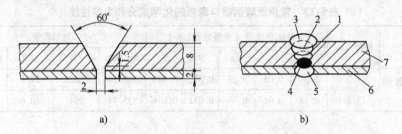

图 5-1　Q235 与 12Cr18Ni9 复合钢板焊条电弧焊的接头形式与坡口尺寸

a）对接接头坡口尺寸　b）焊接顺序

1、2、3—基层焊缝　4—过渡层焊缝　5—覆层焊缝　6—覆层（12Cr18Ni9 不锈钢）　7—基层（Q235 低碳钢）

焊接过渡层，过渡层检测合格后，最后选用 A132 焊条焊接覆层焊缝。然后对整个焊接接头进行全面检验，整个焊接接头的焊接顺序见图 5-1b，其焊接参数见表 5-13。

表 5-13　Q235 与 12Cr18Ni9 复合钢板焊条电弧焊的焊接参数

复合钢板	接头形式	坡口形式	焊缝顺序	焊条牌号	焊条型号（GB）	焊条直径/mm	焊接电流/A	电弧电压/V
基层	对接接头	V 形坡口	1	J422	E4303	4	190	26
			2	J422	E4303	4	160	24
			3	J422	E4303	3	120	20
过渡层			4	A302	E309 – 16	4	140 ~ 150	20
覆层			5	A132	E347 – 16	4	140 ~ 150	20

如果受生产条件限制，一定要先焊覆层，可以采取以下措施：

1）为了避免稀释、碳迁移等可能带来的影响，过渡层和基层均选用 A307 或 A407 焊条进行焊接，覆层可以仍用 A132 或 A137 焊条。

2）过渡层可以选择纯铁焊条焊接。因为纯铁焊条含碳量极低，可以保证过渡层塑性好、抗裂性高，基层仍用 J502 或 J507 焊条焊接，覆层仍用 A132 焊条。

由上述焊接实例可知，复合钢的焊接一般在基层和覆层间加一个过渡层（隔离层），即对于不锈钢复合钢的焊接分为三部分进行：即基层、覆层及过渡层的焊接。基层的焊接和覆层的焊接属于同种金属的焊接，过渡层的焊接则是异种金属材料的焊接。不锈钢复合钢的焊接质量的关键是基层与覆层交界处的过渡层的焊接，也是复合钢焊接难度较大的区域。

选择合理的焊接方法、焊接材料、坡口形式，以及焊接顺序等是复合钢焊接接头质量符合使用要求的保障。

3. 焊接方法的选择

不锈钢复合钢板的焊接只能采用熔焊方法，压焊或钎焊方法未见报道。常用熔焊方法有焊条电弧焊、埋弧焊、TIG 焊和 MIG／MAG 焊，为了减少熔合比也可用双丝埋弧焊。

实际生产中常用埋弧焊焊接基层，用焊条电弧焊和 TIG 焊焊接覆层和过渡层。为了保证复合钢板不失去原有的综合性能，基层和覆层必须分别进行焊接，焊接材料与焊接工艺应分别按基层和覆层的来选择。

4. 焊接顺序

焊接不锈钢复合钢板时，一般按基层、过渡层、覆层的顺序进行焊接，图 5-2 给出 V 形坡口的焊接顺序，图 5-3 给出了 X 形坡口及改进 X 形坡口的焊接顺序。

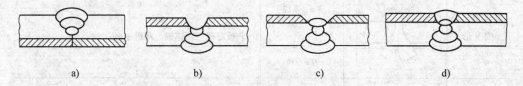

图 5-2　V 形坡口焊接顺序

a）焊基层　b）清焊根开覆层坡口　c）焊过渡区　d）焊覆层

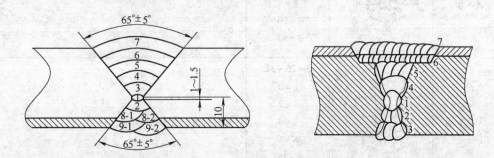

图 5-3　X 形坡口焊接顺序

5. 坡口形式

复合钢板常用坡口形式及尺寸见表 5-14。厚度大时尽可能采用 X 形或 V – U 形结合形坡口。为了防止覆层金属向焊缝中渗透而脆化基层焊缝，应去除焊接接头附近的覆层金属，去掉覆层金属的复合钢板焊接坡口形式如图 5-4 所示。图 5-5 是复合钢板角接接头的坡口形式，图 5-6 是推荐采用的改进的 X 形坡口形式。

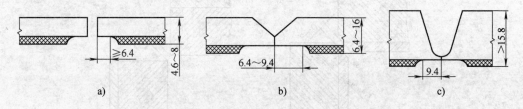

图 5-4　去掉覆层金属的复合钢板焊接坡口形式

a）对接接头 I 形　b）带钝边 V 形坡口　c）带钝边 U 形坡口

表 5-14　复合钢板常用的坡口形式及尺寸

坡口	简图	尺寸	应用
V 形		$\delta = 4 \sim 6$ $p = 2$ $b = 2$ $\alpha = 70°$	平板对接，筒体纵、环缝
倒 V 形		$\delta = 8 \sim 12$ $p = 2$ $b = 2$ $\beta = 60°$	平板对接，筒体纵、环缝
双 Y 形坡口 （X 形）		$\delta = 14 \sim 25$ $p = 2$ $b = 2$ $h = 8$ $\alpha = 60°$ $\beta = 60°$	平板对接，筒体纵、环缝
U－V 形		$\delta = 26 \sim 32$ $p = 2$ $b = 2$ $h = 8$ $R = 6$ $\alpha = 15°$ $\beta = 60°$	平板对接，筒体纵、环缝
U－V 结合形		$\delta_1 = 100$ $\delta_2 = 15$ $b = 2$ $\alpha = 15°$ $\beta = 20°$	平板对接，筒体纵、环缝，对于厚板，当不能进行双面焊时可采用这种形式的坡口

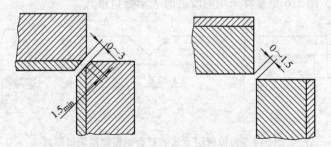

图 5-5　复合钢板角接接头的坡口形式

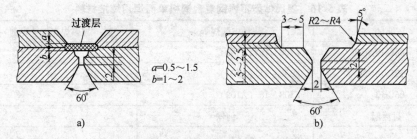

图 5-6　推荐采用的改进的 X 形坡口

a）基本 X 形坡口　b）改进的 X 形坡口

图 5-6 所示的改进的 X 形坡口有如下优点：

1）新形 X 形坡口将基层金属结合界面向下开出 1.5～2.0mm 深、3～5mm 宽的槽，形成一个坡口台阶，可将基层焊缝金属焊至与台阶平齐，有利于保证基层焊缝的高度。

2）由于坡口台阶的存在，便于进行过渡层的焊接，有利于保证过渡层焊缝金属的高度。

3）焊接过渡层时不应损伤覆层，有利于保证覆层的焊接质量。

4）有利于控制熔合比，防止基层对焊接金属的稀释。

5）覆层边缘远离焊缝中心，在焊接热循环过程中，最高峰值温度大大降低，避免了因基层焊接时反复受热膨胀引起覆层张口，避免夹渣的产生。

6）过渡层能完全覆盖基层，并且能达到技术条件要求的 a、b 值（见图 5-6a），保证过渡层的焊接质量。

6. 焊接材料及选择原则

表 5-15 及表 5-16 分别是奥氏体型不锈钢复合钢板双面焊及单面焊所用的焊接材料，表 5-17 给出了铬不锈钢复合钢板覆层的焊接材料。

表 5-15　奥氏体型不锈钢复合钢板双面焊用焊接材料

母材		焊条电弧焊焊条	埋弧焊焊丝、焊剂
基层	Q235A	E4303（J422）	H08、H08A、HJ431
	20、20g	E4303、E5003（J502）、E5015（J507）	H08Mn2SiA、H08A、H08MnA、HJ431
	Q295（09Mn2）	E5003、E5015、E5515-G（J557）	H08MnA
	Q345（16Mn）	E6015-D1（J607）	H08Mn2SiA
	15MnTi	—	H10Mn2、HJ431
过渡层		E309-16（A302）、E309-15（A307） E309Mo-16（A318）	H00Cr29Ni12TiAl、HJ260
覆层	12Cr18Ni9	E308-16（A102）、E308-15（A107）	H0Cr19Ni9Ti
	06Cr19Ni10	E347-15（A132）、E347-16（A137）	H00Cr29Ni12TiAl
	06Cr17Ni12Mo2Ti	E136-16、E136-15	H0Cr18Ni12Mo2Ti

表 5-16　奥氏体型不锈钢复合钢板单面焊用焊接材料

母材		焊条电弧焊焊条	埋弧焊焊丝、焊剂
覆层	06Cr19Ni10	E308－16（A102）	—
	12Cr18Ni9	E308－15（A107）	—
	06Cr13	E308－16（A102）	—
过渡层		纯铁	—
基层	Q235A、20 Q245	E4303（J422） E4303、E5003（J502） E5015（J507）	H08A、HJ431 H08A、H08MnA
	Q345（16Mn）	E5015、E5515－G（J557）	—
	15MnTi	E6015－D1（J607）	—

表 5-17　铬不锈钢复合钢板覆层的焊接材料

覆层金属	过渡层焊道		填充焊道	
	焊条	焊丝	焊条	焊丝
06Cr13Al、 12Cr15、 12Cr17d	ENi6133 E309[1] E310[1] E430[2]	SNi6062 ER309[1] ER310[1] ER430[1]	ENCrFe－2 或－3[1] E309[1] E310[1] E430[2]	ERNiCrFe－5 或－6[1][3] E309[1] E310[1] E430[2]
12Cr13 和 06Cr13	ENi6133 E309[1] E310[1] E430[2]	SNi6062 E309[1] E310[1] E430[2]	ENiCrFe－2 或－3[1] E309[1] E310[1] E410[2] E410NiMo[2]、E430[2]	ENiCrFe－5 或－6[1] E309[1] E310[1] E410[2] ER410NiMo[2] ER430[2]

① 不推荐在温度低于 10℃的条件下焊接。

② 推荐最小预热温度 150℃，厚度大于 12.7mm 时更应如此。

③ SNi606（ERNiCrFe－6）焊缝金属可时效硬化。

选择焊接材料的基本原则如下：

1）覆层用焊接材料应能保证熔敷金属的主要合金元素的含量不低于覆层母材标准规定的下限值；对于有防止晶间腐蚀要求的焊接接头，还应保证熔敷金属中有一定含量的 Nb、Ti 等稳定元素或者 $w(C) \leqslant 0.04\%$。

2）对于基层应按基层钢材合金含量选用焊接材料，保证焊接接头的抗拉强度不低于母材标准规定的抗拉强度下限值。

3）过渡层材料宜选用 25Cr－13Ni 或者 25Cr－20Ni 型焊条，以保证补充基层对覆层造成的稀释；基层如果是含钼不锈钢，则应选用 25Cr－13Ni－Mo 型焊条。

7. 典型焊接参数

常见奥氏体型不锈钢复合钢板的典型焊接参数见表 5-18，铁素体型不锈钢复合钢板的典型焊接参数见表5-19。Q345C/022Cr19Ni5Mo3Si2N（00Cr18Ni5Mo3Si2）双相不锈钢复合钢板的焊接参数，见表5-20。

表5-18　常见奥氏体型不锈钢复合钢板的典型焊接参数

复合板	规格/mm	焊接顺序	焊缝层次	焊接方法	牌号	直径/mm	焊接电流/A	电弧电压/V	焊接速度/(cm/min)	极性
16MnR + 06Cr18Ni11Ti	28+3		基层 1 2 3 4 5	SMAW	E4315	3.2	110~130	21~23	6~10	直流反接
			过渡层 6		D309L	2.4	70~80	21~23	8~12	直流反接
			覆层 7		A137	3.2	90~100	21~23	8~12	直流反接
16MnR + 06Cr18Ni11Ti	10+2		基层 1 2	SMAW	J507	4	140~150	25~27	—	直流反接
			3	SAW	H10MnSi + HJ350	4	420~450	31~33	5.5~5.8	直流反接
			过渡层 4 5	SMAW	A307	4	130~140	22~25	—	直流反接
			覆层 6 7	SMAW	A137	4	130~140	22~25	—	直流反接
16MnR + 06Cr17 – Ni12Mo2 (0Cr17Ni12Mo2)	52+4		基层 1 2 3	SMAW	J507	5	220~240	24~28	—	直流反接
			4	SAW	H08Mn2 – MoA	4	560~600	29~32	—	—
			过渡层 5	SMAW	E309MoL	3.2	100~120	22~25	—	直流反接
			6		E316	4	130~150	23~26	—	—
			覆层 7		E316	4	160~180	23~27	—	直流反接

（续）

复合板	规格/mm	焊接顺序	部位	焊缝层次	焊接方法	牌号	直径/mm	焊接电流/A	电弧电压/V	焊接速度/(cm/min)	极性
20g + SUS321	25+3	60°~70°，8~9，3，2，2.5，15°~20°，4	基层	1	SMAW	J426	4	160~185	26~32	6	—
				2							—
				3	SMAW	J426	4	210~220	35~40	3~3.3	—
				4			5	280~290	35~40		—
				5	SAW	H06 + HJ431	4	710~720	36~38	18~20	
				6							
				7							
			过渡层	8	SMAW	A302	4	145~155	20~26	3	—
			覆层	9	SMAW	A132	4	150~160	20~26	4	—
Q235A + 06Cr17Ni12Mo2	12+2	90°，0~1，0~1.5，6，5，1，2，3，4，65°，2±1	基层	1	SMAW	J422	3.2	120~135	22~33	—	交流
				2	SMAW						
				3	SMAW	J422	4	160~170	24~28	—	交流
				4	SMAW						
			过渡层	5	SMAW	A042	3.2	90~110	22~23	—	直流反接
			覆层	6	TIG	022Cr18Ti (00Cr17) Ni14Mn2	2×2	140~150	16~18	—	直流正接
Q345 + 06Cr17Ni12Mo2	24+3	65°±5°，7，6，5，4，3，2，1，1~1.5，10，8-1，8-2，9-1，9-2，65°±5°	基层	1	SMAW	E5015	3.2	95	21	—	
				2	SMAW	E5015	3.2	115	24	—	
				3	SMAW	E5015	4.0	185	27	—	直流反接
				4							
				5							
				6							
				7	SAW	H10MnSi	4.0	580	37	41.6	
			过滤层	8	SMAW	CHS042	3.2	110	24	12	直流反接
			覆层	9	SMAW	CHS022	3.2	110	24	12	直流反接

表 5-19　铁素体型不锈钢复合钢板的典型焊接参数

复合板	厚度/mm	焊接方法	焊缝层次	焊接材料	焊接电流/A	电弧电压/V	焊接速度/(cm/min)
20R + 06Cr13Al	13 + 3	SMAW	基层	J427	200 ~ 240	24 ~ 28	14 ~ 18
			过渡层	A062	140 ~ 170	22 ~ 26	14 ~ 20
			覆层	A062	140 ~ 170	22 ~ 26	14 ~ 20
16MnR + 06Cr13Al	26 + 3	SAW	基层	H10Mn2 + HJ431	550 ~ 650	28 ~ 32	45 ~ 57
		MAG	过渡层	S430Nb	180 ~ 220	30 ~ 32	15 ~ 30
		MAG	覆层	S430Nb	180 ~ 220	30 ~ 32	15 ~ 30

表 5-20　Q345C/022Cr19Ni5Mo3Si2N 双相型不锈钢复合钢板的焊接参数

焊接位置	坡口形式	焊缝层次	道数	焊接材料 焊条	焊接材料 直径/mm	焊接电流/A	电弧电压/V	焊接速度/(mm/s)
平焊	X	基层	6	J507	3.2	125 ~ 135	23 ~ 25	1.8 ~ 2.2
		过渡层	2	A312	3.2	95 ~ 110	22 ~ 24	2.5 ~ 3.0
		覆层	2	A042	3.2	90 ~ 110	22 ~ 24	3.0 ~ 3.5
立焊	X	基层	6	J507	3.2	110 ~ 125	23 ~ 25	1.5 ~ 2.0
		过渡层	2	A312	3.2	95 ~ 110	22 ~ 24	1.5 ~ 2.0
		覆层	2	A042	3.2	90 ~ 105	22 ~ 24	2.0 ~ 2.5
横焊	X	基层	10	J507	3.2	120 ~ 135	23 ~ 25	1.5 ~ 2.5
		过渡层	3	A312	3.2	90 ~ 110	22 ~ 24	1.5 ~ 3.0
		覆层	4	A042	3.2	90 ~ 110	22 ~ 24	1.5 ~ 3.0
仰焊	X	基层	6	J507	3.2	110 ~ 125	23 ~ 25	1.5 ~ 2.2
		过渡层	3	A312	3.2	95 ~ 110	22 ~ 24	2.0 ~ 3.0
		覆层	3	A042	3.2	90 ~ 105	22 ~ 24	2.0 ~ 3.0

8. 焊接工艺要点

（1）基层焊接

1）基层一般为低碳钢或低合金钢，自身焊接性好，工艺也成熟，覆层为奥氏体型不锈钢时对腐蚀敏感，焊接基层时无论预热还是层间温度应保持在适当的低温下，以防止覆层过热。绝对不能使覆层熔化，不能使液态基层金属与覆层接触。

2）基层焊完后，应首先进行外观检验，要求焊缝表面不得存在裂纹、气孔和夹渣等缺陷。然后进行 X 射线无损检测。合格后将基层焊缝表面打磨平整，使其表面略低于基层母材表面。

（2）过渡层焊接

1）焊接过渡层时，在保证熔合良好的条件下，尽量减少基层金属的溶入量，以减少焊缝的稀释率，因此建议采用低热输入，填充金属的熔化量采用可控的 TIG 焊或等离子弧焊法，也可以采用焊条电弧焊法，但无论采用何种方法，要求采用较小的焊接电流，较大的焊接速度，以减少基层金属的溶入量。

2）严格控制层间温度。

3）严格选用表 5-15 ~ 表 5-17 推荐的焊接材料。

4）应满足技术条件对过渡层焊缝覆盖范围的要求。其要求为：过渡层焊缝金属表面应高出界面 0.5 ~ 1.5mm，基层焊缝表面与覆层的距离应控制在 1.5 ~ 2.0mm 范围内，过渡层厚度应控制在 2 ~ 3mm 之内；过渡层焊缝应完全盖满基层金属，如图 5-6a 所示。为此，推荐采用图 5-6b 所示的坡口形式，因为采用仅仅去掉覆层金属的复合板坡口形式（见图 5-4），很难在焊接过程中分辨基层与覆层的界面，容易将基层低碳钢焊条触到覆层上，仅依靠手工操作难以保证基层焊缝的表面距离覆层在 1.5 ~ 2.0mm 范围内，以及图 5-6a 中的 a、b 值要求。

5）过渡层的填充金属要选用铬镍含量比覆层金属高的双相型镍铬不锈钢焊条，或者选用含碳量极低的纯铁焊条，以避免合金元素因稀释或烧损而出现马氏体组织。

6）过渡层焊后要进行超声波或渗透着色的无损检测，检测合格后才能进行下一步的覆层焊接。

（3）覆层焊接

1）选用小焊接电流，大焊接速度及低热输入的参数施焊，一般采用 TIG 焊或焊条电弧焊反极性，多层多道焊。

2）严格控制层间温度，不得超过 60℃，允许在前后施工间隙冷却焊接接头。

3）可选用焊接 Ti、Nb、Mo 的焊接材料（焊条或焊丝）。

对于铁素体型不锈钢复合钢，覆层和过渡层均可采用 18 − 8 型系列焊接材料或高铬型焊接材料。当选用高铬 Cr13 型不锈钢焊条焊接时，Cr202、Cr232（E410NiMo 焊条），焊缝得到的往往是铁素体 − 马氏体双相组织，必须经过热处理才能得到纯铁素体组织；当选用 18 − 8 系列焊接材料时，焊缝组织为铁素体加奥氏体。

（4）焊后热处理　覆层在热处理时碳元素会从基层向覆层扩散，随着时间的延长或温度升高，结果会在基层形成脱碳层，在覆层一侧会形成增碳层，使覆层变硬、韧性下降；覆层和基层的线胀系数差别大，在加热、冷却过程中，会在覆层厚度方向形成拉应力，导致应力腐蚀开裂。

因此，不锈钢复合钢焊后不进行整体热处理，只有在极厚的复合钢焊接时，最好在基层焊完后进行去应力热处理。热处理后再焊接过渡层和覆层。

9. 薄板及薄壁钢管的焊接

当覆层很薄或覆层和基层都很薄的复合钢板或管子焊接时，覆层和基层无法分开焊接，也无法开坡口，也无法焊接过渡层的场合，例如厚度为 0.25mm + 0.65mm 的 12Cr18Ni9/Q235 复合钢薄钢板的对接焊，只能采用微束等离子弧焊或 TIG 焊接方法直接进行覆层的焊接，但采用微束等离子弧焊时无须添加焊丝。

由于微束等离子弧的电流密度非常高，而且能量集中，熔池中的熔融金属基本上是水平搅拌的，垂直搅拌不剧烈，这样冷却之后覆层金属和基层金属的成分基本不变。由于扩散，不锈钢覆层中合金元素含量稍有稀释，但影响不大。

对微束等离子弧的焊接参数要求精密控制，并且要求过程稳定。焊接接头虽然薄又小，但焊缝的化学成分、显微组织、耐蚀性和力学性能仍然会受到微束等离子弧焊接电流的影响，并随之敏感地变化。若用一个性能接近系数 λ 的大小来表征焊缝化学成分、耐蚀性和力学性能同原始覆层不锈钢的接近程度。如果这几个不同量纲的因素和覆层原始金属完全相同，则 $\lambda = 1$。图 5-7 为不锈复合钢薄钢板等离子弧焊焊缝的形状及其成形系数，其中 $\lambda = S_1/S_2$。

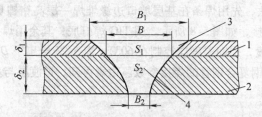

图 5-7　不锈复合钢薄钢板等离子弧焊焊缝的形状及其成形系数
1—不锈钢覆层　2—基层　3—不锈钢覆层焊缝的面积（S_1）
4—基层焊缝面积（S_2）　B_1、B_2、B—焊缝宽度

表 5-21 为微束等离子弧焊焊接电流对焊缝成形系数的影响。由表可知，当焊接电流最小（34A）时，性能接近系数为 0.97，应是最好的结果，焊接电流的增加，λ 值下降。表 5-22 为不锈钢复合钢薄壁管 TIG 焊的典型焊接参数。

表 5-21　微束等离子弧焊焊接电流对焊缝成形系数的影响

焊接电流/A	B_1/mm	B_1/mm	B_2/mm	S_1/mm²	S_2/mm²	λ
34	1.84	0.84	0.22	0.335	0.345	0.97
37	2.15	1.07	0.42	0.403	0.484	0.83
40	2.25	1.56	0.54	0.467	0.683	0.69
43	2.43	1.60	1.12	0.504	0.884	0.57
46	2.65	1.74	1.26	0.549	0.975	0.56

表 5-22　不锈钢复合钢薄壁管 TIG 焊的典型焊接参数

接头形式		坡口形式	焊接方法	焊接材料	焊接参数					
					焊接电流/A	电弧电压/V	焊接速度/(mm/min)	钨极直径/mm	氩气流量/(L/min)	钨极伸出长度/mm	钨极形状
等径管接头	水平固定	开 I 形坡口	TIG DCSP	H06Cr-19Ni10 $\phi=2$mm	35~45	10~11	80~100	1.6、2.0	4~5	8~10	锥形
	垂直固定				40~45	10~11	90~110	1.6、2.0	4~5	8~10	锥形
异形管 T 形接头	⊥	打磨接口相贯线，但不开坡口	TIG DCSP	H06Cr-19Ni10 $\phi=2$mm	40~45	10~11	80~90	1.6、2.0	4~5	8~10	锥形
	T				35~45	10~11	80	1.6、2.0	4~5	8~10	锥形
	对接				40~45	10~11	80~90	1.6、2.0	4~5	8~10	锥形

注：上表中 DCSP 表示直流正极性（直流反接），下同。

10. 厚壁钢管的焊接

复合钢管的覆层在管子内壁而不是外表面,自然不能按平板对接焊的焊接顺序进行焊接,即不能先焊基层,再焊过渡层,最后焊覆层,而必须按先焊覆层,再焊过渡层,最后焊基层的顺序焊接。焊接材料及工艺选择有以下几个方案:

1)基层的焊接材料必须采用与过渡层焊接材料相同的奥氏体焊条或焊丝。

2)在壁厚较大时(不小于25mm),允许用纯铁焊条,堆焊过渡层后再用碳钢焊条或低合金钢焊条焊接基层。

3)不锈钢堆焊法,先用焊条在基层坡口边缘堆焊一层高铬镍奥氏体钢,再用一般的不锈钢焊条进行焊接,如图5-8所示。用TIG焊打底,其余用焊条电弧焊焊接。尽可能采用较快的焊接速度,层间温度应控制在60℃。表5-23给出了$D159mm \times (5+2)$ mm的316L不锈钢与20钢复合钢管的焊接参数。由表可知,过渡层与基层采用了相同的焊接材料。

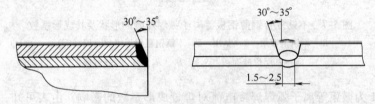

图 5-8　管端堆焊层及焊接顺序

表 5-23　$D159mm \times (5+2)$ mm 的 316L 不锈钢与 20 钢复合钢管的焊接参数

焊接部位	焊接方法	焊接材料		焊接电流/A	电弧电压/V	焊接速度/(cm/min)	极性
		型号	焊条直径/mm				
覆层	TIG	316L	板条	80~90	15	30~45	正接
过渡层	焊条电弧焊	A312	3.2	90~100	23~26	8~9	正接
基层	焊条电弧焊	A312	3.2	95~105	23~25	6~7	正接

当遇到即使平板能够按正常顺序(基层-过渡层-覆层)进行焊接时,但在覆层较薄无法焊接过渡层的情况下,基层和覆层均应选用含碳量和硫、磷杂质较低的纯铁焊条或焊丝进行焊接。

5.2.2　铜复合钢板的焊接

1. 焊接性特点

铜复合钢板是覆层为铜或铜合金、基层为低碳钢或低合金钢的双层板。在本书第3章的3.2节中已经讨论过铜-铁的二元相图及铜与铁的物理、化学性能的差异,熟悉了钢与铜组合的异种金属焊接特点。铜-复合钢板的焊接属于钢与铜的异种金属焊接的一种特殊组合形式,铜-复合钢板的焊接和其他复合钢板的焊接的共同工艺特征是,采用加过渡层隔离的方法,实现基层、覆层分别进行同种金属的焊接,并分别选用同种金属焊接的工艺及材料。一般情况下,仍然采用基层焊接、过渡层焊接、覆层焊接的焊接顺序，焊接的技术关键仍然是过渡层的焊接材料与工艺的选择，因为只有过渡层的焊接是异种材料组合的焊接，过渡层焊缝金属应与基层和覆层金属都有冶金相容性。镍或镍 - 铜合金是最合理的过渡层焊接材料。

钢与铜在高温时晶格类型、晶格常数及原子半径都非常接近，因此钢与铜在液态时可以无限互溶，固态时有限互溶，不产生金属间化合物；钢与铜的物理性能差异极大，熔点相差 300~400℃，导热性相差十倍多（如果铜的热导率为 100，则铁的热导率为 12）。线胀系数铜比铁也大得多（15%~100%）。因此，铜为覆层、钢为基层的焊接会出现以下问题：

1）液态铜和液态钢直接接触，覆层铜被稀释而失去原有的耐蚀性及导电性。

2）液态铜进入液态钢，结晶时在基层会产生低熔点共晶体 $Cu_2O + Cu$，在拉应力条件下，产生结晶裂纹。

3）液态铜与固体钢接触，铜原子会渗入钢的晶界，产生渗入裂纹。

如果在基层钢上堆焊一层镍或镍 - 铜合金，作为铜与钢隔离的过渡层，则上述三个问题可以得到解决。

2. 焊接材料的选择

表 5-24 是铜复合钢板熔焊时，覆层为不同的铜及铜合金（纯铜、黄铜、青铜、白铜），过渡层及覆层焊接材料（焊条或焊丝）的选择表。

表 5-24　过渡层及覆层焊接材料（焊丝或焊条）的选择表

覆层金属	过渡层		覆层	
	焊条	焊丝	焊条	焊丝
铜	ENi4060（ENiCu - 7）	SNi4060（ERNiCu - 7）	—	HSCu（HS201）
	ECuAl - A2	ERCuAl - A2	—	—
	ENi6021（ENi - 1）	SNi2061（ERNi - 1）	—	—
铜 - 镍	ENi4060（ENiCu - 7）	SNi4060（ERNiCu - 7） SNi2061（ERNi - 1）	ECuNi	HSCu Ni
铜 - 铝	ECuAl - A2（T237）	HSCuAl - A2	ECuAl - A2（T237）	HSCuAl
铜 - 硅	ECuSi（T207）	HSCuSi	ECuSi（T207）	HSCuSi
铜 - 锌	ECuAl - A2（T237）	HSCuAl	ECuAl - A2（T237）	HSCuAl
铜 - 锡 - 锌	ECuSn - A（T227）	HSCuSn	ECuSn - A（T227）	HSCuSn

3. 坡口形式与尺寸

铜复合钢板对接焊时接头的坡口形式及尺寸见表 5-25，其中有两种情况是先焊覆层，再焊过渡层，最后焊基层的坡口形式。

4. 焊接工艺要点

1）覆层为纯铜时，其最佳焊接方法是采用体积分数为 25% 的 Ar 与 75% He 的混合惰性气体保护的 MIG 焊，覆层的焊接一般不需要预热。但当覆层厚度大于 3.2mm 时，预热温度不要超过 150℃。

表 5-25　铜复合钢板对接焊时接头的坡口形式及尺寸

坡口形式	坡口尺寸				
	a/mm	b/mm	p	H	$\alpha/(°)$
	2 ~ 4	2 ~ 3	1 ~ 3	—	60
	—	2 ~ 3	1 ~ 3	1 ~ 3	60
	2 ~ 4	1 ~ 3		—	60
	2 ~ 4	1 ~ 3		—	60

2）如果采用焊条电弧焊时，则宜采用小直径焊条（$\phi1.6mm$）及窄焊道。

3）焊过渡层前，应清除基层根部所有的残余物。

4）焊后必须进行热处理，以消除残余应力。

5. 白铜覆层与低碳钢基层的铜复合钢板的焊接实例

某大型盐厂的制盐设备蒸发室主体筒，采用宽为 1.5m、厚为 2mm + 16mm 的 B30 白铜覆层与 Q235 低碳钢基层的爆炸焊成形复合板作为主体材料，进行对接焊连接；蒸发室部分结构采用了 B30 白铜覆盖于 Q235 低碳钢上的塞焊衬里结构，需要塞焊连接。

（1）白铜复合钢板对接接头的焊接　其两种坡口形式与尺寸如图 5-9 所示，这两种坡口形式都能保证覆层和过渡层只焊各一道，且易于进行机械加工。基层采用 J422 焊条，打底焊时既要焊透，又不得污染覆层。焊满后进行翻身、清根。再以直流正接 TIG 焊焊接过渡层，只焊一道，采用 $\phi3 \sim \phi4mm$ 的纯镍焊丝，要求熔化 B30 白铜 Q235 低碳钢界面，但不得高出覆层外表面，焊后清理。最后采用 $\phi2.5mm$ 的 B30 白铜焊丝 TIG 焊焊接覆层，也只焊一道，使焊缝略高于复合板表面。

过渡层采用纯镍焊丝，并要求将纯镍焊丝清理到位，在小热输入的焊接参数下焊接，可以防止缺陷产生。该焊接结构已经运行近 10 年未见异常。

也有用硅青铜焊丝作为过渡层的焊接材料的试验，效果也可以，但采用蒙乃尔合金或铝青铜焊丝作为填充材料焊接时，在交界处和过渡层焊缝会出现裂纹，故不宜采用。

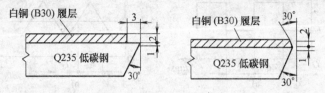

图 5-9　坡口形式与尺寸

（2）白铜衬里结构的塞焊　B30 白铜板覆盖于 Q235 低碳钢板上作为衬里的结构，其塞焊示意图如图 5-10 所示。先在 Q235 低碳钢板上开 ϕ20mm × 1mm 的槽孔，以纯镍焊丝 TIG 焊填满凹槽后，打磨焊缝至与板面平齐成为过渡层，再覆上 B30 白铜板，开 ϕ20mm 通孔，对齐凹槽，以 B30 白铜焊丝进行 TIG 焊（塞焊），其焊接参数见表 5-26。

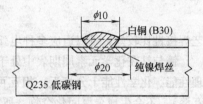

图 5-10　塞焊示意图

表 5-26　塞焊焊接参数

焊缝位置	焊接电流/A	焊丝直径/mm	Ar 气流量/(L/min)
过渡层焊缝	250 ~ 300	3 ~ 4	15
覆层焊缝	240 ~ 280	3 ~ 4	15

6. 纯铜管与覆层为 T2 纯铜与基层为 Q345（16Mn）的复合钢板的管 – 板焊接

异种热交换器的管 – 板焊接结构示意图，如图 5-11 所示，图中复合板采用 5mm + 40mm 的 T2 纯铜与 Q345 钢（16Mn）爆炸焊制成。

焊接时不预热，在管口复合板上开工艺槽，以减少坡口的熔池热量损失，采用直流脉冲 TIG 焊方法，可不用填充金属。

直流脉冲 TIG 焊的脉冲有方波和三角波两种波形，这两种波形都可以获得良好的焊接结果。如果采用方波，其最佳焊接参数如下：脉冲电流为 350 ~ 380A、脉冲电流维持时间为 500ms、基值电流 250A、基值电流维持时间为 250ms。如果采用三角波，则最佳焊接参数为：

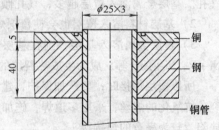

图 5-11　异种热交换器的管 – 板焊接结构示意图

电流峰值 I_{max} 为 360 ~ 400A、上升时间 t_{up} 为 50ms、平均电流 I_{min} 在 220 ~ 280A 之间、下降时间 t_d 为 500ms。两种波形如图 5-12 所示。

5.2.3　镍复合钢板的焊接

1. 焊接性

镍复合钢板的覆层常用的有工业纯镍（N6）、镍 – 铜合金（蒙乃尔合金）及镍 – 铬 – 铁合金（因康镍合金）等，都是属于固溶强化型镍基耐蚀合金。其自身的熔焊工

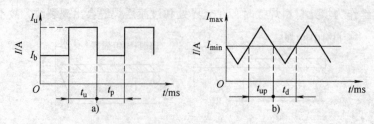

图 5-12　脉冲 TIG 焊的脉冲波形
a）方波　b）三角波

艺焊接性比较好，可以适应多种电弧焊方法。

镍与铁在化学元素周期表中处于同一周期、同一个族内，都属于铁磁性材料，其物理性能、化学性能十分相近，相互可以形成连续固溶体（液态和固态都相互可以无限互溶），不会生成金属间化合物。所以覆层为镍及镍合金（镍基耐蚀合金）的复合钢的焊接性应该相对容易。但遇到的问题则大部分是镍及镍合金同种金属熔焊时所面临的相同问题。

1）气孔。镍及镍合金液态时黏度大，覆层焊接时熔池中的气体很难逸出，易形成气孔。气源来自两方面：

① 镍活性较强，高温极易夺取氧而生成 NiO，冷却时又与溶于金属中的氢、碳发生反应，NiO 被还原，生成水气和 CO，成为气孔。

② 氢、氧的来源可能是由于保护不好，在氩气保护条件下进行 MIG 或 TIG 焊时，坡口或焊丝表面的油污分解也会成为气源。当基层材料（低碳钢或低合金钢）溶入覆层时，基层材料中的含碳量较高，即基层材料中的碳会使覆层金属的 NiO 还原生成 CO 气孔。基层金属溶入覆层越多，气孔倾向越大。

2）基层材料溶入覆层也会使覆层焊缝被稀释，降低其覆层的耐蚀性。

3）覆层金属溶入基层，则在基层熔敷金属中生成诸多低熔点共晶物，如 Ni + S、Ni + P、Ni + NiO 等，成为生成热裂纹的原因。

所以覆层焊接时，要严加保护，建议采用 TIG 焊，认真清洁坡口和焊丝，使用抗热裂、抗氧化的焊丝，采用多道焊，施加过渡层，隔离基层与覆层的接触，则可以得到无缺陷，较为满意的焊接接头。

2. 焊接工艺要点

（1）坡口　镍基合金焊接的典型特点是熔池的流动性差，镍合金熔化时体积不膨胀。常用的接头形式有两种，如图 5-13 所示。V 形坡口和 U 形坡口在碳钢基层材料处都设计一个较大的钝边，使得在基层钢板焊接时不影响覆层。

如采用第一种接头形式，第一条焊道焊接时，严禁穿透覆层金属。蒙乃尔合金对焊缝的稀释会引起熔敷金属开裂。第二种接头形式时，应将接头区域的覆层剥离干净，这种方法的优点是焊接基层时可以完全避免覆层熔化，避免了产生裂纹的可能性。

（2）焊材的选择　基层通常采用低氢焊条进行焊接，镍及镍合金复合板覆层及过

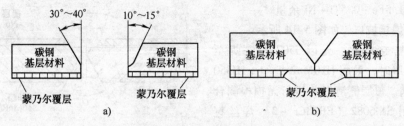

图 5-13　常用的接头形式

a）第一种接头形式　b）第二种接头形式

渡层的焊接材料见表 5-27。

表 5-27　镍及镍合金复合板覆层及过渡层的焊接材料

覆层金属	过渡层焊道		填充焊道	
	焊条	焊丝	焊条	焊丝
镍	ENi2061（ENi-1）	SNi2061（ERNi-1）	ENi2061（ENi-1）	SNi2061（ERNi-1）
镍-铜	ENi4060（ENiCu-7）	SNi4060（ERNiCu-7）	ENi4060（ENiCu-7）	SNi4060（ERNiCu-7）
镍-铬-铁	ENi6133 （ENiCrFe-1、2 或 3）	SNi6062 （ERNiCrFe-5）	ENi6133 （ENiCrFe-1 或 3）	SNi6062 （ERNiCrFe-5）

3. 镍复合钢板的焊接实例

（1）覆层为工业纯镍（N6）与基层为低合金钢（16MnR）的复合钢板的焊接　某石油化工企业的换热器及反应容器中采用了厚度为 4mm+24mm 的 N6/16MnR 爆炸焊复合钢板。其化学成分及力学性能分别见表 5-28 和表 5-29。

表 5-28　镍-钢复合板的化学成分（质量分数，%）

牌号	C	Si	Mn	P	S	Ni	Fe	Pb	Bi
N6	0.026	0.02	0.038	0.005	0.003	99.66	0.10	0.002	0.002
16MnR	0.18	0.46	1.39	0.018	0.032	—	—	—	—

表 5-29　镍-钢复合板的力学性能

牌号	规格/mm	σ_b/MPa	σ_s/MPa	δ_5（%）	τ_b/MPa	A_{KV}/J	冷弯 $d=2a$
N6+16MnR	4+24	607	485	16	347	—	180°
16MnR	24	490~635	325	20	—	≥27	—
N6	4	539	—	2	—	—	—

1）焊接方法。基层采用焊条电弧焊打底，埋弧焊覆盖；覆层及过渡层用手工 TIG 焊。

2）焊接材料。基层：J507、ϕ4mm、H10Mn2、ϕ4mm+HJ350。过渡层：SNi6082（ERNiCr-3）ϕ2.5mm。覆层：N6、ϕ2.5mm。其中 N6 为纯镍焊丝 SNi2061。SNi6082（ERNiCr-3）为超低碳 [w（C）<0.03%] 镍基焊丝，合金系统为 20Cr-3Mn-

2.5Nb – 1.5Fe – 0.5Ti – Ni 余量。

3）焊接坡口。如图 5-14 所示。

4）焊接顺序。先以 J507 打底焊至 6～8mm 厚时，采用 H10Mn2 焊丝 + HJ350 焊剂焊满。覆层侧清根并进行无损检测合格后，用 SNi6082（ERNiCr – 3）焊丝直流正接焊接过渡层，盖过界面 0.5～1mm。最后以 N6 与 TIG 焊焊接覆层。

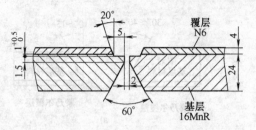

图 5-14　镍 – 钢复合板焊接坡口示意图

5）结果分析。接头经检验完全符合要求。

（2）覆层为镍铬铁合金（因康镍 600）与基层为专用低碳钢的复合钢板的焊接　某公司为加工一批压力容器，用因康镍（Inconel）600 作为覆层、基层为 SA516 – 60 钢［国外钢种，相当于我国的 20g 钢］的复合钢板为主体材料，其化学成分见表 5-30。

表 5-30　Inconel – 复合钢板的化学成分（质量分数，%）

牌号（标准号）	C	Si	Mn	P	S	Cr	Ni	Fe
SB168（Inconel 600）	0.05	—	—	—	—	15.5	75.0	8.0
SA516 – 60（ASTMA 516 – 60）	≤0.21	0.13～0.45	0.55～0.98	≤0.035	≤0.040	—	—	余量

1）焊接方法及焊接材料的选择。基层用焊条电弧焊，按等强度原则选用 AWS E7016φ4mm 的焊条；覆层可用焊条电弧焊或 TIG 焊，均选用镍基焊接材料：焊条电弧焊选用 AWS NiCrFe – 3、φ3.2mm 焊条，手工 TIG 焊选用 φ1.2mm、AWS ERNierFe – 5 焊丝，两者化学成分见表 5-31。

表 5-31　覆层使用的镍基焊接材料的化学成分（质量分数，%）

AWS 类别	C	Mn	Fe	P	S	Si	Cu	Ni	Co	Ti	Cr	Cb + Ta
SFA5.11 ENiCrFe – 3	≤0.10	5.0～9.5	≤10.0	≤0.03	≤0.015	≤1.0		≥59.0		≤1.0	13.0～17.0	1.0～2.5
SFA5.14 ERNiCrFe – 5	≤0.08	≤1.0	6.0～10.0			≤0.35	≤0.50	≥70.0	≤0.12		14.0～17.0	1.5～3.0

（注：Cb + Ta ≤0.50）

2）焊接坡口。复合钢板的焊接坡口尺寸示意图如图 5-15 所示。

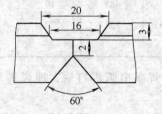

图 5-15　复合钢板坡口尺寸示意图

3）焊接参数。Inconel – 复合钢板的焊接参数见表 5-32。

表 5-32　Inconel - 复合钢板的焊接参数

焊缝层次	焊接材料 /mm	焊接方法	焊接电流 /A	电弧电压 /V	焊接速度 /(m/h)
基层	AWS E7016，$\phi 4$	焊条电弧焊	160 ~ 180	22 ~ 26	9 ~ 12
覆层	AWS ENiCrFe - 3，$\phi 3.2$ AWS ERNiCrFe - 5，$\phi 1.2$	焊条电弧焊 TIG	85 ~ 95 180 ~ 200	22 ~ 26 16 ~ 28	15 ~ 16.8 6 ~ 7.2

5.2.4　钛复合钢板的焊接

1. 焊接性

1）钛与钢没有冶金相容性，因此钛覆层与钢基层应单独进行焊接。

2）钛是活泼金属，加热到 649℃ 就与氧气发生反应，使塑性降低，因此焊接基层前应将接头部位的覆层去除，以防止因氧化而使性能下降。而且在焊接钛覆层时还要在基层焊缝中钻通气孔以对钛覆层背面进行保护。

2. 焊接工艺要点

钛复合钢板的对接可以采用以下两种工艺：一是焊缝上加盖板，如图 5-16a 所示，二是加中间层，如图 5-16b 所示。

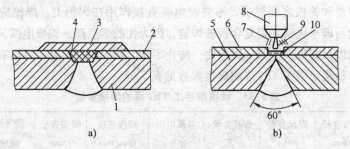

图 5-16　钛复合钢板的焊接工艺示意图

a）焊缝上加盖板　b）加中间层

1、5—低碳钢　2、6—钛　3—钛盖板　4—填充材料　7—TIG 焊电弧
8—焊枪　9—填充金属　10—铌衬层

加盖板的目的只是用来防止侵蚀性介质腐蚀焊接接头。在焊缝与盖板之间添加填充材料也是为了提高接头的耐蚀性。通常利用 Ag（Ag 与 Ti 熔合的很好）、熔点较低的银钎料或环氧树脂型聚合物作为填充材料。焊缝可以是图 5-17a 所示的单面焊缝，也可以是图 5-17b 所示的双面焊缝。其焊接方法及顺序如下：

1）首先焊接基层钢焊缝，焊后将焊根清理至呈现出致密的焊缝金属。然后再从覆层侧焊接基层金属的背面焊缝，焊后将焊缝背面修理至与基层板齐平。

2）在基层与覆层之间形成的沟槽中安装一填充材料。

3）将钛盖板安装到适当的位置，如图 5-16a 所示。利用 TIG 焊焊接钛盖板与钛覆层间的角焊缝。

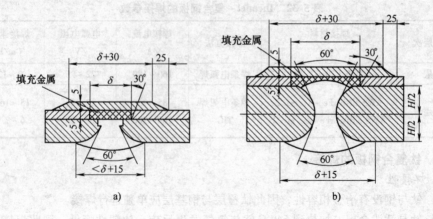

图 5-17 钛复合钢板的焊接接头形式

a) 单面焊缝　b) 双面焊缝

钛复合钢板焊接的第二种工艺是在钛覆层的坡口中镶入一层很薄的难熔金属衬片，如图 5-16b 所示。例如厚 0.1mm 的铌箔或钼箔等。焊接钛 – 钢复合板的覆层时，可采用 TIG 焊，添加钛焊丝，钛丝直径取决于钛 – 钢复合板的覆层和坡口形式。焊接时应使钨极氩弧在焊丝和钨极之间燃烧，不要使电弧直接作用在铌箔上，焊枪应沿着钛丝移动，钛丝熔化后即形成钛 – 钢复合板的焊缝。因为铌的熔点高，钨极电弧又不直接作用在铌箔上，所以只有很少一部分铌熔化，防止了钛与钢的相互熔合，可以有效地防止脆性相的形成。钛覆层手工 TIG 焊的焊接参数见表 5-33。

表 5-33　钛覆层手工 TIG 焊的焊接参数

覆层厚度 /mm	钨极直径 /mm	焊丝直径 /mm	焊接电流 /A	电弧电压 /V	焊接速度 /(cm/min)	喷嘴直径 /mm	氩气流量/(L/min)	
							喷嘴	拖罩
2	2	2	80 ~ 100			10 ~ 12	10 ~ 14	
3	3		120 ~ 140					
4	3	3	12 ~ 16	20 ~ 25		12 ~ 16	30 ~ 50
5	3.5		130 ~ 160			12 ~ 16		
6	3.5							

3. 钛复合钢板的焊接实例

现以钛复合钢板的覆层为工业纯钛 TA2（厚度 2mm）与基层为低碳钢（厚度 8mm）的焊接为实例予以介绍。焊接时用厚 0.1mm 的铌箔作为中间层，采用 TIG 焊进行焊接，钨极直径为 3mm。添加钛焊丝，钛丝直径 4mm。其焊接参数为：焊接电流160 ~ 170A，电弧电压 10 ~ 12V，焊接速度 13.3cm/min，喷嘴直径 18mm。用氩气作为保护气体，保护熔池的氩气流量为 8 ~ 10L/min，在冷却过程中保护焊缝的氩气流量为 3 ~ 4L/min。

通过上述工艺获得的钛 – 钢复合板焊接接头的抗拉强度为 381 ~ 394MPa，基层金属的抗拉强度为 426～431MPa。在进行拉伸试验时，焊接接头首先在铌箔与钛覆层的界面破坏，然后在钢基层上断裂，这说明钛覆层的塑性比钢基层的塑性差。

用上述工艺制成的焊接接头，在盐酸（HCl）、硫酸（H_2SO_4）等腐蚀性溶液中具有良好的耐蚀性，与覆层金属实际上无区别，例如钛在硫酸中的腐蚀速率为 0.13mm/s，而钛－钢复合板接头的腐蚀速率为 0.15mm/s。

5.2.5　渗铝钢的焊接

1. 渗铝钢的特性

渗铝钢是碳钢或低合金钢经过渗铝处理之后，铝在钢材的表面渗入 0.2～0.5mm 的深度，形成铁铝合金层的一种新型复合钢铁材料。渗铝处理是钢板或钢管在熔化的铝液槽中热浸（即热镀）后，再在 800～900℃条件下进行一定时间的扩散，通过扩散使铝原子渗入钢板或钢管的表面，表 5-34 是热浸渗铝钢渗层中铝、铁含量、显微硬度及主要相组成。

表 5-34　热浸渗铝钢渗层中铝、铁含量、显微硬度及主要相组成

距表层的距离/μm	区域	$w(Al)$（%）	$w(Fe)$（%）	显微硬度/HM	主要相组成
0	表层	36.6	64.0	180	Al_2O_3
12	渗铝层外层	34.0	66.0	240	
18		32.7	68.1	490	$FeAl + Fe_3Al$
24		—	—	630	
32	渗铝层中层	29.2	70.4	820	
55		26.5	73.2	740	$Fe_2Al_5 + FeAl + Fe_3Al$
68		—	—	690	
80		—	—	614	$FeAl + Fe_3Al$
110		18.8	80.6	588	
130	渗铝层	10.8	89.2	423	$Fe_3Al + \alpha - Fe（Al）$固溶体
160		8.1	91.0	392	
180	渗铝层	1.4	97.8	290	$\alpha - Fe（Al）$固溶体 + 铁素体
190	与母材交界	0.3	99.2	270	

由表 5-34 可知，渗层深度变化对渗铝层中的铝、铁含量及显微硬度的影响，图 5-18 是渗铝层中渗铝深度和含铝量及显微硬度的变化规律。

可见由于渗铝导致钢板或钢管出现了脆性外表，钢板或钢管渗铝前后力学性能的变化，曾在本章 5.1.2 节的表 5-11 中显示出来。渗铝钢具备了优异的抗氧化和耐腐蚀能力，力学强度也略有提高。

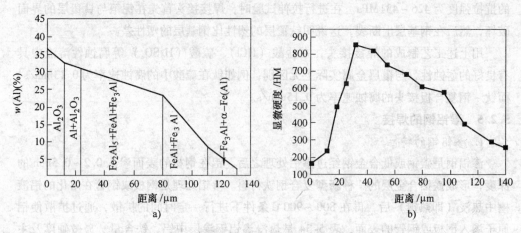

图 5-18　渗铝层中渗铝深度和含铝量及显微硬度的变化规律
a）含铝量变化　b）显微硬度变化

2. 焊接性

渗铝钢渗铝之后出现脆性外表，这对焊接不利，渗铝钢的力学性能在渗铝之后略有提高，焊缝金属强度是容易满足的。渗铝钢不同于其他类型的复合钢，如爆炸焊－轧制不锈钢－复合钢、铜复合钢、镍复合钢，因为渗铝钢的铝覆层太薄，不可能采取过渡层的方法来隔离基层金属，只能直接焊接，这就增加了焊接的难度。铝和铁有一定的冶金相容性，可以形成有限固溶体，所以渗铝钢的焊接只要采取适当的工艺措施，其焊接性出现的问题都可以得到解决。渗铝钢的焊接主要存在问题如下：

1）不能采用常规结构钢焊条，如 J422 或 J507 焊条，否则焊接工艺性很差，因为有 Al$_2$O$_3$ 进入熔渣，熔渣的黏度、熔点显著增大，焊缝成形不良，脱渣困难，飞溅大，因此必须采用专用焊条。

2）焊缝金属或熔合区产生裂纹是渗铝钢焊接中的主要问题之一。铝是铁素体化元素，焊接时渗铝层中铝的溶入会使焊缝及熔合区的韧性下降，因此对专用焊条的要求必须有一定的合金元素含量（如 Cr、Mn、Mo 等），使焊缝具有高的抗裂性，防止焊后产生裂纹。

3）焊接区渗层中 Al 元素含量下降，将导致焊接接头的耐蚀性下降，影响在腐蚀性介质中的使用寿命。焊接时应尽可能采用小的焊接热输入，或采取必要的工艺措施以减小焊缝及熔合区 Al 元素的含量。

目前，国内外解决渗铝钢的焊接问题，主要有两条措施：一是将渗铝钢接头处的渗铝层刮削干净，用普通焊条焊接，焊后再在焊接区喷涂一层铝；二是采用奥氏体型不锈钢焊条或渗铝钢专用焊条，奥氏体不锈钢焊条指的是 Cr23－Ni13 型（牌号为 EI23－13－16），或 Cr25－Ni13 型（EI25－13－16）；常见国产渗铝钢专用焊条的化学成分、力学性能、特性和用途见表 5-35。

表 5-35 常见国产渗铝钢专用焊条的化学成分、力学性能、特性和用途

序号	焊条牌号	熔敷金属化学成分（质量分数，%）及力学性能									特征和用途
		C	Si	Mn	其他元素	σ_b /MPa	$\sigma_{0.2}$ /MPa	δ_5 (%)	A_{KV} /J	接头冷弯角	
1	TSL117	≤0.12	≤0.5	0.4~1.2	Mo0.1~0.3 V0.1~0.3	≥490	—	—	—	≥120°	低氢型药皮，适于直流电源，焊条接正极，可焊接厚度 8mm 以下的低碳钢表面渗铝结构
2	TSL127	≤0.12	≤0.5	0.4~1.2	Mo0.1~0.3 V0.1~0.3 Al≤0.055	≥490	≥345	≥20	≥27（常温）	—	特征与 TSL117 焊条相同，用于焊接低碳钢或低合金钢渗铝结构。焊前需除去坡口表面和两侧的渗铝层
3	TSL137	≤0.12	≤0.5	0.5~0.9	Cr0.8~1.2 Mo0.4~0.7 Al≤0.055	≥540	—	—	—	≥50°（D=3δ）	特征与 TSL117 焊条相同，用于焊接工作温度低于 540℃，在 H_2S、S、腐蚀介质下使用的渗铝钢管
4	TSL147	≤0.12	≤0.5	0.5~0.9	Cr0.8~1.2 Mo0.4~0.7 Al≤0.055	≥540	≥440	≥17	≥49（常温）	—	特征和用途与 TSL137 焊条相同，但焊前应除去坡口表面的渗铝层
5	TSL157	≤0.5	—	—	Cr≤2.5 Mo≤2.5	HRC ≥40					特征与 TSL117 焊条相同，专用于焊接磨损条件下使用的渗铝钢或非渗铝钢结构
6	TSL167	≤0.5	—	—	Cr≤2.2 Mo≤2.5	HRC ≥40					特征和用途与 TSL157 焊条相同，但也可用于堆焊非渗铝钢受磨损机件表面，如齿轮、矿山机械等
7	TSL177	≤0.12	0.4~0.7	0.4~0.7	Cr0.15~0.30 Ni0.2~0.4 Cu0.3~0.6	≥490				≥50°（D=3δ）	特征与 TSL117 焊条相同，用于焊接抗大气、工业用水及海水腐蚀的渗铝钢结构，如电视天线塔、输水管道
8	TSL187	≤0.12	0.4~0.7	0.4~0.7	Cr0.15~0.3 Ni0.2~0.4 Cu0.3~0.6 AL≤0.055	≥490	≥390	≥22	≥27（-20℃）	—	特征和用途与 TSL177 焊条相同，但焊前应去除坡口表面的渗铝层

注：1. 焊缝金属化学成分中 $w(C)$≤0.036%，$w(P)$≤0.040%。
2. 渗铝钢专用焊条的生产企业为桂林焊条厂。

3. 焊接工艺要点

实际生产中经常会遇到渗铝钢的管－板接头或管－管接头的焊接，其常用接头形式如图 5-19 所示。

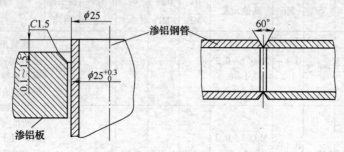

图 5-19　渗铝钢管－板接头或管－管接头的焊接

渗铝钢管焊接的工艺要点与步骤如下：

1）用坡口机在渗铝钢管接头处开单面 V 形坡口，坡口角度为 60°～65°，钝边 1mm 以下，接头间隙为 3mm 左右。焊接装配时应严格保证钢管接口处内壁平齐，错边量应小于壁厚的 10%，最大不得超过 1mm。定位焊焊缝应尽可能短些，定位焊后不得随意敲击。

2）对于渗铝钢管，管内的焊接接头区域不能在焊后进行喷涂和用其他方法处理的，除了选用使焊缝金属本身耐热、耐蚀的焊条以外，还必须从焊接工艺操作上保证单面焊双面成形。

3）施焊前，在渗铝钢管对接接头的内壁两侧涂覆焊接涂层，该涂层在焊接过程中对熔池有托敷作用，以防止焊穿及确保焊缝表面熔合区熔焊良好，此外在焊接条件下使涂层中的化学渗剂迅速分解，产生活性铝原子并使之向焊接熔合区渗入，以补偿焊接接头背面熔合区渗层中铝的烧损，达到提高焊接熔合区抗高温氧化性和耐蚀性的目的。焊接涂层由化学渗剂层和保护剂层构成。化学渗剂层的作用是向焊接熔合区渗层提供补偿渗铝必需的活性铝原子源和产生较高的铝势。保护剂层的作用是阻止焊接区域氧化性气氛对化学渗剂析出的活性铝原子氧化，保证补偿渗铝过程的进行。

4）在渗铝钢管焊接区域外侧涂覆白垩粉，以防止焊接飞溅的产生，确保渗铝层质量。

5）打底层焊接是渗铝钢管单面焊双面成形的关键，施焊时必须密切注视熔池动向，严格控制熔孔尺寸，使焊接电弧始终对准坡口内角并与焊件两侧夹角成 90°。更换焊条要迅速，应在焊缝热态下完成更换，以防止焊条接头处背面出现熔合不良现象。封闭环焊缝时应稍将焊条向下压，以保证根部熔合。打底层焊接要求接头背面焊缝金属与两侧渗层充分熔合；盖面层焊接时要求焊道表面平滑美观，两边不出现咬边。在整个焊接过程中不能随意在渗铝钢管表面引弧，以避免烧损渗铝层。焊后应立即将焊接区域缠上石棉绳进行缓冷，以防止硬化而导致微裂纹的产生，特别是对于铬钼渗铝钢，更应注意焊后进行缓冷。

6）采用专用焊条或 Cr23 – Ni13 型（E309 – 16）奥氏体不锈钢焊条，并且应严格按单面焊双面成形工艺进行渗铝钢管的对接焊，其焊接参数见表 5-36。焊接应确保渗铝钢焊缝金属与渗层熔合良好，焊接接头背面的渗铝层从热影响区连续过渡到焊缝，基体金属不外露，保证渗铝钢管焊接区域良好的使用性能，如图 5-20 所示。采用 Cr25 – Ni13 型不锈钢焊条进行焊接时，与母材互溶后形成的组织接近 18 – 8 型奥氏体，其总体耐蚀性无异已远远超过了母材本身。

表 5-36　渗铝钢管焊条电弧焊的焊接参数

母材	焊条直径/mm	焊条型号	焊接次序	焊接电流/A	电弧电压/V	电源极性
碳素渗铝钢管（ϕ6 × 114mm²）	ϕ3.2	E309 – 16（EI – 23 – 13 – 16）	打底层	85 ~ 95	25 ~ 28	交流
			盖面层	90 ~ 105	26 ~ 30	交流
Cr5Mo 渗铝钢管（ϕ10 × 114mm²）	ϕ3.2	E309 – 16（E1 – 23 – 13 – 16）	打底层	85 ~ 95	26 ~ 30	交流
			盖面层	90 ~ 110	26 ~ 32	交流

注：表中括号内 E1 – 23 – 13 – 16 为旧型号的焊条，括号外为 2012 年新国标焊条型号，如 E309 – 16。

图 5-20　渗铝钢管焊缝金属与渗铝层熔合良好
a）焊接接头示意图　b）金相组织特征（100 ×）

5.2.6　渗铝钢的焊接应用实例

1. 感应料浆焊接法

渗铝钢具有优良的耐蚀性和大大低于不锈钢的成本，有着广阔的应用前景。但由于渗铝钢焊接时易产生铝的扩散、氧化，性能会大幅度地降低，尤其是碳素渗铝钢管内壁不能补铝，使其推广应用有难度。为此，有些参考资料提出了采用感应料浆法焊接工艺。试验用母材为 ϕ114mm × 6mm 的碳素渗铝钢管，碳素渗铝钢管内、外壁渗铝层的厚度分别为 0.15 ~ 0.22mm 和 0.14 ~ 0.20mm，最外层渗铝的质量分数为 26.6%。

（1）感应料浆焊接工艺

1）对接熔焊。考虑到钢管内壁无法补铝的情况，焊条电弧焊时选用高 Cr – Ni 的 A302 焊条，使熔敷金属整体形成耐热及耐蚀性均高于渗铝钢的奥氏体组织。操作上采用单面焊双面成形工艺。其焊接参数为：ϕ3.2mmA302 焊条、焊接电流 110A、电弧电压 25V。焊后立即将焊接区域包上石棉绳（布）保温，以避免渗铝层的微裂纹。

2）碳素渗铝钢管内壁补铝层的使用。为补偿背面熔合区渗铝层中铝的损失，焊前应在钢管接头内壁两侧涂覆含铝补偿层，其作用是：一是在单面焊双面成形工艺中起到衬垫作用；二是在焊接高温下使涂层中的化学渗剂迅速分解，产生活性铝原子并使之迅速向熔合区渗入，以起到补铝作用。

（2）碳素渗铝钢管背面涂层的组成及涂覆工艺

1）碳素渗铝钢管背面涂层的组成。碳素渗铝钢管的背面涂层由化学渗剂层和保护层组成。前者提供活性铝原子源并产生较高的铝势，由铝粉、铝－铁合金、Al_2O_3、Na_3AlF_6、NH_4Cl 等物料组成；后者由不同软化温度范围的玻璃粉和硅酸盐按一定配比组成，目的是阻止焊接区域氧化性气氛对化学渗剂析出的活性铝原子的氧化，两者均采用聚乙烯醇粘结剂作为黏接手段。

2）涂覆工艺。涂覆工艺分为涂覆化学渗剂和涂覆保护层两步。涂覆时，先将配有聚乙烯醇粘结剂的糊状化学渗剂料浆均匀地涂覆在接头背面坡口两侧各 20～30mm 范围内，如图 5-21 所示。在 100℃ 以下烘干或晾干，需涂覆 2～3 道、下道涂覆前必须待前道干透再涂。涂覆保护剂层的方法也一样。

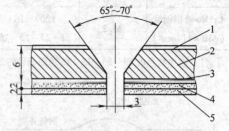

图 5-21　碳素渗铝钢管焊接坡口的组成
1—碳素渗铝钢管外壁渗铝层
2—基体（碳素渗铝钢管）
3—碳素渗铝钢管内壁渗铝层
4—化学渗剂层　5—保护剂层

（3）效果分析及结论

1）熔合情况。经扫描电镜分析，熔合区熔合良好，包括热影响区均未出现微裂纹。即使在出现咬边的情况下，熔合区和热影响区的渗铝层依然完好。

2）600℃ 高温氧化试验、常温 H_2S 腐蚀试验、渗层焊接过渡区点的能谱分析。有背面涂层试样时，铝的质量分数可高出 3%，铬、镍含量基本持平，经生产运行考核，均证明感应料浆焊接工艺的优越性。

3）结论。选用 A302 焊条焊接感应料浆法渗铝钢管是合理的，渗层的补铝作用明显，该焊接工艺可以在实际生产中推广应用。

2. 20 渗铝钢管的 TIG 焊和 MSAW 焊

某乙烯工程中一种换热器的使用条件特别苛刻，必须通过 1～2h 酸性介质、1～2h 碱性介质的腐蚀试验。曾先后以 20 钢管、不锈钢管作为换热器件，使用不到一年都出现泄漏，改用 20 渗铝钢管 TIG 焊及焊条电弧焊工艺，一年后管－管板角焊缝不再泄漏。此工艺也已经被推广到其他汽、水型的中、高压换热器件的制造中。

（1）焊接试验

1）20 渗铝钢管－管板的 TIG 焊，采用 20 渗铝钢管，规格为 $\phi25mm \times 2mm$，先去掉管端黑色氧化膜硬壳，并做好坡口清理工作。管端重新进行渗铝，其工艺为：在熔融的 770℃ 纯铝液中浸 15min，经 850℃ ×42h 扩散退火。最后得到 0.63mm 厚的渗铝层，外层为 $AlFe + Al_2Fe$ 相，显微硬度 855HM；内层为 $AlFe + AlFe_3$ 相，显微硬度 516HM。

其接头形式如图 5-22 所示，以手工 TIG 焊焊接，采用 $\phi1.6mm$、H22Cr25Ni22Mo2 焊丝，直流正接，焊接电流为 85～105A，电弧电压 10～12V，保护气流量 10～12L/min，水平位置焊接，焊枪角度为 10°～25°，焊接过程中应防止渗铝钢管过烧。

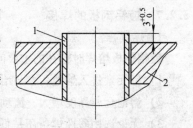

2）20 渗铝钢管 - 钢板插入式的焊条电弧焊。以 A312 或 A312SL 渗铝钢、$\phi3.2mm$ 专用焊条进行试验，直流正接，接头形式同前。20 渗铝钢管 - 管板插入式焊接接头的理化检验结果见表 5-37。

图 5-22　20 渗铝钢管 - 管板
插入式接头形式
1—20 渗铝钢管　2—管 - 板

表 5-37　20 渗铝钢管 - 管板插入式焊接接头的理化检验结果

焊接方法	拉脱力/N	硬度 HV_{10}			金相组织		
		焊缝	熔合线	母材	焊缝	热影响区	母材
手工 TIG 焊	11000	管侧 382	管侧 285/357	管侧 270/256	A + F	20 渗铝钢管 F + P + 魏氏体	F + P
		板侧 401	板侧 357/302	板侧 206/205		19Mn6 板 B + F + P	
焊条电弧焊	82000 80000	管侧 262	管侧 342/256	管侧 230/219	A + F	管 魏氏体	F + P
		板侧 262	板侧 312/276	板侧 210/211		板 F + P + B	

（2）焊接接头的耐腐性试验　将 20 渗铝钢管 - 管板插入式焊接接头进行了耐硫蚀性能和耐硫氰酸钠介质的腐蚀性能试验，证明其耐蚀性在 600～700℃ 温度区间与母材相当。

（3）结果分析与结论

1）20 渗铝钢管 - 管板插入式焊接接头的手工 TIG 焊，在正确选择焊接材料和焊接热输入，可防止渗铝钢管在过烧情况下，也能达到产品技术要求。

2）操作中，去掉管端施焊区的氧化膜硬壳，有助于焊接性的改善和接头塑性的提高。

3）焊接中从渗铝管过渡到焊缝金属中的少量铝，可提高焊缝金属的抗氧化性和耐蚀性。

4）焊接接头在 600～700℃ 下的耐蚀性满足技术要求。在此温度下，即使介质中悬浮物的冲刷使管表面磨损，只要磨损深度不大于 0.3mm，仍可安全使用。

5）20 渗铝钢管可代替黄铜管、不锈钢管、Cr - Mo 钢管作相应装置中的换热管，从而产生较大的经济效益。

5.2.7 镀铝钢板的焊接

1. 焊接性

镀铝钢板熔焊时存在的主要问题如下：

1）铝元素进入熔池，参与冶金反应，冶金反应复杂，影响焊缝强度。

2）熔池金属黏度增大，流动性变差，致使焊缝成形变差，甚至不成形。

3）无论选用酸性焊条还是低氢型焊条，熔渣中均有大量的 Al_2O_3 生成，致使焊后脱渣性变差。

4）无论选用酸性焊条还是低氢型焊条，焊缝的抗氧化性、耐蚀性远低于母材。

2. 焊接工艺

（1）镀铝钢的焊条电弧焊 为了解决上述这些问题，通常采用专用焊条或不锈钢焊条进行镀铝钢的焊接。其专用焊条的熔敷金属化学成分及力学性能见表5-38。表5-39比较了各种焊条焊接镀铝钢接头的力学性能。

表5-38 镀铝钢板专用焊条的熔敷金属化学成分及力学性能

焊条	主要化学成分（质量分数，%）						σ_b /MPa	δ_5 /%	A_{kV}/J (+20℃)
	C	Si	Mn	Cr	Mo	其他			
Cr－Mo－RE－1	0.08	0.35	0.40	0.6~0.9	0.2~0.4	≤0.10	586	≥25	190~240
Cr－Mo－RE－2	0.078	0.36	0.54	0.6~1.2	0.3~0.6	≤0.8	598	≥25	160~220

表5-39 各种焊条焊接镀铝钢板接头的力学性能

焊条	接头形式	σ_b/MPa	δ_5（%）	断裂位置
Cr－Mo－RE－1	I形	481~485	21.5~25	母材
	半V形	478~485	21.6~22.5	母材
	V形	475~495	23~25.5	熔合线
Cr－Mo－RE－2	I形	490~495	20~25	熔合线
	半V形	489~490	19~22	母材
	V形	415~450	20~24	母材
A102	I形	426~455	22~25	母材
	半V形	485~526	20~24	熔合线
A132	I形	417~447	20~26	母材
	半V形	455~465	20.5~24.5	母材
A302	I形	425~445	19~24	母材
	半V形	465~476	20~25	母材
	V形	487~489	21~26	母材
A402	I形	465~470	25~26	熔合线
	半V形	475~485	26~28	熔合线

（2）镀铝钢的 TIG 焊及 MIG 焊　TIG 焊时，如果不填焊丝，焊缝中的 Al 含量较大，焊缝成形差，而且焊缝金属塑性低、脆性大。焊件越薄，焊缝中的含 Al 量越大，焊缝性能越差。因此，无论焊件多薄，都要填充焊丝，通常使用 12Cr18Ni9 不锈钢焊丝，这样既可保证焊接接头的力学性能，又可保证其耐蚀性及耐氧化性。

利用 MIG 焊焊接镀铝钢板时也可采用 12Cr18Ni9 焊丝。最好采用短路过渡，这样焊接电流小，电弧短，不易烧损焊缝附近的镀铝层。另外焊接过程中不要摆动电弧，否则熔池附近的铝层熔化进入熔池，增加焊缝金属中的含铝量，甚至引起裂纹。

（3）镀铝钢的钎焊　镀铝钢板的钎焊实际上相当于铝合金的钎焊。钎焊方法对镀铝层基本没有影响，因此在结构允许的情况下尽量采用这种方法。钎焊前，一般用化学清理方法对焊件表面进行清理。通常采用铝合金的钎料，见表 5-40。

表 5-40　镀铝钢板钎焊用铝合金钎料及其特性

类型	钎料	主要成分	熔化温度/℃	工艺性能	润湿性	耐蚀性	强度
低温	Sn – Pb	Sn、Pb、Bi、Zn、Cd	149～260	良好	中等	较差	较低
中温	Zn – Cd	Cd、Zn、Sn、Zn	260～370	中等	良好	中等	中等
高温	Zn – Ag	Zn、Al、Cu、Ni、Ag	370～427	较差	很好	良好	良好

镀铝钢板钎焊时常用的钎剂有化学钎剂和反应钎剂两类。化学钎剂通常用在低温软钎焊时，一般使用三氟化二硼＋单乙醇胺，其使用温度低于 274℃。反应钎剂常用的是氯化锌、氯化铵、氯化铬及氯化钠的混合溶液。这两种钎剂均具有较强烈的腐蚀作用，焊后必须清除干净。

（4）电阻焊　镀铝钢板也可以利用缝焊进行焊接，其焊接工艺特点与镀锌钢类似，表 5-41 给出了镀铝钢板典型的缝焊焊接参数。

表 5-41　镀铝钢板典型的缝焊焊接参数

板厚 /mm	电极焊轮面宽度 /mm	电极压力 /kN	时间/周		焊接电流 /A	焊接速度 /(cm/min)
			焊接	休止		
0.9	4.8	3.8	2	2	20000	220
1.2	5.5	5.0	2	2	23000	150
1.6	6.5	6.0	2	2	25000	130

参 考 文 献

[1] 中国机械工程学会焊接学会. 焊接手册: 第 2 卷 材料的焊接 [M]. 2 版. 北京: 机械工业出版社, 2003.

[2] 中国机械工程学会焊接学会. 焊接手册: 第 1 卷 焊接方法及设备 [M]. 2 版. 北京: 机械工业出版社, 2001.

[3] 杜国华, 等. 实用工程材料焊接手册 [M]. 北京: 机械工业出版社, 2004.

[4] 李亚江. 异种难焊材料的焊接及应用 [M]. 北京: 化学工业出版社, 2003.

[5] 李亚江, 等. 特种焊接技术及应用 [M]. 2 版. 北京: 化学工业出版社, 2008.

[6] NORRISN J. 先进焊接方法与技术 [M]. 史清宇, 等译. 北京: 机械工业出版社, 2010.

[7] Klas Weman, Gunnar Lendén. MIG 焊指南 [M]. 李国栋, 等译. 北京: 机械工业出版社, 2009.

[8] 吴志生, 等. 现代电弧焊接方法及设备 [M]. 北京: 化学工业出版社, 2010.

[9] 中国机械工程学会焊接学会. 焊接手册: 第 2 卷 材料的焊接 [M]. 3 版. 北京: 机械工业出版社, 2008.

[10] 陈茂爱, 等. 复合材料的焊接 [M]. 北京: 化学工业出版社, 2005.

[11] 林三宝, 等. 高效焊接方法 [M]. 北京: 机械工业出版社, 2011.

[12] 于勇, 等. 中国材料大典: 第一卷 钢铁材料工程 上册 [M]. 北京: 化学工业出版社, 2005.

[13] 吴敢生. 埋弧自动焊 [M]. 沈阳: 辽宁科学技术出版社, 2007.

[14] 焦万才, 等. 氩弧焊 [M]. 沈阳: 辽宁科学技术出版社, 2008.

[15] 梁文广, 等. CO$_2$ 气体保护焊 [M]. 沈阳: 辽宁科学技术出版社, 2007.

[16] 刘胜新, 等. 特种焊接技术问答 [M]. 北京: 机械工业出版社, 2009.

[17] 张子荣, 等. 简明焊接材料选用手册 [M]. 3 版. 北京: 机械工业出版社, 2011.

[18] 《中国航空材料手册》编委会. 中国航空材料手册: 第 2 卷 [M]. 2 版. 北京: 中国标准出版社, 2002.

[19] 侯志文. 焊接技术与设备 [M]. 西安: 西安交通大学出版社, 2011.

[20] 郑远谋. 爆炸焊接和金属复合材料及其工程应用 [M]. 长沙: 中南大学出版社, 2002.

[21] 史兴隆, 佟铮, 马万珍. 铜管外包爆炸焊接的实验研究 [J]. 内蒙古工业大学学报, 2005, 24 (1): 8-11.

[22] 王宝云, 马东康, 李争显. 爆炸焊接铝/不锈钢薄壁复合管界面的微观分析 [J]. 稀有金属快报, 2006, 25 (2): 26-30.

[23] 焦永刚, 等. 爆炸焊接外复法制取铌/不锈钢复合棒 [J]. 爆炸与冲击, 2004, 24 (2): 189-192.

[24] 陆明, 等. 工具钢/Q235 复合板爆炸焊接试验及性能研究 [J]. 焊接学报, 2001, 22 (4): 47-50.